U0605042

工程咨询理论与实践研究系列丛书

Theory and Practice of Engineering General Contracting Management

工程总承包管理 理论与实务

宋 蕊◎主 编

郭建淼 胡 勇 赵瑞鑫 许 涛◎副主编

中国电力出版社
CHINA ELECTRIC POWER PRESS

内 容 提 要

本书系统介绍工程总承包管理的概念、内容框架、相关原理与功能，分别对工程总承包的组织管理、市场营销、合同管理、设计管理、采购管理、施工管理、试运行管理、基于BIM的集成化管理平台等方面展开讨论，并结合瑞和安惠项目管理集团有限公司相关实际案例进行具体分析，既有理论的系统性和前沿性，又有实务操作的指导性。本书主要适用于从事工程总承包管理的政府部门管理工作者、工程总承包管理企业的相关技术人员、管理人员、高等院校师生阅读和参考。

图书在版编目（CIP）数据

工程总承包管理理论与实务 / 宋蕊主编. —北京：中国电力出版社，2020.3
（工程咨询理论与实践研究系列丛书）
ISBN 978-7-5198-4419-6

Ⅰ.①工… Ⅱ.①宋… Ⅲ.①建筑工程－承包工程－工程管理 Ⅳ.①TU71

中国版本图书馆 CIP 数据核字(2020)第 036668 号

出版发行：中国电力出版社
地　　址：北京市东城区北京站西街19号（邮政编码100005）
网　　址：http://www.cepp.sgcc.com.cn
责任编辑：李　静　1103194425@qq.com
责任校对：黄　蓓　闫秀英
装帧设计：九五互通　周　赢
责任印制：钱兴根

印　　刷：三河市百盛印装有限公司
版　　次：2020年3月第1版
印　　次：2020年3月北京第1次印刷
开　　本：787毫米×1092毫米　16开本
印　　张：27
字　　数：480千字
定　　价：108.00元

《工程总承包管理理论与实务》编委会

主　　编：宋　蕊
副 主 编：郭建淼　胡　勇　赵瑞鑫　许　涛
编委会成员：

宋　蕊	胡　勇	尉宏广	郭建淼	李　淼
庞红杰	陈国江	陈志鹏	赵瑞鑫	车明海
郭永林	赵晨涛	殷立明	金丽丽	李丽菊
李永涛	何相忠	李志军	鲁　健	宋志红
聂庆宇	张凤荣	刘志伟	许　涛	吴宏华
张雪辉	张　颖	吴云良	张海威	张关祥
曹元锋	沈尚宏	刘新宇	苗军锋	张红楼
李东坡	彭祥俊	赵戌峰	焦云立	李　凌
刘艳肖	吴景云	贾向敬	吴旭劲	石　雷
王　元	付　蔚	来春晖	李会迪	马路路
寇立欣	张宝旺	杨伟娟	巴音王子	

推荐序一

　　项目管理是一门与实践结合紧密的学科，工程领域是项目管理应用最早、最广泛和发展最快的领域之一。我们需要"中国的"，同时又是"实用的"项目管理书籍。能够有来自实践、在总结提高基础上完成的项目管理专著一直是我所期望的。

　　近几年来，在"大众创业、万众创新"方针政策的指引下，作为发展载体的项目在我国受到各行各业的广泛关注，越来越多的组织和专业人员的项目管理能力有了很大的提高。特别是在工程咨询领域，基于项目全过程的研究策划、投融资模式及全过程管理等都取得了丰硕的成果，一些优秀成果在国际领域也接连获奖。政府和社会资本合作（PPP）已经成为我国政府项目的主要投融资模式，全过程投资控制模式也已成为建设工程项目投资人提升投资价值的首选。在互联网和信息化已经深入建设工程各个环节的今天，可以预见，工程咨询领域必将迎来新的变化。

　　瑞和安惠项目管理集团有限公司是业界成绩卓著的企业。它的创始人宋蕊女士作为卓越的项目管理和工程咨询领域的实践者，从事项目管理和工程咨询实践近30年，对自己严格要求，经过考核获得了国际认证的特级项目经理 IPMP A 级证书（IPMA Certificated Projects Director）。宋蕊女士和她的团队能够厚积薄发，为工程咨询领域的投资者、从业者呈现一套融合理论与实践的系列丛书，由衷地为他们感到高兴。

　　"致知在格物，物格而后知至。"希望这套丛书，不仅能够从项目全过程的视角为建设工程项目提供有效的管理参考，还能为项目管理实践者的理论提升指出有效的发展途径，为我国项目管理事业做出更多的贡献！

钱福培

中国优选法统筹法与经济数学研究会终身会员

中国（双法）项目管理研究委员会（PMRC）名誉主任

国际项目管理协会（IPMA）Honorary Fellow

西北工业大学教授

推荐序二

实事求是，知行合一

理论和实践如何才能有机结合、做到真正的"知行合一"？这个问题不仅困扰着企业家，也困扰着管理理论研究者。

要回答这个问题，需要知道理论和实践之间的本质联系。毛泽东早在 1937 年写的《实践论》，就以中国革命的理论和实践为例回答了这个问题。他指出："通过实践而发现真理，又通过实践而证实真理和发展真理。从感性认识而能动地发展到理性认识，又从理性认识而能动地指导革命实践，改造主观世界和客观世界。实践、认识、再实践、再认识，这种形式，循环往复以至无穷，而实践和认识之每一循环的内容，相比较都递进到了更高一级的程度。这就是辩证唯物论的全部认识论，这就是辩证唯物论的知行统一观。"尽管距离这篇文章的发表过去了近 83 年，但毛泽东对认识论和实践的关系，即知和行的关系问题的回答仍然对我们有着重要的指导价值。

个案的实践中存在的普遍规律就是理论。管理是一项实践性很强的工作，管理者接触的是一个个活生生的、各不相同的案例，而理论看起来则比较笼统、比较抽象，因此，我们常常听到"从理论上讲是这样，但实际上这样做行不通"这样的说法。事实上，理论来自实践，从一个个具体的实践中抽象出来的普遍性就是理论，这就是"实事求是"的本源，即从具体的、实实在在的"事"中发现其共性的"是"。理论说明了某种规律，它的重要性在于我们不必一个个去试验就可以知道结果是什么。我国的企业家亟待重视理论，亟待掌握提炼理论的方法。成功的企业家不缺乏头脑、胆识和洞察力，但是，若要将这些个人特质延续下去、推广开来，就需要理论了。

很多企业老总也有自己的"理论"，那就是"不要相信什么理论，我们企业有自己的特殊性"。没错，每个企业都有自己的特殊性，老总们也需要将主要精力放在关注这些特殊性方面。问题是：普遍性的东西也在对企业起作用，企业并没有意识到这些普遍性的价值，没有有效利用其他企业、其他人员的经验教训，也没有将自己的经验教训提炼出来形成适合自己企业的理论（或说企业知识），以便使成功的东西能够再现、失败的东西不再重复发生。"创新"是我国现阶段的一个热门词汇，但是，企业的创新不能像"狗熊掰棒子，掰一个丢一个"。遗憾的是，这种情况太普遍了。我国的一些企业尽管还没有达到国际一流企业的水准，企业发展中也存在各种隐患，但是老总们已经被神化了，他们的"个人魅力"而不是企业理论成了企业最大的财富，这种现象不能不让人担忧。

项目都具有特殊性，都需要因地制宜、需要满足特定利益相关方的特定需求，因此，"具体问题具体分析"就容易成为项目管理人员不重视理论的借口。企业家常常不信任管理理论，排斥管理理论，甚至嘲笑管理理论，其结果是他们做错很多事情而不自觉。如果他们能够关注特定项目管理现象背后存在的共性理论，就会避免犯很多可笑的错误。

"工程咨询理论与实践研究系列丛书"是瑞和安惠项目管理集团有限公司结合其20年从事全过程大型项目管理实践的经验，梳理和提炼出来的，是追求实事求是和知行合一的一个样本。孟子曰："读其书，不知其人可乎？"司马迁在《史记·孔子世家》中也曾说："余读孔氏书，想见其为人。"丛书主编宋蕊女士是国内项目管理领域的热心人、思想者和践行者。她是河北省项目管理协会的发起人，项目管理的发烧友和认证专家。为了学习和研究项目管理，攻读了天津大学博士学位，获得了国际项目管理协会（IPMA）的最高等级项目经理资格证书，每年作为 IPMA 项目经理资格认证（国内称为 IPMP 认证）评估师帮助国家和企业选拔项目管理人才。她于 2000 年创办了瑞和安惠项目管理集团有限公司，目前已将其发展为集项目前期咨询、城市设计与规划、建筑设计、工业设计、景观设计、工程建设招标、中央投资项目招标、政府采购、进口机电设备国际招标、造价咨询、跟踪审计与全过程投资控制、工程监理、工程项目管理与投资代建、项目管理信息化与管理咨询、项目后评估、项目管理人才培训认证于一体的全过程工程咨询与项目管理企业集团，其服务的工程项目超 1 万个，总投资逾 50 000 亿元人民币。该丛书的作者都是瑞和安惠具有丰富项目管理经验的集团董事会成员，各个专业和领域的优秀项目经理，以及参与项目的团队骨干。从该丛书的作者队伍，就可以看出该丛书的实践参考价值。毛泽东说过："你要知道梨子的滋味，你就得变革梨子，亲口吃一吃。"这套丛书的价值是瑞和安惠的管理团队在他们亲身实践过的 50 000 多亿元项目的经验和教训上总结出来的认知精华，能够为广大项目管理实践者提供有益参考。我国正在大规模开展 PPP 等项目，概念和框架、热情与理想的后续工作是实实在在的项目管理实践，伟大的中国梦是靠一个个实实在在的项目来变成现实的。在此背景下，更显得本丛书的重要性和及时性。

本丛书对项目管理理论研究人员也有极好的启迪。"知行合一"的前提条件是指导"行"的"知"需要来自实践而不是来自本本,"知行合一"的最大敌人是来自本本的教条主义。管理理论为什么会不管用?一个重要的原因在于一些管理理论研究人员根本就没有考虑他们的理论研究要被人们在实践中运用,理论研究并没有遵循从实践中来到实践中去的原则。由于绩效考核方式等方面的原因,一些管理理论研究人员的研究目的在于满足学术杂志编辑的需要,在于满足学术界评价人员的需要,在于满足学术研究人员作为参考文献的需要,而忽视了企业的实际需要。他们潜意识中存在的"老板们看不懂管理理论""对管理理论不感兴趣"等思想使他们产生了对企业家又鄙视又心虚的矛盾心理。我们需要有人研究一些前瞻性的、深奥的管理理论,也不应该苛求所有的管理理论都是浅显并能够直接应用的,然而,我们确实不需要那么多人都来做这些工作,更何况大多数人又做不出来!我们需要爱因斯坦,但是我们不需要太多的爱因斯坦,这样世界会乱套,而且不是普通人都能成为爱因斯坦的。太多永远不可能成为爱因斯坦的人煞有其事地想变成爱因斯坦,只会让人感到可笑。保时捷汽车固然尊贵无比,但是,保时捷博士(Dr. Porsche)对人类的真正贡献是他推出了大众汽车。

中国的企业需要很多能够真正为其解决问题的"企业的企业管理学家",需要大量能够进行"管理理论定制"的专家。他们是针对某些甚至某个企业进行理论研究的专家,他们与研究对象一同成长、相互依存。他们的理论研究成果不能放之四海而皆准,但能够把握某些或某个企业的规律,能够指导企业实践和促进企业成功。如果我们的管理研究人员能够克制着让自己成为"管理大师"的诱惑,去认真做好那些"下里巴人"的研究工作,就能成为受企业欢迎的理论家。在这样的理论研究人员面前,企业家是不会说"理论上如此但现实上行不通"这种话的。

祝愿瑞和安惠项目管理集团有限公司及更多的中国企业产生能够贡献本土项目管理理论的实践家,也祝愿中国项目管理理论研究界能出现更多了解企业、了解项目实践的、真正的项目管理理论家。

博士

山东大学管理学院教授、博士生导师
《项目管理评论》首席管理专家
国际项目管理协会"卓越项目管理奖"评审委员

前　言

一个单独的激浪也许很快平息，然而潮流却永远不会停止。

——英·麦考莱

实践是最好的老师，但智者还能从其他的地方有所收获。

——《穷理查年鉴》

当今，我们正在经历着前所未有的变革，以项目为对象的工程咨询各项服务也正在发生着巨大变化。3D 打印、装配式建筑、建筑信息模型（Building Information Model，BIM）、智能建筑、智慧城市等一大批新技术、新工艺正在改变工程从规划到交付的每一个细节。在供给侧改革、环境治理、政府和社会资本合作（PPP）等国家宏观战略背景下，投资效率和效益的要求正在发生质的飞跃。同时，互联网背景下，大数据、平台化、软件即服务（Software-as-a-Service，SaaS）等新技术给企业和项目的管理带来了新的挑战，特别是在重大建设工程领域，对于进度、时间、成本的更高追求正在推动工程咨询业发生着深刻变革。投资人的需求已经从专业服务转变为对于全过程服务的综合需求，以及融合信息化、投融资等跨领域的综合需求。互联网、大数据要素正在成为工程咨询企业和项目成功的核心能力。具备信息技术应用能力、具备全过程工程咨询综合服务能力的组织和企业正在成为行业的领先者。

从长远角度看，工程行业是永远不会被淘汰的行业。社会发展需要建筑的更新和建设，人们生活质量的提高也对配套设施提出更高要求，这些都推动着工程行业的延续和发展。建筑业作为国民经济的支柱产业，国家政策导向集中反映了行业发展的新趋势。2017 年，国务院办公厅印发了《关于促进建筑业持续健康发展的意见》（国办发〔2017〕19 号，以下简称《意见》）。《意见》在完善工程建设组织模式条款中明确提出培育全过程工程咨询。这是国家首次针对工程建设咨询业发展方向发布的政策引导文件。

宋代思想家朱熹曾言："知之愈明，则行之愈笃；行之愈笃，则知之益明。"实践与理论一直都是相辅相成，互为促进提升的。作为工程咨询领域为数不多的起步早、资质全、要素齐、发展快的全过程工程咨询服务企业，瑞和安惠项目管理集团有限公司在成立之初，就确立了全过程工程咨询的战略定位，2005 年整合组建了涵盖前期咨询、造价咨询、招标采购、工程监理的集团，2007 年开始逐步开展了一系列全过程工程项目管理、投资代建和全过程投资控制项目，2011 年融入工程设计服务，2013 年开始建筑信息模型（BIM）应用服务的研发与实施，2014 年开始开展 PPP 咨询服务，2018 年，获得国际项目管理协会（IPMA）Delta 组织项目管理能力四级认证（体系化管理级）。迄今，瑞和安惠项目管理集团有限公司的咨询服务涵盖了全过程工程咨询（国民经济与社会发展规划、产业规划、前期咨询、工程设计、招标采购、造价咨询与项目全过程投资控制、工程项目管理、BIM 应用）、PPP 咨询（PPP 咨询方案、项目投融资服务、PPP 采购、PPP 项目全过程审计）、工程咨询信息化（公共资源交易系统研发、电子招投标、工程咨询企业信息化）、管理人才培训认证（IPMP 培训认证、ATC 培训认证、BIM 应用培训）四大领域，是工程咨询行业服务范围最广、资质最全、服务项目最多、项目管理成熟度最高的综合工程咨询机构之一。

为了给工程项目建设提供更多有价值的成果和服务，编者梳理、总结了多年来在大型项目工程咨询实践中的经验，优选项目实践案例，围绕企业项目化管理、工程咨询企业信息化建设、全过程工程咨询、建设项目投资控制、PPP 项目、社会稳定风险评估、电子招标投标、建设工程设计实施、工程监理理论与实践研究、工程咨询企业的项目管理办公室（PMO）建设等工程咨询行业的热点和实践应用，精心编写了工程咨询领域的实战文献——"工程咨询理论与实践研究系列丛书"，以期为工程项目的投资人、工程咨询机构、相关从业者开展全过程工程咨询工作提供帮助。本次出版的《工程总承包管理理论与实务》与《工程咨询企业项目管理办公室（PMO）理论与实践》，2019 年出版的《政府和社会资本合作（PPP）项目绩效评价实施指南》《企业项目化管理理论与实践》《全过程工程咨询理论与实施指南》《工程咨询企业信息化管理实务》，以及 2017 年首批出版的《建设项目全过程投资控制理论与操作指南》《政府和社会资本合作（PPP）项目实施指南》《重大投资项目社会稳定风险评估研究与实践》和《电子招标投标系统研究与实践》，都是以工程项目当前最关注的课题为核心，从基础理论展开，围绕实践需求总结流程、方法，引用典型实际案例，力求由浅入深、通俗易懂。

《工程总承包管理理论与实务》系统介绍工程总承包管理的概念、内容框架、相关原理与功能，分别对工程总承包的组织管理、市场营销、合同管理、设计管理、采购管理、施工管理、试运行管理、基于 BIM 的集成化管理平台等方面展开讨论，并结合瑞和安惠项目管理集团有限公司相关实际案例进行具体分析，既有理论的系统性和前沿性，又有实务操作的指导性。本书主要适用于从事工程总承包管理的政府部门管理工作者、工程总承包管理企业的相关技术人员、管理人员、高等院校师生阅读和参考。

《工程咨询企业项目管理办公室（PMO）理论与实践》系统介绍企业项目管理办公室（PMO）的含义、内容框架，从企业项目管理办公室的功能定位、企业项目管理办公室的服务层级、企业项目管理办公室与公司战略、企业项目管理办公室与公司制度、企业项目管理办公室与公司文化、打造高效的项目管理办公室等方面展开讨论，并用瑞和安惠项目管理集团有限公司项目管理办公室的实际运行案例说明项目管理办公室原理的应用。本书对全过程工程咨询企业项目管理办公室的建立和运行具有较好的指导作用。本书面向从事全过程工程咨询的各类企业管理和项目管理工作者，也可以作高等院校相关专业的研究生和本科生学习全过程工程咨询企业项目管理办公室知识的参考书。

"推动管理进步，创造企业繁荣"一直是瑞和安惠项目管理集团有限公司秉持的企业使命。通过创新协助投资人以更优的品质、更少的投资、更快的进度、更小的风险取得项目的卓越成功是我们执着追求的理想。我们将通过理论与实践的研究和全过程咨询服务，与更多的专家和实践者分享交流，以期为社会经济发展和行业的进步做出更大贡献。

在本丛书的编写过程中，与多位工程咨询领域、项目管理领域的专家、教授、学者和资深从业人员进行了交流、探讨，得到了很多好的意见和建议，在此向他们表示深深的感谢。我们在书中引用和参考了许多论著和研究成果，已经在书中详细列出，在此向这些论著和研究成果的作者一并表示感谢。

编　者

2020 年 3 月

目　录

第1章

工程总承包管理体系概论

■ 1.1 工程总承包管理体系相关概念

1.1.1 工程总承包的定义

工程总承包是一种以按照契约合同规定完成业主委托的项目或服务为目的,并使整体构思、全面安排、协调运行的理念衔接紧密地融入整个工程项目寿命期的一种工程组织实施模式。这一承包模式的出现,有利于对过去分阶段分别管理的承包模式进行整合,从而确立一种对所有阶段进行通盘考虑的系统化管理的思想,使工程建设项目管理更加合理和可持续,更加符合工程建设规律。

目前,国际上关于工程总承包建设模式还没有形成统一的定义,且关于工程总承包模式的含义国际与国内也不统一。美国的设计建造协会(Design-Build Institute of America,DBIA)认为设计—施工总承包模式是由单独的实体在一个合同框架下,负责项目所有的设计和施工等工作,总承包商可以自行决定采取以下几种不同的管理组织结构,包括:自行完成所有合同任务、采用组建联合体的方式以及将设计或施工分包出去实施管理的方式。我国相关政策文件中关于工程总承包的定义见表 1-1。

表 1-1   国内政策文件中关于工程总承包的定义

序号	年份	政策文件	文件编号	定　义
1	2003	关于培育发展工程总承包和工程项目管理企业指导意见	住房城乡建设部 建市〔2003〕30 号	工程总承包企业受业主委托,按照合同约定对工程项目的勘察、设计、采购、施工、试运行等实行全过程或若干阶段的承包

序号	年份	政策文件	文件编号	定　义
2	2005	建设项目工程总承包管理规范	GB/T 50358-2005	工程总承包企业受业主委托，按照合同约定对工程建设项目的设计、采购、施工、试运行等实行全过程或若干阶段的承包
3	2016	关于进一步推进工程总承包发展的若干意见	住房城乡建设部建市〔2016〕93号	工程总承包企业按照与建设单位签订的合同，对工程项目的设计、采购、施工等实行全过程的承包，并对工程的质量、安全、工期和造价等全面负责的承包方式
4	2017	建设项目工程总承包管理规范	GB/T 50358-2017	依据合同约定对建设项目的设计、采购、施工和试运行实行全过程或若干阶段的承包
5	2017	房屋建筑和市政基础设施项目工程总承包管理办法	住房城乡建设部（征求意见稿）	从事工程总承包的单位按照与建设单位签订的合同，对工程项目的设计、采购、施工等实行全过程或者若干阶段承包，并对工程的质量、安全、工期和造价等全面负责的工程建设组织实施方式
6	2019	房屋建筑和市政基础设施项目工程总承包管理办法的通知	住房和城乡建设部、国家发展和改革委员会建市规〔2019〕12号	工程总承包是指承包单位按照与建设单位签订的合同，对工程设计、采购、施工或者设计、施工等阶段实行总承包，并对工程的质量、安全、工期和造价等全面负责的工程建设组织实施方式

　　工程总承包模式最先出现在 20 世纪末的北美地区。在随后的工程建设实践中，业主逐渐意识到工程总承包模式的优越性，并开始在建设模式上进行改变，越来越多的工程开始采用工程总承包模式来进行建设，这些项目主要集中在石油和电力等行业中。这些项目的共性就是多数以设计为主导，多为当地的标志性建筑，工程设计难度高、现场施工管理复杂、投资规模大。在我国，采用工程总承包模式是工程建设组织实施方式的重大变革。虽然在变革中会经历一些曲折，但从长远来看，工程总承包模式更符合未来建筑行业的发展趋势。

1.1.2　工程总承包模式的特点分析

　　工程总承包模式是现代西方工程建设管理的主流形式，是建筑工程管理模式（CM）

与设计的完美结合，该模式使工程总承包商能以高速度、低成本完成高层建筑和大型工业建造项目。工程总承包模式的关键是依赖有能力的专业分包商及标准化的过程控制与程序，在西方发达国家广泛采用。工程总承包模式具有以下特点。

（1）工程总承包模式的重要特点是充分发挥市场机制的作用。采用工程总承包模式，不仅业主将工程首先视为投资项目，建筑师、承包商也都从这一优先次序出发。在指定专业分包商时，通常只规定基本要求，以使建筑师、承包商共同寻求最经济的方法。为了有效竞争，一般都将整个项目划分成若干相对独立的工作包，由不同的专业分包商负责各个工作包的设计、制造或提供材料与构件并负责施工与安装。分包商的设计工作由建筑师负责协调，工程构件、设备制造或供货、施工由总承包商协调，而在大型项目中，通常由管理经理（CM）负责协调。虽然这种协调对施工程序进行了详细规定，但仍然有许多一时难以确定或未预料到的问题留给专业分包商在项目进行过程中逐步解决。专业承包商必须保证其分包部分的工程施工与其他分包商的工程在设计和管理上的准确衔接。这种双重的协调反馈、依靠项目相关各方均能遵循公认的控制程序、规范和技术标准。工程总承包模式的系统性和有效性依靠广泛使用成熟的通用技术。设计和施工过程中不会为解决同样问题发生重复劳动。专业分包商使用熟悉的通用方法，并在很大程度上依赖能够在短期内及时供货的材料、半成品与构件。

（2）咨询工程师提供各专业完整的设计，但设计阶段只到初步设计或扩大初步设计的深度，不出详细设计（施工图），详细设计由承包商完成。特别是一些较独立的分包工程的施工图设计，是由专业分包商独立完成的，但需由建筑师批准，如钢结构工程、装饰工程。分包商的分包工程施工报价中已含有设计费用，不再单独提出。有时设计人员也会选定重要或用量大的标准化材料、构件或设备，但必须明确说明，以便使专业分包商容易确认所选定的构件。但在国内，目前比较常见的方式是由设计院提供专业完整的施工图设计，然后分包给专业施工单位完成施工任务，只有少量的专业施工图由专业分包商完善设计并施工建造。而施工用的设备和材料采购，一般由专业分包商进行，但一些重要的大宗材料和设备须经总承包商确认或指定品牌及型号，也可以直接由总承包商全面负责采购管理，提供给专业分包商。无论采用哪种方式选定构件或设备，专业分包商都必须利用其在本领域掌握的市场信息和专有技术，选用或提出选用某种构件、材料或设备的决策或建议，从而寻求设计要求的性能价格比最优的物料。不管采用哪种方法，大多数情况下皆由专业分包商出面采购，这是因为专业分包商对供应商的熟悉和批量规模可大大降低物料成本。

（3）责任主体单一，业主需要进行管理的界面简单。工程总承包模式下，由总承包商单独承担工程设计、采购和施工，一旦工程发生了问题，将由总承包商承担相应的责任，项目责任主体较单一，这在很大程度上减轻了业主需要多方面管理项目、协调多方关系的负担，使业主能够把有限资源分配到更关键的事情上，如识别项目建设的需求、制定质量标准、明确相关战略。

（4）工程总工期缩短。相比于传统模式，工程总承包模式下，总承包商统一负责项目的设计和施工，使沟通工作大大改进。传统模式下，设计和施工分开发包，需要进行两次招标，在总承包模式下只需招标一次，虽然工作内容变多了，总承包商制作标书所需时间也变长了，但是整体来说招标的全部时间变短了。将设计和施工的工作交给一家承包商，由外部沟通转变为内部的沟通，使两个阶段的衔接更加稳定有效率。另外，采用工程总承包模式，能够在很大程度上调动总承包商的积极性，使其进行有效的安排，实现不同工作之间的衔接，缩短工期。

（5）工程总造价容易确定。工程总承包模式能够合理约束投资成本，对工程造价进行合理有效的控制。同时，由于可实行整体性发包，使招标成本大幅度降低，提高了招标效益。工程总承包模式通常签订固定总价合同，发包人在项目前期就能够获得相对明确的项目投资额，因此能够尽量在早期制订完善的资金使用计划。同时，由于在工程总承包模式下，是由总承包商全面负责整个项目的设计、项目范围和预算，可以更有效地减少变更事件的发生，使整个工程的投资控制在项目概（预）算内。

（6）项目招标竞争性降低。因为工程总承包项目的承包人一般需要同时拥有设计和施工的资质，相应的具有较高的市场准入要求，真正能够满足项目资格预审要求的承包人不多，无法使潜在投标产生足够有效的竞争。同时，一旦投标人没有中标，其在投标过程中投入的资源无法得到应有的补偿，导致参与竞争的代价过高，多数潜在投标人放弃参与竞标。

（7）项目成本较高。项目发包阶段，发包人对于承包人的选择非常慎重，因此在项目投标人评审时会投入较多的时间和资源，导致项目前期投入较高。并且因为该模式下项目大部分的风险由承包人负担，所以承包人的投标报价会较高，对同一个项目，发包人的成本比传统模式要高。

（8）业主方对项目控制力减弱。工程总承包模式下项目的设计和施工工作都是由总承包商负责，导致发包人对项目的控制权减弱，由此可能存在承包人追求降低成本而实施不恰当的行为，影响项目绩效。

（9）提高合同的约束力，保证了工程质量和工期。工程总承包商可依据自己具备的技术力量和经验优势，来提升自己履行合同的能力。总承包商可以站在全局的角度对工程项目进行统筹规划管理，对设计、采购和施工整个过程进行合理的部署和明确的分工。同时，通过采用并行工程管理模式，总承包商能够大幅加速项目施工进度，提高项目利润率，还能保证较高的工程质量。

（10）促进资源优化配置。实行工程总承包促使资源占用与管理成本降低，业主方把工程项目发包给有技术经验的承包方，大大提高其资源的利用效率。

（11）优化组织结构，促成规模经济。采用工程总承包模式能全面地对工程全过程承包、分阶段承包及分包进行结构形态的重构，也能促进组织形式从单一型向综合开放型转变，从而扩大市场规模，增强参与 BOT（Build Operate Transfer，建设、经营、移交）的能力，产生规模效应，增加市场占有率。

（12）推动工程项目管理现代化的进程，促进建筑业健康有序发展。工程总承包模式能很好地结合现代计算机互联网技术，使各项工作安排高效和规范，从而促进管理水平和效率的提高，对增强企业在国际建筑市场承包的竞争力具有显著的推动作用。

1.1.3　工程总承包模式与传统模式的比较

1. 适用范围不同

传统模式在房屋建设工程项目中采用的较多。传统模式下，业主方会让不同的承包商负责不同的环节，按顺序完成设计、施工等工作。因此，只能在完成设计方案后才可以进行施工招标工作，选择合适的施工承包商进行后续施工。采用这种模式的项目一般都不会太复杂，难度也较低。所以设计环节所需的工期也比较短，而施工的工期会比较长，工作内容也会比较多。传统模式下，业主可以根据工程项目的规模对技术及项目工期提出要求，一般不会特别严苛。

而工程总承包模式一般适用于大型工业工程项目，如石油、电力行业中的一些建设项目。这类项目通常技术要求高，项目金额大，实施难度和项目管理难度大，所以项目的设计工作非常关键，设计工期比施工工期在项目整体实施周期中的占比要高出很多。项目整体实施过程中需要采购的设备和材料较多，而且有很多定制化需求，需要较长的工期来做定制化设计和设备制造。如果在设计阶段没有做好统筹规划，合理安排定制化需求的工作计划，就会影响整个项目工期拖沓不紧凑，对业主和整个项目造成极大的损失。如果采用工程总承包模式，在设计的初期，就充分考虑设备定制所需的时间，合理安排项目工作计划，使设计、定制化采购、施工等环节工作紧凑，提高工程效率，缩短项目建设周期。

2. 招标方式不同

传统模式下，业主通常会以公开招标的方式来选择项目承包商。由于项目相对简单，业主通常会在招标书中提供较为详细的设计资料，框定项目目标及项目内容，以供承包商准备投标时参考。由于项目的目标和工作内容都非常明确，承包商可以相对较准确地预估自己的工作量和建设成本，做到心里有底，这种情况下参与投标的积极性就会更大，竞争者就会很多，激烈的竞争会让投标方在价格上做出让步，从而压低部分工程建设成本。

而在工程总承包模式下，项目规模大、技术难度大、要求高，业主在招标阶段只会提供项目的建设目标、功能需求等比较原则性的、整体性和目标性的信息，如果没有事先与业主进行细致的沟通和交流，承包商在投标过程中就会很模糊，无法展示自己真实的项目承接实力。如果没有事先做好准确的项目评估，一旦中标，在项目建设过程中承包商将需要承担大部分风险，这种情况下承包商会相对谨慎，没有十足的把握一般不会应标。业主方经常会采用邀标或议标的方式，通过谈判来明确项目的范畴、建设成本、双方职责及施工周期等内容。这样，就减少了各个承包商之间的相互厮杀。

3. 风险承担形式不同

传统模式下，业主与承包商需各自对己方因自身过失所造成的风险而负责。同时，业主还要对因外界发生的不可抗力所造成的风险而负责。这就要求业主和承包商共同承担项目风险。举个例子，在项目中如果采用单价合同的合作模式，业主需要对项目工作量做出较准确的预估，预估不准导致的项目成本升高，业主需承担后果；同样，承包商需要对项目的难度有准确预判，如果预估不准，对单价报价过低，导致的利润损失甚至项目亏损，风险由承包商承担。

工程总承包模式下，总承包商负责整体项目建设，绝大多数原本是业主方承担的风险都转嫁给工程总承包商，包括在工程建设中所能遇见的绝大多数风险，甚至是合同中由于文本描述不清带来的风险。业主一般与承包商签订总价合同，而工程总承包模式下往往在招标时不能具体明确项目承包范围，或者未具体划定发承包双方的工作界限，还约定不做费用追加。这种模式下，工程总承包商由于要在工程项目建设中承担更多的风险，所以在最初与业主签订总承包合同时，会在投标报价中大幅提高自身所需要承担风险的费用。在项目建设过程中，工程总承包商会想尽一切办法控制和规避项目风险，将风险费用转化成利润，实现利益最大化。这就是所谓的高风险高回报。同样，对于业主来说，虽然需要为工程项目付出更多的风险费用，但由于总承包商承担了项目全过程中所有环节的管理工作，最大限度地减轻了业主方的工作量和精力投入，为业主方转嫁了项目风险，并且极大地缩短建设工期，综合来看，工程总投资比传统模式还要低一些。在工程总承包模式中，业主虽然把风险大部分转嫁给了承包商，但如果不对承包商的项目管理能力和风险把控能力做出正确的评估，贪图低价，选择了能力不符的承包商，将会为整个项目埋下一个定时炸弹，后果不堪设想，所以这种模式下选择承包商至关重要。

4．项目管理方式不同

传统模式非常考验业主的综合能力水平，对业主的技术水平和项目管理能力具有很高的要求，通常情况下，业主是缺乏这两方面经验的。同时，由于工程项目分包众多，业主人手不足，精力有限，如果仅凭自己的力量去管理整个项目，可能花费的精力和成本都会很高，而效果却不太好。因此，在工程项目管理中，业主通常会委派一个工程咨询公司或项目管理公司作为甲方的代表在现场行使业主的职责，代替业主方进行项目管理。

而在工程总承包模式下，业主只需要提出项目建设预期目标及技术要求，总承包商按照要求，完成项目全过程所有环节的工作。业主完全放权，只需要按照合同约定的付款条件，按时支付款项即可。这就会让业主在工程项目管理中轻松了许多，整个项目有时仅需要委派一名业主代表进行管理。"业主代表"除了不能终止合同外，可以享有业主在该项目中的所有权利。

1.2　工程总承包模式的发展历程

1.2.1　工程总承包模式的总体发展历程

工程总承包是指总承包商在与业主确立合作关系以后，负责整体项目从设计到施工再到验收整个流程的运作和管理，包括各方资源的合理调配，设备材料的采购，项目过程的管理等。工程总承包模式的发展历程，从原始到高级，从简单到复杂，大致经历了三个阶段。

1. 初级阶段——设计与施工相结合阶段

这个阶段出现在建筑市场发展的初始阶段。在这个阶段,建筑的构造简单,形态也比较单一,施工管理难度较小,基本上不需要专人负责设计环节,由建筑工人在项目实施过程中进行简单的设计就可以。这是项目承包的原始阶段,工程总承包模式也从此时开始萌芽,这种状态大致持续至19世纪末20世纪初。

2. 设计与施工分别发展阶段

工业革命兴起后,社会生产力获得了极大的提升。人口的增长和人民生活水平的提高,对生活环境也有了新的要求。建筑物逐渐变高,结构也逐渐复杂,且更加多元化。由此引发的设计和施工难度越来越大,需要由专门的人来完成各自领域的工作内容,久而久之,就发展演变成两个各自独立的领域。

本阶段是以"设计—采购—施工"业务模式的出现作为标志的。这种业务模式最早在1870年的伦敦首次应用。该模式在目前看来已经是传统模式,但是在出现之初还是颇具历史意义的。它强调的是项目分工,各司其职,让各自领域的专业知识能最大化发挥。在设计阶段,业主通过资格审核等方式筛选出能力符合的设计人员进行项目设计,完成后通过采购部门进行项目的成本评估,并通过招投标或其他方式进行采购,选择符合要求的施工单位进行后续合作;在施工阶段,业主方将对项目的全过程进行监督和管控,保障项目的实施进度及质量、安全等。

目前在国际上,"设计—采购—施工"这种模式应用最广,在我国也是如此。它的优势在于可以在施工之前就完成主要的设计工作,让施工过程有更明确的目标及参照物,同时还可以用合理低价中标的方式,降低项目的建设成本。当然这种模式也存在着显而易见的劣势。由于施工和设计分离,当发生设计变更时,经常会引起责任不明确、相互推诿、项目实施周期拖后、建设成本过高等问题。

3. 设计与施工协调配合阶段

随着社会生产力的逐步发展,设计施工相分离的生产方式已逐渐与生产力不相匹配,导致出现项目工期拖后、建设成本增高等各种问题,严重影响了行业发展。在1970年左右,产生了一种新的工程管理模式——设计和施工协调配合模式。

1.2.2 我国工程总承包模式的发展历程

我国对工程总承包模式的摸索试行比英美等发达国家晚,始于20世纪80年代。随后又发布了一系列文件推动该模式在我国的发展。我国历年发布的关于工程总承包模式的政策文件见表 1-2。

表 1-2 我国关于工程总承包模式的相关政策

序号	年份	政策文件	文件编号	相关内容
1	1987	《关于设计单位进行工程建设总承包试点有关问题的通知》	619 号	提出组织一些设计单位对工程项目从可行性研究、勘察设计、设备采购、施工管理、试车考核（或交付使用）全过程进行承包试点，发挥前期设计对项目建设的主导作用
2	1989	《关于扩大设计单位进行工程建设总承包试点及有关问题的补充通知》	建设〔1989〕122 号	自 1987 年四部门联合颁发《关于设计单位进行工程建设总承包试点有关问题的通知》以来，工程建设项目普遍缩短工期，投资得到控制，质量具有保障，要求部门及地区扩大试点范围，批准了 31 家工程总承包试点单位，但设计单位不允许培养自己的施工队伍
3	1992	《设计单位进行工程总承包资格管理的有关规定》	建设〔1992〕805 号	560 家设计单位领取了甲级工程总承包资格证书，2000 余家设计单位领取了乙级工程总承包资格证书
4	1999	《关于推进大型工程设计单位创建国际型工程公司的指导意见》	建设〔1999〕218 号	提出为积极开拓国内外工程承包市场，使勘察设计单位加快深化改革脚步，计划五年内创建拥有设计、采购、建设（首次提出 EPC 名称雏形）总承包能力的国际型工程承包公司
5	2003	《关于培育发展工程总承包和工程项目管理企业的指导意见》	建市〔2003〕30 号	我国加入 WTO 世贸组织，贯彻党的十六大"走出去"的发展战略，深化工程项目组织的实施方式改革，提高建设管理水平
6	2005	《建设项目工程总承包管理规范》	GB/T 50358-2005	促进建设项目工程总承包管理的科学化、规范化和法制化，提高工程总承包的管理水平

序号	年份	政策文件	文件编号	相关内容
7	2011	《建设项目工程总承包合同示范文本（试行）》	GF-2011-2016	规范签订工程总承包合同双方参与主体当事人的市场交易行为
8	2014	《住房和城乡建设部关于推进建筑发展和改革的若干意见》	建市〔2014〕92 号	放宽工程总承包政策限制，建立适合工程总承包的招投标和建设管理机制，调整现行管理制度，工程总承包合同中涵盖的设计、施工业务可以不再通过公开招标方式确定分包单位
9	2016	《住房和城乡建设部关于进一步推进工程总承包发展的若干意见》	建市〔2016〕93 号	完善工程总承包管理制度，对管理模式、企业要求、分包和风险管理等做出要求。工程总承包已成为深化建设项目组织实施方式改革的有利抓手
10	2017	《国务院办公厅关于促进建筑业持续健康发展的意见》	国办发〔2017〕19 号	加快推进工程总承包，装配式建筑应采用工程总承包模式，政府投资项目应完善招投标、施工许可、竣工验收等制度规定并带头推行
11	2019	房屋建筑和市政基础设施项目工程总承包管理办法	建市规〔2019〕12 号	建设单位应当根据项目情况和自身管理能力等，合理选择工程建设组织实施方式。建设内容明确、技术方案成熟的项目，适宜采用工程总承包方式

1.2.3　工程总承包模式国内外发展现状

1. 工程总承包模式国内发展现状

（1）工程总承包模式在中国发展缓慢，普及程度不高。中国早在 1984 年就发布相关政策鼓励开展工程总承包试点，在建筑市场中，也坚　持鼓励推广工程总承包模式，但是因为相应的法律法规、建筑市场等不完善，导致工程总承包模式的推广不是很顺利。

梅丞廷（2017）等指出工程总承包是国际工程中的主要承包模式，但该模式在中国的应用不完善，配套的政策文件缺乏、相关标准缺失、总承包单位实力不足、相应的组织机构不健全、项目管理模式不匹配。在我国，绝大多数专门从事工程总承包的企业还没有建立与自身主营业务相对应的机构及管理体系，更不用说制定详细的管理工作流程。我国的工程总承包单位管理水平相当落后，没有建立先进的工程总承包项目信息管理系统，缺乏专业的工程总承包高素质复合型人才。

许建玲（2017）指出，建设单位和行业监管部门认可度低、缺乏工程总承包意识，不信任工程总承包商的综合能力、信用、造价确定及隐蔽工程管控能力；工程总承包的法律法规和政策体系不健全，操作性不强，推广实施困难；工程总承包企业自身能力存在问题，缺少资质齐全、资本雄厚、管理过硬的工程总承包企业，当前施工企业的诚信度还无法达到国际上交钥匙工程（EPC 工程）所具备的科技领先、集约管理和自律行为等要求。

吴雯（2014）指出，工程总承包模式在我国的发展一直令人不满意，其大部分原因是国内多数业主不相信工程总承包商，不敢把全部工作委托给总承包商。

从小林（2011）指出，工程总承包模式在中国还没有获得长足的发展，采用该模式的项目比较少。通过分析认为，主要是工程总承包模式与传统模式有根本的不同，我国的发包人对工程总承包商的管理水平存在质疑，不愿意将整个项目交给工程总承包商负责。

张骏（2004）指出，工程总承包模式非常需要采用工程监理。在国外，依据 FIDIC 条款工程总承包项目不需要聘请工程监理，但在我国现有的市场环境条件下，非常有必要采用监理。

孙继德（2018）指出，工程总承包模式在我国经过三十多年的大力推广，在化工、建材领域发展迅速，然而在房屋建筑、市政设施领域发展缓慢，原因包括三个方面：①体制、法制及机制方面的障碍，存在执法不严、推行力度不够、法律效力不足等问题；②工程总承包企业的业务供给能力不足，真正具有资质和能力承担工程总承包项目的企业很少；③业主观念落后，不愿采用工程总承包模式，有的业主认为工程总承包模式会损害自身权益，有的业主担心自身没有能力控制工程总承包的实施。因此工程总承包模式在中国没有能够有效推广。

综上研究可知，工程总承包模式在中国发展缓慢，业主不放心将整个项目交给工程总承包商进行管理，需要完善相关的法律法规、提高工程总承包企业管理能力、加强对工程总承包商的监管、提高咨询公司咨询质量等，保障工程总承包模式的发展。

（2）当前工程总承包模式在我国应用过程中存在的问题。张旭林（2016）指出，工程总承包项目管理中存在业主与工程承包商双方沟通不畅、设计阶段管理不善、工程承包商过于追求项目进度导致相关要求不符合项目实际、工程承包商与分包商签订的合同不完善，导致项目质量、进度、成本等要求无法满足，并且与分包商签订的合同由于相关质量标准、进度、管理范围等规定不明确导致发生意外事故。

左卫锋（2016）指出，目前我国的一些工程总承包项目管理过程中存在工程总承包商风险意识不强，对各分包商的管控不统一，没有做好相关的技术交底工作，实际进度与原定计划不符，不能在原有的计划时间内完成项目。

周连川（2017）等指出，工程总承包商开展项目管理难度较大，目前工程总承包商组织结构的深化改革还不够，没有有效提高组织结构的合理性，制约了工程总承包商的发展；工程总承包项目在管理上缺乏完善的总承包管理体系；分包管理存在违规违法；工程总承包商缺乏优良的管理团队；工程总承包商对项目管理的科学技术的应用还处于比较落后的状态。

郑意叶（2016）指出，经历了改革开放后我国的工程总承包项目管理工作取得了非常显著的进展，但仍然有很多的工程总承包商缺乏专业人才，总承包管理能力不高，最终使项目投资超概、工期拖延、质量不达标，项目效益降低。

彭万欢（2018）指出，相关法律法规不健全，制约着工程总承包的规范化开展。当前我国缺乏关于工程总承包项目的相关法律法规，实际操作起来非常困难，有很大的风险；当前的市场条件下，建筑施工企业没有足够的动力向工程总承包商转变，真正可以称得上具有综合资质及综合实力的企业非常少，还不具备大力推行工程总承包模式的能力。

综上分析可知，当前工程总承包模式在我国建筑市场应用中还存在很多问题，如设计质量、分包管理、风险管理、组织结构、人员配备等均存在一些问题，导致项目质量、进度、成本等目标无法实现。

（3）工程总承包项目应强化监管，提高项目绩效。在我国当下的建筑市场环境下，市场主体还不成熟，想要建立完备的市场机制很困难，还需要花费很长的时间，相关的市场关系并没有全部构建完成，相关的制约规则还不完善，市场机制的运作效率低，所以政府仍然有必要对建筑活动实施强势监管。工程总承包模式下，尽管关于项目建设、组织管理、沟通协商等工作转移给了工程总承包商，但是需要承担的责任及面临的风险并没有完全转移，业主方还是需要承担相应的责任。在整个工程项目建设过程，业主方应该知道，尽管将项目交由工程总承包商实施管理，但是业主是最终交付产品的所有者，最终项目质量的高低对其使用寿命长短和相关业主功能要求满足程度影响非常大。

张旭林（2016）指出，工程总承包模式下，急需完善相应的总承包市场，通过市场信息公开，将工程总承包商的履约行为进行披露，实现工程总承包商的信用公开透明，进而可以实现对工程总承包商的监管；同时业主应该依据签订的合同，根据约定的范围，主动参与项目管理，与工程总承包商沟通协调，站在双方的角度，按照规定的时限要求完成属于自己的工作；工程总承包商应该重视对分包商的管理，积极与分包商沟通，保证双方的联系。

张骏（2004）认为，在我国目前的项目管理条件下，工程总承包还需实施工程监理。我国已经形成了包括发包人、监理人、承包人在内的三方监管形势，上述三方在监管过程中要接受政府相关职能部门的监管，可是当下政府部门关于建设活动的监督管理工作还是存在问题，规范性不足，相关的质量、安全等事故仍然会发生，而且面临的局势越来越紧张。

梅丞廷（2017）认为，监理公司主要负责对项目施工阶段的工作实施监管，存在一定的局限性，但是在总承包模式下的监理，应该对项目从头到尾实施监理，因此对相应的工作人员的专业知识要求较高。现有的监理单位在人员配备等视角依然不能符合总承包模式的标准，因此应该由相关的项目管理单位实施监理的工作，发挥他们在项目全过程管理方面的经验和优势。

综上所述，由于配套政策、市场发展等原因，我国的建筑市场中业主对总承包商信任度不高，不放心将整个项目交给总承包商进行管理，且总承包模式在应用过程中存在诸多问题，包括总承包商综合管理能力不足、风险意识不强、组织机构不健全，项目存在投资超概、工期延误、质量低下等问题，因此我国的工程总承包项目可以通过信息公开、信用评价、委托项目管理等方法进行监管。

2. 工程总承包模式国外发展现状

欧美等发达国家从第二次世界大战之后开始快速发展经济，随之而来的是大批工程建设，这为这些国家的建筑企业带来了高额的利润，使它们快速发展壮大，为它们成为工程总承包商奠定了坚实的经济基础。在经历了高速的发展后，发达国家（或地区）的国内工程大幅减少，已经成为工程总承包商的企业纷纷走出国门，抢占全球市场并在国际市场中形成了众多寡头企业，占据产业链中利润丰厚的前端工作。由于国外的建筑业经过了很长的发展时期，其市场化程度高，建筑企业很早就开始实施工程总承包模式。

经过长期的推广发展，工程总承包模式在发达国家得到了普遍的运用，尤其是在私人的建设项目中，效果尤为明显。国外学者在工程承发包领域进行了大量的研究工作，国际发达地区因为建筑行业已经稳定，大体格局已经形成，因此仅针对工程总承包模式具体做法的研究较少，目前集中于工程总承包管理、风险识别和许多跨学科领域的研究。

在一些较发达的国家中，研究工程总承包模式的机构繁多。例如，土木工程师学会对工程总承包模式中的风险管控进行了细致的研究，总结了防范风险的"黄金二十条"；总承包商协会对工程总承包模式中的组织机构建设进行了细致的研究，在如何构建有效的组织机构进而保障工程总承包模式的有效运营方面得出了有益的结论；建筑师学会对工程总承包管理中的成本控制内容进行了研究，并提出了具体的控制方法和手段。

1.3 工程总承包管理模式比较

工程总承包模式可按照过程内容和融资运营两种方式划分。按照过程内容可以划分为 EPC、EPCM、DB、PC、EP 等模式；按照融资运营可以划分为 BOT、BOO、BT 等模式。根据工程项目的不同规模、类型和业主要求，业主可以选择适用于自己的承包模式。

1.3.1 按照过程内容划分

1. EPC 总承包模式

EPC 总承包模式即设计（Engineering）—采购（Procurement）—施工（Construction）的组合，是指工程总承包商按照合同约定，承担工程项目的设计、采购、施工、试运行服务等工作，并对承包工程的质量、安全、工期、造价全面负责，是我国目前推行的最主要的一种工程总承包模式。

交钥匙总承包是 EPC 总承包业务和责任的延伸，最终是向业主提交一个满足使用功能、具备使用条件的工程项目。

（1）EPC 总承包模式的优点。

1）固定总价合同，有利于控制成本。该模式下，一般采用固定总价合同，将设计、采购、施工及试车等工作作为整体发包给工程总承包商，业主本身不参与项目的具体管理，有效地将工程风险转移给工程总承包商。

2）责任明确，业主的管理简单。该模式下，工程总承包商是工程的第一责任人，在项目实施过程中，减少了业主与设计方、施工方协调沟通的工作，同时也有效地避免了相互扯皮和争端。

3）有利于设计优化，缩短工期。该模式下，设计、采购、施工一体化，设计阶段设计、采购、施工人员均应参与，可对施工可行性、工程成本综合衡量考虑。实施阶段也可实现设计、采购、施工的深度交叉，有效地提高工作效率，缩短工期。

（2）EPC 总承包模式的缺点。

1）该模式对总承包商的综合素质要求较高，可供选择的工程总承包企业较少。

2）该模式下，业主项目前期工作较浅，很难对工程范围进行准确定义，双方容易因此产生争端。

3）该模式下的合同范围较广，对于合同中约定的比较笼统的地方，容易发生合同争端。

4）该模式下，由于业主本身参与管理程度低，对工程的质量、进度、安全等环节的管理控制力降低。

（3）不同单位主导的 EPC 总承包模式分析。

1）施工单位为 EPC 工程总承包商。施工单位作为工程项目的总承包商，与业主直接签订 EPC 总承包合同，主导工程项目的设计、采购、施工全过程管理。在工程建设管理过程中，施工单位可以自己完成设计工作，但是，一般的施工单位往往不具备独立完成工程项目设计的能力，这就需要施工单位通过招投标的方式选择合适的设计单位来承担该项目的设计任务，由工程总承包商统一管理，分包商不与业主签订工程合同。在施工管理方面，承包商可根据项目的实际情况自己完成工程项目的施工工作，也可以再聘请一个专业分包施工单位来完成专业施工工作。因此，这种以施工单位为主导的 EPC 工程总承包商，他的组织结构可以是综合承包公司，也可以是联合体的形式。施工单位主导的工程总承包组织体系如图 1-1 所示。

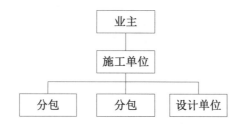

图 1-1　施工企业为工程总承包商的组织体系

在施工单位主导的 EPC 总承包模式下，在施工管理过程中需要工程总承包商具备较高的专业技术能力，提前选择合适的分包商完成分包工作，这样做不但可以降低工程承包风险，还能增强工程总承包商的核心竞争力。

2）设计单位为 EPC 工程总承包商。设计单位作为项目的工程总承包商，与业主直接签订 EPC 总承包合同，主导工程项目的设计、采购、施工全过程管理。在工程建设管理过程中，由于设计单位的局限性，工程总承包商需要通过招投标的形式聘请施工单位作为分包商来完成工程的施工建设，由工程总承包商统一管理，分包商不与业主签订工程合同，施工任务拆包的方式有以下两种：一种是将全部的工程项目全部分包给一个施工总承包单位进行施工管理；另一种是将全部的工程项目拆分成若干个小标段后再进行分包，各分包商由工程总承包商统一管理。设计单位为 EPC 工程总承包商的组织体系如图 1-2 所示。

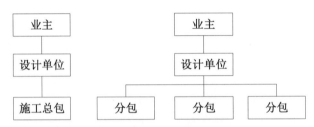

图 1-2　设计单位为工程总承包商的组织体系

3）设计和施工单位以联合体方式为 EPC 工程总承包商。设计单位与施工单位以联合体的形式组成工程总承包商进行工程投标。这样工程总承包商就同时拥有设计和施工的资质及技术水平，工程总承包商直接与业主签订承包合同，联合体总承包商需要承担全部工程项目的管理职责。在工程管理过程中，联合体首先需要在内部达成一致，双方人员协商各自所需要承担的工作和责任，分别派出代表与业主进行项目沟通。该类型设计施工总承包的组织体系如图 1-3 所示。

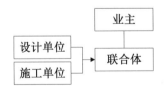

图 1-3　设计和施工单位以联合体组成总承包商的组织体系

2. EPCM 总承包模式

EPCM 总承包模式即设计（Engineering）—采购（Procurement）—施工管理（Construction　Management）的组合，是指设计采购与施工管理总承包，是国际建筑市场较为通行的项目支付与管理模式之一，也是我国目前推行的一种工程总承包模式。EPCM 承包商是通过业主委托或招标而确定的，承包商与业主直接签订合同，全面负责工程的设计、材料设备供应、施工管理。根据业主提出的投资意图和要求，通过招标为业主选择、推荐最合适的分包商来完成设计、采购、施工任务。设计、采购分包商对 EPCM 承包商负责，而施工分包商则不与 EPCM 承包商签订合同，但接受 EPCM 承包商的管理，施工分包商直接与业主具有合同关系。因此，EPCM 承包商无须承担施工合同风险和经济风险。当 EPCM 总承包模式实施一次性总报价方式支付时，EPCM 承包商的经济风险被控制在一定的范围内，承担的经济风险相对较小，获利较为稳定。EPCM 管理组织架构如图 1-4 所示。

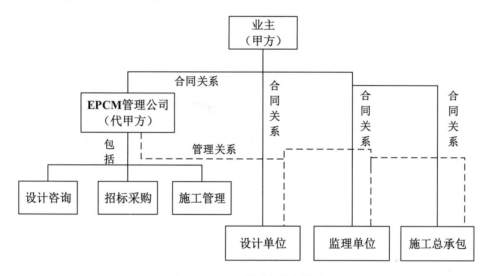

图 1-4 EPCM 管理组织架构图

在 EPCM 总承包模式下，对 EPCM 承包商的总承包能力、综合能力、技术水平及管理水平要求都非常高，所以在技术创新、信息化程度、管理能力等相对较为成熟、有丰富运作经验积累的国际性大公司比较流行。随着经济的发展，国内大多数工程公司也正在从单一的设计或施工单位转型成 EPCM 管理公司，不过还是和国际工程公司有一定的差距。

EPCM 总承包模式具有如下基本特点。

（1）项目一体化。业主把项目建设的设计、采购、施工管理和项目后期验收、移交等工作全部交由一家专业、有经验的 EPCM 管理公司负责，业主只需提出项目投资意图和最终达到的要求。

（2）合同固定总价。业主与 EPCM 承包商签订的合同一般是固定总价合同，和项目建设金额等无关，主要与人工实际成本、公司及项目日常管理费用（利润、现场前期工程）等相关。

（3）业主对承包商控制力度大。在 EPCM 管理模式下，EPCM 承包商只在项目实施过程中代表业主方对各个分包商进行管理，项目合同由业主和分包商直接签订，分包商与 EPCM 承包商没有合同关系，因此相对于其他的管理模式，业主能最大限度地参与项目各项阶段的决策。EPCM 总承包模式是一种能够较大降低风险和成本的项目管理方案，业主拥有较大的决策空间，使其能够同时监控项目相关风险和项目的建设状态，选择比较合适的方案来规避不可预见的风险，保证自身的投资利益。

（4）EPCM 总承包模式下的建设风险不是单独由一个分包商来承担，因为整个项目不存在项目总承包单位，所有与分包商有关的一切项目风险，需要由业主方独立承担，这是因为 EPCM 承包商只是管理各分包商，只会承担由于管理不善而产生的名誉风险。

（5）在 EPCM 总承包商的协助下，业主对采购和成本的控制能更接近于满足国家相关法律法规，使整个项目的成本、采购更公开透明。

3．DB 总承包模式

DB 总承包模式即设计（Design）—建造（Build）总承包模式，是指工程总承包企业按照合同约定，承担工程项目设计和施工，并对所承包工程的质量、安全、工期、造价全面负责。DB 总承包模式是一种将设计工作和施工工作集成管理的较新型的工程承包模式，其有着丰富的管理内涵。在目前的市场应用中，DB 总承包模式以设计—施工一体化、固定总价合同、大量节省工程建设进度这三个标签为显著特征，DB 总承包商的管理内容几乎覆盖了项目建设周期全过程，能够进入 DB 总承包商模式框架运行的DB 总承包商一般都是综合实力较强的企业。

（1）DB 模式的不同阶段。

1）初步设计及准备阶段。此阶段主要指招投标阶段进行前，建设单位进行项目可行性研究和投资预估的阶段。在此期间，一般是建设单位的主要前期工作阶段，需研究确定以下几项内容：一是项目是否确定实施，预期的项目功能定位是什么；二是确定项目建设意向，并提出具体的要求，必要时还要组织相关专家进行项目的技术经济可行性论证，随后完成包括设施功能要求、设计准则等在内的项目纲要；三是确定项目的初步设计方案和预计投资计划，在项目建设内容初步明确后，平衡工程的质量、外观和造价，以便编制出能达到建设单位预期的招标文件。

2）招投标阶段。此阶段是各 DB 总承包商根据建设单位提供的招标文件要求进行投标的阶段。一般 DB 总承包模式项目合同签订前，建设单位已有较为清晰的设计要求和总体规划，而 DB 总承包商需要对这些内容进行细致划分，并发挥自身优势进行改良设计，最终以改良设计为基础提出竞标价格。在此阶段，参与竞标的 DB 总承包商通常会将包括技术要求、细部图纸在内的深化设计完成至 30%。在确定中标单位后，建设单位与 DB 总承包商签订合同，双方在合同内约定工期、价格、风险因素及调整计算方法、支付方式等内容，一般 DB 总承包模式的合同类型为总价合同，其中总价清单包干合同是以工程量清单内容为主进行工程结算，图纸包干合同则是以实际施工图纸内容为准进行工程结算，清单仅为参考。

3）设计—施工阶段。与传统 DBB 模式不同，DB 总承包模式此阶段的特点就是边设计边施工。中标的总承包商将在此阶段完成剩余设计内容和施工部分内容，由 DB 总承包商设计部门完成的设计图，可随时交由建设单位审核，审核获批准后便可按阶段性设计图纸中的内容施工。简而言之，这一阶段是以动态循环的方式进行的。在这一阶段内，DB 总承包商将通过再次细化、优化设计方案、施工方案和择优选择材料供应商、分包商等手段，确定各分部分项工程量，从而达到实现中标价格的目的。

（2）DB 总承包模式的优点。DB 总承包模式的主要特点就是将传统 DBB 模式下的业务范围扩大，由原来设计与施工分别发包转变为设计与施工整体发包。

1）从行业角度来讲，应用 DB 总承包模式能够提高建筑业准入门槛，优化建筑业产业结构规模经济效益，提高行业利润、提高产品差异性，便于发挥承包商的竞争优势，促进建筑业资源整合和技术革新。

2）从业主角度来讲，应用 DB 总承包模式可以减少发包作业次数，单一的权责界面更易于追究工程责任，在有效规避因设计单位与施工单位沟通不畅所带来的管理风险外，还使责任人更清晰。同时，还可利用边设计、边施工的方法来缩短工程建设周期，即 DB 总承包商可先将已完成的部分设计图纸送交建设单位审核，并随时开始组织已审核图纸内容的具体施工，这可以有效压缩工程建设周期，尽早将工程投入使用。例如，采用 DB 总承包模式建设的香港北区医院项目工期历时五年，而采用传统方式建造的香港东区医院（The Pamela Youde Nethersole Eastern Hospital）的工期则长达十年。另外，采用 DB 总承包模式，设计部分所涉及的风险由 DB 总承包商承担，使业主方所承担的风险随之减少。据国外相关数据统计，采用 DB 总承包模式的项目工程，因为签订总价合同，减少了工程造价的不确定因素，工程总造价水平平均可降低 10% 左右。

3）从承包商角度来讲，应用 DB 总承包模式最大的好处是可以统筹设计、施工作业，增加对项目工程总进度计划的控制把握能力。在深化设计过程中，随着与建设单位接触的增多，能够更好地了解建设单位需求，有利于后续各项工作的展开。同时，在工程施工过程中，能在快速解决设计变更问题降低成本风险的同时，还可发挥创新运用新技术降低成本，促进工程顺利推进。DB 总承包商可将设计与施工两部分更完美地结合，在工程建设早期就将与现场实际施工相关的各类知识和经验融入设计中，减少后期可能发生的设计变更或工程洽商数量。

（3）DB 总承包模式的缺点。DB 总承包模式下，总承包商要负责处理设计、成本、利润和紧急状况等一系列问题；该模式也不适用于为满足技术、项目和审美目的而需要复杂设计的项目。如果设计单位被施工单位所雇佣，降低了设计单位的竞争意愿，那么他们永远不可能挑战极限、创造奇迹。

1）从行业角度来讲，应用 DB 总承包模式倾向于有限竞争，投标竞争性降低，投标成本相对较高。传统 DBB 总承包模式下的制衡体系在 DB 总承包模式中不复存在，而标准的 DB 总承包合同仍在完善改进中，法规有可能不支持 DB 总承包合同。

2）从业主角度来讲，现阶段整体还缺少关于 DB 总承包模式管理的相关概念和经验，若 DB 总承包商信誉不佳或执行成效差，业主会承担较大风险。在审核 DB 总承包商提供的阶段性图纸方面，建设单位一般不具有专业性和权威性，如果出现需要方案对比择优等类似情况，会不容易把握准确，从而干扰判断。同时，应用该模式的 DB 总承包商有时会因为考虑成本追求施工经济性而牺牲更高质量的设计内容。

3）从承包商角度来讲，首先应用 DB 总承包模式之后，要同时对设计和施工两方面内容的质量负责，增加了风险承担范围。其次，投标 DB 项目工程的难度也会比传统 DBB 模式更大，投标时设计内容一般不到全部内容的 1/3，使投标所需组织的人力物力投入增大的同时，还使工程总成本预估这一变数变得更难把握。同时，现阶段国内应用 DB 总承包模式的工程数量不足，业务拓展空间有待发展。

4．DBB 总承包模式

DBB 总承包模式即设计（Design）—招标（Bid）—建造（Build）模式，这是最传统的一种工程项目管理模式。该模式在国际上最为通用，世界银行、亚洲开发银行贷款项目及以国际咨询工程师联合会（FIDIC）合同条件为依据的项目多采用这种模式。其最突出的特点是强调工程项目的实施必须按照设计—招标—建造的顺序进行，只有一个阶段结束后另一个阶段才能开始。我国第一个利用世界银行贷款的项目——鲁布革水电站工程实行的就是这种模式。这种模式不仅在国际上比较通用，在我国内地的工程建设中更有近 90%的工程建设采用该模式，其在我国内的相关法律法规体系基本完善，市场格局、认知度及认可度都相当高，可以说 DBB 总承包模式是我国目前建筑领域的基本及主导模式。

（1）DBB 总承包模式的不同阶段。

1）设计阶段。在设计阶段，建设单位首先要确定设计师或设计团队进行项目工程的图纸设计工作。同时，设计师还要与业主共同确定业主需求内容，拓展编制工程设计策划书，并以此内容为基础，进行概念设计或方案设计。通常，一个设计团队主要包含总设计师，结构设计师，建筑设计师，各专业设计师，如电气设计师、水暖设计师、通风空调设计师、消防设计师，甚至是景观园林设计师等，各设计师分别设计各自专业领域相关内容、编制技术标准依据等。设计团队还要协助业主进行招投标文件的编制工作，提出包括规范标准在内的各项工程相关技术要求，后由总设计师审核各部分设计内容及相关技术要求，并提交给建设单位进行核验。核验确认后协同建设单位成本管理部门共同出具招标文件，各投标单位将以此为依据进行投标。通常，设计费用按工程总造价的1%~5%收取。

2）施工招投标阶段。施工招投标阶段一般工程以公开招标的形式进行，任何资格预审合格的单位都能够参与投标。而难度较大或具有技术垄断性质的工程，也可以采取邀请招标的方式，由业主发送邀请函，选择投标单位进行投标。投标内容一般分为技术标和商务标两部分，各投标单位在竞标时，需提供投标正本一份和副本若干份（按招标文件要求），用于评审专家评标时使用。投标阶段发现的各项问题将由业主协同设计单位出具投标澄清文件进行答复。在标书评审过程中，一般采用综合评估法评标，商务标分数占比较大，一般为 50%~70%，技术标分数占比相对较小，一般为 30%~50%，综合得分后进行排名，选出第一名中标。举例来讲，如果采用综合评估法进行评标，招标文件中说明商务标得分占 70%，技术标得分占 30%，而一家投标单位商务标得分为 80 分，技术标得分为 90 分，则最终得分为 80×0.7+90×0.3=83 分。投标阶段的报价在施工单位的角度来讲称为"一次经营"，而后续实际施工过程称为"二次经营"。

3）施工阶段。一旦确定工程的中标单位后，施工单位必须按照招标文件和合同约定进场组织施工。以房企为例，施工时一般以里程碑事件，如主体结构出正负零、主体结构封顶、二次结构完成等将整体工程划分为四个阶段，即施工前准备阶段、主体结构及二次结构施工阶段、室内外装饰装修阶段和竣工阶段。整个施工过程是按图施工的过程，如果图纸与现场实际有不符，出现无法按图施工的情况，一般以设计单位出设计变更或施工单位出工程洽商的方式进行纠正。整个工程施工过程中，业主是占绝对主导地位的，在此阶段也是如此。而往往也是在此阶段，施工单位会以设计变更或工程洽商的形式，使整个工程造价提高到严重超支的境地。所以，在此阶段的建设单位需要有较高的现场管理协调能力和技术专业水平。

（2）DBB 总承包模式的优点。

1）采用 DBB 总承包模式时，设计单位是公正的、代表业主利益的。因为设计单位与业主（建设单位）是合同关系，所以直接受辖于业主，在沟通时能够及时将业主的意图表现成设计图和设计方案等形式，让业主感受更直观。

2）在设计团队的协助下，编制的招标文件更具有专业性和针对性。在公开招标阶段，如果遇到图纸设计问题，能够以澄清文件或补充说明等形式及时消化解决，不用等到施工阶段再协商解决，这样有利于工程总造价的控制，即在理想状态下，大部分图纸问题能够在投标阶段解决，减少因设计问题出现的工程设计变更而增加工程总造价。同时，因为 DBB 总承包模式的招标阶段图纸内容已基本完整呈现，在公开招标时依据设计协同编制的招标文件，能够有效避免恶意低价中标现象。

3）因为在招标阶段设计图纸就已基本完整，图纸设计范围已经基本确定，所以业主能够提早识别潜在的各项分包内容，比如图纸设计范围是否有石材幕墙、用什么样的防水材料、是否有新型建筑材料等，有利于业主对设计内容的整体把握，能够提前规划分包范围和筛选潜在供应商。

4）能够帮助业主以合理的价格构建工程。因为实际施工前期的设计阶段，包含工程概算内容，这部分内容不仅有第三方机构进行监督、审查、管理，而且会在投标阶段以价格清单的形式体现。对业主来说，不仅工程概算具有权威和合理性，能够得到业主认可，而且工程总造价这部分内容能够在项目实际施工工作开始前就了然于胸，有助于建设单位提早制订资金筹措计划。

5）设计单位和施工单位的选择能够达到最优化。因为 DBB 总承包模式下的设计单位和施工单位均采取招标形式选择，所以相对来讲，中标单位一定是所有投标单位中最具有效率、价格最合理且能够保证设计产品或建筑产品质量的单位。

（3）DBB 总承包模式的缺点。

1）因为 DBB 总承包模式的最重要属性就是前一阶段工作完成后再进行下一阶段

工作，所以该模式的容错率相对较低，当遇到设计图纸错误或在设计阶段成本上涨时，因改正图纸错误或重新制定项目概算的时间，会造成项目整体进度滞后，如果有必要重新制订项目规划设计方案以节约成本，进度整体滞后时间会更长。而且如果在与设计单位签订的设计合同中，没有明确注明如遇到成本上涨时重新设计等此类问题的协商解决办法，则重新设计产生的费用可能要由业主自行承担。

2）这种模式分为设计阶段、招标阶段和施工阶段，施工阶段一般用时最长，较长的项目持续时间会造成项目的管理成本上升，无形中增加了包括人员工资等在内的工程间接总造价。

3）在设计阶段，因为还没有经过公开招标确定施工单位，所以施工方无法参与其中，设计图纸的可施工性可能会受到质疑。因施工期间现场无法按图施工而产生的设计变更或者工程洽商，会大大增加工程整体造价，而且这种增加的造价不在可控范围内，又难以避免，使业主的利益无法保证。

4）在极端的情况下，比如经济大萧条或行业整体发展空间下滑，各企业为了提高中标率，增加营业收入，往往会采取压低投标价格中标的策略。在这种策略下，还要保证一定的利润，往往会牺牲掉一部分质量，比如采购低价材料商品，甚至以次充好等，这都会导致业主管理风险上升。目前，我国就有些小企业在低价中标后，采取此种策略，导致业主感叹"防不胜防"和"悔不当初"。

5）因为设计单位和施工单位的利益不同，且不存在合同制约关系，所以当面临问题时，很有可能各执一词，造成问题解决速度慢，甚至僵持不下或产生纠纷，而业主方如果缺乏相关专业知识，则很难做出准确判断，这会影响工程项目的建设进度。

1.3.2　按照融资运营划分

1. BOT 模式

BOT（Build-Operation-Transfer）即建设—经营—移交，指一国政府或其授权的政府部门经过一定程序并签订特许协议将专属国家的特定的基础设施、公用事业或工业项目的筹资、投资、建设、营运、管理和使用的权利在一定时期内赋予本国或/和外国民间企业，政府保留该项目、设施及其相关的自然资源永久所有权；由民间企业建立项目公司并按照政府与项目公司签订的特许协议投资、开发、建设、营运和管理特许项目，以营运所得清偿项目债务、收回投资、获得利润，在特许权期限届满时将该项目、设施无偿移交给政府。有时，BOT 模式被称为"暂时私有化"过程（Temporary Privatization）。

我国国家体育馆、国家会议中心、北京奥林匹克篮球馆等项目采用了 BOT 模式，由政府对项目建设、经营提供特许权协议，投资者需全部承担项目的设计、投资、建设和运营责任，在有限时间内获得商业利润，期满后将场馆交付政府。

（1）BOT 模式的优点。

1）减轻政府的财政负担及所要承担的项目风险。

2）政府部门与私人机构之间沟通协调简单。

3）项目回报率规定明确，政府与私人机构的纠纷较少。

（2）BOT 模式的缺点。

1）项目前期周期较长，导致前期费用较高。

2）参与投资的企业存在利益冲突，增加了融资难度。

3）政府部门失去对项目的控制权。

（3）BOT 模式的实施步骤。

1）项目倡议方成立项目专设公司（项目公司），专设公司同东道国政府或有关政府部门进行有效协商和洽谈，最终达成项目特许协议。

2）项目公司与工程承包商签署工程建设合同，并由建筑商和设备供应商的保险公司担保，确保项目经营协议在专设公司与项目运营承包商洽谈之中得以签署。

3）项目公司与商业银行签订贷款合同或与出口信贷银行签订买方信贷合同。

4）进入运营阶段后，项目公司必须及时把收入转给担保信托，由担保信托来部分偿还银行贷款。

（4）BOT 可演化的模式。

1）BOO（Build-Own-Operate）即建设—拥有—经营。项目一旦建成，项目公司对其拥有所有权，当地政府只是购买项目服务。

2）BOOT（Build-Own-Operate-Transfer）即建设—拥有—经营—转让。项目公司对所建项目设施拥有所有权并负责经营，经过一定期限后，再将该项目移交给政府。

3）BLT（Build-Lease-Transfer）即建设—租赁—转让。项目完工后一定期限内出租给第三者，以租赁分期付款方式收回工程投资和运营收益，以后再将所有权转让给政府。

4）BTO（Build-Transfer-Operate）即建设—转让—经营。项目的公共性很强，不宜让私营企业在运营期间享有所有权，须在项目完工后转让所有权，其后再由项目公司进行维护经营。

5）ROT（Rehabilitate-Operate-Transfer）即修复—经营—转让。项目在使用后，发

现损毁，由项目设施的所有人进行修复，恢复整顿—经营—转让。

6）DBFO（Design-Build-Finance-Operate）即设计—建设—融资—经营。

7）BT（Build-Transfer）即建设—转让。

8）BOOST（Build-Own-Operate-Subsidy-Transfer）即建设—拥有—经营—补贴—转让。

9）ROMT（Rehabilitate-Operate-Maintain-Transfer）即修复—经营—维修—转让。

10）ROO（Rehabilitate-Own-Operate）即修复—拥有—经营。

2．BT 模式

BT（Build-Transfer）即建设—移交，是政府或开发商利用承包商资金来进行融资，建设项目的一种模式。BT 模式是 BOT 模式的一种变换形式，指一个项目的运作通过项目公司总承包，融资、建设验收合格后移交给业主，业主向投资方支付项目总投资加上合理回报。采用 BT 模式筹集建设资金成了项目融资的一种新模式。

（1）BT 模式的特点。

1）BT 模式仅仅是政府用于非经营性的设施建设项目。

2）政府利用的资金是通过投资方融资的资金而非政府资金，这种融资的资金来源范围非常广泛。

3）BT 模式仅是投资融资的一种全新模式，其重点在于建设，即 B 阶段。

4）增强投资方履行合同的能力，避免其在移交时存在幕后经营。

5）政府依据合同约定总价，对投资方按比例分期支付。

（2）BT 模式存在的风险。

1）潜在风险较高，应建立风险监督机制，增强风险管理的能力，以有效地防御政治、经济、自然、技术等带来的风险，最重要的是防范政府债务偿还的风险。

2）追求安全且合理的利润以及双方谈判约定总价的难度较大。

3．BOO 模式

BOO（Building-Owning-Operation）即建设—拥有—经营，主要用于公共基础设施项目。承包商根据政府赋予的特许经营权，建设并经营某项产业项目，但是并不将此项基础产业项目移交给公共部门。BOO 模式的优势在于，政府部门既节省了大量财力、物力和人力，又可在瞬息万变的信息技术发展中始终处于领先地位，企业也可以从项目承建和维护中得到相应的回报。

BOO 模式属于私有化类项目，它是由 BOT 模式演变而来的，都是利用社会资本承担公共基础设施项目建设，由政府授予特定公共事业领域内的特许经营权利，以社会资本或项目公司的名义负责项目的融资、建设、运营及维护，并根据项目属性的不同，通过政府付费、使用者付费和政府可行性缺口补助的不同组合获得相应的投资回报。而BOO 与 BOT 模式分属于不同类型的主要原因就在于，BOO 模式中不存在政府与私人部门之间所有权关系的二度转移，自公私合作开始，基础设施的所有权、使用权、经营权、收益权等系列权益都完整地转移给社会资本或项目公司，公共部门仅负责过程中的监管，最终不存在特许经营期后的移交环节，项目公司能够不受特许经营期限制地拥有并运营项目设施。

BOT 和 BOO 模式最重要的相同之处在于：它们都是利用私人投资承担公共基础设施项目。在这两种融资模式中，私人投资者根据东道国政府或政府机构授予的特许协议（Concession Contract）或许可证（License），以自己的名义从事授权项目的设计、融资、建设及经营。在特许期，项目公司拥有项目的占有权、收益权，以及为特许项目进行投融资、工程设计、施工建设、设备采购、运营管理和合理收费等权利，并承担对项目设施进行维修、保养的义务。在我国，为保证特许权项目的顺利实施，在特许期内，如因我国政府政策调整因素影响，使项目公司受到重大损失的，允许项目公司合理提高经营收费或延长项目公司特许期；对于项目公司偿还贷款本金、利息或红利所需要的外汇，国家保证兑换和外汇出境。但是，项目公司也要承担投融资及建设、采购设备、维护等方面的风险，政府不提供固定投资回报率的保证，国内金融机构和非金融机构也不为其融资提供担保。

BOT 模式与 BOO 模式最大的不同之处在于：在 BOT 项目中，项目公司在特许期结束后必须将项目设施交还给政府；而在 BOO 项目中，项目公司有权不受任何时间限制地拥有并经营项目设施。从 BOT 的字面含义，也可以推断出基础设施国家独有的含义。作为私人投资者，在经济利益驱动下，本着高风险、高回报的原则，投资于基础设施的开发建设。为收回投资并获得投资回报，私人投资者被授权在项目建成后的一定期限内对项目享有经营权，并获得经营收入。期限届满后，将项目设施经营权无偿移交给项目东道国政府。由此可见，项目设施最终的经营权仍然掌握在国家手中。而且在 BOT项目整个运作过程中，私人投资者自始至终都没有对项目的所有权。说到底，BOT 模式不过是政府利用私人投资，而私人投资者在一定期限内对项目设施拥有经营权，但该基础设施的本质属性没有任何改变。换句话说，运用 BOT 模式，项目投资者可拥有一段确定的时间以获得实际的收入来弥补其投资，之后，项目交还给政府。而运用 BOO 模式，项目的所有权不再交还给政府。

1.4　工程总承包管理体系内容构架

工程总承包项目管理贯穿整个项目建设始终。主要内容包括：项目启动，组建项目部，编制项目计划，实施设计、采购、施工管理和试运行管理；进行项目范围管理，进度管理，费用管理，质量管理，职业健康、安全和环境保护管理，风险管理，信息管理，合同管理，现场管理等各方面。其中有些属于控制管理，有些属于业务管理，有些则属于关键流程管理。

1.4.1　工程总承包管理的程序

作为项目管理的承担者，总承包项目部组建之后即应根据合同规定和企业项目管理体系的要求，制定所承担项目的管理程序，进而严格执行项目管理程序，使每一管理过程都体现计划、实施、检查、处理的持续改进过程，也应体现工程项目生命周期发展的规律。基本管理阶段包括以下几部分。

（1）项目启动阶段：在工程总承包合同条件下任命项目经理，组建项目部。

（2）项目初始阶段：进行项目策划，编制项目计划，召开开工会议；发布项目协调程序，发布设计基础数据；编制设计计划、采购计划、施工计划、试运行计划、质量计划、财务计划，确定项目控制基准等。

（3）设计阶段：编制初步设计、方案设计文件，编制施工图设计文件。

（4）采购阶段：采买、催交、检验、运输并与施工交接。

（5）施工阶段：检查、督促施工开工前的准备工作，现场施工，竣工试验，移交工程资料，办理管理权移交，进行竣工结算。

（6）试运行阶段：对试运行进行指导与服务。

（7）项目管理收尾阶段：取得合同目标考核合格证书，办理决算手续，清理各种债权债务，缺陷通知期满后取得履约证书；办理项目资料归档，进行项目总结，对项目部人员进行考核评价，解散项目部。

设计、采购、施工、试运行的各阶段，应组织合理的交叉，以缩短建设周期，降低工程造价，获取最佳经济效益。

1.4.2　工程总承包管理的组织

组织是项目实施的基本物理结构，在针对不同工程项目的管理过程中，适应项目的特性，采用科学合理的项目组织结构是项目取得成功的最根本保障。一般来说，基本的组织形式有职能式、项目式和矩阵式三种，各有其适用范围及优缺点。对建设工程总承包管理而言，一般采用矩阵式组织形式。

在矩阵式项目组织结构中，参加项目的人员由总承包企业各职能部门安排，这些人员在项目工作期间服从项目安排，但人员不独立于职能部门之外，是一种暂时的、半松散的组织形式。项目成员之间的沟通不需通过其职能部门。各项目的组成人员在行政关系上隶属于企业各职能部门，具体执行项目的管理职责。矩阵式组织结构具有一些突出的优点：团队的工作目标与任务比较明确，有专人负责项目工作；各职能部门可根据自己部门资源与任务情况配置资源，提高资源利用率；相对职能式结构来说，减少了工作层次与决策环节，提高了工作效率与反应速度；相对于项目式组织结构来说，可在一定程度上避免资源的囤积与浪费。但矩阵式组织结构也有项目管理权力平衡困难，信息、回路比较复杂及项目成员处于多头领导状态等缺点。

在充分理解矩阵式组织结构的特点，并结合项目资源情况，依据项目合同确定的内容和要求，组建总承包项目部后，还要从事如下组织工作。

（1）对项目部进行整体能力的评价，评价结果如不满足项目要求，及时调整项目部人员。

（2）根据工程总承包合同和企业有关管理规定，确定项目部的管理范围和任务。

（3）确定项目部的职能和岗位设置，确定项目部的组成人员、职责和权限。根据工程总承包合同和企业的规定，项目部可设立项目经理、控制经理（相当于生产副经理）、总工程师（相当于技术负责人）、采购经理、施工经理、试运行经理、财务经理、进度计划工程师、质量工程师、合同管理工程师、估算师、费用控制工程师、材料工程师、安全工程师、信息管理工程师和项目秘书等岗位。

（4）由项目经理与企业签订"项目管理目标责任书"，并进行目标分解。

（5）组织编制项目部规章制度、目标责任制度和考核、奖惩制度。

1.4.3　工程总承包管理实施体系

在完成项目的组织工作后，即进入项目实施阶段。如前所述，按照工程总承包项目的控制环节及核心业务、管理流程，可以从不同维度对工程总承包项目管理的实施环节进行划分，大体上可以分为：项目进度管理，项目质量管理，职业健康、安全和环境保护管理，项目资源管理与项目风险管理；项目设计管理、项目施工管理、项目收尾管理；采购管理、费用管理、沟通与信息管理、项目合同管理等。此外，为了便于分析和阐述，根据项目管理经验，结合项目管理的实践，对上述管理环节进行分析，具体提炼出费用管理，设计管理，技术质量管理，物资管理，进度管理，职业健康、安全和环境保护管理，风险管理，共计七项核心内容，构建工程总承包项目管理的实施体系。

1. 费用管理

工程项目的费用管理主要体现在成本管理、合同管理、预结算管理三个方面。项目部应建立项目费用管理系统，以满足工程总承包管理的需要，设置费用估算和费用控制人员，负责编制工程总承包项目费用估算，制订费用计划，实施费用控制。项目经理应将费用控制、进度控制和质量控制相互协调，实现项目的总体目标。通常采用挣值法管理技术进行费用管理，并宜采用相应的项目管理软件。

项目部组织编制工程总承包项目控制估算和核定估算。估算的依据是项目合同、设计文件、企业决策、有关的估算基础资料和有关法律文件与规定。根据不同深度的设计文件和技术资料，采用相应的估算方法。

项目部编制项目费用计划，就是把经批准的项目估算分配到各个工作单元，即项目费用预算，作为费用控制的依据和执行的基准。编制依据为项目估算、工作分解结构和项目进度计划。费用计划编制应符合下列要求：按单项工程、单位工程分解，按工作结构分解，按项目进度分解。项目部应采用目标管理方法对项目实施期间费用发生过程进行控制。费用控制的主要依据为费用计划、进度报告及工程变更。费用控制应满足合同的技术、商务要求和费用计划，采用检查、比较、分析、纠正等手段，将费用控制在项目预算以内。项目部应根据项目进度计划和费用计划，优化配置各类资源，采用动态管理方式对实际费用进行控制。

具体控制应按如下步骤进行。

1）检查：即对工程进展进行跟踪和检测，采集相关数据。

2）比较：即将费用计划值与实际值逐项进行比较，以发现费用偏差。

3）分析：即对比较的结果进行分析，确定偏差幅度及偏差产生的原因。

4）纠偏：根据工程的具体情况和偏差分析结果，采取适当的措施，使费用偏差控制在允许的范围内。

费用控制宜采用挣值法管理技术测定工程总承包项目进度偏差和费用偏差,进行费用、进度综合控制,并根据项目实际情况对整个项目竣工时的费用进行预测。项目费用管理应建立并执行费用变更控制程序,包括变更申请、变更批准、变更实施和变更费用控制。只有经过规定的审批程序批准后,变更才能在项目中实施。

2.设计管理

对业主或工程总承包商而言,工程设计阶段对工程总造价的影响至关重要。工程实施以施工图设计为依据,材料设备的供应也是以设计为依据,设计进度直接影响工程的实施。成本、进度、质量是建筑工程的三大目标,设计阶段的进度、质量直接影响工程的顺利进行,因此设计管理是工程总承包项目成败的关键。对于项目设计,FIDIC《D-B/Turnkey 标准合同条件》中规定如下。

(1)由工程总承包商完成的工程应完全符合合同并适合于合同中规定的工程预期目标。工程应包括为满足业主要求的、承包商的建议书及资料表所必需的或合同隐含或由承包商的任何义务而产生的任何工作,以及合同中虽未提及但推论对工程的稳定、完整或安全、可靠及有效运行而言所必需的全部工作。

(2)"雇主要求"指合同中包括的对工作范围、标准、设计准则和进度计划的说明,以及根据合同对其所做的任何变更和修正。

(3)开始设计之前,工程总承包商应完全理解雇主的要求,应在竣工时间内设计、实施和完成工程,包括提供施工图设计文件,并应在合同期内修补任何缺陷。不管雇主代表是否批准或同意,工程总承包商应对全部现场作业、所有施工方法及全部工程的完备性、稳定性和安全性承担全部责任。

(4)工程总承包商负责工程的设计,应编制足够详细的施工图设计文件,以满足所有规章的要求,为供应商和施工人员提供足够的指导,并对已竣工工程的运行进行详细描述。工程总承包商应自费修正所有的错误、遗漏、模糊、矛盾及其他缺陷。

从上面对工程总承包模式中设计的定义可知,作为项目的总承包商,项目部需对设计负责,包括在投标时的初步设计阶段就确定合同总价、工期、功能目标。签订合同后,项目部在合同总价、总工期、业主要求的功能定义为最大限额、最大工程量和最长的工期,进行详细施工图设计。在这个合同条件下,除了不可抗力、法律变化和业主要求的改变,合同总价和工期不可改变,也就是可索赔的设计变更必须要在以上三个条件发生时才能成立。

设计管理通常由项目部总工程师负责，并适时组织项目设计组。工程设计一般按初步设计、施工图设计两个阶段进行。各阶段的设计成果包括设计说明、技术文件（图纸）和经济文件（概预算），其目的是通过不同阶段设计深度的控制保证设计质量。工程总承包项目中，设计往往不是独立的，设计管理的重点内容在于深化和优化设计，前者是为了实现项目的功能性要求，后者是为了实现项目的经济性要求，但是这两方面都离不开设计的质量控制，设计质量的好坏直接影响两个目标的实现。

为了有效地控制设计质量，项目部应建立质量责任制，明确设计各部室（设计分包单位）的质量职责，对设计进行质量跟踪，定期对设计文件进行审核。在设计过程中和阶段设计完成时，以设计招标文件、设计合同、政府有关批文、技术规范、气象自然条件等相关资料为依据，对设计文件进行审核。在审查过程中应特别注意过度设计和不足设计两种极端情况。过度设计导致经济性差，不足设计则存在隐患或功能降低。管理的重点是把握设计的控制点，制定相应的措施实现项目管理目标。

3．技术质量管理

工程项目作为技术性要求比较高的项目类型，质量管理的成效在很大程度上依托于工程项目的技术方案选择。实践中，也有很多建筑企业将技术与质量两个部门揉和在一起。因此，本书将技术、质量管理放在一起探讨。

（1）工程技术管理。工程总承包商运用科学的管理方法，对项目的各项技术活动和施工技术的各项要素进行计划、决策、组织、控制与调节的一系列管理活动是工程技术管理。"技术活动"包括图纸会审、编制施工方案、过程中的洽商管理，以及工程竣工验收过程中的各项技术工作。"施工技术的各项要素"则是指技术管理活动赖以进行的人才、装备、情报、标准与规程，以及技术责任制等一系列实施技术管理的基本因素。对工程总承包项目而言，技术管理强调的是对整个技术工作的管理，而非"技术"本身。工程总承包企业的技术管理工作更多强调了对技术工作的控制过程。

（2）项目的质量管理。质量管理贯穿项目管理的全部过程，是项目管理的三坐标之一，是项目管理的重点关注对象，有着极其重要的作用。同时，质量管理也是项目管理理论中发展最为成熟的一个领域，很多企业都通过了质量管理体系认证，在质量保证体系的框架内进行项目质量管理工作。质量管理应坚持"计划、实施、检查、处理"（PDCA）循环工作方法，不断改进过程的质量控制。循环方式如图 1-5 所示。

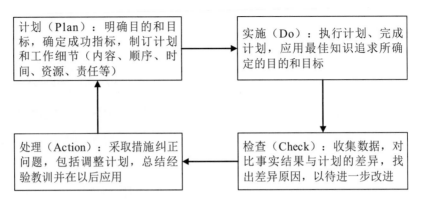

图 1-5 质量管理 PDCA 循环示意图

工程的质量管理主要遵循下列程序：明确项目质量目标；编制项目质量计划；实施项目质量计划，监督检查项目质量计划的实施情况；收集、分析、反馈质量信息并制定预防和改进措施。

项目部编制的质量计划，是对外质量保证和对内质量控制的依据。项目质量计划应体现从资源投入到完成工程质量最终检验和试验的全过程质量管理与控制的要求。内容包括：①项目的质量目标、质量指标、质量要求；②业主对项目质量的特殊要求；③项目的质量保证与协调程序；④相关的标准、规范、规程；⑤实施项目质量目标和质量要求应采取的措施。项目质量计划的编制依据包括：①合同中规定的项目质量特性，项目应达到的各项指标及其验收标准；②项目计划；③项目应执行的法律、法规及技术规范；④企业质量管理体系文件及其要求。项目质量计划由质量管理人员在项目策划过程负责编制，经项目经理批准发布。

项目的质量控制应对项目所有输入的信息、要求和资源的有效性进行控制，确保项目质量目标输入正确和有效。比如，在设计与采购的接口关系中，应对下列接口的质量实施重点控制：请购文件的质量、报价技术评审的结论、供货厂商图纸的审查、确认。在设计与施工的接口关系中，应对下列接口的质量实施重点控制：施工向设计提出要求与可施工性分析的协调一致性、设计交底或图纸会审的组织与成效、现场有关设计问题的处理对施工质量的影响、设计变更对施工质量的影响。

对出现的问题、缺陷或不合格，召开质量分析会，并制定整改措施。项目部应对项目实施过程中形成的质量记录进行标识、收集、保存、归档。项目部应将各分包项目的质量纳入项目质量控制范畴，分包方应按合同规定，定期向项目部提交分包项目的质量报告。项目部所有人员均有义务收集、反馈各种质量信息。对收集的质量信息应采用统计技术进行数据分析。数据分析应提供以下方面的有关信息：客户满意程度、与工程总承包项目要求的符合性、工程总承包项目产品的实现过程、工程总承包项目产品的特性及其质量趋势、项目相关方提供的产品和服务业绩的信息。项目部应定期召开质量分析会，积极寻找改进机会，对影响工程质量的潜在原因采取预防措施，并定期评价其有效性。企业应建立售后服务联系网络，收集并接受业主意见，及时获得工程项目运行信息，做好回访工作，并把回访纳入质量改进。

4．物资管理

工程总承包项目的物资管理，具体包括两个方面：采购管理和现场管理。

（1）采购管理。项目采购组在项目经理的领导下负责采购工作，采购工作应遵循"公平、公开、公正"的原则，保证按项目的质量、数量和时间要求，以合理的价格和可靠的供货来源，获得所需的工程分包（专业分包和劳务分包）、设备、材料及有关服务。应对供应商进行资格预审，建立企业认可的合格供应商名单。采购工作应纳入设计程序。设计组应负责采购文件的编制、报价技术评审和技术谈判、供货商图纸资料的审查和确认等工作。具体可按下列程序实施。

1）编制项目采购计划和项目采购进度计划。采购计划由采购经理组织编制，经项目经理批准后实施。依据是合同、设计文件、项目实施计划、进度计划及企业有关采购管理程序和制度。项目采购部应严格按采购计划开展工作。

2）采买。包括接收请购文件、确定合格供应商、编制询价文件、询价、报价评审、定标、签订采购合同等内容。采购部门一般应在项目合格供货商中选择 3~5 家询价对象，采购部门组织对供应商的报价进行评审，包括技术评审、商务评审和综合评审。必要时可与投标人进行商务及技术谈判，根据评审组意见定标。根据企业授权，可由项目经理或采购经理按规定与供应商签订采购合同。

3）催交。包括对所订购设备材料及其图纸、资料进行催交。采购经理应根据设备材料的重要性和对项目总进度的影响程度，划分催交等级，确定催交方式和频度，制订催交计划并监督实施。催交方式一般包括驻厂催交、办公室催交和会议催交。关键设备材料应进行驻厂催交。

4）检验。包括合同约定的前期、中期、出厂前检验及其他特殊检验。采购部门根据采购合同的规定制订检验计划，组织具备相应资格的检验人员根据设计文件和标准规范的要求进行制造过程中及出厂前的最终检验。对于有特殊要求的设备材料，应委托具备相应资格的第三方检验。采购部门可根据设备材料的具体情况确定检验方式，在采购合同中规定并编制检验报告。

5）运输与交付。包括合同约定的包装、运输、交货形态和交付方式。采购部门应根据采购合同规定的交货条件制订设备材料运输计划（包括运输前的准备工作、运输时间、运输方式、运输路线、人员安排和费用计划）并实施；或督促供货应按照采购合同规定进行包装和运输。对超限和有特殊要求的设备的运输，采购部门应制订专项运输方案。采购部门落实接货条件，做好现场接货工作。设备材料运至指定地点后，由接收人员对照送货单逐项清点，签收时应注明到货状态及其完整性，及时填写接收报告并归档。随后即进入现场管理环节。

（2）现场管理。现场管理包括采购技术服务、供货质量问题的处理、供货商专家服务的联络和协调、仓库管理等内容。仓库管理包括开箱检验、仓储管理、出入库管理等内容。

项目部在施工现场设置仓库管理人员，在采购经理领导下负责仓库作业活动和仓库管理工作。设备材料正式入库前，应根据采购合同要求组织专门的开箱检验组进行开箱检验。开箱检验应有规定的有关责任方代表在场，填写检验记录，并经有关参检人员签字。进口设备材料开箱检验必须严格执行国家有关法律、法规及相关采购合同的规定进行。经开箱检验合格的设备材料，在资料、证明文件、检验记录齐全，具备规定的入库条件时，提出入库申请。仓库管理人员验收后，填写"入库单"并办理入库手续。仓库管理工作应包括物资保管，技术档案、单据、账目管理和仓库安全管理等。仓库管理应建立"物资动态明细台账"，以便查找。仓库管理员要及时登账，经常核对，保证账物相符。采购部门应制定并执行物资发放制度，根据批准的"领料申请单"发放设备材料，办理物资出库交接手续，确保准确、及时地发放合格的物资，满足施工和试运行的需要。

5. 进度管理

项目部应对总进度和各阶段的进度进行管理，体现设计、采购、施工合理交叉，相互协调的原则。项目进度管理应建立以项目经理为责任主体，由项目控制经理、设计经理、采购经理、施工经理、试运行经理组成、各层次的项目进度控制人员参加的项目进度管理体系。项目经理应将进度控制、费用控制和质量控制相互协调、统一决策、实现项目的总体目标。工程总承包项目进度管理具有以下特点。

（1）一次性。进度管理是不重复、不可逆的。因项目的内、外部条件的不同，工程进度管理也有所区别。

（2）动态性。在项目实施过程中，将实际进度与计划进度进行比较，考察每一项工作实际进展与计划的偏差，并调动资源对偏差进行调整，以达到对主要里程碑目标实现控制的目的。调整的内容包括正在实施或未实施的作业，这种调整可能造成个别作业与计划进度的偏离，只要这种偏离不影响里程碑的实现，就属于正常的管理范畴。这也反映出总承包商进度控制管理的灵活性和动态性。

（3）强相关性。在进度计划的编制过程中，由于对各作业进行资源加载时要综合考虑各种风险，进度管理与其他管理建立逻辑关系，从而进度管理成为工程管理的一条主线。人员、材料、机械、资金是加入进度计划的基本资源，在对项目工作进行分解的同时，项目范围也进行了分解和界定，明确项目的范围和层次划分，明确完成项目要做哪些工作，由谁来做，与项目的范围管理充分融合。有了清晰的界线，就明确了责任，有利于进度协调。

这里需要着重指出的是，质量管理虽然独立性比较强，但其对进度管理的制约作用较明显，主要表现在工程实施中质量不合格造成的返工或返修这也是进度延误的主要原因之一。质量是进度的前提条件，加快进度不能以牺牲工程质量为代价。材料采购管理也是进度管理的主要制约因素之一，只有明确了采购产品的交货日期，才能为进度管理提供更切实际的编制依据。

项目进度管理应按项目工作分解结构逐级管理，通过控制基本活动的进度控制整个项目的进度。项目的进度计划应按合同进度目标和工作结构分解，按照上一级计划控制下一级计划，下一级计划分解上一级计划原则制订各级进度计划。项目总进度计划应包括一系列内容：各单项工程的建设周期及最早开始时间、最早完成时间、最迟开始时间和最迟完成时间，并表示各单项工程之间的衔接，表示主要单项工程设计进度，以及关键设备或材料的采购进度或运抵现场时间。项目总进度计划和单项工程进度计划制订之后审查的内容包括：①合同中规定的目标是否能实现；②项目工作分解结构是否完整，有无遗漏；③设计、采购、施工和试运行之间交叉作业是否合理；④进度计划与外部条件是否衔接；⑤对风险因素的影响是否有防范对策和应变措施；⑥进度计划提出的资源要求是否能满足；⑦进度计划与质量、费用计划有无矛盾。

在进度计划实施过程中应由项目进度控制人员跟踪监督，督查进度数据的采集，及时发现进度偏差，分析产生偏差原因。当活动拖延影响计划工期时，应及时向项目控制经理提交书面报告，并进行监控。

6. 职业健康、安全和环境保护管理

企业作为社会组织机构，在其运行过程中需要负担社会责任，而不应仅仅把追求经济效益作为唯一目标。所以，相关人员的职业健康、安全管理及环境的保护也应当是企业考虑的重点。一般企业都是通过实施职业健康、安全管理体系来达到保障企业安全生产和员工安全、健康，实现预防和控制工伤事故、职业病和其他损失的目标。工程总承包企业作为项目风险的第一责任人，更应注意职业健康、安全和环境保护管理工作的实施。

工程总承包项目部应贯彻执行国家有关职业健康、安全和环境保护的法律、法规、工程建设强制性标准，以及项目所在地的有关规定。按照相关规定建立有效的职业健康、安全管理和环境管理体系，用于规范项目的职业健康、安全和环境保护管理工作。项目部要设置专职管理人员，在项目经理领导下，具体负责项目职业健康、安全和环境保护管理的组织与协调工作。项目职业健康、安全和环境保护管理，应接受政府主管部门、业主及其委托的监理机构的检查、监督、协调与评估确认。

项目经理依法对项目安全生产全面负责，建立项目安全生产规章制度、操作规程和教育培训制度，保证项目安全生产条件所需资源的投入。项目部应在系统辨识危险源并对其进行风险评估的基础上编制危险源初步辨识清单，根据项目的安全管理目标，制订项目安全管理实施计划，并按规定程序批准后实施。

（1）职业健康管理。项目的职业健康管理应坚持"以人为本"的方针，通过系统的污染源辨识和评估，全面制订并实施职业健康管理计划，有效控制噪声、扬尘、有害气体、有毒物质和放射物质等对人体的伤害。

（2）安全管理。项目的安全管理必须坚持"安全第一，预防为主"的方针，通过系统的危险源辨识和风险评估，制订并实施安全管理计划，对人的不安全行为、物的不安全状态、环境的不安全因素及管理上的缺陷进行有效控制，保障人身和财产安全。

项目安全管理必须贯穿于工程设计、采购、施工、试运行各阶段。设计应严格执行有关标准，防止因设计不当导致生产安全事故的发生；项目采购必须对设备材料和防护用品进行安全控制，确保所采购的设备材料和防护用品符合安全规定的要求。施工阶段的安全管理应按《建设工程项目管理规范》执行，并结合行业的特点对施工过程中可能影响安全的因素进行管理。项目试运行前，必须按照有关安全法规、规范对各项工程组织安全验收。制定试运行安全技术措施，确保试运行过程的安全。

项目部应贯彻企业的职业健康方针，制订项目职业健康管理计划，按规定程序经批

准后实施。项目职业健康管理计划容包括：项目职业健康管理目标；项目职业健康管理组织机构和职责；项目职业健康管理的主要措施。

（3）环境保护管理。项目的环境保护应贯彻执行环境保护设施工程与主体工程同时设计、同时施工、同时投入使用的"三同时"原则。根据建设项目环境影响报告和总体环保规划，全面制订并实施工程总承包范围内环境保护计划，有效控制污染物及废弃物的排放，并进行有效治理；保护生态环境，防止因工程建设和投产后引起的生态变化与扰民，防止水土流失；进行绿化规划等。

项目部应根据批准的建设项目环境影响报告，编制用于指导项目实施过程的项目环境保护计划，其主要内容应包括项目环境保护的目标和主要指标，以及项目环境保护的实施方案。施工阶段的环境保护应按《建设工程项目管理规范》执行；项目配套建设的环境保护设施必须与主体工程同时投入试运行。

项目部应建立并保持对环境管理不符合状况的处理和调查程序，明确有关职责和权限，实施纠正和预防措施，减少产生环境影响并防止问题的再次发生。

7. 风险管理

风险管理是人们对潜在的意外损失进行识别、评估、预防和控制的过程，是对项目目标的主动控制。首先对项目的风险进行识别，然后将这些风险定量化，对风险进行控制。国际上把风险管理看作项目管理的组成部分。风险管理和目标控制是项目管理的两大基础。工程项目的施工具有野外、露天、高空作业多、流动性大、不安全因素多、建设周期长等特点，因此工程建设期间所承受的风险也比较大，一旦出现意外风险，往往超出工程承包人的承受能力，就需要进行保险。在国际工程承包时几乎所有的工程都被强制要求进行各种保险，这种强制性保险既保障了业主的利益，又减少了承包商的风险。

保险是工程总承包企业转移和减轻风险的重要途径之一。保险的种类很多，对承包企业而言，最主要的有四种：工程一切险、第三方责任险、工人工伤事故险及设备损坏险等。在发达国家和地区，风险转移是工程风险管理对策中采用最多的措施，工程保险和工程担保是风险转移的两种常用方法。

除了风险转移的方式外，项目部自身的风险管理正成为工程项目管理日益重要的一个组成部分。建立风险管理体系，明确各层次管理人员的风险管理责任，减少项目实施过程的不确定因素对项目的影响。项目风险管理过程应包括项目实施全过程的风险识别、风险评估、风险响应和风险控制。

识别项目风险应遵循下列程序：收集与项目风险有关的信息；确定风险因素；编制项目风险识别报告。

项目风险评估应包括如下内容：风险因素发生的概率；风险损失量的估计；对风险发生的严重程度评价。风险因素发生的概率应利用已有数据资料和其他方法进行估计。风险损失量的估计应包括下列内容：工期损失的估计；费用损失的估计；对工程的质量、功能、使用效果等方面的影响。风险事件应根据风险因素发生的概率和损失量，确定风险量，并进行分级。风险评估后应提出风险评估报告。

风险响应需要确定针对项目风险的对策。项目常用的风险对策有：风险规避、风险减轻、风险转移、风险自留或其组合策略。项目风险对策应形成文件。在整个项目进程中，应收集和分析与项目风险相关的各种信息，获取风险信号，预测未来的风险并提出预警，纳入项目进展报告。对可能出现的新的风险因素应进行监控，根据需要制订应急计划。

第2章

工程总承包组织管理

■ 2.1 组织管理理论概述

2.1.1 组织理论

1. 组织的概念

组织的含义可以从不同角度去理解,古今中外的管理学家也对此做出了各种不同的解释。管理学理论家巴纳德(C.L.Barnard)将组织定义为"有意识地加以协调的两个或两个以上的人的活动或力量的协作系统"。

著名管理学家布朗(A.Brown)认为组织就是为了推进组织内部各组成成员的活动,确定最好、最有效的经营目的,最后规定各种成员所承担的任务及各成员间的相互关系。他认为组织是达成有效管理的手段,是管理的一部分,管理是为了实现经营的目的,而组织是为了实现管理的目的。也就是说,组织是为了实现更有效的管理而规定各个成员的职责及职责之间的相互关系。

2. 组织的基本特征

(1)有明确的目标。目标是组织的内部愿望和外部环境相结合的产物,组织的目标不是无限的,要受到外部环境的影响和制约。

(2)拥有资源。在组织中所拥有的资源主要包括人、财、物、信息和时间。

1)人力资源。组织的基本单元是人,所以人力资源是组织最大的资源,也是组织创造力和凝聚力的源泉。

2）财力资源。财力资源主要指资金。组织在存续和发展过程中，需要借助大量资金来发挥组织在工作或活动中的作用，而资金是通过融资手段从政府、投资人和财团等各方聚集起来为组织的正常运转所用。

3）物资资源。物资资源是任何事情都必不可少的资源，资金作为一种抽象的资源无法满足组织正常工作的需要，因此，只有将货币转化成组织所需要的物资，才能满足组织的正常运转和发展的某些特定需要。

4）信息资源。信息就是有认识意义的符号或标志，信息的收集、整理和传递过程就是信息资源的利用。现代社会科技高速发展，信息的获取、存储、交换更加便捷，因此信息也作为一种资源参与企业和市场的竞争。

5）时间资源。时间是一种度量单位，但时间不可重复、不可再生，且无法替代。之所以说时间也是组织的一种资源，是因为任何一项工作都需要对其进行时间度量，组织需在规定期限内完成工作，而组织的工作效率就是以组织完成工作所用的时间来衡量的。同样的工作，不同的组织，所用的时间不一样，其组织效率也不一样。

（3）保持一定的权责结构。组织若想保持一定的稳定性，并且明确分工，就必须赋予组织内部各组成部分对等的权利和责任。在组织内部，没有完全的权利，任何权利的实施都是以相应的责任为前提的。只有保持一定的权利和责任对等，才能使组织长期稳定并发挥作用。

2.1.2 项目组织理论

1. 项目组织的概念

项目组织是基于完成特定的项目任务需要，而建立起来的从事项目具体工作的组织形式。该组织是在项目生命周期内为完成项目的特定目标临时组建的。对于项目组织的研究和定义，是从传统组织概念中逐渐分离并予以明确的，并在实践中逐渐形成了相对固定的组织结构形式。

对于传统的组织，其明显特征是体现分派权力和责任的"指挥链"，体现组织内明显的层级制度，强调的是指导与控制下属人员。项目组织体现的是作为一个具有系统思想的临时组织，其成员为更有效地完成某一共同目标而相互协作。这种临时组织具有相对的独立性，又不能完全脱离对母体组织的依赖，并且处于一种不断调整和变化的动态环境之中，强调的是项目组织内的项目成员的"自我管理"，这种临时组织的出现也改变了组织设计的传统概念。

2. 工程项目组织特征

工程项目组织具有特殊性。这个特殊性是由工程项目的特殊性决定的，同时又影响项目组织设置和运行，在很大程度上决定了组织成员的行为，决定了项目的沟通、协调和信息管理。

（1）目的性。工程项目组织的目的性与工程的目的性相一致。工程项目的目的是项目组织运行最重要的因素，并且贯穿于项目组织整个生命周期。项目参与方来自不同的企业或部门，各自有独立的经济利益和权力，并且承担一定的项目责任，按合同和项目计划进行工作，他们的目标有一定的矛盾性，但总体目标只有和工程项目的目的、使命和总目标一致，才能确保项目组织的有效运行。

（2）一次性。每一个工程项目都是一次性的、暂时的，所以工程项目组织也是一次性的、暂时的。不同项目有不同的目的、范围、对象、合作者，即使组织中的成员没有变化，也应该认为项目组织是一次性的，因为项目组织的一次性是由工程项目的一次性决定的。现在的一些大型项目，由于其运行期很长，其项目组织在运行阶段会转变成企业组织形式。

（3）完整性。这是由工程项目的工作结构分解的完整性所决定的。工程任务决定工程项目组织。组织设置应能完成所有工作任务，即通过工作结构分解的所有单元，都应全部落实责任者。组织参与方在项目组织中的地位是由其所承担的项目任务决定的。

（4）与企业组织关系复杂。工程项目组织与企业组织之间有复杂的关系。这里的企业组织包括所有工程项目成员所属的相关企业组织。无论是企业内部的项目，还是多企业合作进行的工程项目，企业和项目之间存在复杂的关系。

（5）弹性和可变性。工程项目组织是柔性组织，具有高度的弹性和可变性。随着项目参与方的进入或退出，组织是发生变化的；不同的项目或承发包模式形成不同的项目组织；随着项目的逐渐推进，项目参与方在工程建设时期达到最多，项目组织也越来越复杂。

（6）受环境影响大。工程项目组织是一个开放的系统，在组织存续期间，会有许多系统输入和输出。环境是复杂的，包括自然环境、社会环境、经济环境、技术环境等，对于工程项目组织的影响是多方面的。

（7）有明确的结束时间。工程项目的特点之一就是有约束条件，时间限制是约束之一，而且是需要重点考虑强调的限制条件。项目完成意味着项目组织解散。项目组织的存在时间由工程的生命周期决定。

（8）难以建立组织文化。工程项目组织的上述特点，使其难以建立组织文化，即项目组织难以构成统一的群体行为、个体行为、信仰及价值观。即使建立了组织文化，也会受到企业文化的干扰。

3. 项目组织中的人力资源管理

人力资源管理包括对人力资源进行预测与规划，开展工作分析与设计，以及对人力资源进行成本核算和维护，甄选录用合格人员并进行合理配置和使用，还包括对人员的各种培训、智力开发，以调动其工作积极性，最终提高人的技术水平和敬业精神等。

对于现代人力资源管理的研究，主要是通过科学严谨的工作方法，对组织内的人员进行合理的组织、调配和培训，使人力与物力能够经常保持在最佳的比例，同时对成员的思想状态、心理和行为进行恰当的控制、引导和沟通协调，使成员的主观能动性得到充分发挥，做到人尽其才、事得其人、人事相宜，最终使组织目标得以实现。同时，还要对组织的人力资源需求进行研究分析并制订合理的人力需求计划，根据计划选择任用合适的人员并进行有效组织、绩效考核和有效激励，将组织与个人需要有机结合进行有效开发，最终实现组织绩效最优。

人力资源管理是问世于20世纪70年代末的新兴学科，该学科发展的历史虽然不长，但其管理思想却具有较长的历史。根据历史时间分析，人力资源管理可以分为两个阶段：第一阶段起始于18世纪末的工业革命，结束于20世纪70年代，这一阶段定义为传统的人事管理阶段；第二阶段自20世纪70年代末开始，明显标志是人事管理让位于人力资源管理。

（1）人事管理阶段。人事管理阶段根据其核心思想和存在时间不同又可细分为三个发展阶段：科学管理阶段、工业心理学阶段、人际关系管理阶段。

（2）人力资源管理阶段。人力资源管理阶段根据其具体发展阶段不同又可分为两个阶段：提出和发展。现代的"人力资源"概念是在1954年由彼德·德鲁克在其编著的《管理的实践》一书中提出并加以明确界定的。自20世纪80年代以来，人力资源管理理论在实践中得到了广泛的发展，并得以不断成熟和完善，得到很多企业的接受和广泛喜爱，并逐渐取代了较为传统的人事管理。进入20世纪90年代以后，人力资源管理理论得到进一步发展，也日臻成熟。人们探讨的问题，更多的是如何使人力资源管理为企业的战略服务，如何将人力资源部门的角色转变为企业管理的战略合作伙伴。作为现代人力资源管理进入新阶段的标志，战略人力资源管理理论得以提出和发展。

现代人力资源管理，更具有全局性、战略性和未来性。其核心理念是管理工作以人为核心，把人作为企业最重要的资本，并将其作为组织发展的主体，同时认为可以通过管理和开发他们身上所具有的知识、技能和体力得到资本升值。现代人力资源管理的目标应包括以下四个方面。

（1）能够最大限度地满足组织对人力资源管理的需求。

（2）通过对组织内外的人力资源进行合理开发和有效管理，使员工能够得到全面发展，努力营造出更加健康的人力资源管理环境，以促进组织持续发展。

（3）通过对人力资源的合理利用和价值提升，使企业竞争优势得到整体的不断提升，使企业利润实现最大化。

（4）通过对组织内部人力资源的激励和维护，使员工的利益需求得到充分满足，以便提高员工对于工作的满意度和成就感，最大限度地发挥员工的潜在能力，使其价值得到不断提升。

为达到现代人力资源管理的目标，需要对团队成员进行合理的配置与使用，根据组织目标和各项目组织内部岗位的任务要求正确选择、合理使用、科学考评人员，为组织结构中规定的各项任务配置合格的人员，以保证整个组织目标的实现和各项任务的顺利完成。一般来说，人员配置与使用的任务主要有以下三点。

（1）发现团队急需的人才。由于不同工作岗位的任务和工作性质不同，必然要求具有不同的知识结构和水平、不同的能力结构的人与之相匹配。人员配置的首要任务就是根据工作需要，经过严格的考察和科学的论证，发现组织所需的各种人才。

（2）有效发挥组织结构的各项功能。要让组织结构真正发挥出凝聚各方面力量的重要作用，以及保证组织管理系统正常运行的有力手段，必须把具备不同素质、能力和特长的人员分别安排在适当的岗位上，只有对人员进行合理配置，使其能够适应各类职务的性质要求，才能使团队成员充分履行各职务应承担的职责，从而促进组织目标的顺利实现。

（3）实现人力资源的高度开发和有效利用。在当前的市场经济条件下，人力资源的开发程度将最终决定组织之间的竞争成败。通过合理配置与使用人员，可以充分挖掘组织内每个成员的内在潜力，实现岗能适位、差异互补，做到人尽其才、才尽其用，才能达到高度开发和有效利用人力资源的最终目标。

现代人力资源管理中的绩效管理是结合企业战略需要与员工能力的全面绩效管理体系，关注企业全面绩效管理的全过程，包括绩效计划与绩效考核，以及绩效评估、绩效反馈与绩效激励等。企业通过考核员工工作绩效，及时做出信息反馈，一方面，发现绩效不足的员工，找出原因，确定绩效改进方案，提高员工工作技能；另一方面，对考评中表现优秀的员工，通过表扬、奖励等多种方式使员工产生满足感和成就感，从而确保员工绩效不断提高的同时，实现企业绩效的提高。

绩效管理的主要目的是激励和鞭策员工，从而提高员工的工作绩效；同时也促进管理层与员工之间的沟通，最终推动和促进组织战略目标的顺利实现。

在绩效管理的相关文献资料中，也提出了绩效计划的设定要符合 SMART 标准的概念。SMART 是以下五个英文单词的首字母组合：

Specific，具体性。应紧密结合考核内容和目标来制定考核指标，其要求要尽量规范、细化，同时要简洁明晰，不可笼统含糊从而产生歧义。员工应该能够对绩效考核的具体内容有清晰的理解。

Measurable，可测量性。管理者对于考核指标要尽可能客观、量化，使绩效指标与员工的绩效反映出的实际值达到一致。

Action-oriented，行为导向性。绩效考核的指标应该能够充分起到导向作用，能够合理引导员工行为，使员工知道哪些是应该做的，哪些是不应该做的。

Realistic，可行性。管理者设定的绩效考核指标应该既具有一定的挑战性，又不能无法企及，是在员工付出足够努力的情况下可以达到的。可行性较好的指标既不会使员工失去完成绩效目标的信心，又可以有效地激励员工。

Time-based，时间、资源限制性。首先需要考虑实时性，同时要对完成的效率予以关注。

对人的管理和管理中的人始终是管理的核心，对人性的探索是管理理论发展的一条重要线索。在运用绩效考核工具时，充分考虑人性理论中的"经济人""社会人"和"自我实现人"假设。用经济报酬和精神鼓励来激励工作生产，培养和形成团队成员的归属感和整体感。让员工充分展现自己的才能，发挥员工的积极性、主动性和创造性，满足员工自我实现的需要。充分尊重和信任员工，从而使员工产生强烈成就感和责任感。

2.1.3 我国传统工程管理方式下的组织结构

从中华人民共和国成立到 20 世纪 80 年代，我国建设项目管理体制经过了三个发展阶段，依据各阶段的不同特点，组织结构设计的侧重点各有不同。

1．建设单位自营

中华人民共和国初期，由于我国的设计、施工力量十分薄弱和分散，建设工程主要由建设单位自己组织设计人员、施工人员，自己招募工人、购置施工机械、采购材料，自行组织工程项目建设。此种管理方式将工程建设的勘察、设计、施工、监理等一系列职能合为一体，形成一个小而全的封闭组织，与外部其他组织的合作协调很少。

2．甲、乙、丙三方制

1953—1965 年，我国学习苏联模式，实行以建设单位为主的甲、乙、丙三方制，甲方（建设单位）由政府主管部门负责组建，乙方（设计单位）和丙方（施工单位）分别由各自的主管部门管理。建设单位自行负责建设项目全过程的具体管理，设计、制造、施工任务分别由各自的政府主管部门下达，项目实施过程中的许多技术、经济问题，由政府有关部门直接协调和负责解决（见图 2-1）。从图中可以看到，甲、乙、丙三方只对自己的上级负责，是合作关系，相互之间没有领导与被领导关系，也没有契约关系。大量的协调工作需要由各自的上级之间来完成。这样的组织结构既不利于决策的针对性，也大大降低了组织的效率。因此，在我国的工程建设领域仅运用了短短几年就被淘汰。

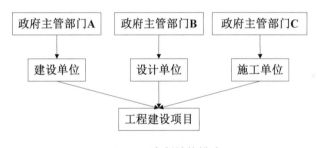

图 2-1　三方制结构模式

3．指挥部方式

20 世纪 60 年代以后，随着社会专业化分工程度不断增强，出现了专业的设计企业和建筑施工企业，80 年代又引进了工程监理制。因此，建设单位无须直接雇用设计人员及施工人员，而是在市场上选择具有相关资质的专业队伍进行工程建设，聘请专业的监理机构对工程实施监督，再成立一个业主代表机构进行日常管理。于是指挥部管理模式应运而生，建设单位从各部门调动人员组成建设指挥部或筹建部，代表业主负责建设期间设计、采购、施工的管理，项目建成后移交给生产管理机构负责运营，建设指挥部即完成历史使命。

指挥部模式的推行，使工程的专业化管理程度有了明显的提高。指挥部作为建设单位代表，对上向主管部门及建设单位负责，对下要对设计、施工、监理单位实施管理，还要负责工程准备阶段的可行性研究、立项审批、采购，以及建成后的验收、试运行等项工作。由于指挥部的职能复杂、工作繁重，因此要建立大而全的内部管理机构，还要建立与设计、监理、施工单位合作的合理流程。

就指挥部内部结构设置方面，一般都采用直线性职能制组织结构（以首都机场新航站楼工程为例，见图 2-2）。指挥部抽调的人员一般包括专职和兼职两种，兼职人员既接受指挥部的领导，也接受原单位的领导，在客观上使指挥部及兼职人员原单位形成了类似矩阵式的运作模式。

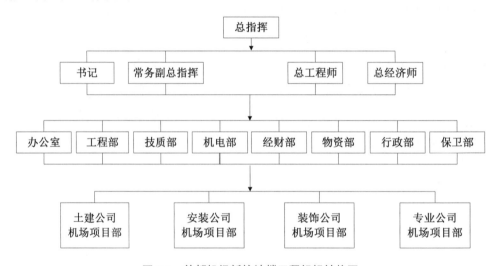

图 2-2 首都机场新航站楼工程组织结构图

2.1.4 工程总承包和工程项目管理模式对组织结构的影响

实行工程总承包或项目管理模式，会有专业公司加入工程管理体系中，对组织结构设置及运行体系提出了新的要求，对组织结构设计产生的影响，具体而言，表现为如下几个方面。

1. 对业主代表机构组织结构模式的影响

实行工程总承包或工程项目管理的模式后，业主在工程管理中的任务大大减轻，与之相适应，将产生一系列的变化。首先，业主代表机构的规模将会明显减小。项目管理方承包范围越大，业主机构设置越简单、配备人员越少。从理论上讲，在实行 EPC 管理模式时，业主甚至可以不设立专门的业主代表机构，由其所属相关部门直接实施监管即可。其次，业主机构设立的结构层次相应减少，管理幅度适当增大，由金字塔型向扁平型发展。

2．对组织分工的影响

在业主代表机构内部，由于工作性质由组织者变为协调参与者，工作量减少，人员配备也较少，但基本职能不可缺少，因而部门分工和岗位职责呈现出综合性、多元性的特点。每个部门所担负的工作内容较多，但工作量不大；岗位职能划分较粗，一人多岗现象较为普遍。尤其在核心组织工程部中，不再按照工程所需的专业类型，如土建、暖通、电气、消防等专业分别设置管理人员。一些专业知识较为全面的技术人员，可同时负责几个专业的监控和协调。在业主代表机构与其他组织的分工方面，根据管理模式的不同，呈现出不同的特点。但总体的趋势是，工程的日常管理控制职能越来越多地向项目管理方及监理单位转移，业主代表机构在工程中承担的具体工作越来越少。

3．对工作流程组织的影响

工程总承包和工程项目管理对工作流程组织的影响主要体现在业主机构与其他有关组织的协调运转方面。项目管理方的出现，使管理层次增加；管理职能的重新划分，使项目管理方与业主、监理单位、施工单位及其他相关部门的合作机制发生变化。需要建立一些稳定、常态的联系工作制度和程序，以实现各方的协调配合。

2.2　工程总承包组织结构设计

组织结构是一个组织的骨骼系统。健全组织的结构，可以使组织中的人、财、物和信息等生产要素有机地结合起来，对于实现组织目标、提高组织市场应变能力和竞争能力有着极其重要的作用。为使组织结构设计更为合理有效，在进行组织结构设计时应遵循统一指挥、分工协作、权责一致、有效管理幅度、稳定性与适应性相结合、集权与分权相结合及精简效率原则。

我们将设计一个组织结构比作建设一座钢结构厂房，施工顺序应该是：厂房立柱基础施工—钢结构立柱安装—屋面梁安装—檩条支撑系杆安装—屋面安装—四面彩板装饰。由此可见，钢结构厂房施工主要体现在搭建厂房骨架的过程。组织结构设计也是同样的道理，组织的成立目的是要实现一定的组织职能，那么设计一个合理有效的组织结构就是实现组织职能的可靠保证。根据对组织要素的分析，环境、目标、技术、参与者都会影响组织结构形式的选择,所以它们都是组织结构设计的影响因素。除这些因素外,企业自身的属性,如发展阶段、规模、效率等对于组织的结构也有一定的影响。对于企业这样一个以营利为主要目的的经济组织来说,与其对应的组织结构设计影响因素应包括环境、战略、技术、人才结构、企业属性五个方面。

2.2.1 组织结构设计对工程项目管理的重要作用

进行组织结构设计是为了实现组织的宗旨和目标,将组织分设若干个管理层次和管理结构,表明组织内各部分的排列顺序、空间位置、聚散状态、联系方式,以及各要素之间的相互关系。

组织结构设计的基本任务可分为三个方面:一是建立组织结构模式,如组织机构名称、层级数量及相互关系,每一层次的管理幅度等;二是进行组织分工,确定各部门、各岗位的职责、权利及义务等;三是确定工作流程,包括内部各部门之间协作程序及与外部有关组织的协调运作程序。

健全的组织结构对于有效地实施工程项目管理极为重要,因为组织结构是一种决定各级管理人员职责关系的模式。组织结构设计的目的是设计和维持一种职务结构,以便人们能为实现组织的目标而有效地工作。组织结构设计是对组织体系的结构进行的创新性安排,对管理效率有极大的影响。组织结构设计搞得好,职责分明,每一个单位和个人能够准确掌握自己的责任和义务,及时排除工作中出现的故障,并能提供反映和支持其目标的决策沟通网络。反之,则会严重影响组织的效率。就工程管理而言,组织结构设计的重要作用可体现在以下四个方面。

1. 保证工程管理目标体系的实现

工程建设项目的管理目标体系一般概括为"三控一管",即进度控制、质量控制、费用控制及安全管理。四项目标相互关联、相互作用,形成一个有机的整体,工程管理的过程也就是对以上目标实施综合控制的过程。而要实现控制,必须有科学有效的组织结构设计作为基础。组织结构设计对目标体系的贡献主要体现在两个方面。

(1)分解任务,明确职责。工程建设管理相关组织以项目为核心可分为两个层次:紧密层和松散层。紧密层由工程的直接组织者组成,包括业主代表机构、项目管理单位、监理单位、施工单位;松散层是项目的各类支持组织,如政府主管部门、政府监督机构、质检部门、审计部门、安全管理部门及其他相关部门等。为实现工程建设的总体目标,应从总目标出发，进行逆向分解、逐层划分，将工期、质量、费用、安全等工作目标细化为各项具体的工作任务，并分配到各参建单位、部门、岗位，直至个人。合理的部门及组织间分工、明确的责任义务，可以使组织得以正常地运转，及时迅速地处理工程管理中出现的特殊情况；反之，则会在一些领域出现管理真空，导致推诿扯皮，决策效率下降，甚至出现严重差错。

（2）整合各组织资源，建立协调工作的机制。要实现工程目标系统的控制，在进行明确分工的基础上，更需要建立相互支持、相互配合的协调工作机制。在项目实施中，许多具体工作需要跨越原有的组织构架进行合作。例如，工程的质量控制就涉及施工单位、质检单位、监理单位、项目管理单位、业主单位、政府主管部门等多个单位和部门。因此，在组织构架的基础上应建立有序、长效、稳定的组织机构间合作机制，才能有效地实现工程管理的各项基本任务。

2. 提高组织效率

工程管理组织往往对管理效率要求非常高，尤其中国目前特殊的情况下，许多工程需要在低于额定工期的情况下完成，没有极高的效率无法完成工程建设。然而，工程管理组织由于其自身的特点，存在影响组织效率的诸多因素：①工程管理组织由来自不同的部门、岗位、工种的人员临时组建而成，不同的文化背景，甚至不同的业务领域，为彼此之间协调配合带来的一定的难度；②项目建设结束后，该组织将解散，专职的参建人员将返回原岗位或重新安排，因此原组织中的任何人事调整都可能对项目参与者产生冲击，影响思想稳定；③兼职的人员由于在原单位仍继续负责一些工作，则可能与项目部中的工作形成冲突。所有这些因素都对工程建设管理组织的效率产生负面的影响。因此，通过合理的组织手段，保障部门及员工之间的有效合作、妥善处理原岗位与项目部工作的矛盾、建立员工良好的职业生涯预期，具有重要的作用。

3. 提高信息沟通效率

沟通是保障决策正确、可靠，促进组织效率提高的重要环节。组织结构设计的诸多环节均对信息沟通发挥着至关重要的作用，如信息传递的程序、管理层级的设计、岗位职责的划分、协作机制的建立等。以管理层级设计为例，按照沟通理论，"每次接力传话，都是噪声加倍，内容减半"。合理的管理层次和管理幅度设计可以加快信息传递的速度，合理的工作机制可以有效地疏通信息传递的渠道，减少信息传递中的衰变、扭曲等现象。

4．促进形成良好的组织文化

所谓组织文化，是为一个组织中所有成员共享，并作为公理传授给新成员的一套价值观、指导信念、理解能力和思维方式。工程管理组织与其他任何组织一样，都需要进行组织文化建设，以达到整合成员目标、提高组织对环境适应能力的效果。组织机构设计既是组织文化建设的内容，也为良好组织文化建设的形成提供了手段。

2.2.2　工程总承包组织结构设计的趋势

1．扁平化趋势

组织设计的趋势其实就是组织的正式化程度不断降低，等级的垂直分布不断减少的过程。传统的金字塔型的组织结构有许多弊端。

（1）过度集权化。由组织的高层领导负责组织内大小事务的决策，使员工丧失参与性和自主性，工作积极性低下。

（2）组织的中间管理层较多，人浮于事的现象严重，使组织运行效率下降。

（3）无法根据客户所需灵活机动地调整组织的营运方向。组织中与客户接触最密切、最了解客户需求的是员工，但由于员工缺少自主权，任何建议都需要层层上报，即使得到最终的批准，也会由于耗时太久而失去占领市场的机遇。要克服这些弊端，组织结构就应趋向扁平化。

市场竞争要求组织朝着高效的方向发展，扁平化的组织设计有利于这一目标的达成。扁平化组织具有如下特点。

（1）结构精简，组织能轻松上阵。

（2）决策权分散到员工手中，一方面增强了员工的主人翁意识；另一方面，员工能自主地根据客户的个性化要求，重新配置组织提供的资源，从而提供个性化的服务，组织因而既有效率又有效益。

（3）普通员工得以摆脱"金字塔"的重负，从完整的工作程序中体会工作的意义，感受工作的乐趣，并由此激发创新精神，使工作常做常新，进而营造出整个组织的创新氛围，提高组织的竞争力。

2．柔性化趋势

网络技术、创新策略、激烈的竞争和多变的环境都要求组织更加灵活、有弹性，也就是要求组织柔性化。其特点表现在以下几个方面。

（1）组织中没有过多的垂直分化，组织成员各持不同的技能，相互补充、相互协作，处于平等的地位，因而复杂化程度低。

（2）组织对员工技能多样性和技术创新力的要求，使工作无法标准化、程式化，因而正式化程度低。

（3）组织中的管理者难以成为组织中各种专业领域的专家，因而无法形成"一言堂"的集权制，即组织的集权化程度低。

（4）组织中的柔性化管理还表现为组织中的工作团体、项目小组等。临时性的工作团体可以根据组织面临的新形势、新问题，突破原有的结构分布，重新配置组织内的资源（包括人力资源），使来自不同部门、拥有不同专业技能的人，组成新的团体，在知识结构上相互弥补，在团体互动中产生新的效益。这是传统的僵硬的一成不变的组织结构难以比拟的优势。项目小组的指导思想类同于工作团体，但这是一种更为稳定的组织结构设计。组织内可长期设置这种跨部门的项目小组，不仅有利于部门之间的沟通，克服各部门自行其是、置组织总体目标于不顾的弊端，从而协调组织各部门的关系，提高组织集体的绩效，而且有助于在团体合作中形成优势，使资源得以更加灵活而合理的配置。

3. 组织边界的渗透与模糊趋势

随着市场和技术节奏的加快，企业生命周期不断缩短，其一次性建立组织的成本不能和以往一样被无数次的交易分摊，生命周期内的交易越少，一次性成本的作用就越突出，组建组织的成本就越高。此时有效的组织组建到彼时就因环境的变化而失效，组织任何一项固定边界的确立，风险都非常大。因此将价值链上的企业纳入组织结构之中，显得极有意义。组织结构的边界日益模糊，它大致以其核心能力为轴心，其结构自由地向外扩张或向内收敛。为了使信息在组织内有效传递，未来组织内部结构的边界越来越相互渗透，消除其职能部门之间、层级之间的障碍，使信息、资源、思想能在组织中自由流动，组织更具有活力。

从总的趋势看，组织设计是朝着灵活机动的有机式结构方向发展的，这应该也是更远的将来组织设计的大走向。

2.2.3　工程总承包组织结构设计思路

1. 工程总承包组织结构设计的几个关键点

（1）业主与项目管理单位的关系处理。实行工程总承包对组织结构设计最明显的影响是在原有的工程管理体系中新增了项目管理单位，而且这一组织将部分或全部代替业主行使工程管理职能，从而打破了原管理体系的运作模式。因此，如何处理业主与项目管理单位之间的关系成为组织结构设计中最关键的因素。当前，两者之间关系处理方法一般有三种。

1）业主管理机构领导项目管理单位。业主成立专门的工程管理机构，一般称为"筹建部""指挥部"等，建立完整的组织机构，并配备一定数量的工程技术人员和管理人员，对工程实施全面管理；项目管理单位在工程的某一领域或阶段为业主提供服务。业主管理机构是整个项目管理机构的核心和最高领导者，项目管理单位接受该机构的领导。这一组织结构模式在目前我国工程项目建设管理领域广泛使用，例如，津滨轻轨工程、北京首都机场、上海浦东机场都采用了此结构模式。

此种模式的优点是：业主的参与程度高，能够保证业主意图完全、准确地贯彻到工程建设项目中；由于业主参与到工程建设全过程中，可以随时协调解决工程实施中的有关问题，有利于工程项目建设的顺利推进。

但这种模式也有其明显的缺点，表现在以下三个方面。一是对业主要求高。从技术角度讲，业主单位必须具备一定数量业务过硬的专业技术人员，如果本单位技术力量不足，必须通过聘任等形式从组织外部获取资源，这无疑会加大管理成本和管理风险；从管理角度讲，业主仍需要投入很大精力实施具体管理工作。二是可能抑制项目管理单位的技术优势和管理优势的发挥。工程项目管理和工程总承包的核心理念是让项目管理单位运用其专业的知识和经验代替业主实施工程项目管理。而在此种模式下，工程管理组织机构的运转核心是业主管理机构，项目管理单位的权力有限，可能影响其主观能动性，制约其管理能力的发挥。三是可能影响决策效率。由于在管理层级设置上增加了一层，必然会使组织决策和反应速度降低。

2）一体化项目管理团队。一体化项目管理是指业主与项目管理单位联合组织一体化的项目管理团队，实施工程的项目管理。一体化项目管理具有如下优点：①业主与项目管理单位通过有效组合达到资源及特长的最优化配置；②业主可以直接利用项目管理单位的人员及其常年积累的管理经验，同时又不失去对项目的决策权或参与决策；③业主把项目管理的日常工作交给专业化的项目管理单位，自身可以把主要精力放在专有技术、功能确定、资金筹措、市场开发及自己本身的核心业务上；④利用项目管理单位的经验及体系，业主可以达到项目定义、设计、采购、施工的最优效果；⑤业主可以直接使用管理单位先进的项目管理系统、软件和设施，而不必一次投入太大；⑥业主参与人员可以从项目管理单位得到项目管理体系知识；⑦业主仅投入少量人员就可保证对项目的控制。

虽然此种管理模式在西方运用十分成功，并较其他模式具有明显的优点，但如将此种管理模式付诸实施，应考虑以下因素。

首先，组织文化的整合。项目管理团队成员来自两个（或多个）不同的组织，每个成员的思维方式和工作作风必然带有原组织文化烙印。双方在价值观、组织精神、处事哲学、行为准则等方面必然存在分歧。如果双方组织的背景相去甚远（如政府机构与企业），这种矛盾可能会更为突出。而且，我国传统文化中也存在不利于不同组织融合的因素，如传统中国人善于单打独斗，而合作精神较差；喜欢以小群体对抗组织利益，导致"拉帮结派"。因此，如果采用一体化项目管理模式，必须将"文化接轨"的可能性作为一项重要因素予以考虑。

其次，职责划分。业主与项目管理单位合二为一后，如何科学有效地划分双方的职责是一个关键问题。建设项目的最终目标是向业主交付一项满意的工程，在这一点上双方的目标是有契合点的。因此，无论业主是否直接领导一体化管理团队，都必须保证业主意志在管理中得到充分尊重。业主成员在项目管理团队中必须具有充分的发言机会和足够的决策权，而不能因为组织整合埋没了业主的意志。应本着"各尽所长"的原则，把管理组织内部某一领域最优秀的人才放到最需要的岗位。这样，在项目管理组织内部，有些事情上要尊重项目管理方人员的意见，而有些事情服从业主机构人员的意见。双方对此都应有足够的气量，只要总目标一致，不必过多地计较在具体问题上"谁听谁的"等问题。如果对此没有足够的思想准备，也会严重影响此种管理模式的实施，导致组织效率的下降。

3）业主全权委托。所谓业主全权委托，是指业主将工程立项、可研、勘察等项目定义阶段工作完成后，通过招标或洽谈的形式将工程项目交由一家专业公司进行全过程管理，总承包商在约定的时间向业主交付一项符合业主要求的工程。业主在工程实施期间对工程的具体管理工作不加任何干涉。

此种管理模式最突出的优点在于：业主完全可以从工程管理的具体事务中脱离出

来。业主将工程准备阶段工作完成后，就可以安心等待着"交钥匙"了。业主既无须调集人马组建庞大的领导班子，更不必劳神费力去现场监促工人努力工作。应该说，此种管理模式真正实现了工程项目管理（或总承包）理念的初衷：让专业的人干专业的事。

但是现实中这一管理模式运用很少，即使在工程项目管理（或总承包）运用很广泛的欧美国家，运用范围也极为有限。主要原因有以下两方面。

首先，此种管理方式对项目管理公司的要求很高。专业管理公司必须具有极强的敬业精神、崇高的职业信仰、强有力的管理机构、雄厚的技术力量、良好的业绩和信誉度，才能使业主放心地将工程全权委托给他们，而以上要求无疑对任何一家项目管理公司都是极其苛刻的，很少有公司能够做到。

其次，业主参与度低，不利于建成业主满意的项目。①由于沟通中必然存在的信息损失，业主无法一次性将自己的意图能够完整、准确地传达给项目管理单位，从而使工程项目管理的成果与最初目标发生偏离。②由于工程项目建设中许多具体的细节性问题难以在设计阶段考虑周全，需要在施工中不断进行调整和优化。如果业主不参与项目管理，很难及时发现存在的问题，从而使项目产生缺陷，为业主使用带来极大的不便。③施工中也会出现许多意想不到的情况，如果业主不参与项目管理，双方不能及时进行沟通，会影响工程的顺利推进，甚至导致项目建设无法继续进行。

因此，业主全权委托的方式适用于施工环境好、工艺无创新、标准化程度高的工程项目管理，如住房、车库、停车场、快餐店等。

从以上分析中可以看出：三种管理模式中，业主在项目管理中的参与度是依次递减的。到底业主与项目管理企业采取何种方式进行合作，没有放之四海而皆准的绝对真理，而应具体问题具体分析。具体而言，应考虑如下因素。一是项目本身的特点。如果项目投资少、工艺简单、标准化程度高，可以考虑选择业主参与度较低的模式；相反，则选用业主参与度较高的模式。二是两方拥有资源的状况。如果业主本身具备强有力的技术和管理人员队伍，可采用业主机构领导型或业主主导型的项目团队模式；相反，如果业主对工程管理完全是外行，则应更多地发挥项目管理单位的作用。三是组织文化差异度。如果感到双方文化差异极大并很难整合，没有必须冒险去搞"拉郎配"，将两个组织强行组合在一起搞"一体化"。

（2）项目管理单位与监理单位的关系。工程建设项目监理制是 20 世纪 50 年代引入我国的，是指具有相应资质等级的工程监理企业，受建设单位的委托，承担其项目管理工作，并对承包单位履行建设合同的行为进行监督和管理，其项目管理工作可包括投资控制、进度控制、质量控制、合同管理、信息管理和组织与协调。监理制的实际意义在于：一是运用专业的知识对工程实施管理，保证工程各项基本目标的实现；二是在业主与施工单位之间设立第三方，对工程项目的实施进行监督。

监理的制度设计与工程项目管理是有共同之处的。广义的建设监理可以包括项目策划、招标代理、设计咨询、设备采购监理、施工监理、运营保修等阶段的投资、质量、进度控制和合同管理等专业化服务。但就目前来讲，两者是有明显区别的。从工作内容上讲，工程监理是工程项目管理的重要组成部分，但不是项目管理的全部。工程监理是对施工阶段的质量、进度、费用、安全等方面的监督管理，这在《中华人民共和国建筑法》等法律法规中已做了明确规定。而工程项目管理的工作内容包括可行性研究、招标代理、造价咨询、工程监理和勘察设计、施工的管理等。从目前的法律关系上看，对规定的某些工程项目（如国家投资项目、影响人民生命财产安全的项目）施工阶段的监理是强制的，其法律责任也是明确的；而项目管理是政府提倡和鼓励的一种管理方式，项目管理的内容及深度要求可在合同中约定，明确责任。因此，两者的法律地位和责任是不同的，不能将两者混为一谈。

在目前我国的实践中，监理制是一种带有强制性的工程管理方式，其制度设计的核心意图在于通过设立一个具有专业技术能力的第三方，形成业主、监理、承包商"三角形"格局，从而实现对业主和承包商双方的监督和控制，监理单位既代表业主的利益，也维护承包商的合法权益；而工程项目管理或工程总承包完全是一种建立在双方自愿基础上的契约关系，项目管理单位只有服务于业主的义务，而没有对业主实施监督的权利。在国外，监理也可作为服务项目被纳入项目管理的内容中，也就是说，如果某一项目管理服务中包括了监理职能，业主就无须另行聘请监理单位，但在我国虽也有此类规定，但法律上还是要求某些工程项目（如国家投资项目、影响人民生命财产安全的项目）施工阶段必须聘请监理单位。目前特殊的法律、制度环境，造成一些工程中出现了既有项目管理单位又有监理单位的现象。如何协调两者的关系成为值得关注的问题。

在工程实践中，项目管理单位与工程监理单位一般有两种模式：一是工程管理以项目管理单位为核心进行管理，监理单位工作重点放在对施工单位的监督管理上，如津滨轻轨工程的管理体系；二是双方相互监督和被监督，这一模式在实践中被广泛采用。

对于以上两种模式，第一种模式更有利于实施有效管理。首先，由于项目管理单位参与工程的全过程管理，而施工监理单位只在施工阶段实施监督管理，以项目管理单位为核心进行运转，有利于保证组织总体运作机制的一致性和连贯性。其次，双方分别实施对承包单位的监督管理，意味着施工单位要同时对付两个"婆婆"，既加重了工作负担，也加大了协调工作的难度，从而影响组织的整体效率。但无论采用何种模式，监理与项目管理单位的合作都是非常重要的，因为双方都是直接在工程建设一线实施管理的机构，双方的配合程度直接影响工程的顺利推进，双方应本着"总体目标为重"的理念，建立有效的协作工作机制，以减少不必要的资源浪费，保证组织的顺畅运行。

（3）建立制度化的组织间合作机制。在各管理机构内部，由于有明确的职能界定并有确定的负责人，"命令链"清晰，内部分工合作一般比较顺畅。但在工程项目实施中，有大量的工作需要各组织间进行协调配合，有时还需要组成临时项目小组。在实践中，这样的组织间合作极容易发生问题，出现推诿扯皮现象，影响工作效率。因此，在制度设计层面上可采取如下办法。

1）建立长效的沟通机制。通过工程例会、监理例会、班前会、阶段总结等各种时机加强各方的沟通，为彼此的有效合作搭建平台。

2）实行"小项目管理"。树立"项目管理"的意识，将工程管理的每一件小事都作为一个"项目"来管理，明确该项目的负责人、执行者和协作者及各自的责任义务。

3）进行明确的制度约束。对于经常处理的事件应分类制定相关的合作程序及每一环节办理时间限制，违反规定要给予相应的惩罚。

4）建立例外事件处置程序。当发生制度设计中没有考虑到的事件时，通过这一程序进行处理，以保证决策的速度和有效性。

2. 借鉴企业管理思想，革新工程总承包组织设计

管理大师彼得·德鲁克在对组织进行研究的时候发现：管理是一种专门知识。管理使各类组织产生绩效，所有这些组织组成了社会；组织是社会的器官，管理层则是每个组织的器官；组织是为了担负社会的某种特定功能，完成某种特定任务而存在，而组织的生存，取决于管理。所有的管理是相通的，借鉴其他领域的专业知识，特别是企业管理中的有益经验，对于加强工程总承包管理具有重要的意义。

（1）借鉴公司治理结构的分权思想，建立工程总承包管理组织。公司治理结构是随着股份公司的出现而产生并发展的一种管理模式，其核心是由于所有权和经营权的分离，所有者与经营者的利益或目标不一致而产生的委托与代理关系。公司治理结构产生的重要背景之一是当公司的规模达到一定程度后，凭借出资人自身的知识、经验及能力已不能对公司实施有效的管理，所以需要从市场中获得优秀的管理人才代替他们行使企

业管理职能。工程项目管理或总承包(以下统称工程项目管理)的产生具有同样的背景。工程项目管理是一项专业性非常强的工作,不但需要丰富的相关专业管理知识,而且需要多年的经验积累。而大多数业主对于项目管理一无所知,所以需要凭借专业工程管理公司的资源对工程实施管理。公司治理结构的组织设计由四大机构组成(见图 2-3):最高权力机构股东大会、最高决策和管理机构董事会、执行机构经理层及监督机构监事会。工程项目管理或总承包条件下的工程组织结构,与之非常相似(见图 2-4)。

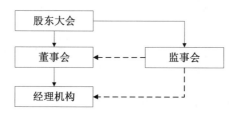

图 2-3　公司治理结构的组织设计

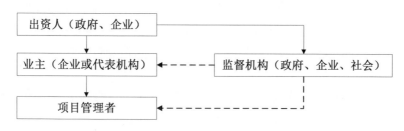

图 2-4　工程项目相关组织结构

　　国内外对于公司治理结构的研究已十分广泛而深入,如果能借鉴其中一些研究成果,引入工程项目管理的研究中,会颇有裨益。这里试列举一二。

　　1)寻找利益的结合点。公司治理结构的出发点是基于股东和管理层的利益和目标不一致:董事长的利益是资产增值最大化,而总经理的利益是收益最大化。在工程组织中其实存在同样的问题。业主与项目管理单位的利益也是不完全相同的。业主作为工程项目的最终使用者和受益者,其利益是在规定时间内建设一个造价合理、质量优良、使用方便的工程。而对于项目管理单位来说,实施工程只是其获得利润或酬金的一种手段。他们关注更多的是能够从工程项目管理中获得的利益,虽然项目管理单位出于对自身长远发展战略及商业信誉的考虑,会使其行为约束在合法、合理的范围内,但与业主的愿望仍会有一定的差距。这里以最典型的设计、采购、施工总承包(EPC)模式为例进行分析(见表 2-1)。

表 2-1　EPC 模式下业主与工程总承包单位利益比较

项　目	业　主	各承包单位
工程设计	反复修改，尽可能优化，以方便将来使用	尽量少修改，以节约设计成本
总承包商项目经理	尽可能高的专业技术资质、尽可能优秀的业绩	具备适合该项目的专业技术能力和管理水平
技术人员配备	配备高级技术和管理人才，越多越好	配备具备相关资历的人才，够用即可
现场管理	尽可能多的现场监督，尽可能严格的现场管理	合理的现场监督和管理，以节约管理费用
施工单位选择	信誉佳、管理能力强、技术力量强、报价适中	在信誉、管理能力、技术力量过关的情况下，报价最低
设备采购	质量优良、价格合理	质量过关，价格最低
试运行	尽可能长的试运行时间，直至完全正常	尽可能短的试运行时间，避免资源的无效积压

　　基于以上判断，业主在采用专业化工程管理模式时应有明确认识：对于业主来说，工程项目管理或总承包并不是什么包治百病的"灵芝仙草"，而是一把"双刃剑"，运用得好可以提高工作管理效率、节约成本，而运用得不好则可能使工程建设遭遇困境，难以实现业主意图。因此，在进行工程项目管理或总承包的制度安排时，业主必须充分考虑到项目管理方的利益。具体而言，有如下两方面因素值得考虑。①合理的利润或酬金。利润是企业生存之本，没有利润，项目管理单位就难以为继。对此业主应有清醒的认识，业主在与项目管理单位进行价格谈判时，即使自己处于有利地位，也不可压价过低，否则会影响项目管理单位的工作积极性，导致道德风险和逆向选择。②合理的总承包方式。通过合理的总承包方式的设计，促使项目管理单位的行为趋向业主利益，相反则会损害业主的权益。例如，在工程总承包模式下，如采用完全绝对的总价承包、一次包死的办法，可能导致总承包单位不合理降低成本，如在通过公开招标选择分包商时制定有利于低价中标的规则，在设备采购中选择质量一般的产品，而这些对业主来说并不是理想的选择，还可能为业主带来巨大的风险。

　　2）权力制衡关系的设计。在公司治理结构中，董事会通过委托权限设定、监督、奖惩、任免等手段对经理层实施监督，监事会依照法律、法规及公司的章程对经理层实施监督，实现各组织之间的制衡，保证公司的良性发展。在工程管理组织设计中，也可借鉴这一制衡机制。例如，科学设定项目管理单位的委托权的范围，充分发挥政府监督部门（如安全监督部门、质量检验部门、纪检监察部门）和社会中介机构（如监理公司、中介审计机构、审图中心）的作用，实现对项目管理单位的监督，实现权力的制衡。

3）自主权。公司治理结构的理念就是要授予经理层充分独立的生产经营自主权，使经理层具有更大的权力，以利于加快决策的速度，提高对市场变化的反应能力。在工程项目管理组织系统中，项目管理方更多的自主权与决策速度是成正比的。因此，为了提高管理的效率，凡是业主能够交给项目管理单位行使的权力，一定要放。

4）信息沟通。较高的透明度和完善的信息披露制度是保证公司治理结构的重要条件，有利于维护股东利益，保证企业经营的合法性。同样，加强项目管理各组织间的信息通报和沟通，保持充分的透明度，有利于组织间的合作，也有利于工程建设的良性发展。

（2）借鉴"企业文化"理念，进行工程项目管理组织文化建设。美国加利福尼亚大学的管理学教授威廉·大内认为，企业的生产效率不能单纯依赖奖金或管理制度，而是应当注重调动人的内在积极性，即追求成功的信念与不断成长的业绩。企业管理的理念在经历了泰勒的科学管理理论、梅奥等的人际关系及行为科学之后，现在已发展到强调以人为本的"文化"管理的阶段。

工程项目的人力资源管理与一般企业的人力资源管理不同。企业的人力多数都是固定的，变化量不大，有永久性的基地，有一定的组织体制，有固定生产模式的生产流程，有固定的人员岗位和操作程序等。而工程项目的人力则是变量，有工程项目才能征集人力、组织队伍。队伍的大小和各类专业人员的多少都要依据工程项目的规模和内容而定，完成工作的人员陆续离队，新的人员相继进场，流动性很大。要把这些人员组织在一起，形成群体功能，必须实行动态管理，发挥项目文化的作用。

1）组织文化在工程项目管理组织中的作用。①凝聚作用。组织文化是一种能够产生凝聚力和向心力的群体意识，它通过一定的价值观、信仰和态度而影响组织成员的处世哲学、世界观和思想方式。它像黏合剂一样把组织成员思想感情、工作学习、利益需求与组织的命运联结在一起，使人们对组织产生认同感和归属感。因此，良好的组织文化可以使工程参建各方同甘共苦，求大同、存小异，齐心协力为完成项目建设的各项目标而努力。②导向作用。组织文化规定了组织成员的价值取向和行为准则，对人们的行为有着持久而深刻的影响力。它能把个人的价值取向引导到组织目标和共同的价值取向上来，引导和统一人们的行动方向，使整个工程项目管理组织与成员形成有机整体，向着既定的目标方向努力奋斗。③激励作用。组织文化的核心内容是关心人、尊重人和信任人,强调感情因素在企业管理中的重要作用。通过工程项目管理组织的组织文化建设,可以形成一种耳濡目染的激励机制和环境,激励组织成员的积极性、主动性和创造性。④规范作用。组织文化所建立的共同价值体系、基本理念和行为规范,会在组织成员心理深层形成一种定势,进而产生一种响应机制。当适应的外部诱导信号发生时,就会得到积极的响应,并转化为预期的行为。这就是说,组织文化在组织中可以形成一种有效的"软约束",通过思想意识上的约束力量,协调和自我控制人们的行为意向,诱导人们认同和自觉遵守组织的行为规则。因此,通过工程项目管理组织的组织文化建设,可以有效地弥补制度设计中的不足,对整个组织的行为起到"软规范"的作用。

2)工程管理组织文化建设的主要内容。按照组织文化建设的理论,工程项目管理组织的组织文化结构可分为物质层、制度层和精神层三个层次。物质层是组织文化的表层部分,是施工组织中生产经营过程和产品的总和,包括工程组织的施工现场、机械设施、办公室、工作人员的风貌等。制度层是组织文化的中层部分,体现在企业群体行为的制度和规范上,如组织形式、规章制度、生产方式和施工规范等。精神层是组织文化深层部分,是组织文化的核心,包括组织的理想、信念、目标追求、价值取向、行为准则等。物质层、制度层和精神层相互联系、相互作用,构成了组织文化的完整体系。

由于精神层是组织文化的基础和核心,在进行组织文化建设时,工程项目管理组织应积极倡导有利于组织发展的组织理想、信念、目标追求、价值取向、行为准则等。结合工程项目管理的特点,应重点倡导如下几种理念。①坦诚。坦诚不但是人与人之间有效沟通的基础,也是促进组织效率提高的重要保障。杰克·韦尔奇说:"缺乏坦诚的精神会从根本上扼杀敏锐创新、阻挠快速行动、妨碍人们贡献出自己的所有才华。它简直是一个杀手。"工程项目管理组织中如果能形成"坦诚"的文化氛围,成员间遇事能够开诚布公地进行交流,而不是"遮遮掩掩欲言又止、虚虚实实互猜心思",将会大大加快决策的速度,节约管理成本。②团队合作。团队合作精神是指团队成员为了实现团队的利益和目标,工作中相互协作、相互信任、相互支持、尽心尽力的意愿与作风。彼得·德鲁克曾说:"企业需要的管理原则是:能让个人充分发挥特长,凝聚共同的愿景和一致的努力方向,建立团队合作,调和个人目标和共同福祉的原则。"工程项目管理体系由几个组织组成,每个组织的人员又来自不同的单位,不同的学历、文化背景、处事原则等会为彼此的合作造成许多障碍。因此,工程项目管理组织中尤其需要倡导团队精神,凡事以大局为重,少计较个人和小集体利益,多给予他人慷慨的援助和有力支持。③效率。工程项目建设是一个系统工程，环节多、工序复杂，而且环环相扣。任何一个环节的时间浪费，都会影响其他工作的正常开展。因此，参与工程项目管理的人员都应树立"效率"观念，从自身做起，杜绝懒散、松懈情绪，从每件小事做起，为组织效率做出贡献。④敬业。工程项目建设是一项艰巨的工作，不但工作节奏紧张、工作压力大，而且许多项目参与者还要舍家弃业，在异地工作和生活。要克服这样的困难，不具备敬业奉献、艰苦奋斗的精神是不行的。因此在工程项目建设中，应积极引导参建人员把工程作为一项事业、作为人生中一项重要的里程碑来看待，激发他们的敬业精神。

3）组织文化在工程项目管理组织中的形成过程。组织文化在工程项目管理组织中的形成会经历导入、磨合与规范三个阶段。在导入阶段，组织文化的策划者通过对工程的特点及环境进行分析，形成组织的目标、价值观、行为准则等，在组织内部进行宣传推广，思想发动。

由于工程项目建设的参与者的背景有所差异，对于组织文化的理解和接受程度不尽相同，而原有文化对成员的影响却根深蒂固，因此会产生一些组织间及成员间思想、观念、理念上的冲突和摩擦，组织文化进入磨合期。这一阶段是组织文化形成的关键阶段，组织文化的领导者和倡导者应坚持原则，坚决维护有利于组织发展的文化理念，而抑制一些消极文化在组织内部的流行。

经历了磨合期的冲击和碰撞，组织文化普遍为广大成员接受，精神或物质及形态在组织中固定下来，进入规范期。在规范期内，组织文化的领导者还应继续努力，维护文化的延续性和持久性，并采取措施及时纠正组织文化建设中出现的不良倾向。

（3）借鉴企业绩效管理的方法，提高工程项目管理组织的效率。绩效管理是通过在员工与管理者之间达到关于目标、标准和所需能力的协议，在双方相互理解的基础上使组织、群体和个人取得较好工作结果的一种管理过程。

当前绩效管理的一系列科学方法，已在中国越来越多的企业中得到运用和推广，起到了激发职工工作积极性、促进管理水平的提高、提升企业核心竞争力的作用。在工程项目建设中，员工的绩效及团队整体绩效对于实现工程的各项目标具有决定性的作用。如果将企业绩效考核的方法为工程项目管理组织建设所用，必然会对提高工程项目管理水平、促进建设项目的顺利推进起到重要的作用。如当前在企业中广泛使用的关键绩效考核法（Key Performance Indicators，KPI）对于工程项目管理就具有重要的借鉴意义。

KPI 强调考核者必须抓住被考核者岗位最关键的 2~6 项业绩指标，并根据企业的总体目标定出该岗位的绩效标准，该标准一定要是可量化、可衡量的。在工程项目管理中，可以参照企业的做法，建立一套 KPI 考核标准，对项目参与人员进行绩效考核。业主单位也可以参照此标准制定一套对项目管理（或总承包）单位的考核体系，对其业绩水平定期进行考核，并设定一些奖罚机制，以促进其提高管理水平和管理效率，更好实施对工程项目的组织管理。

1）KPT 指标体系设定的基本原则。按照 KPI 绩效管理体系的基本原理，工程管理组织的 KPI 指标体系应按照 SMART 原则进行设计，即：①指标必须是具体的（Specific）；②指标必须是可以衡量的（Measurable）；③指标必须是可以达到的（Attainable）；④指标必须和其他目标具有相关性（Relevant）；⑤指标必须具有明确的截止期限（Time-based）。

2）KPI 指标应具有的特点。工程管理组织中的 KPI 指标具有如下特点。①针对性。要抓住每个岗位的关键指标。②激励性。系统必须体现按劳分配的原则，打破大锅饭。③互动性。KPI 系统必须是全员参与的，上级和下级必须进行充分的沟通和反馈，不断改进绩效。④公正性。考评者必须有公正的心态，然后要通过量化的数据和客观存在的事件记录来衡量绩效的好坏。⑤持久性。在工程建设中必须持之以恒，坚持不懈，不要出现虎头蛇尾的现象。

3）KPI 指标的获取。工程管理组织中 KPI 指标可以从以下三个方面获取。①战略目标。首先根据工程项目的总体战略目标制定各项目部的工作目标，再将项目部的工作目标分解到项目组、岗位，直至个人。②岗位职责说明书。根据工程项目管理组织中的岗位职责说明书找到该岗位对于组织总体效率最有意义的 KPI 指标。③平衡计分卡。平衡计分卡是一种提取 KPI 指明的方式，它主要以四个维度来提取 KPI 指标。第一个维度是财务类指标，如计划工程量完成情况、投资控制情况；第二个维度是客户满意度，在工程管理中主要指业主的满意程度、是否受到业主的批评、是否出现工作差错；第三个维度是内部运营类指标，如管理制度是否健全、员工出勤率、质量状况、安全保障情况等；第四个维度是学习发展类指标，如内部员工满意度、培训完成率等。

3. 发挥"鲶鱼效应"，改善项目管理的竞争环境

西班牙人爱吃沙丁鱼，但沙丁鱼非常娇贵，极不适应离开大海后的环境。当渔民们把刚捕捞上来的沙丁鱼放入鱼槽运回码头后，用不了多久沙丁鱼就会死去。而死掉的沙丁鱼味道不好销量也差，倘若抵港时沙丁鱼还存活着，鱼的卖价就要比死鱼高出若干倍。为延长沙丁鱼的活命期，渔民想方设法让鱼活着到达港口。后来渔民想出一个办法：将

几条沙丁鱼的天敌鲶鱼放在运输容器里。因为鲶鱼是食肉鱼，放进鱼槽后，鲶鱼便会四处游动寻找小鱼吃。为了躲避天敌的吞食，沙丁鱼自然加速游动，从而保持了旺盛的生命力。这样虽然渔民损失了一小部分沙丁鱼，但绝大多数却活蹦乱跳地回到了渔港，渔民的收益大增。这就是经济学上所称的"鲶鱼效应"。

由于我国实行工程总承包和工程项目管理尚处于初级阶段，目前国内具有工程总承包能力和强大经济技术实力的大企业很少。国外大型承包商如美国的福陆丹尼尔、日本的大成建设、法国的布依格等都是特大型企业，已实现规模优势，而我国的企业无论企业实力还是管理水平，都有很大的差距。目前在我国开展项目管理或总承包的单位其前身一部分是挂在原计委、经委系统等国家部门或者金融机构搞起来的咨询单位，还有一部分是在市场经济条件下新成长起来的设计院、工程咨询单位，通过开展所谓的业务延伸和业务转型而形成专业的工程管理公司。由于这些企业大多数都是在计划经济体制下，逐步发展演变到现在，还有浓厚的计划经济体制的味道。企业不是完全按照市场经济体制要求运作的，管理思想、技术手段、组织体系、项目管理体系都相对陈旧。因此，在为业主提供服务时，专业工程管理公司表现出许多问题，如管理经验欠缺、技术力量不足、工作作风不扎实、敬业精神不够等，从而影响了工程总承包或项目管理的效果。甚至使业主对这一科学的管理模式的有效性产生怀疑。

要提高我国工程总承包和工程项目管理水平，必须提高专业工程管理公司的技术能力和管理水平。而要实现这一目标，最重要的就是要发挥"鲶鱼效应"，引入竞争机制，把死水搞活。具体而言，可分为两个层面。

（1）国内企业纳入世界一体化市场体系，开放国内市场，同时鼓励国内企业走出去参与国际竞争。只有打开门窗，才能有新鲜的理念进来；只有鼓励竞争，才能真正提升我国专业工程管理公司的能力。历史的经验多次告诉我们：封闭、保守保护的只能是落后，而开放的思维带来的却是整个行业的全新的生命力。在这点上我们应借鉴中国汽车行业的发展，在我国加入 WTO 之前，汽车行业同等产品的价格比国际市场高出数倍，生产力能力低下、技术工艺落后，人们普遍担心 WTO 的冲击会彻底摧毁我国的汽车制造产业。但实践证明，WTO 不但没有毁掉汽车产业，反而使这一行业的研发、生产能力得到了大大的提升，而且使汽车的价格回归到合理的价位，实现了中国老百姓几十年来企盼的私人轿车梦。

（2）打破行业垄断，鼓励跨行业竞争。在工程建设领域中，有些行业建设项目有一定的专业性，如铁路、机场跑道、高速公路的建设等，需要施工单位和项目管理单位具有一定的相关管理经验和知识，但绝大多数都属于通用工程项目，凡是具备一般管理经验的专业公司都可进行工程项目管理。即使在专用建筑的建设中，需要具备的专门知识也并不多，只要进行一些培训、积累一些相关经验，完全可以胜任。因此，应打破行业垄断，让行业外部的新鲜血液注入该行业中。首先，从政策层面应尽力消除行业壁垒，打击和抑制以所谓"专业工程"为由排斥其他工程管理公司进入的不正当竞争行为，鼓励跨地区、跨行业的竞争；同时，应创造条件，使开展工程项目管理业务的公司有机会学习掌握其他行业的相关知识，获得有关业绩和资质、资信或资格，为公平竞争创造条件。其次，从各行业自身发展的视角，也应树立开放的思维，欢迎和支持其他行业的竞争者进入本行业，与业内的专业公司展开公平的竞争。这样不但可以促使业内企业提高管理水平、完善技术力量，而且能大大拓展业内工程项目管理的选择空间，对提高全行业的工程建设水平大有益处。

2.2.4　工程总承包组织结构设计逻辑

每一种组织结构都是由经验发展而来的，而且是用于特殊需要的。但这些组织设计却表明了不同的组织设计逻辑。都采取了管理组织的一个类属方面并以之为中心来建立起整个结构。

（1）以工作和任务为中心。工作和任务是管理的一个类属方面。有两种组织设计原则是围绕着工作和任务建立的，这就是职能制和任务小组。

（2）以成果和成绩为中心。成果和成绩同工作和任务一样，也是管理的一个类属方面。联邦分权制（事业部制）和模拟分权制就是以这一类属方面为中心而建立的。它们是"以成果为中心"的组织设计。

（3）以关系为中心。关系也是管理的一个类属方面。"系统设计"是以关系为中心的。同工作与任务或成果相比较，关系这一方面不可避免地数量既多又难以明确规定。因而，以关系为中心的组织结构必然既是高度复杂的，又是不够明确的。它比起以工作为中心的组织结构设计或以成果为中心的组织结构设计，有更大的困难。但是，有些组织问题的关系极为复杂，只能采用"系统设计"。

2.2.5　工程总承包组织设计的原则

1. 目标集成原则

任何组织都有其特定的目标、组织及其每一部分，都应当与其特定的任务目标相联系，组织的调整都应以其是否对实现目标有利为衡量标准。

（1）费用目标。工程总承包模式组织系统对项目管理的费用目标为项目费用最小或收益最大。费用目标应包括建设项目总投资、项目运行成本、维护成本、社会环境成本。

（2）时间目标。建设项目工程总承包模式组织对项目管理的时间目标不仅包括建设工期还包括设计工期等。

（3）质量目标。传统的工程项目管理质量目标往往只重视建造过程中的工作质量、建筑物实体的质量。工程总承包组织系统对项目管理的质量目标不仅仅限于建造过程中的质量，更要全面重视项目生命期内的工作质量、工程质量、项目运行质量、与环境协调的质量等，重视项目的整体功能。

（4）满意度目标。工程总承包模式组织系统是依靠在一定合同约束条件下、在项目各参与方利益平衡的条件下、参与项目的各方满意条件下才能正常运转。各参与方的满意有利于团结协作，有利于营造平等、信任、合作的环境。参与方的努力程度、积极性和组织行为等要素与项目相关的各方对项目的满意程度有很大关系。相关的各方包括用户、投资者、业主、承包商和供应商、政府、生产者和项目的周边组织。过去人们总是强调整体目标而忽略项目相关方诸多的个体目标，这种管理方法被证明是有缺陷的。没有个体满意的项目不可能成为成功的项目。

（5）可持续发展目标。可持续发展研究一直是地区性规划、城市发展等宏观研究的一个重要方面。工程项目的可持续发展则是地区和城市可持续发展的微观层面，是最重要也是最具体的。现代工程项目特别是大型、特大型建设项目本身就是社会系统、经济系统和环境系统的子系统。对工程项目的可持续发展评价应作为项目决策的依据之一。

2. 分工协作原则

工程总承包管理的建立是一项系统工程，涉及参与工程项目管理的企业组织、企业间的集成、信息集成和传递、信息交换技术等。工程总承包管理组织系统的设计应充分考虑到工程项目自身的特点、工程项目所需资源的分布状况及组织活动的环境基础等因素，并在一定的指导原则下组建。

3. 信息沟通顺畅原则

组织中的人们只有通过相互之间的沟通，才能把组织的目标变成组织成员的具体行为。沟通的作用就在于把组织的总目标与那些愿意在组织中工作的人的行为结合起来。据此原则，在组织结构设计时，要保持最短的信息联系线，避免因划分过细而增加不必要的组织界线，影响信息沟通；要有利于开展非正规的讨论，有利于组织成员间的相互理解和和谐气氛的形成。

4. 以人为本原则

人是组织的灵魂，组织结构的建立只是为组织目标的实现创造了一定的条件，若没有组织成员的加入，组织结构就显得毫无生气；进一步讲，如果没有组织成员的努力工作，光有组织结构也是不可能实现组织目标的。因此，组织结构的建立要有利于人员在工作中得到培养、提高与成长，有利于吸引人才，发挥员工的积极性和创造性。

2.2.6 工程总承包项目组织结构设计的内容

组织可以根据自身需要合理选择适合项目特点的组织结构形式，但在实践中，为满足需要，组织还需要结合项目自身的特点，按照一定的组织结构设计原则进行项目组织结构设计，其本质是组织好员工的分工协作关系，其内涵是人们在职、责、权方面的结构关系。组织结构设计通常包括职能设计、部门设计、层级设计、职权设计和职务设计。

1. 职能设计

组织为了实现项目管理目标，必须依靠全体项目团队成员共同努力，分工协作，具体做法是把为完成组织目标所做的工作进行分解，并逐项落实到组织中各个部门甚至每个成员身上。也就是说，组织中的各个部门及每位成员必须承担某一项或某些工作，从而为实现组织的目标发挥其应有的作用。

职能是指作用和功能。职能设计是根据组织目标确定组织应具备的基本职能及其结构，是组织结构设计的第一步。职能设计过程包括职能分析、职能调整和职能分解，其中职能分析是核心。

（1）职能分析。根据特定组织的环境和条件，确定组织应该具备哪些基本的职能及结构，然后在此基础上，对各子系统的职能进行总体设计。目的是从宏观的角度确定组织需要的基本职能，明确基本职能和关键职能，关键职能由企业的经营战略决定，战略不同，关键职能则不同。

（2）职能调整。对现存的组织而言，随着组织内外环境的变化和组织战略目标的调整，需要对组织已经存在的职能结构进行调整。职能调整的方法通常包括增加新的职能、充实现有职能和职能重心转移三种。

（3）职能分解。将已经确定的职能进行逐步分解，细化为独立的易于操作的具体业务活动，以有利于各项职能的执行和落实，并为部门设计、职务设计和职权提供前提条件。

2．部门设计

组织结构设计实质是劳动分工原则，以确定组织应设置哪些部门，规定这些部门间相互的联系，使之成为一个有机整体。组织部门设计的基本原则是因事设职和因人设职相结合，分工与协作相结合和精简高效，其内容是纵向分层次、横向分部门。进行组织部门化的五个标准分别是产品部门化、职能部门化、地区部门化、流程部门化和顾客部门化。

3．层级设计

部门设计解决了组织结构中横向结构的设计，要解决纵向结构设计还得进行组织结构的层级设计。层级设计指管理层次的设计。管理层次由组织的规模决定，规模大则管理层次多；反之，管理层次少。另外，管理层次也会决定组织管理的费用、沟通的难度、计划和控制的复杂性。管理幅度指上级主管能够直接有效地指挥和领导下属的数量。管理幅度设计时应考虑的主要因素有计划的完善程度、任务的复杂程度、员工的经验和知识水平、完成任务需要的协调程度及信息沟通渠道状况等。

4．职权设计

组织纵向结构不仅要确定管理层次的数目，更要规定各层次之间的关系，即职责权限分工，故职权设计又称为集权和分权的设计。组织职权设计具体执行时要符合实行首脑负责制、正职领导副职、直接上级唯一和一级管一级的设计要求。

5．职务设计

职务设计的方法有职务专业化、职务轮换制、职务丰富化和职务扩大化四种基本方法。

2.3　工程总承包组织结构形式

项目的组织形式与项目的管理模式和企业对项目的管理方式及授权有关，也会影响项目的管理效率和管理效果。由于项目具有一次性与独特性的特点，在确定一个项目以后，就需要根据这一项目的具体情况，建立项目的管理班子，负责项目的实施、负责项

目的费用控制、时间控制和质量控制，按项目的目标去实现项目。项目结束后，项目的
管理组织完成了自己的任务，也就不复存在。按照组织结构的基本原理和模式，项目的
组织结构也可分为线性的项目组织结构、职能的项目组织结构和矩阵的项目结构等若干
形式。项目管理组织的结构实质上是决定了项目管理班子实施项目获取所需资源的可能
方法与相应的权力，不同的项目组织结构对项目的实施会产生不同的影响。

2.3.1　工程项目职能式组织结构

工程项目的职能式组织结构是指一个系统的组织，是按职能组织结构设立，当采用
职能组织结构进行项目管理时，项目的管理班子并不做明确的组织界定，因此有关项目
的事务在职能部门的负责人这一层次上进行协调，其结构如图 2-5 所示。

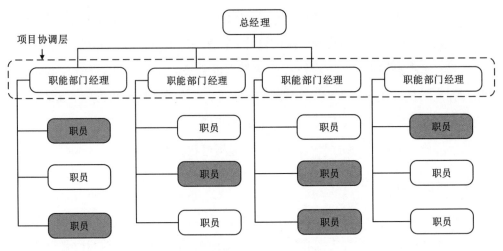

图 2-5　职能型组织结构示意图

注：灰色表示参加工程项目的职员。

在项目职能式组织结构中，项目管理实施班子的组织并不十分明确，各职能部门均
承担项目的部分工作，而涉及职能部门之间的项目事务和问题由各个部门负责人负责处
理和解决，在职能部门经理层进行协调。

优点：职能部门为主体，专业化程度较高，资源相对集中，便于相互交流或相互
支援。

缺点：①职能部门很难把握和平衡多项目对部门资源使用的优先权；②跨部门沟通
较困难。

适用情况：规模小，以技术为重点的项目。

2.3.2　工程项目线性式组织结构

工程项目的线性式组织结构又称项目化组织结构，如图 2-6 所示。工程项目线性式组织结构与职能式组织结构完全相反，其系统中的部门全部是按项目进行设置的，每一个项目部门均有项目经理，负责整个项目的实施。系统中的成员也是以项目进行分配与组合，接受项目经理的领导。

优点：项目团队工作重点集中，决策迅速、动力强、目标和责任明确。

缺点：多项目执行时重复努力增多、规模经济丧失、有效融合减弱、沟通交流出现障碍、缺乏一种事业的连续性和职业保障。

适用情况：组织有多个长期的、大型的、复杂的、重要的项目。

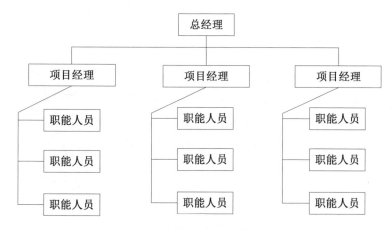

图 2-6　线性式组织结构示意图

2.3.3　工程项目矩阵式组织结构

工程项目矩阵式组织结构是一种通过结构集成形成的复杂的、高级的组织形式，它建立在一定的组织结构模型的基础之上。构成项目矩阵组织的基础组织结构是项目式组织与职能式组织，它们可以被视为矩阵式组织结构的基本要素。通过考察组织发展的历史，我们发现，构成项目矩阵组织的两种基础组织结构，其形成时间存在一定的先后顺序，并且这两种基础组织存在着共同的祖先——直线管理组织。

矩阵式组织结构形式呈矩阵状，管理人员由企业有关职能部门派出并进行业务指导，受项目经理的直接领导。图 2-7 是矩阵式项目组织结构示意图。

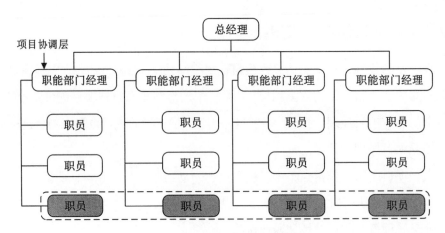

图 2-7　矩阵式组织结构示意图

注：灰色表示参加工程项目的职员。

1. 矩阵式组织结构的分类

项目的矩阵式组织结构是综合了职能式组织结构和线性式组织结构的特征，将各自的特点混合而成的一种组织结构。按从两种组织结构中取自一种组织特征的大小，项目的矩阵式组织结构可分为弱矩阵式组织结构、平衡矩阵组织结构和强矩阵组织结构。

弱矩阵组织结构保留项目职能式组织结构的大部分主要特征，但在组织系统中为更好地实施项目，建立相应明确的项目管理班子。项目班子由各职能部门下属的职能人员或职能组所组成，这样针对某一项目就有对项目总体负责的项目管理班子。然而，在弱矩阵组织结构中并未明确对项目目标负责的项目经理，即使有项目负责人，也不过是一个项目协调者或项目监督者，而不是管理者，如图 2-8 所示。

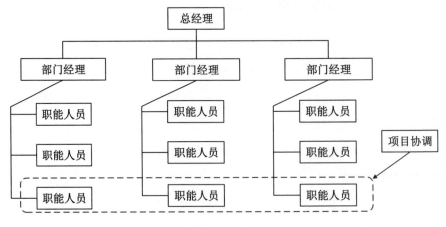

图 2-8　弱矩阵组织结构

平衡矩阵组织结构是对弱矩阵组织结构的改进，为强化对项目的管理，在项目管理班子内，从职能部门参与本项目活动的成员中任命一名项目经理。项目经理被赋予一定的权力，对项目整体与项目目标负责，如图 2-9 所示。

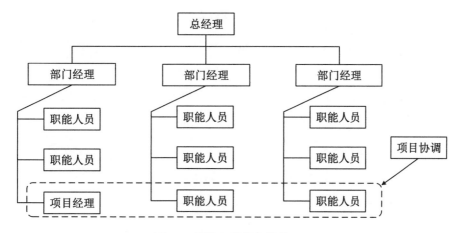

图 2-9　平衡矩阵组织结构

强矩阵组织结构具有线性式组织结构的主要特征。强矩阵组织结构在系统原有的职能式组织结构的基础上，由系统的最高领导任命对项目全权负责的项目经理，项目经理直接向最高领导负责，如图 2-10 所示。

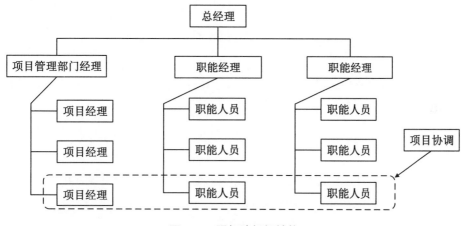

图 2-10　强矩阵组织结构

2．矩阵式组织结构的特点

（1）把职能原则和对象原则结合起来，既发挥职能部门的纵向优势，又发挥项目组织的横向优势。

（2）专业职能部门是永久性的，项目组织是临时性的。职能部门负责人对参与项目组织的人员有组织调配、业务指导和管理考察的责任。项目经理将参与项目组织的职能人员在横向上有效地组织在一起，为实现项目目标协同工作。

（3）矩阵中的每个成员或部门都接受原部门负责人和项目经理的双重领导，但部门的控制力大于项目的控制力。部门负责人有权根据不同项目的需要和忙闲程度，在项目之间调配本部门人员。一个专业人员可能同时为几个项目服务，特殊人才可充分发挥作用，以免人才在一个项目中闲置又在另一个项目中短缺，从而大大提高人才利用率。

（4）项目经理对到本项目经理部来的成员有权控制和使用。当感到人力不足或某些成员不得力时，他可以向职能部门求援或要求调换。

（5）项目经理部的工作有多个职能部门支持，项目经理没有人员包袱。但要求在水平方向和垂直方向有良好的信息沟通及良好的协调配合能力，对整个企业组织和项目组织的管理水平和组织渠道畅通提出了较高的要求。

3．矩阵式组织结构的优点

（1）兼有部门控制式和混合工作队式两种组织的优点，即解决了传统模式中企业组织和项目组织相互矛盾的状况，把职能原则与对象原则融为一体，取得了企业长期例行性管理和项目一次性管理的一致性。

（2）能以尽可能少的人力，实现多个项目管理的高效率。通过职能部门的协调，一些项目上的闲置人才可以及时转移到需要这些人才的项目上去，防止了人才短缺，项目组织因此而具有弹性和应变力。

（3）有利于人才的全面培养。可以使不同知识背景的人在合作中相互取长补短，在实践中拓宽知识面；发挥了纵向的专业优势，可以使人才成长有深厚的专业训练基础。

4．矩阵式组织结构的缺点

（1）由于人员来自各职能部门，且仍受各职能部门控制，故凝聚在项目上的力量减弱，往往使项目组织的作用发挥受到影响。

（2）管理人员如果身兼多职管理多个项目，往往难以确定管理项目的优先顺序，有时难免会顾此失彼。

（3）双重领导。项目组织中的成员既要接受项目经理的领导，又要接受企业中原职能部门的领导。在这种情况下，如果领导双方意见和目标不一致，甚至有矛盾时，当事人便无所适从。要防止这一问题发生，必须加强经理和部门负责人之间的沟通，还要有严格的规章制度和详细的计划，使工作人员尽可能明确在不同时间内应该干的工作。

（4）矩阵式组织对企业管理水平、项目管理水平、领导者的素质、组织机构的办事效率、信息沟通渠道的畅通，均有较高要求。因此，要精干组织、分层授权、疏通渠道、理顺关系。由于矩阵式组织较为复杂，容易造成信息沟通量膨胀和沟通渠道复杂化，致使信息梗阻、失真。这就要求在协调组织内部的关系时必须有强有力的组织措施和协调办法以排除难题。为此，层次、职责、权限要明确划分，有意见分歧且难以统一时，企业领导要出面及时协调。

2.3.4 工程项目组织结构形式的选择

通过对工程项目组织结构形式的分析和比较，我们可以清晰地辨识每种组织结构形式的优缺点，并能够根据其特点来选择项目所需的组织结构形式。不同的项目，不同的时期，对于组织有特定的目的和要求。组织结构形式的优缺点随项目实践的动态变化而变化，故不存在万能的组织结构形式，组织需要根据各个项目需求进行选择或组合。高层管理者在选择组织结构形式时需要综合分析的主要因素有：组织内外部环境，组织规模和人员构成，组织战略目标和理念，组织项目管理经验，所执行项目类型，组织拥有的可用资源，等等。另外，在选择项目组织结构形式时，还需考虑组织结构中纵向和横向的层级关系，横向考虑跨部门间的沟通、交流和协作，纵向考虑层级数量和隶属关系等。

一般而言，职能型组织结构形式适用于项目工作在各个职能部门内部执行的一种形式；项目型组织结构适用于需要较多的跨部门交流的项目；当组织需要同时执行大型项目或多个项目时，选择矩阵型组织结构则比较适合；项目日益多元化的组织则偏好混合型组织结构，目前该结构形式最为流行。因此，组织为实现其战略目标，确保收益最大化，需要结合其实际情况对比确定选择适合的组织结构形式并根据组织发展不断进行调整，保证项目顺利执行。

2.4 互联网时代的工程总承包组织结构

当今工程总承包市场趋势之一是需求多元化、用户导向化。工程总承包项目已经不仅仅是设计、采购、施工等建设的环节，用户在运营、融资等环节也有了个性化的综合需求。例如，很多投资类公司的项目，客户（业主）对项目建设、运行（生产）都不会亲力亲为，而是统一发包给总承包商，但对总承包商在投融资形式上却有各种要求，比如要求总承包商对项目进行垫资，或者签订租赁协议等。另外，越来越多的业主在工程总承包项目规划前期及实施过程中要求深度参与,业主自身有很多独特的经验和需求要在项目中体现。

工程总承包市场另一个趋势是项目复杂化、大型化。当今工程总承包项目的专业划分趋向复杂,承包项目可能包括能源(可能不止一种能源)、化工、节能环保等多行业多专业,以往的专业设计院或工程公司技术上满足不了需求;同样,项目规模也变得很大,有些工程项目因为工程总承包商在资源上的力不从心而无法持续。

智能互联网时代的到来,市场的不确定性剧增,面对难以预测的巨变,需要企业的组织结构有更广泛更高效的资源协作能力,有更具活力、更加灵活的以客户为中心的业务能力,来应对不确定的未来。另外,当今社会信息愈发透明,互联网、物联网、泛能网等使得万物广泛联接,量子信息国家实验室即将建造,量子计算机将会为人类带来更强大的计算能力,人工智能如火如荼地向成熟迈进。在这样的市场驱动下,运用移动互联技术和平台化思维,借助技术的进步和应用,一种新的企业组织结构——智慧平台化组织结构出现了。智慧平台化组织主要在业务端智慧化、资源平台生态化方面进行变革,帮助企业有效解决资源、业务活力等管理难题,提高企业的生命力和竞争力。

互联网平台已经在全球范围内建立了一种新的基础设施,支持和激发传统行业进行创新和创造,"平台+"智慧业务端已经是互联网商业化后出现的重要组织景观。工程总承包类企业可以借助新技术的进步和应用发展,用互联网平台化思维,有效解决资源、管理等难题,来应对更高的市场需求。

2.4.1　互联网智慧平台化组织结构概念

互联网智慧平台化组织可以把业务端活力发挥到极致,使其自组织、自管理、自激励、自创新。通过管理权分布式配置,业务单元被赋予自主权(可以是企业、项目部,甚至是个人,组织只关注业务完成能力,不关注业务组织形式)。高效率和高灵活性的要求,使得智慧平台化组织的业务单元往往很小,称为业务小前端。业务小前端承担全部或部分盈亏,是相当程度的独立运营单元,因此可以激发业务小前端的极致活力。比如,有的业务小前端中的个人甚至已经不算是企业的雇员了,而是企业的合伙人,业绩直接影响到个人的利益,因此业务小前端会发挥个人最大能动性来开展业务,这就是所谓的智慧。

业务小前端如果没有所需要的资源支持是无法开展工作的,为此智慧平台化组织将企业的所有资源,包括通用的技术、人力和服务按不同功能和类别放入开放的资源平台或不同的资源池，为业务端的运转提供支持和保证，即"赋能"。而且，这个资源平台不拘于企业内部，可以通过互联网将企业外部市场资源与企业内部资源进行优劣比较，由业务端最终自由决定购买哪个。这样就形成了可持续的资源获取回报生态圈。

在智慧平台化组织中，个人的提高和发展也不再传统和按部就班，个人能力的提升不再是组织的责任，员工的职业发展道路和晋升速度，是员工本身在一个可以促进发展的智慧平台环境下，由自身决定并定制。通过员工的自我能力提升与业务需求互动，业务需求与个人绩效挂钩，每位员工都会自我驱动成为个人能力的经营者。这种"资源平台+智慧个人"的模式更好地满足了员工及企业各自的需要，并能够良性循环。

总之，与以往的组织模式下重"组织"不同，智慧平台化组织模式激发个人潜力，尤其是主观能动性、创造性、领导力，使人员深度融入企业并为其发展出力，成为企业发展重要的组成部分，如图 2-11 所示。

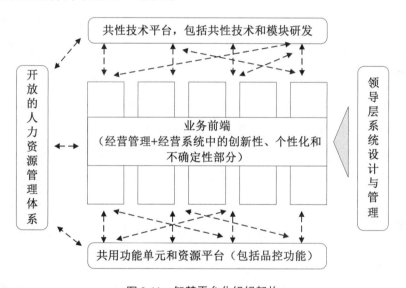

图 2-11　智慧平台化组织架构

互联网时代的新兴信息技术发展，为企业组织变革提供了技术和生态的支持。目前国内外逐渐成长了一大批应用智慧平台化组织结构的互联网巨头，如苹果、谷歌、脸书、阿里巴巴、京东等，也有部分先进的求新求变的传统企业应用了智慧平台化组织结构，如韩都衣舍、海尔。

2.4.2　互联网时代的工程总承包组织结构研究现状

"互联网+"时代的到来，互联网和高技术类企业蓬勃发展，企业界和学术界对企业组织智慧化、平台化、生态化关注度日益提高。

波士顿咨询公司（BCG）联合国内网络企业的研究院发布最新报告《平台化组织：组织变革前沿的"前言"》。报告认为，智慧平台化组织是当代先进企业为了顺应新环境下的市场、人才、技术变化而形成的新型组织结构，这一组织结构还会根据市场环境的不同形成不同的变化类型。BCG 还定义了智慧平台化组织的三大特征：大量自主业务小前端、生态化资源支撑平台，以及自下而上的内部创业精神。

贺新杰（2016）认为，平台化运营的互动效应能激发客户的隐性需求。互联网技术的发展为企业平台化运营提供了成熟的土壤。平台化运营能够让价值提供方与价值需求方的对接精准而高效。平台化运营能够为企业的资源运作提供更大的创意空间。

穆胜（2018）认为传统的组织模式中，企业普遍存在"员工动不起来"和"创新乏力"的弊病。互联网改变了组织逻辑。平台型组织是匹配互联网商业逻辑的组织模式，它赋予了基层员工更多的责权利，能够在需求侧灵敏获取用户刚需、在供给侧灵活整合各类资源、用"分好钱"的机制激活个体去整合各类资源，满足用户刚需，形成供需之间的高效连接。打造智慧平台化组织，一是通过设计精巧的激励机制让每个人都能感受到市场的压力；二是通过优化组织结构，形成前台、中台、后台的协作关系，让中台调用后台的资源和机制，"赋能"和"激励"前台灵活作战。

陈威如、余卓轩（2013）提出了多个有创意的商业概念，如"平台生态圈""利润池之战""机制设计""突破引爆点"等，对商业世界中分水岭式的革命性脉动进行了系统分析和实证研究，提供了有实战操作价值的策略方法，并全面归纳介绍平台的组成要素、机制设计、成长过程和平台竞争，尤其对平台模式的关键因素——"生态圈"的规律进行了系统的分析。

王明春（2017）提出了智慧平台化组织体系的九个关键组件：授权与协调机制；平台强化与价值管理；"三合一"的任务运行体系；开放的人力资源管理体系；内部资源定价与独立核算体系；基准管理体系；信息平台；股权设计；价值观治理。

吴义爽、王节祥（2017）就平台化组织属性、平台化企业个体可持续竞争优势、平台化企业战略行为与产业生态系统协同演化等问题展开讨论，为深入理解平台及其产业生态系统带来新的认识与启示，从理论上阐述了平台经济的起源。

大自然的生态系统是商业生态系统的内涵来源，摩尔最先阐述了"商业生态系统"的理论，商业生态系统来源于生态学理论，认为组织并不是单独存在的，而是伴随系统而成长发展的。

　　杨忠直的《企业生态学引论》在《道德经》哲学指导下，运用生态学与经济学原理，借助对策论、微分对策论和生态理论研究企业的生态行为，并用数学公式进行了数理推演，对生态经济学在微观层次建立了系统的经济理论。

　　陈威如、王诗一（2017）认为，平台带来的商业革命已改写了现在及未来的企业生存规则，而这股浪潮已经从互联网行业蔓延到了其他多种行业之中。如果说过去 10 年是平台商业模式在互联网行业的爆发期，那未来 10 年将是平台商业模式在传统行业转型应用上的黄金时代。平台思维不再是互联网行业的专用词，它可以用来解构价值链，可以被运用到组织架构的设计中，更能够帮助企业升级竞争优势。陈威如、王诗一的研究提供了转型与升级的理论指导，并帮助细化实施步骤。

　　王阳（2017）通过对传统企业海尔的研究，指出了内部组织变革与外部生态系统重构的关系，表示了传统企业需要通过商业生态平台凝聚更多资源，形成优势。

　　森田直行（2015）的《阿米巴经营实战篇》展示了传统企业业务端智慧化的可行性。

　　目前，工程总承包企业的组织理论研究成果基本集中在通过扁平化组织重构解决问题、提高企业效率方面。智慧化、平台化、生态化理论虽然没有被学者定义为仅在互联网高科技企业中适用，但对于这种新型组织模式的文献大多还是聚焦于互联网企业，对于传统企业的研究则比较少，但已经萌生向传统企业推广研究的态势。黄峻西（2008）对在工程总承包企业中建立平台组织的信息中心、技术支持中心有所阐述，但目前还没有真正将互联网平台生态化理念融入工程总承包企业组织重构的研究。对工程总承包企业组织重构的组织设计研究和企业信息化技术研究等影响组织重构能力的研究还是比较充分的。

2.4.3　互联网时代的工程总承包组织结构构建的整体思路

　　互联网时代的工程总承包组织结构构建需立足用户，以业务为中心，重构管理体系，通过组织管理平台化、资源生态化，打破纵向层级和横向职能壁垒，建立以业务前端为核心的资源配置机制，实现资源共享，回归业务端对资源池的资源调度权利，使业务前端责权利匹配，直接、有偿地调度配置资源，实现资源最大化地对业务前端进行支持，促进业务前端的自组织、自管理、自激励、自创新，增强业务端活力，为用户提供优质服务，如图 2-12 所示。同时，还需要结合行业特点，从企业业务发展实际进行推进；通过市场化方式配置资源和激励，从而对业务赋能，使权利回归；强化互联网应用，落地组织管理平台化、资源生态化；充分考虑重构风险，力求平稳过渡，确保高效、安全地持续运营发展。

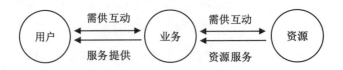

图 2-12　用户、业务、资源关系图

2.4.4　互联网时代的工程总承包组织结构

互联网时代的工程总承包组织主要划分为两层面三部分：第一层面是接近用户端的项目平台组织，由业务前端和项目资源平台两部分组成；第二层面是公司平台组织，由公司层面的资源平台构成。

业务前端是可以完成产品/服务完整功能的最小权、责、利匹配的经营主体，如 EPC 项目部、市场开发小组、市场开发工程师、工艺设计室、设计员本人等。业务前端可能是一个小团队甚至可能是个人，被赋予自主权，担负整个产品为了满足客户需求而进行的创造性、个性化的工作，也承担全部或部分盈亏，是相当程度的自组织、自管理、自激励、自创新的智慧单元，目的是实现自我驱动，让业务部门的成员有主人翁意识、有归属感、有追逐感。

资源平台分为公司层面的资源平台和项目层面的资源平台。两个资源平台均按照业务需求及战略要求，划分为三个群：资源服务群、运营监督群和市场开发群。三个群借助平台，为业务前端提供快捷服务，资源精灵是资源平台上自主经营提供业务所需求的合格资源的单位。

资源服务群为业务提供资源，协调服务。运行方式是通过任务抢单、派单等方式主动为业务前端提供服务；职责是为业务端提供资源及协调服务，建立高效的资源池及协调服务机制，帮助业务前端解决难题。资源服务群的组成部分一般分专业类和职能类。专业类包括项目管理、采购、物资、成本控制、HSE（Health、Safety and Environmental，即健康、安全和环境），根据业务需要确定角色规划和编制，对现状进行盘点，制订角色规划方案（增加/减少）。职能类包括财务、人力、经营绩效、技术质量、行政后勤、信息化管理，根据业务覆盖面确定角色规划和人员编制。

运营监督群的定位是聚拢生态圈资源，并对企业进行智慧化运营管理、监督。运行方式是依托智慧运营平台，建立生态环境，进行运营管理、监督及专业支持；职责为组织落实企业整体绩效目标达成，提升企业运行效率，防范风险，确保企业安全运营和可持续发展。

市场开发群的定位是市场体系建设和市场开发、集中协调及管理。运行方式是通过市场营销网络建设，商机洞察机制，对市场开发实施统筹、督导管理；职责是帮助市场前端解决难题，对开发的大型市场项目进行过程督导和支持，确保项目成功获取。

公司资源平台另外再划分出两个委员会，分别是技术委员会和风险管理委员会。技术委员会为公司决策层提供战略技术支持，由技术专家组成；风险管理委员会管控公司战略风险，并对平台及业务端进行第三方式的监督。

2.4.5　互联网时代的工程总承包组织结构构建要点

1．关于"赋能"

赋能是指为业务前端的运转提供支持和保证。"赋能"不同于传统组织结构中职能部门"手握"资源权利，项目部向职能部门"申请"资源。在互联网时代下的组织中，业务前端是主动的，这一种放权也是组织的"智慧"的保证。

2．角色无界限

互联网时代下的组织结构没有严格的角色或界限划分。例如，业务端的团体或个人除了获取资源开展业务外，也可以通过互联网技术平台的支持，将自身的专业技术作为资源在资源平台上提供。

3．能力筛选

资源要想实现"赋能"，需要有市场认可的能力，因此重组过程要有能力筛选。从能力需求出发，根据资源平台所需要能力技术要求，从"原始资源池"抽调或者说重新聘用团队和个人的过程中，绝不可以出现能力不具备要求的团队和个人进入资源平台的现象，要坚决抵制"换汤不换药"式的打散再组合。

4．实现内外资源竞争优胜劣汰

为业务前端的运转提供支持和保证的资源平台，并不拘泥于企业内部资源，可以通过互联网将企业外部市场资源与企业内部资源进行优劣比较，最终由业务前端自由决定购买哪个，形成可持续的资源获取回报生态圈。内部资源平台的团队与个人也将在这个生态圈中被发现具有更大价值或者最终被淘汰。

5. 传统组织重构要重视运营监督群的作用

监控甚至干预不是开智慧平台化组织变革的倒车,而是保障新式组织重构的平稳迈进,预防智慧平台化过程出现的对组织有害的行为。比如,有些市场部门用违法手段做大业绩;有的项目经理和有经验的优质资源(可能是内、外部资源)长期排外式绑定,让新人没有机会成长等。

6. 不否定传统组织结构

制度以适用为原则,虽然智慧平台化组织是对传统组织结构的颠覆,但业务前端的团队组成的组织结构也可能是传统式的。智慧平台化组织结构的建立是为了提高效率,而不是为了消灭传统组织结构。重构后组织结构在整个公司层面是资源平台化的,而团队组成的业务前端因为人员少,产品服务单一,应采用适宜的结构。

第 3 章

工程总承包市场营销

3.1 工程总承包目标市场分析

3.1.1 目标市场及其选择

1. 目标市场的定义

在产品或服务的市场营销过程中,按客户及其需求的特征把整个潜在市场细分成若干部分,根据产品或服务本身的特性,选定其中的某部分或几部分的客户作为综合运用各种市场策略所追求的销售目标,此目标即为目标市场。

由于企业能够生产的产品是有限的,而客户的需求是无限的,因此,企业只能在市场细分的基础上,选择部分客户群体作为目标市场。选择的基本要求是:组成细分市场的客户群体具有类似的消费特性;细分市场尚未被竞争者控制或者垄断,企业能够占领市场;细分市场上有一定的购买力,企业可以获得既定的利润。一种商品在上市时一般只能满足社会中一部分人的需求。对于一个广告产品来说,这一部分人便是它的目标市场。也就是说,该广告产品是以这部分人为推销对象的。在设计广告时,广告人员应知道该广告产品的目标市场是什么样的群体。

著名的市场营销学者麦肯锡提出了应当把客户看作一个特定的群体,称为目标市场。通过市场细分,有利于明确目标市场;通过市场营销策略的应用,有利于满足目标市场的需要。目标市场就是通过市场细分后,企业准备以相应的产品和服务满足其需要的一个或几个子市场。

2．企业选择目标市场的原因

企业选择目标市场的原因主要有以下三个方面。一是企业资源的有限性。企业所拥有的人、财、物等资源是有限的，这就限制了企业的供应能力，不可能面向所有消费者提供产品或服务。二是企业经营的择优性。当企业面对多个价值取向时，经营理性决定了企业在这些价值取向中选择利益最大化目标。三是市场需求本身的差异性。由于每个个体的消费者相互之间存在个性化偏好，企业在现有的可行条件下，只能满足一部分个性化消费者的需求。

3．企业选择目标市场的标准

企业在选择目标市场时，可以依据下列三个标准：一是市场规模与增长率标准。对目标市场的规模和增长率通过定量分析的方法，获取结论；二是市场竞争状态与特性标准。可以通过"五力竞争模型"或者其他方法，分析市场竞争状态和需求特性，为企业寻求有利机会；三是企业目标及资源相配置标准。企业所选择的目标市场，必须要与企业的发展战略目标和企业自身所拥有的资源条件相配置，即企业要把握自身优势和能力，才能顺利开拓目标市场。

4．影响企业目标市场策略的因素

影响企业目标市场策略的因素主要有企业资源特点、产品特点、市场供求关系特点和竞争者的策略四类。

（1）企业的资源特点。资源雄厚的企业，如拥有大规模的生产能力、广泛的分销渠道、程度很高的产品标准化、高品位的内在质量和品牌信誉等，可以考虑实行无差异市场营销策略；如果企业拥有雄厚的设计能力和优秀的管理素质，则可以考虑实行差异市场营销策略；而对实力较弱的中小企业来说，适于集中力量实行集中市场营销策略。企业初次进入市场时，往往采用集中市场营销策略，在积累了一定的成功经验后再采用差异市场营销策略或无差异市场营销策略，扩大市场份额。

（2）产品或服务特点。产品或服务的同质性表明了产品在性能、特点等方面的差异性的大小，是企业选择目标市场时不可不考虑的因素之一。一般对于同质性高的产品，如食盐等，宜实行无差异市场营销策略；对于同质性低或异质性产品，差异市场营销策略或集中市场营销策略是恰当选择。此外，产品因所处生命周期的阶段不同，而表现出的不同特点亦不容忽视。产品处于导入期和成长初期，消费者刚刚接触新产品，对它的了解还停留在较粗浅的层次，竞争尚不激烈，企业这时的营销重点是挖掘市场对产品的基本需求，往往采用无差异市场营销策略。等产品进入成长后期和成熟期时，消费者已经熟悉产品的特性，需求向深层次发展，表现出多样性和不同的个性来，竞争空前激烈，企业应适时地转变策略为差异市场营销策略或集中市场营销策略。

（3）市场供求关系特点。供给与需求是市场中两大基本力量，它们的变化趋势往往是决定市场发展方向的根本原因。供不应求时，企业重在扩大供给，无暇考虑需求差异，所以采用无差异市场营销策略；供过于求时，企业为刺激需求、扩大市场份额殚精竭虑，多采用差异市场营销或集中市场营销策略。从市场需求的角度来看，如果消费者对某产品的需求偏好、购买行为相似，则称之为同质市场，可采用无差异市场营销策略；反之，为异质市场，差异市场营销策略和集中市场营销策略更合适。

（4）竞争者的策略。企业可与竞争者选择不同的目标市场覆盖策略。例如，竞争者采用无差异市场营销策略时，你选用差异市场营销策略或集中市场营销策略更容易发挥优势。企业的目标市场策略应慎重选择，一旦确定，应相对稳定，不能朝令夕改。但灵活性也不容忽视，没有永恒正确的策略，一定要密切注意市场需求的变化和竞争动态。

3.1.2　工程总承包适用的市场类型

按照国内学者对工程总承包概念的释义，工程总承包有多种类型，其中，EPC 是典型的工程总承包模式。工程总承包模式的出发点是充分发挥设计、采购、施工的一体化整合优势，然而由于各种项目的特点和所处的环境不同，一体化整合优势在有些项目中未必能够体现，因此，并不是所有项目都能充分发挥工程总承包模式的优势。

一般而言，工程项目的规模和难度越大，采用工程总承包模式就越有利。

1. 工程总承包模式适用的项目类型

实践证明，能发挥工程总承包模式优点的有以下几类项目。

（1）建设规模较大，建设方案确定的项目。

（2）专业化程度高，需要发挥设计主导作用的项目。

（3）投资费用较高，控制难度大的项目。

（4）技术密集，需要全面控制建设质量的项目。

对于不适合采用工程总承包模式发包的项目，则可采用传统承发包模式。

2. 工程总承包模式适用的行业类型

根据我国近年来推行工程总承包的实际情况，工程总承包的应用形式与工程项目所处行业有很大关系。

在化工、石化、冶金、电力等行业中的工业建设项目中，其生产项目工艺技术比较复杂，对一体化整合建设要求较高，工程总承包主要以 EPC 模式、项目管理服务及"交钥匙"模式等形式为主。

在房屋建筑、公路、铁道、市政、地铁等建设工程领域中，一体化建设程度不如工业项目，工程总承包则主要以 DB 模式、EPC 模式等为主。

3.2 工程总承包市场营销策略

在社会主义市场经济条件下，市场营销是工程总承包企业管理的中心环节。工程总承包企业要想在市场竞争中谋求生存和发展，就必须以市场为中心，以市场营销体系为载体，推动企业走向市场。市场营销工作的结果是衡量工程总承包企业体制、机制、人才、技术、管理等要素的基本尺度。为了提升工程总承包企业市场营销体系的执行力，必须切实贯彻执行以下关键的市场营销策略。

3.2.1 工程总承包企业市场营销队伍建设

这里所说的市场营销队伍是指直接从事经营工作、开拓市场、承接项目订单的专业人才。市场营销队伍建设是做好企业市场营销工作的基础环节，必须作为建筑企业的大事来抓好。

（1）要确立符合市场经济规则的市场营销从业人员标准。应当看到，中国特色社会主义已经进入新时代，工程总承包企业要在市场经济并不完善的激烈竞争中求生存、求发展，就必须要求市场营销队伍与外部环境相适应、相对接。企业市场营销的直接目的就是要拿到订单，为此，工程总承包企业应当面对现实，正确评价企业市场营销人员的工作和业绩，不能完全套用评价政府机关工作人员的标准和办法。

（2）市场营销人员要以"三心"作为自己思想和行为的准则，不断提高自身综合素质。首先，市场营销人员要有强烈的事业心，热爱本职工作，兢兢业业履职尽责；其次，市场营销人员要有高度的责任心，把千方百计拿到项目作为自己工作的准绳；最后，市场营销人员要坚持做到不贪心，要能够经得起各种考验，杜绝各种形式的商业贿赂。在当今社会各种思潮互相影响、市场营销人员生活圈和社交圈相对复杂的情况下，市场营销人更要注意锤炼自己的人格和形象，提升自己的思想觉悟和精神风貌。

当前，在工程总承包企业的市场营销队伍中，为企业生存和发展而不辞劳苦的奉献精神是市场营销队伍的主流。企业要善于用良好的职业道德、经营作风为导向，确保市场营销队伍的健康成长。

3.2.2　创新工程总承包企业市场营销激励机制

广义的市场营销机制是指在企业的整个市场开拓活动系统中，各要素之间相互联系、相互制约，推动整个市场营销系统运转的条件和功能。结合工程总承包企业的实际情况，工程总承包企业在市场营销机制转换上已经实现了两大转变：一是从计划经济体制向社会主义市场经济体制的转变，其典型的表现形式就是建设项目全面实行市场招投标制；二是工程总承包企业的生产组织方式由行政建制方式转向以项目为基点的"项目管理"施工组织方式。但目前对于大多数工程总承包企业来说，市场营销激励机制却是薄弱环节，特别是在一些国有工程总承包企业，重生产、轻经营的现象还是比较严重。必须以创新思维建立促进企业市场开拓工作的市场营销激励机制。

市场营销激励机制的基本内容是要建立适应市场经济需要和经营开拓特点、实行市场营销业绩与个人收入分配密切挂钩、多种分配形式并存的规章制度和办法，其核心是改革分配制度，激活市场营销人员和项目管理人员积极性和能动性，促进企业经营质量的改善和提高。

为此，工程总承包企业可以实行"标价分离"的办法。项目中标后，中标价格在企业内部进行合理划分：一部分划分为项目制造成本，由项目管理班子负责在项目施工过程中实施并控制，制造成本的降低额是对项目管理班子奖励的依据之一；另一部分划分为市场营销的经营成本，是市场营销人员的奖励依据。如果投标报价、合同谈判、竞标等工作的效果比较好，那么经营成本部分划分的就自然会多一些，因为项目制造成本是按类似项目的实际消耗的经验数据统计得出的，相对而言固定的成分会大一些。这样就有效地解决了市场营销人员与项目管理人员的激励标准问题，使他们能够按照各自的工作性质、工作目标、工作成果得到相应的工作报酬。

当然，作为市场营销激励机制还有很多方面的内容。不仅要有物质激励，还要有荣誉和职务升迁激励；不仅要有工作目标激励，还要有培训和发展机会激励；不仅要有尊重激励，还要有参与激励。总之，要根据工程总承包企业市场营销工作的特点，建立有效的市场营销激励机制。

3.2.3 工程总承包企业客户关系管理

1. 工程总承包企业客户关系管理原理

客户资源是工程总承包企业竞争获胜的最重要资源之一,现代市场的竞争主要表现在对客户资源的全面争夺。是否拥有客户取决于客户对企业的信任程度,而信任程度是由满意程度决定的,客户满意程度越高,企业竞争力越强,市场占有率也就越大。

(1)客户关系管理的定义。客户关系管理(CRM)是一种以客户为中心的管理思想和经营理念,它是旨在改善企业与客户之间关系的新型管理机制,实施于企业的市场、销售、服务与技术支持等与客户相关的领域,通过提供更快速和周到的优质服务吸引和保持更多的客户,并通过对营销业务流程的全面管理来降低成本。从另一个角度上讲,客户关系管理是以多种信息技术为支持的一套先进的管理软件和技术,它将最佳的商业实践与数据挖掘、数据仓库、一对一营销电子商务、销售自动化及其他技术紧密结合在一起,为企业的销售、客户服务和决策支持等领域提供了一个业务自动化的解决方案。

客户关系管理是以每个客户作为服务个体,对客户行为的追踪或分析,都是以单一客户为单位,观察并发现其行为方式和偏好,同时确定应对策略和营销方案。企业还必须不断地关注行为的变化,并立即产生应对策略,以掌握先机赢得客户。

(2)客户关系管理的主要组成和功能。客户关系管理是一种以客户为导向的企业营销管理的系统工程。一个完整的客户关系管理系统通常由呼叫中心、销售管理、市场管理、订单履行和交货、服务和支持管理等组成。

1)呼叫中心。呼叫中心实际上也可以称为信息处理中心,是一个能处理电话、电子邮件、传真、Web 及信息反馈的综合性客户交流枢纽。它作为一个综合全面的客户关怀中心,充分掌握客户信息,用统一的标准对接客户,实现对客户的关怀和个性化服务,提高客户的满意度。

2)销售管理。销售管理的主要功能是销售活动管理与自动化、销售配置、销售分析、销售支持、销售绩效管理、渠道与分销管理、自动 Web 销售、一对一个性化营销、交叉销售等。

3)市场管理。市场管理具有数据集合与处理、市场分析、市场预测、市场决策、计划与执行、市场活动管理、竞争对手的监控与分析等功能。

4)订单履行和交货。通常订单履行和交货是与 SCM、物流等系统集成来实现业务运行的,这实际上是将客户需求链与供应链连接起来,帮助企业实现对客户购买过程的闭环系统的全程管理。

5）服务和支持管理。服务和支持管理包括投诉与纠纷处理、保修与维护、现场服务管理、服务请求管理、服务协议及合同管理、服务活动记录、远程服务、产品质量跟踪、客户反馈管理、退货和索赔管理、客户使用情况跟踪、客户关怀、备品备件管理、票据管理、维修人员配备管理、信息检查、数据收集和存储等功能。

2．工程总承包企业客户类型

根据建筑行业的特点，按客户需求细分客户的类型，基本可归纳为以下几种。

（1）经济先导型客户。这类客户群体追求利润最大化，以民营企业、外资企业为多，它们选择工程承包企业以合理低价或最低价为首选，同时要求工程承包企业大额垫资现象比较普遍。

（2）关系先导型客户。这类客户群体大都讲究人际关系，以国有企业和政府、事业单位为多，他们选择工程承包企业是以关系到位和具有设计、采购、施工相应实力的工程总承包企业作为选择对象。

（3）技术先导型客户。这类客户群体所投资开发的项目技术含量高，施工难度较大，为保证项目顺利实施，需要选择有技术能力的工程总承包企业。

（4）政绩先导型客户。这类客户群体主要以地方政府为多，它们对工程进度和质量要求高，一般选择工期快、质量好的有实力的工程总承包企业。

（5）融投资先导型客户。这类客户群体首先要求的是工程总承包企业的金融服务能力，要帮助其项目融资或施工垫资及参与投资等。

（6）综合需求型客户。这类客户群体一般是比较有实力的大型投资开发商，要求工程承包企业的条件比较苛刻，对工程总承包企业的资格预审比较严格，招标条件如质量、工期、造价、垫资、工程保函等要求比较高，同时这类客户也比较守约。

以上从客户的分类中不难看出，满足客户的需求是一件十分复杂的事情。企业发展需要建立良好的客户关系，同时也要对客户有一套科学的管理办法，创新客户关系管理。对符合国家产业政策的、有前景的项目及有实力、讲诚信的客户，对经过评审确定为"正值"的客户，要建立长期的业务关系，提供最好的服务。对不讲法律法规、不讲诚信的客户，一定要注意风险管理，不能偏听偏信，为片面追求合同额而不理智地去满足客户需求，否则就会造成越做越亏的悲惨结局。经过评审后，结论是"负值"的客户，原则上是不能建立业务关系的，有些必须列入限制性往来的名录。

3.2.4 完善工程总承包企业市场竞争手段

市场营销手段是为经营目的服务的。目前建筑市场在竞争特点、方式、策略等方面呈现出许多新特征，竞争对手越来越多、越来越强，层次越来越高，手段越来越先进。每一个工程总承包企业都要基于当前建筑市场竞争现状来确立自己的市场营销手段。为了能够在市场营销手段上高人一筹、多人一招、先人一步，做好以下四方面是非常必要的。

1．强化核心业务竞争能力

企业的核心能力理论是 20 世纪 90 年代在美国兴起的。1990 年，普拉哈拉德在《哈佛商业评论》上发表了《公司核心能力》一文。其后，西方企业理论界围绕"企业核心能力"展开了理论研究的高潮。核心能力在企业成长中的主要作用表现在以下几方面。

（1）从企业战略角度看，它是战略形成中层次最高的、最持久的单元，从而是企业战略的中心主题，决定了企业有效的战略活动领域。

（2）从企业未来成长角度看，核心能力具有打开多种产品潜在市场、拓展新的行业领域的作用。

（3）从企业竞争角度看，核心能力是企业持久竞争优势的来源和基础，是企业独树一帜的能力。

（4）从企业用户角度看，核心能力有助于实现用户最为需要的和最根本的利益。

所以，发展企业核心能力是国内外成长型企业需要坚持的新战略，其主要原因有两个：一是企业的成长环境发生了巨大变化，主要标志是经济总量从短缺转向过剩，从国内经济转向全球经济；二是竞争范围和方式发生了深刻变化，从国内竞争转向在国内外市场与国外企业直接竞争，竞争方式也从以往的职能性战略和特定行业竞争战略为主转向多行业整合竞争战略和企业总体战略为主的竞争。工程总承包企业作为长期成长型企业，其核心业务就是工程承包，因此，要以工程承包业务为中心，构筑核心业务能力体系，市场需要什么，工程总承包企业就要能够建造什么，要以国家的投资政策和市场需求为导向，调整核心业务能力，开拓市场的主攻方向。

需要强调说明的是，要依靠技术创新来强化核心业务竞争能力。技术创新是提高企业竞争力的关键，而技术创新又必须以业主的需求为指导原则。

2．坚持实施名牌与品牌经营战略

在目前的市场竞争中，有些企业提出要实施名牌战略，有些企业提出要实施品牌战

略，其实这两者是既相互联系又有差异的。

名牌是针对产品、工程而言的，是具体的，它可以是多个行为主体，也可以分散存在于个体之中，具有现实性，经济性；品牌是一种概念，是一个行为主体，是一个整体形象，具有象征性、延伸性、持久性和赢利性。品牌代表企业，一个好的品牌可以给企业带来无限商机。名牌具有可仿制性，品牌不可仿制。名牌以质量为本，品牌以信誉为本。品牌以名牌为基础和前提，没有名牌就没有品牌；反之，名牌又以品牌为动力和压力。在企业的微观经济运行中，名牌和品牌是并举的，如果名牌做不好，就会毁了品牌。由此可以看出，名牌与品牌的共性方面是都必须要面向市场接受业主的检验，而不同的方面则在于两者是战术与战略的关系。

由于名牌是靠品牌来支撑和托起的，所以作为工程总承包企业来说应当遵循先名牌后品牌的原则，坚持"创造名牌、提升品牌"的经营战略，以名牌工程的质量作为赢得业主的战术性措施，以企业品牌的信誉作为增进业主信任的战略性举措。名牌工程的现实价值大，而企业品牌的长远价值大，工程总承包企业无形资产的价值更多地要靠品牌来创造，寻求名牌与品牌共同发挥价值功能的招数就在于创造新的经营手段。例如，中建系统的企业推行的"CI 形象"和"过程精品"的做法，既是创造名牌的要求，也是提升品牌的要求。

3．提升市场信息管理水平

当今时代，信息就是财富。市场信息对于工程总承包企业的极端重要性更是如此，尤其是在市场瞬息万变、竞争对手实力强劲的情况下，提升市场信息的管理水平至关重要。提高市场信息管理水平的关键是要抓好四个环节。

（1）获得信息。要体现建筑业的完全竞争性特点，强调获取市场信息的快速、广泛、准确。

（2）筛选信息。要通过认真、细致、全面的分析研究，挑选出真实、重要、可行、有价值的市场信息。

（3）跟踪信息。要重视扩展信息功能，密切与信息源头和相关部门的关系，定期联系和走访。

（4）转化信息。要做好信息的传递工作，有序进入市场交易过程。在提升市场信息管理水平的过程中，必须强调工作责任心、细致性、严密性与现代化信息处理手段的结合，形成反馈灵敏、运转高效的市场信息管理系统和工作机制，以适应市场竞争的需要。

4. 创造服务于业主的市场营销技巧

工程总承包企业的市场营销技巧没有固定不变的规律，也没有现成的经验可言，关键是如何对接业主的需求，做到因人而异，审时度势。具体说来，可以采取以下市场营销技巧。

（1）与竞争对手比较的差异技巧。这就要求工程总承包企业要善于运用"差异化原理"或"比较优势"来抗衡竞争对手，把自身与竞争对手有差异的地方做大。例如，全面实施施工现场的 CI 覆盖，就是企业形象上的差异。工程总承包企业实施 CI 形象无论是从施工现场管理方面，还是从企业文化建设方面，都极大地推动了建筑行业的进步。另外，在工程竞标时，技术方案、经济方案、应急预案等也可以采用差异化技巧。

（2）不同类型业主的对接技巧。这就要求工程总承包企业根据业主的不同需求和不同偏好，确立相应的策略方针，制定满足业主需求的技术标和商务标，以提高中标率。对于技术先导型业主，就要大力宣传本企业领先的技术优势；对于关系先导型业主，就要注意把各种有利于本企业开拓市场的关系理清楚，进行有效的公关活动，切忌搞错了关键环节。

（3）寻找市场间隙的特色技巧。工程总承包企业要善于在激烈的市场竞争中，努力寻求适合自身特点的市场空间，把解决业主的难题与解决自身的市场开拓有机结合起来，在市场间隙中求生存谋发展。

（4）强调自我超越的竞争技巧。国内外的经验显示，事业发展比较成功的企业都有一个类似的观念，即把自己作为竞争对手进行否定和超越。这种做法至少有三方面的含义：一是表明对自己的自信，二是促使查找自己的不足，三是不给竞争对手做广告。工程总承包企业在经营中，也要学会运用这样的竞争技巧，强调自我超越。

3.2.5 工程总承包企业市场营销风险防范

建立风险控制体系是提高经营质量的核心环节。提高经营质量的本质目标是要实现规模与效益的同步增长，为了提高经营质量，除了抓住项目成本管理和完善市场营销体系这两个环节外，控制风险是提高经营质量最有效的方法。纵观目前工程总承包企业存在的一些"烂尾项目"，都是没有严格的风险防范措施造成的。风险的存在不仅会降低企业的经营质量，而且会使企业陷入困境。如果工程总承包企业不能够建立有效的风险评估、防范、控制体系，那么新旧风险的累加将使企业永远走不出上当受骗的境地。工程总承包企业的市场营销风险大致有两方面：一是挂靠风险，二是垫资风险。

1. 挂靠风险

在建筑市场中，挂靠是一种通俗的说法。《中华人民共和国建筑法》第 26 条规定："禁止建筑施工企业以任何形式允许其他单位或者个人使用企业的资质证书、营业执照，以本企业的名义承揽工程。"《建筑市场管理规定》第 16 条规定："承包方必须按照其资质等级和标准的经营范围承包任务，不得无证承包或未经批准越级、越范围承包。"而在现实中，建筑市场中的变相挂靠行为屡见不鲜，实质上属于无证承包或借用他人资质证书进行的承包。通常的做法是，挂靠企业以被挂靠工程总承包企业的资质证书、营业执照进行投标，以被挂靠企业所属某项目经理部的名义组织施工；挂靠企业或个人向被挂靠企业按工程量的一定比例缴纳管理费。

挂靠风险主要表现在以下两个方面。

（1）挂靠单位在工程质量、安全、进度等方面难以得到有效的保证。挂靠人及其组成的管理团队技术水平、施工经验和组织能力很难达到与工程要求相一致的标准。在实际工作中，有的挂靠单位的资质与建设单位招标要求不符，存在"挂羊头卖狗肉"的现象，有的挂靠单位无施工资质。由于施工条件简陋，管理水平落后，存在大量违规施工的现象，也存在许多安全隐患。

（2）挂靠单位在挂靠过程中不承担民事责任。由于挂靠单位用的是被挂靠单位的名义，对在组织施工的过程中所产生经济往来的民事行为是不承担法律责任的。一旦发生法律纠纷或对外债务不能清偿，被挂靠企业则成为被告。根据某法院的调查，建筑工程承包合同纠纷案件中，有 70% 的案件存在工程总承包企业的挂靠问题。此类案件的多数情况为工程完毕时，工程款由挂靠者得到，将债务甩给被挂靠企业，使被挂靠企业面临巨大的损失和旷日持久的扯皮或诉讼。

被挂靠单位表面上收取了挂靠单位上交的管理费，但若出现工程质量、债权债务等纠纷，作为被挂靠单位则会得不偿失。挂靠现象不仅直接侵害建设单位的利益，使工程质量、工期等难以保证，而且造成市场运行的隐患和无序。因此，必须从严格执法、行业整顿、资质管理、企业行为规范等方面综合治理挂靠问题，杜绝挂靠行为，维护建筑市场正常的运行秩序。

2. 垫资风险

建筑市场上的不规范行为和建筑市场供过于求的局面，造成垫资施工成为较为普遍的现象。垫资施工往往会形成资金风险，为工程总承包企业的发展带来负面影响，也成为拖欠工程款、最终导致拖欠农民工工资的源头之一。

（1）垫资施工使工程总承包企业面临发展困境。随着国内外建筑市场竞争的加剧，带资承包已成为工程总承包企业能否取得项目承包权的关键。尽管很多工程总承包企业在建筑市场上以其项目管理能力已建立了良好的信誉，并积累了丰富的经验，完全有能力承接更多的项目，只是由于资金不足，很多项目也只能放弃。拥有雄厚的资金实力和融资能力已成为能否赢得工程项目的重要因素。具有雄厚的资金和融资能力的建筑承包商，在竞争中占据着十分有利的地位。

国家有关部门制定的《建设工程价款结算暂行办法》规定，包工包料工程的预付款，原则上预付比例不低于合同金额的 10%，不高于合同金额的 30%，且应在双方签订合同后的一个月内或不迟于约定的开工日期前的七天内预付工程款。依靠预付工程款就可以完成工程项目施工，但在实践上很难实现这些规定。许多项目的业主都要求垫资施工，进度做到正负零或主体结构施工完成后，才开始付款，使得工程总承包企业资金占用量大、资金占用时间长、周转速度慢，限制了企业规模的扩大。

应特别注意到，国内建筑市场正在逐步与国际建筑市场并轨，承包运行方式已开始向资金需求量大的项目承包模式发展，工程总承包企业的资金状况成为合同签约率和实现项目预期经济效益的关键因素。

（2）垫资施工给工程总承包企业带来资金风险。垫资施工会给工程总承包企业带来严重的资金风险。风险来源包括以下三个方面。

1）在投标阶段，对招标文件分析不透，盲目投标，缺乏对业主资信情况的调查，形成保证金数额偏大，垫资时间过长，或保证金、垫资款难以收回。

2）在施工阶段，项目资金周转不科学，忽视成本管理和工期计划，材料使用计划和采购环节薄弱，财务费用增加，或材料采购时段价差较大，增加资金投入。

3）索赔、保证金、垫资款回收不及时。风险还来自市场环境因素、利率调整因素、政策环境因素。例如，规定的质量保证金为工程价款结算总额的3%，并未明确规定质量保证金是否计付利息。在工程总承包企业产值利润率相对偏低的情况下，3%的质量保证金在6~24个月才能返还，无疑对工程总承包企业资金运转带来一定的困难，增加资金成本。再如，工程价款的约定在《建设工程价款结算暂行办法》中确定了三种方式，其中"固定总价"方式很容易因市场环境因素形成材料、劳动力价格波动，给企业资金投入增加风险。

（3）采取积极应对措施，防范资金风险。

1）要从源头抓起，也就是说在投标阶段，要认真研究招标文件，对业主资信状况、项目资金来源及落实情况进行调查，重点考察项目的合法性、业主的信誉及资金到位情况，避免盲目参与投标。对资金信誉不可靠、风险大于效益、技术上无把握的项目宁可放弃，切实做好经济评价和风险分析，严格合同的评审工作，选择可靠性高、风险隐患少、风险程度低的投标对象。

2）选择有利的工程价款约定方式。目前建筑市场的建材价格波动较大，建材价格上涨带来的风险不容忽视，尽量不要采用固定价结算工程价款的方式。在这里要特别提醒的是，当事人约定按照固定价结算工程价款，一方当事人请求对建设工程造价进行鉴定，法院是不予支持的。

3）应尽可能地约定业主办理支付担保，约束业主按合同约定支付工程款。同时，应约定业主收到竣工结算文件后，在约定的期限内不予答复，视为认可竣工结算文件。这样法院在施工方请求按照竣工结算文件结算工程价款时是给予支持的，可以有效规避垫资风险。

4）在施工阶段，要严格按照规范、设计及合同要求进行施工，认真做好工序验交及签证工作，不给拖欠工程款留下借口。

3.3　工程总承包项目投标报价

工程总承包项目的投标报价管理工作一般包括投标工作流程、投标前期准备、投标策略、报价策略、报价估算等内容。

3.3.1　投标工作流程

以 EPC 项目为例，工程总承包项目的投标工作可以分为三个阶段，即前期准备、编写标书、完善与递交标书。

1. 前期准备

前期准备的工作内容主要有：①准备资格预审文件；②研究招标文件；③决定投标的总体实施方案；④选定分包商；⑤确定主要采购计划；⑥参加现场勘察与标前会议。

2. 编写标书

编写标书的工作内容包括：①标书总体规划；②技术方案准备；③设计规划与管理；

④施工方案制订；⑤采购策略；⑥管理方案准备；⑦总承包管理计划；⑧总承包管理组织与协调；⑨总承包管理控制；⑩分包策略；⑪总承包经营策略；⑫商务方案准备；⑬成本分析；⑭价值增值分析；⑮风险评估；⑯建立报价模型。

3. 完善与递交标书

完善与递交标书的内容有：①检查与修改标书；②办理投标保函/保证金业务；③呈递标书。

3.3.2 投标前期准备的重点内容

1. 研究招标文件

研究招标文件时，重点关注：①投标人须知中的招标范围、资金来源、投标者资格等；②标书准备中的投标文件组成、报价与报价分解、可替代方案等；③合同条款中的责任与义务、设计要求、检查与检验、缺陷责任、变更与索赔、支付与风险条款等；④对业主需求要反复研究，制订相应的解决方案。

2. 制订投标的总体实施方案

具体内容包括：①尽快决定设计方案；②制订指导编写标书的总体方案，包括技术方案、管理方案、商务方案等；③不同设计方案的比较分析。

3. 选定分包商

从专业技术、管理实力、操作水平等方面选择符合总承包项目设计、施工要求的专业分包商。

4. 制订采购计划

采购计划应当切实解决品种多、数量大、环节复杂、合理衔接等方面可能涉及的一系列重大问题。

3.3.3 投标策略

1. 基本策略

工程总承包项目投标的基本策略包括：①低成本价竞争法；②优惠条件取胜法；③关系先导取胜法；④实力优势取胜法；⑤合理化建议取胜法。

2．辅助策略

工程总承包项目投标的辅助策略包括：①许诺特殊优惠条件；②聘请当地代理人（在国际工程承包市场有专门规定时）；③与当地公司联合投标；④与发达国家公司联合投标；⑤选用业主明示或暗示的分包商；⑥开展公关或外交活动。

3．细节策略

工程总承包项目投标还应当注重细节策略，包括：①标书的排版编制；②标书的包装；③标书的递送。

3.3.4　报价策略

工程总承包项目投标的报价策略包括不平衡报价法、概率分析法、数学模型法等。不平衡报价法是普遍采用的报价策略。

不平衡报价的基本原则是保持正常报价水平条件下的总报价不变。它是相对于常规的平衡报价而言，在总报价保持不变的前提下，与正常水平相比，提高某分项工程的单价，同时，降低另外一些分项工程单价。采用不平衡报价法，一方面是为了尽可能早地收回工程款，增加流动资金，有利于施工流动资金的周转；另一方面是为了获得额外的利润。

一般可以考虑在以下几方面采用不平衡报价。①前期完工的工作较高报价，后期完工的工作较低报价。②预计工程量会增加的项目，单价适当提高；工程量会减少的项目，单价降低。③暂定工程或暂定数额的估价，实施可能性大的按较高报价，实施可能小的按较低报价。④图纸不明确，估计修改后工程量要增加的，提高单价；而工程内容描述不清楚的，适当降低单价。⑤如果工程不分包，则其中确定的项目要把单价做得高些，不确定的要做得低些。⑥如果工程分包，该暂定项目也可能由其他承包商施工，则不宜报高价，以免抬高总报价。⑦采用计日工报价的项目，其单价按较高报价；对计日工单价和仅有项目而没有工程数量的，可调高其单价。

3.3.5　报价估算

工程总承包项目报价估算可以按"报价=成本+风险+利润"的构成思路进行。

1．成本估算的确定

项目成本估算时应注意：①充分理解询价文件的内容（包括业主要求、招标书等）；

②成本估算的依据资料（设计）应达到足够的深度；③成本估算切忌漏项，常参考历史资料和模板；④公司管理费通常摊入人工时费率；⑤报价估算表的科目分解应符合投标者须知的要求；⑥成本估算应为最可能值，不宜由个别领导拍板决定；⑦国外项目的报价成本估算应取得工程所在国的有关资料（如材料价格、劳务工资等）。

2．报价估算中风险的定性和定量分析

工程总承包项目风险包括三个方面。①业主承担的风险：在合同条件中载明。②承包商承担的风险：由承包商估算费用，列入合同总价中。③不可抗力：在合同条件中载明，不构成任一方违约。

承包商承担风险费用的估算包括以下几个方面。①技术风险费用：采用的技术某一环节不成熟，需要实验，则应列入一笔费用。②进度风险费用：业主的进度要求不符合合理周期，应列入一笔可能发生进度拖期或赶工的费用。③劳动力风险费用：工程所在地区的劳动力短缺，可能拖延施工工期，应列入相应的费用。④涨价风险费用：按预测的涨价系数计算一笔不可预见费，或在合同条款中规定按实际涨价调整合同总价。⑤其他因素风险费用：逐项定性和定量列入。

报价风险费用的估算由各部门提出，由报价负责人汇总、审查批准后列入报价估算。

3．报价估算中利润的确定

报价估算中的利润由造价部门根据经营策略提出建议，经报价负责人审核后确定。利润的确定可按以下规则。①高额利润：适合于有绝对竞争优势的项目。②中等利润：适合于有一般竞争优势的项目。③低额利润：适合于新开拓的领域或为战略目的的项目。此外，报价估算中的利润应单独估算，但在报价中通常摊销到人工时费率或采购价格中。

第4章

工程总承包合同管理

4.1 工程合同管理概述

4.1.1 工程合同管理的发展

我国工程项目合同管理思想的建立始于 1955 年国家建委颁布的《建筑安装工程包工暂行办法》，为我国第一个五年计划建设中承包商和发包商的分工协作，搞好工程建设创造条件，也是我国工程建设合同管理制度的萌芽。

1979 年国家建委颁布了《建筑安装工程合同试行条例》和《勘察设计合同试行条例》，为建筑合同制度的推行注入新的活力。1983 年 8 月 8 日，国务院颁布《建筑安装工程承包合同条例》和《建设工程勘察设计合同条例》，更加详细地规定了建筑安装和勘察设计工作中发包人和承包人的权利、义务和法律责任等，并提出基本建设推行合同制度的意见。1992 年 12 月建设部颁布了《工程建设施工招投标管理办法》，从市场主体的角度制定了相应的标准，是适应社会主义市场经济体制的需要。自此，我国开始建立了较为系统、相对完整的建筑市场管理体系，为建筑工程安装合同管理工作创造了良好的市场环境。1998 年 3 月我国施行《中华人民共和国建筑法》开始，相继颁布施行了《中华人民共和国合同法》和《中华人民共和国招标投标法》。而且大部分省市也制定了地方有关建筑市场管理、招投标和质量安全管理方面的法规。目前，对建筑活动的承发包、安全质量管理、建设程序管理基本上做到了有法可依，形成了较完整的建筑市场和工程建设法律法规体系。

在西方发达国家，政府除了制定相关法规外，还授权专业人士组织编制标准合同条件、设置专门机构监督合同执行，设立调解机构、仲裁机构和法院处理合同争议，维护当事人的合法权益。而且，发达国家的市场经济体系比较完善，市场经济秩序稳定，为工程合同管理提供了良好的市场环境。

随着我国市场经济的不断发展，工程合同在建设项目中的重要性及在法律上的严肃性已在建筑行业中形成共识，普遍认同工程合同管理是建立和维持建筑市场中良好经济秩序的重要手段和有效方法，同时它也在形成公开、公平、公正的市场竞争机制、提高工程质量、降低工程造价和缩短工程工期等方面发挥着重要的作用。然而，由于目前大部分企业存在一些思想观念及管理体制的深层问题，使建设工程合同执行过程步履艰难。

1）合同双方法律意识淡薄。比如，少数合同有失公正；合同范本不规范；"阴阳合同"充斥市场，扰乱建筑市场秩序；合同履行程度低，违约现象严重，合同索赔工作难以实现；违法承包人利用其他承包商名义签订合同或超越本企业资质等级签订合同的情况普遍存在；违法签订转包和分包合同的情况普遍存在。

2）不重视合同管理体系和制度建设。合同归口管理、分级管理和授权管理机制不健全；缺乏对合同管理的有效监督和控制。

3）专业人才缺乏是影响合同管理效果的一个重要因素。工程合同涉及内容多，专业面广，合同管理人员要有一定的专业技术知识、法律知识和造价管理知识等。

4）不重视合同归档管理，管理信息化程度不高，合同管理手段落后。没有按照现代项目管理理念对合同管理流程进行重构和优化，没能实现项目内部信息资源的有效开发和利用，合同管理的信息化程度偏低。

随着我国经济的进一步发展和我国企业的进一步成熟壮大，企业的国际化是必然选择。但近几年我国有些海外项目出现亏损，大部分是合同问题。近年来，我国企业对外投资热情高涨，与此相应的是海外投资的频频失败，这是我们亟须研究的问题。国企"走出去"面临的主要困难是体制问题。"走出去是企业走出去，而不是政府走出去，更不是国家走出去。"这也许能够帮助我们理解为什么许多国有企业在走出去的过程中，主观与客观常常背离，常常把可行性报告变成是可批性的报告，常常在公司能力不具备、对合同不完全了解、可行性分析不到位的情况下，做出巨额投资的决定。企业走出去，首先要对国际现代项目管理的体制进行深入研究，对国际工程合同形式的发展要把握方向，在采用新的总承包模式时，要多借鉴发达国家的案例，聘请优秀的海外项目管理人才，同时发展自己。因此，我国工程项目合同管理是一个我们亟须迫切研究和解决的问题。

4.1.2　工程合同分类

《中华人民共和国合同法》规定："建设工程合同是承包人进行工程建设，发包人支付价款的合同。建设工程合同包括工程勘察、设计、施工合同。"建设工程合同还包括工程监理合同、工程材料设备采购合同，以及与工程建设有关的其他合同。工程合同种类很多，可以从不同的角度进行分类。

1．按承包的工作性质划分

按承包工作性质的不同，工程合同一般可以划分为勘察合同、设计合同、工程监理合同、施工合同、材料设备采购合同和其他工程咨询合同等。

2．按承包的工程范围划分

按承包工程范围的不同，工程合同一般可以划分为项目总承包合同、施工总承包合同，专业分包合同和劳务分包合同等。

3．按合同计价方式划分

按计价方式的不同，工程合同一般可以划分为总价合同、单价合同、成本加酬金合同等。

4.1.3　建设工程中的主要合同关系

一个项目建设涉及不同种类、数量众多的合同。通过合同使各参建单位之间建立起十分复杂的内部联系，形成了一个复杂的合同网络。一个项目合同关系的形成往往体现了以工程为主线、以业主为主导、以施工总承包单位为重点的合同网络。

1．业主的合同关系

业主是建筑市场的买方，是工程的发起者、组织者。业主参与项目建设全过程，并主导着一个项目的基本格局和基本方向。业主往往根据项目的功能和使用要求，规划确定项目的总目标，并在项目进展的全过程中对这些目标进行控制。但业主的行为属于投资行为，往往不具备专业设计施工力量和相应的资质，因此，要实现项目目标，业主必须将项目勘察、设计、各专业工程施工、材料设备采购、工程咨询等工作委托出去，组织社会上各方面的力量，共同参与项目建设，这期间必然要形成各种合同关系。从业主的角度，主要的合同分为以下几大类。

（1）工程施工合同。即业主与施工单位签订的工程施工合同。一个项目根据承发包模式的不同可能涉及多种不同的施工合同，如施工总包合同、专业分包合同、劳务分包合同等；从专业性质分，又可分为建筑、安装、装饰等工程施工合同，其中又可根据项目的规模和专业特点进一步分为若干个施工合同。

（2）材料设备采购合同。主要指业主与材料和设备供应单位签订的合同。

（3）工程咨询合同。即业主与工程咨询单位签订的合同。这些咨询单位可为业主提供项目前期的策划、可行性研究、勘察设计、建设监理、招标代理、工程造价、项目管理等某一项或几项服务。

总之，按照承发包模式的不同，业主可能订立许多合同。业主可以将整个项目以项目总承包的方式委托给一家总承包商，可以将整个工程的设计任务或施工任务委托给一家设计或施工总承包单位，也可以将工程分专业、分阶段委托给不同的施工单位，将材料设备供应分别委托给不同的供应商。因此，同一个项目，根据项目特点、业主的管理力量，甚至是业主的意志，会产生不同种类和不同数量的合同，而不同合同的工作范围和工作内容也可能会有很大的区别。

2. 施工总承包单位的合同关系

施工单位是工程施工的具体实施者，任何项目建设离不开施工单位的施工生产活动，施工单位也是施工合同的主要履行者。与业主签订工程施工合同后，施工单位要完成施工合同中规定的各种义务，包括施工单位投标合同中规定的工程范围内的施工、保修，以及其他应完成的工作，并为完成这些工作提供劳动力、建筑材料、施工机械等生产要素。施工单位由于受到项目规模、专业特点和施工单位自身的人员、技术力量和资质等的限制，不可能也不必要由自己一个单位完成所有工程，特别是从建筑业行业现状、行业管理、资质管理和建筑施工企业现行组织管理模式及国际惯例看，作为施工总承包单位，可以将专业工程分包出去，也可以进行劳务分包，包括大量的建筑材料、构配件及设备的采购，从而形成以总承包单位为核心，总分包合同为基本格局的合同关系。在项目建设中，总承包单位往往会签订以下几个方面的合同。

（1）专业分包合同。施工总承包单位在相关法律法规允许的范围将施工合同中的部分施工任务委托给具备专业施工资质的分包单位来完成，并与之签订专业分包合同。

（2）劳务分包合同。总承包单位与劳务单位签订的劳务分包合同。

（3）材料设备采购合同。为提供施工合同规定的需施工单位自行采购的材料设备，施工单位与材料设备供应单位签订的合同。

（4）承揽加工合同。施工方为将建筑构配件等的加工任务委托给加工承揽单位而签订的合同。

（5）运输合同。总承包单位与材料设备运输单位签订的合同。

（6）租赁合同。在施工过程中需要许多施工机械，周转材料，当自己单位不具备某些施工机械，或周转材料不足，自己购置需要大量资金，今后这些东西可能不再需要或使用效率较低时，施工单位可以采用租赁方式，与租赁单位签订租赁合同。

4.1.4　建设工程合同管理的内容和目标

工程合同管理是指合同管理的主体对工程合同的管理，是对工程项目中相关的组织、策划、签订、履行、变更、索赔和争议解决的管理。根据合同管理的对象，可将合同管理分为两个层次：一是对单项合同的管理，二是对整个项目的合同管理。

单项合同的管理，主要指合同当事人从合同开始到合同结束的全过程对合同进行管理，包括合同的提出、合同范本的起草、合同的订立、合同的履行、合同变更和索赔控制、合同收尾等工作环节。

整个项目的合同管理，以业主为例，包括合同策划和合同控制两项工作。合同策划又可分为合同结构策划、合同范本策划及合同工作安排，即对本项目拟订哪些种类的合同，拟订立多少个相同种类的合同，它们之间的范围如何定义，时间上如何安排，每个合同如何及何时进行招标或者采购，招标方式、招标范围、评标办法、合同条件、合同范本的起草等。合同控制主要包括合同的履行、合同跟踪、合同界面的协调等。对业主来讲，工程合同管理工作应贯穿从项目筹建到保修结束的建设全过程。

根据合同管理主体的不同，合同管理可分为业主方合同管理和工程承包方合同管理。由于业主方是建设工程项目生产过程的总组织者，项目合同关系以业主为主导。业主方合同管理贯穿于建设项目的全过程，是对合同的内容、签订、履行、变更、索赔和争议解决的管理。

工程承包方合同管理是指承包方对于合同洽谈、草拟、签订、履行、变更、终止或解除，以及审查、监督、控制等一系列行为的全过程的管理。其中，订立、履行、变更、解除、转让、终止是合同管理的内容；审查、监督、控制是合同管理的手段。

建设工程合同管理不仅具有与其他行业合同管理相同的特点，还因其行业的专业性而有其独有的特点：合同管理持续时间长；合同管理涉及金额大；合同变更频繁，管理工作量大；合同范本多，合同管理系统性强；合同管理法律要求高。

在工程项目建设中，各参加单位合同管理的目标是不同的，它们站在各自的角度、各自的立场上，为各自的企业在本项目的目标服务。但不管各单位的目标如何，所有参加单位的合同管理都必须服从整个项目的总目标，实现项目的总目标是实现企业目标的前提。站在项目的角度，工程合同管理的目标应该是每个合同的顺利履行和整个项目目标的实现。

保证项目目标的实现，使整个工程在预定的投资、预定的工期范围内完成，达到预定的质量标准，满足项目的使用和功能要求。每个合同条款都是围绕项目总目标在项目合同中的分解目标制定的，包括进度目标、质量目标、合同价款及支付办法，以及双方的责、权、利关系等。

4.2 工程总承包合同管理

4.2.1 工程总承包合同管理原则

对工程总承包商来说，一般拥有两种不同的身份：在业主面前，是承包商；在分包商面前，又有类似业主的地位。在工程的实施过程中，工程总承包商将面临大量的各种各样的合同，合同管理工作艰巨而重要。从某种意义上说，合同管理工作对整个工程项目的执行起着十分重要的作用。

合同管理包含合同签订、合同执行、工程验收和合同终结等几个过程，贯穿工程项目的整个工程。对大型工程项目而言，合同中规定的有关服务往往要延续到建设项目的整个寿命周期。

在工程建设项目中，总承包商进行合同管理必须遵守以下合同管理原则，只有这样，其合同管理才不会偏离正确的大方向。

1. 目标原则

在合同的任何阶段，都必须明确自己的目标，保证自己的努力方向和合同行为直指自己最终的目标。对合同当事人来说，其合同目标具有系统性，是分层次的，如由上往下分为总体目标、阶段目标、具体工作目标等，上层目标对下层目标有约束和指导作用，下层目标是实现上层目标的基础和具体体现。在合同管理过程中，无论是业主或承包商，都必须保证自己的每一个决定和行为都不违背合同的目标。

2．系统性原则

合同管理不是一个简单的事情，它要求合同管理者用系统的观点全面把握合同管理工作。对总承包商来说，他不仅要面对业主，还要面对分包商、设备供应商、运输商、保险公司等众多的企业，总承包商与这些企业间的众多合同必须组成一个有机的系统，才能使整个工程顺利进行，否则就可能导致工期、质量标准、关键节点的冲突矛盾，给工程带来不良的影响。对同一合同的管理也应用系统的观点进行通盘考虑，如人员、设备的配备，技术标准和合同规定，工期要求，工作量的认定及付款条件等都应相互配合，保证该合同的签订、执行过程科学、合理。

3．实事求是原则

在合同管理中，必须坚持实事求是的原则。该原则包含两个方面的内容。第一，在签订合同时，要按照项目的实际要求和当事人的能力制定有关的目标（如质量、费用、工期、人员要求等），过低的要求可能导致工程实施水平的下降，过高的要求可能导致达不到工程建设的要求或引起不必要的合同纠纷，增加工程管理的难度。第二，在工程实施过程中，要实事求是地评价工程的实际情况，不折不扣地执行合同的规定和标准，只有这样才能保证合同的执行是按照各方合同当事人在合同签订时的"合意"进行的，保证合同执行的公平性。

4.2.2　工程总承包合同类型

业主和工程总承包商之间的关系，很大程度上是根据项目所采用的合同定价类型及承包商的收款方式而决定的。最普遍的合同定价类型是总价合同、单价合同、成本加酬金合同。每种合同类型各具特色，这些特色将会影响双方的权利、责任和职责。

4.2.2.1　总价合同

建设项目的总价合同，就是按商定的总价承包工程，其含义是承包商同意按签订合同时确定的总价，负责按期、保质、保量完成合同规定的全部内容承包工程建设。总价合同具有价格固定、工期不变的特点，业主较喜欢采用。实施管理比较简单，工程师不必随时量方算价，可以集中精力抓进度和质量。对于承包商也如此，可以专心抓工程建设，减少期中付款的计量算价工作，同时也减少为支付产生的许多矛盾。其缺点是风险偏于承包商，对业主有利。

1. 总价合同的种类

以固定总价签约的合同都称为总价合同，具体又可以分为几种，每一种都有自己的特点和相关条件，在合同条款中有明确规定。承包商认真研究这些特点，以便在合同谈判时多争取有利条件，降低总价合同带来的风险。

（1）固定总价合同。固定总价合同是一次包死，不随环境和工程量变化而变化。承包商在投标（或议价）报价时，以详细的设计图纸和说明、技术规程和其他招标文件，进行标价计算，在此基础上，考虑费用上涨和不可预见的风险，增加一笔费用。同时在签约时，双方必须约定：图纸和工程要求不变，工期不变，则总价不变。如果相反，则相应亦变。此类合同一般适用于工程要求明确，有详细的设计（包括图纸和技术要求），工期较短，施工难度较小且条件变化不大的项目。这种合同风险大部分由承包商承担，业主较省心。

（2）调价总价合同。按招标文件要求规定报价时的物价计算的总价合同，同时在合同中约定，由于通货膨胀引起工料成本增加达到某一限度时，合同价应按约定方法调整。业主承担通货膨胀风险，承包商承担其他风险。从风险分配的角度看，这种总价合同较上述的合同形式更合理些。调价总价合同形式，对施工工期长，全球或地区经济风暴时期执行的合同更合适，是降低承包商风险的途径之一。

（3）固定工程量的总价合同。投标人按单价合同办法按工程量清单表填报分项工程单价，从而计算工程总价，据之报价和签订合同。施工中如改变设计或增加工程量，仍按原相应单价计算调总价。适用于工程量变化不大的项目。

（4）管理费总价合同。业主聘请某公司（一般为咨询公司）的管理专家对工程项目进行管理和协调，业主与该公司签一份合同，并附一笔管理费给公司，称管理费总价合同。

（5）"设计—施工"合同（一般皆为总价合同）。这种合同形式是业主把工程设计与施工任务交给承包商，形成以业主为一方，承包商为另一方的单纯合同管理形式。开始时没有标准合同条件，1995年出现了FIDIC标准"设计—施工/交钥匙"的合同标准条款。1999年新版FIDIC系列条款中，又有了"工程设备和设计—建造合同条件"和"设计—采购—施工（EPC）/交钥匙工程合同条件"。一般情况下，这类合同都是总价合同。

2. 采用总价合同的注意事项

对于总价合同，业主愿意采用，其目的是想省心，对项目投资和工期一目了然，但无疑把风险加在了总承包商身上，也就是说目前的工程承包市场由买方市场所决定。总承包商务必正视总价合同，在规避风险方面狠下功夫，努力争取好的效果。从过去的案例中，大型地下、水下工程很少采用总价合同，其原因是在于工程性质和施工条件复杂，工程量难以准确计算，施工时地质、风浪等自然条件变化大，难于准确掌握，相对而言属于承包商应该担负的风险多，对待总价合同要慎重，多注意。

（1）为了降低风险，总承包商要详细研究合同文件，应特别注意设计图纸及说明与技术规程之间的差异，如工程范围、内容、施工顺序、施工技术和工程量等方面的差异。如果业主以设计资料和"造价"（概算和估算）邀请承包商投标，在投标中对"造价"包括的内容一定要搞清楚，如资源费、场地使用费、施工大型临时建筑设施是否满足、税收、保险、防风险的不可预见费、编制价格时间及当时物价指数、施工期调价等。对文件不清、模糊和模棱两可的事要及时澄清。了解当地法律，清楚法律大于合同。现场实地考察，使报价和编制的施工方案接近实际。

（2）在总价合同中一定要注意到可能发生的工程变更、施工现场条件变化和工程量增加等诸多因素，增列一笔不可预见费或工程总承包风险费用，而且在合同中明确此费用归总承包商掌握使用，不同于监理工程师或业主掌握的"暂定金额"。

（3）在合同谈判中，千方百计增列增价条款，如工程变更、调价与索赔等有利条款。一般情况下，总价合同除了价格方面争取有利条款外，在工期延长方面也应积极争取。

（4）调整合同价的问题。一般情况下，对于固定总价合同，所有新增工程都不存在给承包商补充支付的问题。通常合同价是不能调整的。在采用固定总价承包时，双方应对项目的工程范围，工程性质及工程量等均应取得明确一致的共识；同时，在合同的总价中应考虑到可能发生的工程变更、施工条件变化等风险。方法一，承包商在报价时加不可预见费；方法二，利用合同条款，当工程量超过一定比例，尽量在合同谈判中争得调整合同价的有利条款。

（5）总价合同的工期，业主和工程师是很看重的，往往把拖期罚款数额定得较高，以此鞭策承包商，而工期提前一般不予奖励，即使有也是象征性的。承包商在合同谈判中应争取奖励条款。

4.2.2.2　单价合同

所谓单价合同，通常指固定单价合同，亦称工程量清单合同。单价合同是以工程量清单为基础，清单中按分部、分项列出工程项目的各种工作的名称、单位和工程量，工程量清单一般由设计（或咨询）单位及业主工程管理部门编制，是标书文件中的重要文件。承包商在签承包协议时，中标后的工程量清单表（BOQ 表）是重要的合同文件，表中的工程量是估算的、仅供投标竞价时共同计算的基础，而实际结算时以实际完成的工程量计价结算。表中承包商填报的每项单价，通常情况是固定的。期中付款和最终结算时，都是以不变单价计算。可见单价的风险是由承包商承担，而数量的风险则由业主承担。

1. 单价合同的种类

当工程的内容、设计指标不十分确定，或工程量可能出入较大时，宜采用单价合同。单价合同常分三种形式。

（1）估计工程量单价合同。招标文件提供估计的工程量清单表，承包商填报单价，据之计算总价作为投标报价。施工时以每月实际完成的工程量计算，完工时以竣工图工程量结算工程总价。当工程量的实际变化很大时，承包商风险大，FIDIC《施工合同条件》第 12.3 款规定了当工程量变化超出 10%，或超出中标合同金额的 0.01%，或导致该项工作的单位成本超过 1% 时允许商量调整单价。

（2）纯单价合同。当某些工程无法给出工程量（如地质不好的基础工程）时，招标文件可给出各分项工程一览表、工程范围及必要说明，而不提供工程量表，投标人只报单价，施工时按实际工程量计算。

（3）单价与包干混合式合同。以估计工程量单价合同为基础，但对其中某些不易计算工程量的分项工程则采用包干的办法，施工时按实际完成的工程量及工程量表中单价和包干费结算。很多大、中型土木工程采用这种合同。

2. 采用单价合同的注意事项

单价合同的管理应该注意以下几个问题。

（1）对以工程量清单为基础的单价合同，工程量清单必须认真研究，结合设计图纸及说明，技术规程及其他有关合同文件，综合分析研究。核算工程量清单表中工程数量，做到心中有数；弄清工程范围与项目的划分，有无漏项；提出需业主澄清的有关问题等。

（2）工程量清单是很重要的技术性文件，是合同的主要文件，是评标和执行合同时的依据。作为固定单价合同的单价，在计算填写时一定要慎重。固定单价也并非绝对不变的，依据合同条款的约定，工程变更、自然条件变化，工程范围和工作性质发生变化一定量值或一定程度时，单价还是可以变化的。

（3）除了上述主表以外，工程量清单还包括一些包干项目，这些项目也会随工程范围和工程量变化而变化。一般合同规定专用表格，承包商应按合同要求每日报送人工、设备、材料等统计报表，对于其中的人工、设备等单价，投标时在专用单上填写或临时议定。有的工程量清单包括暂定金额，是一种备用性质，由工程师决定，是全部用或部分用或根本不用。承包商必须根据工程师的书面指示进行该项工作。

（4）FIDIC 合同条款是适用于单价合同的，属于普通法体系范畴。FIDIC 合同条款被广泛使用，即单价固定合同被广泛使用，有时会引起法律方面的问题，必须知道法律始终高于合同，合同必须服从法律。

（5）有经验的承包商，在充分研究图纸、工程量清单和考察现场的基础上，有时采取不平衡的报价。所谓不平衡报价，是在不影响总价或有利于总价水平的基础上，把某些项目的单价定得比正常水平高些，而把另一些项目的单价则定得比正常水平低些，但必须避免出现畸形报价，以免导致废标。这是一种报价技巧，要适度灵活掌握运用。

（6）承包商必须学习掌握 FIDIC 合同条件，利用国际惯例和 FIDIC 合同通用条件去研究将签约的合同条件，充分把握时机，在谈判中多争取有利条件，避免或减少合同风险。

3．成本加补偿合同

对工程内容不太确定而又急于开工的工程（如灾后修复工程），可采用按成本实报实销，另加一笔酬金作为管理费及利润的方式支付工程费用，即成本加补偿合同，具体有以下几种方式。

（1）成本加固定费用合同。这类合同根据双方讨论同意的工程规模、估计工期、技术要求、工作性质及复杂性、所涉及的风险等来考虑，确定一笔固定数目的报酬金额作为管理费及利润。对人工、材料、机械台班费等直接成本则实报实销。如果设计变更或增加新项目，当直接费用超过原定估算成本的 10%时，固定的报酬费也要增加。在工程总成本一开始估计不准，可能变化较大的情况下，可采用此合同形式，有时可分几个阶段谈判付给固定报酬。这种方式虽不能鼓励承包商关心降低成本，但为了尽快得到酬金，承包商会关心缩短工期。有时也可在固定费用之外根据工程质量、工期和节约成本等因素，给承包商另加奖金，以鼓励承包商积极工作。

（2）成本加定比费用合同。工程成本中的直接费加一定比例的报酬费，报酬部分的比例在签订合同时由双方确定。采用这种方式，报酬费随着成本增加而增加，不利于缩短工期和降低成本。一般在工程初期很难描述工作范围和性质，或工期急迫、无法按常规编制招标文件招标时采用。在国外，除特殊情况外，一般公共项目不采用此形式。

（3）成本加奖金合同。奖金是根据报价书中成本概算指标制定的。合同中对这个概算指标规定了一个"底点"（约为工程成本概算的60%~75%）和一个"顶点"（约为工程成本概算的110%~135%）。承包商在概算指标的"顶点"之下完成工程则可得到奖金，超过"顶点"则要对超出部分支付罚款。如果成本控制在"底点"之下，则可加大酬金值或酬金百分比。采用这种方式，通常规定当实际成本超过"顶点"对承包商罚款时，最大罚款限额不超过原先议定的最高酬金值。当招标前设计图纸、规范等准备不充分，不能据此确定合同价格，而仅能制定一个概算指标时，可采用这种形式。

（4）成本加保证最大酬金合同（成本加固定奖金合同）。签订合同时，双方协商一个保证最大酬金额，施工过程中及完工后，业主偿付给承包商花费在工程中的直接成本（包含人工、材料等），管理费及利润，但最大限度不得超过成本加保证最大酬金。例如，实施过程中工程范围或设计有较大变更，双方可协商新的保证最大酬金。这种合同适用于设计已达到一定深度，工作范围已明确的工程。

（5）最大成本加费用合同。这是在工程成本总价合同基础上加上固定酬金费用的方式，即设计深度已达到可以报总价的深度，投标人报一个工程成本总价，再报一个固定的酬金（包括各项管理费、风险费和利润）。合同规定，若实际成本超过合同中的工程成本总价，由承包商承担所有的额外费用；若是承包商在实际施工中节约了工程成本，节约的部分由雇主和承包商分享（其比例可以是雇主75%，承包商25%；或各50%等），在签订合同时要确定节约分成比例。

（6）工时及材料补偿合同。用一个综合的工时费率（包括基本工资、保险、纳税、工具、监督管理、现场和办公室各项开支及利润等），来计算支付人员费用，材料则以实际支付材料费为准支付费用。签订工时及材料补偿合同时应注意：①业主应明确如何向承包商支付补偿酬金的条款，包括支付时间、金额百分比、发生工程变更时补偿酬金调整办法；②明确成本的统计方法、数据记录要求等，避免事后成本支出的纠纷；③业主与承包商之间应相互信任，承包商应尽力节约成本，为业主节约费用。

4.2.3　工程总承包合同的特点

工程总承包合同具有以下特点。

（1）一般情况下，合同的价格是总价包死，合同工期是固定不变的。

（2）工程总承包商承担的工作范围大了，合同约定的承包内容包括设计、设备采购、施工、物资供应、设备安装、保修等。若业主根据需要可将部分工作委托给指定分包商，但仍由总承包商负责协调管理。

（3）业主对拟建项目的建设意图通过合同条件中"业主要求"条款，写明项目设计要求、功能要求等，并在规范中明确质量标准。

（4）主要适用于大型基础设施工程，一般除土木建筑工程外，还包括机械及电气设备的采购和安装工作；而且机电设备的造价往往在整个合同额中占相当大的比例。

（5）合同实施往往涉及某些专业的技术专利或技术秘密；承包商在完成工程项目建设的同时，还须将其专业技术的专利知识产权传授给业主方的运行管理人员。

（6）技术培训是 EPC 合同工作内容的重要组成部分；承包商要承担业主人员的技术培训和操作指导，直至业主的运行人员能够独立地进行生产设备的运行管理。

（7）EPC 合同往往涉及承包商的投资问题，包括延期付款。这就要求承包商有一定的融资能力。

（8）EPC 合同以交钥匙的形式向业主提供了一个完整的、设备精良的工厂或工程项目，业主乐享其成；而承包商在实施合同的过程中却承担了不少风险。因此，EPC 合同受到业主的普遍欢迎。

4.2.4　工程总承包合同管理存在的问题及解决措施

1. 工程总承包合同管理中存在的问题

目前我国建设市场发展不完善，行业交易尚不规范，同时面临国际大公司的竞争，使得我国工程合同管理存在许多问题，主要表现在以下几方面。

（1）合同双方在法律意识上表现淡薄。

1）大部分合同失去公正原则。在国内大多合同是发包方制定的，其条款有利于发包方，而在国际项目上，虽然总承包合同有标准的示范文本，但对于国内承包商来说，条款中隐含的风险很大。这不利于合同的公平、公正履行。

2）合同范本不规范。为了适应我国工程总承包市场的发展，住房和城乡建设部于 2011 年 11 月颁发了《建设项目工程总承包合同示范文本（试行）》，于 2012 年 3 月在昆明举办了关于《工程总承包合同示范文本》及《工程总承包项目整体系统管理实务》的专题研讨会。在国际上工程总承包项目发展日趋完善，但在国内虽然已经引进多年，但发展缓慢，主要是合同范本不规范，还有一些业主采用一些自制的、不规范的文本签约。

3）合同履约程度低，违约严重。合同双方都不认真履行合同，随意修改合同，违背合同条款。

4）违法转包、分包的情况普遍。特别是在国内市场，违法转包、分包的情况很普遍，有些中标的承包商由于自身原因私自将工程肢解非法转包给一些没有资质的施工队伍，对工程进度、质量造成严重影响。

（2）对合同管理体系和制度建设不重视。一些工程项目不重视合同体系的建设。项目管理部门混乱，合同管理程序不明确，缺少必要的审查，缺乏对合同管理的监督和控制。

（3）对合同归档管理不重视，管理信息化程度不高，合同管理手段落后。

（4）对于国内外的项目，国内承包商的合同归档管理都比较分散，没有明确的规定及程序化。合同履行过程中没有严格的监督控制，合同履行后也没有进行总结和评估，合同管理粗放。

（5）缺乏专业的合同管理人才。工程建设合同涉及内容多，专业面广，所以需要有一定的专业技术知识、法律知识和工程管理知识的人才。特别是在总承包项目中，这样的人才很缺乏。

2. 完善工程合同管理的措施

（1）加强承包商的资质管理。通过严把承包商资质管理，控制施工队伍的规模，解决市场上供求失衡与过度竞争问题，从根本上杜绝压级压价。同时，加强政府对承包商的市场行为监督管理，确保市场的规范、健康发展。

（2）加强工程招标管理，建立配套的工程管理制度和合同管理制度。国家出台了招投标法，但是在招标形式和方法上要兼顾业主和承包商的利益，才能达到招标的效果。同时，对于国际项目，承包商还要熟悉国际招投标惯例及有关法律。

（3）加强合同管理力度，保证合同全面履行。为保证合同全面履行，国家应把工程合同管理工作列为整顿市场规范工作的重要内容，努力净化建筑市场。

（4）加强合同法律意识，减少建设合同纠纷产生。在签订合同过程中，承包商要对合同合法性、严密性进行认真审查，减少因合同产生的纠纷，以保障合同的全面履行。

（5）加强合同管理体系和制度建设。项目建设各方都要重视合同管理机构的设置，合同归档管理工作。做好合同及相关资料的保存工作，做好合同签订、审查、授权、公证、履行的监督管理工作。建立健全合同管理制度，严格按规定操作，提高管理水平。

（6）加强合同索赔管理工作。合同是索赔的依据，包含索赔要求，承包商在签订合同时要充分考虑各种不利因素，分析合同变更和索赔的可能性，采取有效的合同管理策略和索赔策略。在履行合同过程中，要结合现场实际情况，结合法律进行分析，保护自己的合法权利。

4.2.5　国内外工程总承包合同范本简介

1. 国外工程总承包合同范本简介

随着工程总承包模式的快速发展，国际上许多咨询组织都制定了工程总承包标准合同范本。

（1）FIDIC 工程总承包合同范本。FIDIC1995 年版的《设计建造与交钥匙工程合同条件》（橘皮书），适用于设计施工总承包及交钥匙工程总承包模式；2017 年版的《生产设备和设计—施工合同条件》（新黄皮书），适用于设计施工工程总承包模式；2017 年版的《设计采购施工（EPC）/交钥匙工程合同条件》（银皮书）适用于 EPC 总承包及交钥匙工程总承包模式。

（2）JCT 工程总承包合同范本。早在 1981 年，英国合同审定委员会就出版了适用于工程总承包模式的《承包商负责设计的标准合同格式》（JCT81），1998 年在其基础上出版了新的版本（WCD98）。2005 年，JCT 出版了最新版本（TCT2005），其中适用于工程总承包的合同文范本是《设计—施工合同》。

（3）ICE 工程总承包合同范本。英国土木工程师学会在 1993 年 3 月出版了"NEC 合同条件"第 1 版，1995 年出版了"新工程合同"（ECC）第 2 版。2005 年，在 1995 年版的基础上出版了第 3 版"新工程合同"（NEC 3）。其中该体系中《设计—施工合同条件》适用于承包商承担设计责任的工程总承包项目。

（4）AIA 工程总承包合同范本。美国建筑师学会在 1985 年出版了第 1 版《设计—建造合同条款》，并于 1997 年进行了修订，合同条件的核心是 A201（建设合同通用条件），与设计—建造模式相对应的三个文本是：业主与 DB 承包商之间标准协议书（A191）、DB 承包商与施工承包商之间标准协议书（A491）、DB 承包商与建筑师之间标准协议书（B901）。

（5）AGC 工程总承包合同范本。美国总承包商协会在 1993 年出版了《设计—建造标准合同条件》（简称 AGC400 系列），并于 2000 年进行了修订。

2. 我国工程总承包合同范本简介

我国工程总承包合同范本制定较晚，直到 2011 年才由住建部和国家工商总局联合制定并发布了我国第一部适用于工程总承包模式的《建设项目工程总承包合同示范文本（试行）》（GF-2011-0216），其适用于所有行业的工程总承包项目。该示范文本严格遵循了我国有关法律、法规和规章，并结合工程总承包的特点，按照公平、公正原则约定合同条款，总体上体现了合法性、适宜性、公平性、统一性、灵活性原则。鉴于工程总承包模式较多，该合同范本将一些工作内容设置为独立条款，发包人可根据实施阶段和工作内容进行取舍。2012 年，我国 9 部委联合颁发了我国第一部适合工程总承包模式的《标准设计施工总承包招标文件》（第四章为合同条款及格式），适用范围也包括所有行业的工程总承包项目。该招标文件从名称上看只有设计和施工（DB），实际文件内容包含设备采购，因此既适用于 DB 模式，也适用于 EPC 模式。

3. 我国工程总承包合同范本与 FIDIC 银皮书的差异比较

我国《建设项目工程总承包合同示范文本》（以下简称"我国合同范本"）大量借鉴了 FIDIC《设计采购施工（EPC）/交钥匙工程合同条件》（以下简称"FIDIC 银皮书"）的条款编制原则，但鉴于我国法律和理念制度及我国建筑市场环境状况，有些条款部分采用，有些条款没有采纳。下面在比较研究两者差异的基础上探讨 FIDIC 合同条件在我国合同条款中的适用性问题，有助于加深对这两个合同条款的理解并增强合同意识。

（1）整体结构对比。两个合同示范文本在总体结构上基本一致，我国合同范本由合同协议书、通用条款和专用条款三部分组成，通用条款和专用条款均由 20 条主要条款组成。FIDIC 银皮书也包括三部分：通用条件、专用条件编写指南，以及投标书、合同协议、争议评审协议。通用条件同样由 20 条主要条款组成，但在条款设置上有一些区别。

我国合同范本"定义与解释"中共有 52 项内容，而 FIDIC 银皮书"定义"共有 48 项内容，对比发现大部分内容意思表达相似，但名称相同的不到一半。例如，我国合同范本中的"发包人"相当于 FIDIC 合同条件中的"雇主"，"项目经理"相当于"承包商代表"，"工程进度款"相当于"期中付款"，"缺陷责任保修金"相当于"保留金"等。根据我国的管理现状和需要，我国合同范本对这些内容作出了明确定义，如工程总承包、监理人、工程监理、施工、设计阶段、工程竣工验收、关键路径、合同总价、工程进度款等，以便形成共识、减少争议。

（2）合同文件组成和优先解释顺序。我国合同文件优先解释顺序是：合同协议书；合同专用条款；中标通知书；招投标文件及其附件；本合同通用条款；合同附件；标准、规范及有关技术文件；设计文件、资料和图纸；双方约定构成合同组成部分的其他文件。而 FIDIC 合同文件优先解释顺序是：合同协议书；专用条件；通用条件；雇主要求；投标书及构成合同组成部分的其他文件。

对比发现两者的差异有以下几个方面。①我国合同范本中"招投标文件及其附件"排序较为优先，而 FIDIC 银皮书规定的"投标书及构成合同组成部分的其他文件"列在最后一项，排在"雇主要求"之后。②我国合同范本规定合同文件构成包括招标文件和投标文件的全部文件，而 FIDIC 银皮书规定合同文件构成不包括整个招投标文件。③我国合同范本中将标准、规范及有关技术文件、设计文件、资料和图纸列为合同文件组成，而 FIDIC 银皮书是将雇主要求列为合同文件组成。

我国工程总承包合同范本在合同文件组成和优先解释顺序上仍沿用我国传统的建设工程合同文件的定义方式，工程总承包合同范本没有考虑工程总承包项目实施过程及其特点，在合同组成和优先解释顺序上设置不够科学、严密，理由如下。

1）FIDIC 银皮书将"雇主要求"排在了"投标书"之前，其目的是保护雇主利益。例如，承包商建议书（一般都包含在投标文件中）某些内容与雇主要求的内容出现不一致的情况下，由于雇主未能及时发现该问题，双方签订了合同。按照我国合同范本规定"投标文件"优先于"标准、规范及有关技术文件、设计文件、资料和图纸"等文件，即承包商建议书优先于雇主要求。而按照 FIDIC 银皮书的规定"雇主要求"优先于"投标书和其他的文件"，即雇主要求优先于承包商建议书。由于雇主的疏忽而造成雇主要求的改变显然是不合理，因此也不能按照文件出现的时间顺序来作为合同文件的解释顺序。《标准设计施工总承包招标文件》中合同文件组成和解释顺序在设置上较为合理，无"投标文件"，取而代之的是"投标函及投标函附录"，并将"发包人要求"排在了"承包人建议书"之前。

2）我国合同范本将整个招标文件和投标文件作为合同文件的组成部分，这样做导致许多与合同履行无关的文件成为合同文件，造成合同低效冗余，同时大大增加合同管理工作量且更容易出现纠纷和争议。而 FIDIC 银皮书将与合同执行有关的重要内容都体现在构成合同文件的资料中，使得合同文件组成精炼且便于管理。《标准设计施工总承包招标文件》中合同文件组成无"招投标文件及其附件"。

3）我国合同范本将标准、规范及有关技术文件、设计文件、资料和图纸作为合同文件组成部分，却没有对此进行加以定义，这样很容易产生对合同文件组成的歧义。例如，发包人要求和承包人建议书中的设计文件、资料和图纸是构成合同文件的组成部分，大家都是认同的。由于工程总承包项目包含有设计内容，因此承包商在合同履行过程中所提交的设计文件、资料和图纸按理说是合同完成的可交付资料，不应作为合同文件组成部分，但从其合同范本表述上难以划分清楚。《标准设计施工总承包招标文件》中合同文件组成不包括"标准、规范及有关技术文件、设计文件、资料和图纸"，而是包括"发包人要求""承包人建议书"。当然，为避免我国工程总承包合同文件组成的瑕疵，可以有选择地替换为银皮书或者我国《标准设计施工总承包招标文件》中的合同文件组成，但需注意合同条款内容表述上要相对应。

（3）发包人/雇主的管理。在我国合同范本中第 2 条（发包人）2.3 条款为"监理人"，监理人依据发包人和监理人签订的委托合同代表发包人对承包人实施监督，发包人代表则是在发包人授权范围内履行职责，当发包人代表和工程总监职权重叠或不明确时，由发包人予以明确。而 FIDIC 银皮书没有延用 FIDIC 红皮书、黄皮书中"工程师"（独立的第三方，具有相对的公正性）的内容，而是由"雇主代表"管理合同，与我国"监理人"一样，其受雇于雇主，是为雇主服务的，在第 3 条（雇主的管理）3.2 条款的内容为其他雇主人员，这些人员包括驻地工程师和独立检查员（类似于我国项目监理机构中的专业监理工程师），其任务和权利是由雇主代表指派和托付的，因此职权不能出现重叠或不明确。

过去有部分学者认为工程监理制度制约了我国工程总承包市场的发展，主要理由是他们按照《中华人民共和国建筑法》理解为所谓的"工程监理"就是仅指"施工监理"，只对"施工质量"进行监督，而不包括"设计质量"或"设备质量"，并且提出"项目管理承包商（PMC）和工程总承包商比一般监理公司的能力和水平要高得多"。

《中华人民共和国建筑法》并没有规定不能对设计阶段进行监理，随着后来的一些相关管理规章制度的出台和健全，该争议问题也得到了解决。例如，新《建设工程监理规范》（GB/T50319-2013）适用范围明确包括了勘察、设计、保修阶段相关服务活动，明确了监理单位工作范围包括建设工程的各阶段，从而符合了工程总承包项目的管理要求。事实上，监理单位在工程建设中作为独立于设计单位和施工单位的一方，可以对设计进度、设计质量等方面进行控制、监督和审查，因此在我国工程总承包示范文本中约定有监理人符合我国现在的国情。同样，《标准设计施工总承包招标文件》单独设立了"监理人"这一章节，包括的内容有监理人的职责和权力、总监理工程师、监理人员、监理人的指示、商定或确定。

（4）提供项目基础资料和现场障碍资料的时间与责任划分。我国合同范本 5.2.1 "发包人的义务" 条款规定："发包人应按合同约定向承包人提供项目基础资料和提供现场障碍资料，并对其真实性、准确性、齐全性和及时性负责。" 而 FIDIC 银皮书 4.10 "现场数据" 条款规定："雇主应在基准日期前将现场地下和水文条件及环境方面的资料提交给承包商。由承包商负责核实和解释所有此类资料（除工程预期目的、试验及性能标准、承包商不能核实的数据资料），雇主对这些资料的准确性、充分性和完整性不承担责任。"

实际上，与项目有关的基本数据和信息只能由雇主负责提供，而这些数据和信息的准确性和完整性直接影响承包商的设计或施工等工作。那么，在无法判断雇主提供的原始数据是否可靠时，承包商就需要增加一定的工作量（如地勘或水文测量等）来复核雇主所提供资料的准确性。即使 FIDIC 银皮书规定雇主在基准日期前将资料提交给承包商，然而在招投标阶段承包商也没有足够的时间和相应的途径来复核雇主所提供的数据并做出准确判断，因此承包商只好通过增加投标报价来降低自身风险。鉴于以上原因，基础资料的真实性、准确性、齐全性和及时性由雇主承担较为合理。然而，FIDIC 银皮书为什么要采用此风险分配方式呢？或许，FIDIC 国际咨询工程师联合会认为通过该项规定，雇主就会得到一个相对固定的总价合同，这对于实施私人融资的项目是迫切需要的。只要项目在财务上可行的，就能保证其所投入的资金有可靠的回报。

FIDIC 银皮书的规定让承包商额外承担了一个有经验的承包商不能合理预见的风险，学术界对此争议也是颇多。FIDIC 银皮书的规定不仅违反了一般交易规则，也违反了《中华人民共和国合同法》中的诚实信用原则，因此没有得到我国认可。其实该规定在大陆法系的国家运用效果也并不理想。在《标准设计施工总承包招标文件》的规定必然没有采用 FIDIC 银皮书这种风险分配方式。

（5）分包商法律责任比较。我国合同范本 3.8 "分包" 条款规定："承包人对分包人的行为向发包人负责，承包人和分包人就分包工作向发包人承担连带责任。" 而 FIDIC 银皮书第四章 "承包商" 4.4 条款规定："承包商应对任何分包商、其代理人或雇员的行为或违约，如同承包商自己的行为或违约一样地负责。"

FIDIC 银皮书规定承包商对雇主承担的是 "单点责任"，承包商与雇主的合同责任、义务、风险不会因为分包而发生转移，由此可见，FIDIC 银皮书对于分包商的违约责任是由承包商负全责，分包商对雇主不负责，因此雇主无权向分包商直接索赔。而按照我国合同范本规定，尽管发包人与分包商没有合同关系，但对于分包商的违约责任发包人可以向分包商直接索赔。

合同示范文本的编制必须遵循国家现行的有关法律、法规和规章制度。我国在立法层面上就已对分包做出了相关规定，例如，《中华人民共和国建筑法》第29条规定"总承包单位和分包单位就分包工程对建设单位承担连带责任"；《中华人民共和国合同法》第272条规定"第三人就其完成的工作成果与总承包人或者勘察、设计、施工承包人向发包人承担连带责任"。法律具有强制性，合同双方当事人不得另行约定使之改变，因此，我国合同范本对于"分包"规定就必须与我国法律、行政法规的内容相一致，否则合同无效。

虽然在《标准设计施工总承包招标文件》无"承包人和分包人对发包人的连带责任"条款，但可以通过其条款1.3规定"适用于合同的法律包括中华人民共和国法律、行政法规、部门规章"。根据我国现行法律可以推断承包商和分包商对发包人负连带责任。

（6）指定分包商的比较。FIDIC银皮书第四章"承包商"4.5条款设有"指定分包商"内容，而在我国合同范本无"指定分包商"内容。

对于承包商无力完成的特殊专业工程施工，需要使用专门技术、特殊设备和专业施工经验的某项专业性强的工程，雇主希望由专业公司来承揽以满足其特殊要求，再加上在施工过程中承包商与专业公司的交叉干扰多，雇主难以协调，因此出现了"指定分包商"。即便"指定分包商"条款有其必然的合理性，且在国际各标准施工合同内均有"指定分包商"条款，然而在我国合同范本没有选用此条款内容，主要有两个原因：

1）《中华人民共和国建筑法》《中华人民共和国合同法》虽然没有明确禁止"指定分包商"的规定，但在一些部门规章中有明确禁止的规定。例如，《房屋建筑和市政基础设施工程施工分包管理办法》（建设部令第124号）第7条规定："建设单位不得直接指定分包工程承包人。"《工程建设项目施工招标投标办法》（国家七部委30号令）第66条规定："招标人不得直接指定分包人。"

2）由于我国法律文件的模糊规定（部门规章、司法解释效力等级低于法律文件），合同条款若有此规定可能会导致承包商的权利无法得到保障、指定分包合同签订主体混乱等一些问题。通过以上分析，可以发现FIDIC银皮书中关于分包的规定与我国的现行法律法规还存在诸多差异。我国目前很多的规定存在比较原则、抽象、操作性不强等问题，如何吸收合理要素，建立健全法律法规的系统性、可操作性和针对性是我国立法层面面临的紧迫问题。

（7）争议和裁决。我国合同范本 16.3.1 "争议的解决程序"条款规定："发生争议，双方首先通过友好协商解决。经友好协商后仍存争议时，可进行调解；仍存争议时，或一方不同意调解的，通过仲裁或诉讼方式解决。"我国合同范本对争议解决方式的规定与《中华人民共和国合同法》中的相关约定内容大致相同，然而对争议解决的过程规定较为简单。

FIDIC 银皮书 "索赔、争端和仲裁"条款注重争议的 "调解"方式，须经争端裁决委员会（DAB）84 天的调解。如调解失败，须经过 56 天的 "友好协商"，否则 "仲裁"不受理。

FIDIC 银皮书中 DAB 方式的本质属于调解，但相对于通常意义的调解，DAB 的优点却很多。DAB 成员由具有建筑工程、法律等方面的专家组成，专业程度高，能够科学合理地分析争端，同时由于 DAB 成员具有独立性，保证了 DAB 决定结果的公正性，因此，DAB 出具的结果更容易让合同当事人双方接受，解决争议效果显著。虽然 DAB 方式解决争议效果良好，国内专家学者也认同其在争议解决方面的优越性，并且在理论上也符合我国《中华人民共和国合同法》，但从我国目前现状来看，推广 DAB 方式仍存在以下几个问题。

1）DAB 成员问题。DAB 成员要求具有较高的专业技术和沟通协调能力、丰富的工程管理经验、良好的道德素质，其培养需要较高的条件和较长的周期。然而，由于我国工程建设起步相对较晚，对应的制度还不够健全和完善，真正具备这种高素质的人才不多。

2）缺乏 DAB 法律规定和运行监督机制。《中华人民共和国建筑法》和《中华人民共和国合同法》至今在争议解决方面无 DAB 规定，可能会导致 DAB 裁决结果的效力得不到保证。由于我国诚信体系还不够健全，目前又未建立 DAB 相应的运行监督制度，在这样的环境下采用 DAB 争议解决方式显然难以得到令人满意的效果。

3）承发包人争议解决思维单一。我国合同争议的解决一般为和解、调解、仲裁与诉讼四种方式，承发包人对 DAB 方式并不了解且缺乏选择争议解决方式的主动性和创新性，同时也受到《中华人民共和国合同法》《中华人民共和国建筑法》等法律及惯例的影响，承包人和发包人在选择争议解决的方式上受到思想上的约束。虽然 DAB 方式在我国的适用性上仍存在许多问题和困难，但在我国合同示范文本中仍可以尝试推广 DAB 争端解决方式，这对于我国建设工程领域的纠纷解决具有现实意义。

（8）不可抗力。

1）不可抗力的定义。我国合同范本 1.1.51 条款对不可抗力的定义为"指不能预见、不能避免并不能克服的客观情况"。这与《中华人民共和国合同法》的规定一致。FIDIC 银皮书 19.1 条款规定了"不可抗力指某种异常的事件或情况：①一方无法控制的；②在签订合同前，不能进行合理准备的；③发生后，该方不能合理避免或克服的；④不能主要归因于他方的"，同时列举了 5 类常见的不可抗力事件。这两个文本对不可抗力的定义基本一致，都具有不能预见、不能避免、不能克服的特征，但是 FIDIC 银皮书强调的是不可抗力的不可控制性，所列举的范围具体明确；而我国合同范本强调的是不可抗力的不能预见性，范围不具体，由双方在专用条款中另行约定。

2）不可抗力后果的责任比较。两个合同范本对不可抗力事件后果的责任规定不同。我国合同范本 17.2 条款"不可抗力的后果"对发生不可抗力事件时承包人与发包人所承担的责任划分较为明确，从内容上来看，整体体现的处理原则是"谁的损失谁承担"，即发生不可抗力时，承发包人承担各自的损失。而 FIDIC 银皮书 19.4 条款对不可抗力后果的条件规定较为明确，但对该责任划分不是很明确。从其条款内容上看，整体体现的处理原则是对于发生战争、内战、罢工、爆炸物资等不可抗力事件，承包商的损失由雇主承担；而对于发生自然灾害不可抗力事件，承包商的损失由自己承担。总之，由于我国合同范本对不可抗力的定义和范围规定相对模糊，为承发包人自行约定留下了空间。尽管 FIDIC 银皮书中不可抗力条款约定的较为明确，但在我国适用时仍然有必要适当修改。在不违反我国法律的情况下，可以通过借鉴 FIDIC 银皮书中的优势来弥补我国合同范本的不足。

（9）时限的不同。我国合同范本与 FIDIC 合同规定的时间差异较多，具体如下。

1）预付款的支付。我国合同范本规定："在合同生效后，发包人收到预付款保函后 10 日内一次支付给承包人；若未约定预付款保函，发包人在合同生效后 10 日内一次支付给承包人。"FIDIC 条款规定雇主在收到承包商提交保函后支付预付款。显然，我国在预付款时间上的规定更为明确些。

2）缺陷责任保修金的支付。我国合同范本规定发包人在办理工程竣工验收和竣工结算时支付给承包人全部缺陷责任保修金金额的一半。FIDIC 条款规定在颁发工程接收证书，且工程已通过所有规定的试验时支付保留金的一半。

3）索赔时间。我国合同范本要求承包人在索赔事件发生后 30 日内发出索赔通知。而 FIDIC 银皮书要求承包商察觉或已察觉该事件或情况后 28 天内发出索赔通知。

两者合同范本在时限上的规定大多不一致，以上也只列举了其中的小部分。总之，不管合同如何规定，对于合同规定的时限，业主必须熟知并严格遵守，不能逾越，否则有可能损害到自身利益或者造成违法违规行为的发生。

4.2.6　工程总承包全面合同管理

1. 工程总承包合同管理的层次与内容

我国《建设工程项目管理规范》规定建设施工企业在进行施工管理时，应实行项目经理责任制。因为该项制度能够实现建设施工企业在层次化上建立合同管理责任。一般企业都是由劳务作业层、相关的项目管理层及企业的管理层构成，对于不同的企业层次分别规定了相应的职责：对于企业的管理层而言，主要任务是制定并健全工程项目管理制度，实现对项目的规范化管理；其次是企业管理部门制订的相关计划，充分实现企业资源在分布上的合理化及资源流动的有序化，最终实现资源的最优化配置；再次，在项目管理具体执行的过程中要加强指导，并予以充分的监督与管理，实现对于资源配置的宏观调控。劳务作业层必须签订相应的劳务合同，实施工程的分包业务管理，对于所签订的合同要切实贯彻履行。因此，建设工程总承包模式的合同管理和实施，一般分为公司和项目经理部两级管理方式，重点突出具体施工工程的项目经理部的管理作用。

（1）企业层次的合同管理。建设工程承包方为获取经济利益，促进企业不断发展，其合同管理的重点工作就是了解各种工程信息，组织参加各工程项目的投标工作。对于中标的工程项目，做好合同谈判工作。合同签订后，在合同的实施阶段，承包方的中心任务就是按照合同的要求，认真负责地、保质保量地按规定的工期完成工程建设并负责维修。因此，在合同签订后承包方的首要任务就是：选定工程项目的项目经理，负责组织工程项目的经理部及所需人员的调配、管理工作；协调各个正在实施的工程项目之间的人、财、物的安排、使用，重点工程材料和机械设备的采购供应工作；与业主协商解决工程项目中的重大问题等。

（2）项目层次的合同管理。工程项目的承包方将项目经理和相应的管理部门派往施工现场的专门组织和权力机构，负责施工现场的全面工作，由他们全面负责工程项目施工过程中的合同管理工作。例如，以成本控制为中心，对于因合同争议所导致的损失加以避免，对于其损失必须进行索赔等。承包方应合理地建立工程项目施工现场的组织机构并授予其相应的职权，明确各部门的任务，使项目经理部的全体成员齐心协力地实现工程项目的总目标，并为企业获取预期的工程利润。

2. 工程总承包合同全面管理

合同管理作为工程项目管理的核心工作，有着重要意义。要实现工程建设目标，就要对整个工程项目、项目建设的全部过程及各个环节的工程活动进行科学管理。工程项目的全面合同管理就是全项目、全过程、全员的管理。

（1）全项目合同管理。全项目合同管理可以从两个层面理解：第一是内部层面，即项目各参与人内部各级职能部门，部门内的普通职员应当实现彼此的互相配合与协作，特别是企业的高管更要尽全力参与项目合同的管理；第二是外部层面，项目各参与人之间要相互协调、配合，使大家成为一个有机的项目建设整体。

（2）全过程合同管理。全过程合同管理要求各工程参与人对各自负责的工作，以对合同进行的策划作为起点，对于项目工程的投招标及对于合同的谈判及签订、切实履行及验收所有的工程项目所进行的有效的管理和控制。

1）合同签订期。工程项目建设之初，要在详细分析建设工程对合同管理可能存在潜在影响因素的基础上，策划与工程项目相关的合同架构。合同管理的分析、策划要注重将工程项目特点与本单位实际工作情况结合起来。进行招标时，要划分详细的工程分标范围，要有利于召集更多的投标人参加，以便更好地控制工程成本，保证工程质量；准备招标时应组织专业技术人员对设计图纸进行详细的审核，避免对设计意图模糊不清。还要注意对招标存在疑问的解答工作，尽量避免和消除可能存在的消极因素。合同谈判时，应根据工程实际要求确定合同条件，拟订、整理项目合同及有关文件，并结合合同对方的具体情况，确定谈判原则和方案。合同签订工作完成后，要尽量做到将与工程项目有关联的合同及文件、资料保留、归档。

2）合同的履行期。这就要求合同的当事人必须依据相关合同的规定切实履行合同中所提到的相关合同义务，对于义务的履行情况必须进行定期的检查，并为此做相关的详细记录加以备案。对于在监督过程中所发现的相关问题及特殊情况，应当及时上报相关的责任主管部门，并通过各施工方及责任部门商谈的方式针对该问题提出解决的方案。对于商谈的结果，合同的管理人员应该予以进行有效地记录。

其具体的措施主要有：①对于那些即将到达履行期的合同，应当召集涉及该合同履行的相关部门或者相关人员，就相关的履行条款做深入的讨论或交底，对于合同规定的应当注意的条款事项加以留心重视，并随时督促具体履行的相关负责人必须要严格依照合同的规定进行施工，定期检查其具体履行的情况，并及时做好与相关方的沟通工作；②对于合同合作方所发来的文书或邮件等，必须及时查阅并立即做出相应的回复，回复的方式也应严格按照规定采用发函或发文的形式进行；③当工程合同出现问题时，应当在必要的时候做出相关的解释，并且对于那些在施工过程中会经常出现的问题要进行深入研究，尽量做出良好的解决方案，防止此类事件的再次发生；④在合同履行过程中所出现的所有问题必须进行及时详细的记录，并对此问题能够制定相应的处理措施或解决方案。

3）合同的收尾期。合同收尾期指工程项目经竣工验收合格交付建设方后直到在合同所规定的内容全部予以贯彻履行，其中就包含工程项目的质量保证期。这个时期其实就在工程的质量上所存在遗留性的相关问题及关于合同的终止等进行处理，并做好合同后评估工作。合同后评估工作一般都不重视，其实合同后评估工作有着十分重要的意义。经过合同后评估，可以为以后的工程建设工作提供十分有价值的借鉴经验。合同后评估内容也就是合同总结报告的内容，应将合同总结与项目管理总结工作结合在一起，认真总结经验教训，积累工程合同在相关管理上的专业知识，从而改进合同的管理工作。

（3）全员合同管理。工程项目在合同的管理上往往会涉及相关的职能部门及各层级管理人员、工作人员，任何一个环节的失误都会给合同的全面履行造成不利影响，进而影响整个工程项目的实施。因此，就要求相关项目的管理部门在其建设的过程中必须进行合同的目标管理，真正做到落实到每个环节、每个岗位、每个人。

1）与工程项目有关联的每个部门都要参与合同管理。项目管理部门应根据不同的合同类型将设置的专业部门进行职能划分，并以专业部门的差异结合自身的专业要求，对于相应的合同范本进行拟定，并在此基础上对于合同具体施行切实加以监管。对此，合同的相关的管理部门更要负责从工程项目全局角度，审查、分析合同，对合同的履行进行监管，全面地评估和预测合同风险，并对各专业部门进行预警、提示。

2）专业性合同管理团队的建设。这就要求实现全员对于合同履行的管理，做到全体参与共同执行。毕竟这项工作涉及的部门众多，专业及技术领域广泛，单个人根本无法充分解决合同管理中产生的问题。比如，合同的价格与工作界面、工艺流程、风险等因素关联密切，要充分进行调查并加以分析，这些工作都是需要不同专业及不同职能部门之间共同的配合来完成的，单一的专业或人员都无法做到全面、详细。只有建立一支包括各相关部门和专业技术人员的专业团队，才能科学、合理地解决问题。

3.　工程总承包合同管理体系

工程总承包合同管理体系的最终目标就是确保相关工程项目能够顺利实施并且竣

工，实现工程建筑质量及工程工期的顺利完成。这也是涉及该工程项目的各个职能部门及合同的参与各方，通过对于合同相关部门的管理，把各部门所负责的各个工程环节或部分有机整合，形成一个职责清晰，权利明确、协调配合的有机整体，从而保证合同的全面履行和项目目标的实现。建设工程全面合同管理保证体系主要分为四个方面，即合同管理的组织及人员保证、合同管理的规章及制度保证、合同管理的教育培训保证及合同管理的监督检查保证。

（1）合同管理的组织及人员保证。对于工程企业中的相关专业部门及专业型人才实现资源的优化配置，是合同管理组织及人员方面的保证。但是就目前看来，我国建筑市场上有相当一部分的工程项目并没有对专门的组织及专业的人才进行设置。随着建筑市场在各个方面的发展与完善，对于合同管理在要求上逐渐提高。因此，必须建立专业的合同管理部门，配备专业的合同管理人员。

（2）合同管理的规章及制度保证。建立、健全规章制度的目的是形成良好的运行机制，健全的规章制度有利于实现企业对于管理的高效进行，所以对于工程项目而言，要想全面管理合同，一定要制定科学、有效的规则和制度，并严格遵照执行。

（3）合同管理的教育培训保证。合同是一种法律文件，是工程建设顺利实施最重要的保障，而法律知识教育是做好合同管理这项任务的基础条件之一。这就要求对于工程合同的管理，必须做到在管理层这个重点基础上实现法律相关培训制度的确立。培养企业的合同管理专家，以提高企业合同管理水平。

（4）合同管理的监督检查保证。为贯彻执行合同管理制度，首要任务就是建立合同的监督检查制度，由合同管理机构负责工程项目的合同，在其具体的履行实施上进行定期的检查监督，通过调查分析来发现所存在的隐藏性问题，并制订相应的解决方案；其次，对于那些具有重要意义的合同，必须定期做相关的报告，实现对它的充分监控，避免问题的出现。最后，制定相应的处罚办法，对违反合同管理制度的行为进行惩戒。

4.2.7　工程总承包合同管理的主要环节

建设工程对其合同进行全面性管理的主要环节可分为合同策划管理、合同招标管理、合同控制管理及合同变更管理。

1. 合同策划管理

建设工程项目合同策划有宏观和微观两个层面。宏观层面的合同策划是指为了合理、高效地实现项目建设目标，根据工程项目的实际条件、特点及管理水平，设计并确定最适合的合同架构体系。微观层面的合同策划是指工程项目建设中具体的某一合同内容的确定，及工程项目合同所做的具体性策划工作。关于合同的总体策划目标实现的手段是合同的发包任务，目的就是确保整体工程项目顺利完成。该目标既要反映该工程的项目战略及其企业的战略，又要反映其指导方针与利益。

（1）合同总体策划的主要作用。

1）合同总体策划工作对工程项目的组织架构、管理体制，以及对工程项目各参与人的权利义务和工作的划分起着决定性作用，对全部工程项目的管理有着基础性影响。

2）合同总体策划工作明确了合同各方之间的权利义务，可以正确处理工程项目建设实施过程中合同双方存在的关系，防止由于关系的恶化而影响整个工程项目的正常进行。

3）合同总体策划是拟定招标文件和合同文件的依据。

4）合同是工程项目能够顺利实施的重要保证，科学、合理的策划能够使合同各方建立和谐关系，避免发生不必要的争端，使合同得到完全履行，顺利实现项目整体目标。

（2）合同整体策划的主要依据。

1）工程本身的依据：包含工程自身的特点、情况、规模上的大小、工程的难易程度、业主对于工程的技术要求及工程的范围宽度、相关工期在时间上的弹性变化、工程项目所属的经济特性及存在的风险等限制性的条件。

2）工程建设方的依据：主要是建设方本身所具有的资信及资金的状况、其管理上的水平及管理力量、对于所经营的目标及其确定性、管理方面的实际期望和要求，对承包商的信任程度，对工程质量和工期要求等。

3）工程环境方面的依据。主要有建筑市场的竞争激烈程度、建筑物料及相关设备的价格稳定与否、关于建筑行业的法律环境、资源供应市场的稳定性、工程发包方式、交易习惯及工程惯例等。

（3）建设工程合同策划的内容。建设工程合同策划实质上就是为了顺利实现工程目标，在合同双方当事人之间公平合理地分配权利义务。建设工程合同策划的主要内容有以下几项。

1）工程项目承包方式选择。当前主要是指采用设计与施工相结合的项目总承包方式，还是采用设计与施工相分离的分别承包方式。

2）工程项目分包方案的选择。一项复杂的建设工程，在工程建设过程中经常会遇到专业性质差异非常大的施工内容例如，机电设备安装和土建施工，需要选择是进行总承包还是分别承包。线性工程由于工期要求的差异，一般要分成几个工段进行施工，这样有利于工期目标的实现，例如，高速公路、输水管道等工程的建设都分段进行建设。

3）合同类型的选择。一般是指以计价方式对于合同的类型进行划分。依照计价方式的差异分为单价合同、总价合同及成本加酬金的合同等三种类型，应根据实际情况合理选择。

4）合同主要条款的确定。合同主要条款是指根据工程项目建设目标，为保证工程项目顺利实施和完成，对工程合同签订主体在其权利及义务上做明确规定。工程合同应当确定的权利及义务非常庞杂，政府管理部门和专业人士专门拟订了合同示范文本来确定合同的基本内容。实际工作中进行合同策划时可根据需要在合同示范文本的基础上，选择和拟订能够满足特殊要求的专用条款。

5）各合同之间的界面管理约定。一项建设工程，每个合同都是为了完成工程项目服务的，它们的内容、时间、组织、技术等方面可能存在衔接、交叉，有时还存在矛盾，进行合同策划时要对这些情况综合考虑，制订相应的协调解决方案。

6）工程招标问题的解决，如招标方式的选择、招标文件的编制、评标原则的确定、潜在投标人的甄别等。

（4）合同在策划时的具体过程。

1）第一点要做的就是分析工作，分析的对象分为两个内容，一是企业的资质情况，二是所要开展的项目的具体情况，通过分析，确定实施战略，在合同中都要做出明确的规定。

2）对于合同上的总体原则及目标进行确定，做到对于合同管理体系的全面建立。

3）对于合同中出现的较大的问题应当分层次予以分析，通过分析得出解决问题的方案。

4）合同出现的重大问题应当迅速做出相应的决策并加以安排，并通过分析提出切实可行的措施。这就要求，在对合同进行策划时就要预测到各种问题。

2. 合同招标管理

合同完成前期的策划并拟定相应的合同条件之后，通常合同的签订都是采用招投标的方式来实现的，之后便是对于合同所规定的各项条件的逐步落实。

（1）招标文件的准备工作。一般情况下，招标工作的第一个环节就是招标文件的起草。招标文件一般都是委托咨询机构来进行起草的，招标文件是整个工程最为重要的文件。招标文件的内容根据工程性质或规模、合同的种类及招标方式的不同而有所差别，以下是招标文件的构成。

1）投标人须知。也就是我们经常看到的投标须知，它是指在招标过程中，投标人进行投标时具有规定性的文件。评标及合同授予的标准都会在投标人须知中公布，同时相关适用的法律法规也会在须知中体现，以保证合法性。投标须知具体内容有：①关于所要进行招标的工程总的说明，包含概况及招标范围及条件等；②招标工作的具体安排，如招标的具体要求，发包方具体的联系方式，标书投递的时间地点等相关信息，评标的标准及规定，以及对于投标者的相关规定等。

2）投标书及附件。其实就是发包方对于标书的格式上的约定。

3）协议书。即相关合同的协议书，这个协议书是发包方拟定的，协议书所体现的是业主对该合同的期望及要求。

4）相关合同的条件。这也是发包方提出的，主要分为两种：专用条件、通用条件。

5）相关技术性的资料文件。是指与合同相关的图纸或是建筑的技术性规范等。

6）其他文件。主要指发包方所提供的关于整个工程开展的文件及资料，如地质状况资料、场地的水文条件或是勘探记录等业主可以获得的场地环境、其周围环境及可以公开的参考资料等。

发包方在提供招标文件时应当遵守诚信的基本原则，对于涉及工程建设的相关资料或文件都应当如实、详细透彻地说明；工程规范及相关的建筑图纸及水文资料也都要做到准确、全面地出具；发包方应当使承包方能够准确及时地理解相关招标文件或是能够清楚地了解工程规范及建筑图纸，做到准确无误。通常情况下，发包方对于招标文件中正确的条文承担相应的责任，在文件或资料出现问题的情况下应当由发包方来负责。

（2）招标及投标的程序。一般招标就要求进行公开开标，通常来说，招标单位的性质及招标的操作方式决定了邀请招标及议标的对象；并且中标合理造价确立的主要依据是在决标原则下，能够确保工程如期交付且质量达标，从而在获得经济效益的同时得到很好的社会信誉。

开标后对投标文件进行的分析性工作意义非常，因为正确授标的重要前提便是对于所投标的文件进行的准确分析，对于标后谈判或澄清会议而言这项流程也是其重要的理论依据，对所有的投标文件或资料进行详细谨慎的分析，可以很好地实现工程实施策略的最优化，规避那些不利于工程建设的文件，避免由于自身的疏忽所导致的合同风险，同时还可以在一定程度上降低在合同履行过程中所出现的不必要的争端,保证合同能够有效地实现。通常,对报价文件所进行的分析是多方面的,主要涉及文件是否完整,内容是否确切可信、合理,这种分析主要是通过相互对比进行的,且在分析之后要有必要的分析报告阐述分析结果。常用的评标办法包括合理低价中标、专家评议及对于投标文件进行打分等。

(3)合同的签订。通常,在承包方接收中标通知书前,发包方对于该工程项目最终所要确定的价格及其他关键性的问题,应与所要确定的承包方进行深层次的谈判。对于投标最高限价与投标价、相同类别的其他工程上的造价,或者资料等各方面进行综合考虑,来确定合同的最终价格。同时,对于初步确定的价格往往要经过权威专业的部门或机构认定之后才能够真正得以执行。中标通知书发出之后,承包商必须对工程中将要涉及的技术、经济及材料等问题订立一份周详的承包合同;而发包方则需要对工程的具体实施进度及状况进行检查监督,所依据的就是工程合同里列举的各项条款,并且会根据工程施工过程中的某些具体情况相应调合同的某些条款。

3. 合同控制管理

(1)合同在实施过程中的控制程序。

1)监督检测。对于工程活动具体实施的监督检测是对目标的控制,具体内容有工程的质量检查表、材料耗用表、分项工程的整体进度表及对于工程整体成本进行核算的凭证等。

2)跟踪。跟踪是对所采集的工程数据及相关的文件资料进行系统整理之后加以归纳总结,进而得出关于工程具体实施状况的相关信息,如各种质量报告、各种实际进度表、各种成本和费用收支报表,以及分析报告。将总结得到的新的信息与制定的工程目标对比,发现不同,找出偏差,偏差的程度即工程实施偏离目标的大小,差别小或没有差别的,可以按原计划继续实施。

3)诊断。诊断是指分析差别形成的原因,这就说明正是因为工程施工偏离了最初的目标才会导致差异的出现,必须对其加以分析并找出原因及其产生的影响,分析工程实施的发展趋势。

4)调整。一般情况下,工程实施与目标的差别会随着积累不断加大,最终导致工程实施离目标越来越远,甚至导致全部工程项目的失败。因此,在工程实施过程中要不断采取相应的措施予以调整,保证工程实施始终依据合同目标进行。

（2）合同实施控制管理体系。由于工程建设的特点，工程实施过程中的合同管理十分复杂、困难，日常事务性工作非常多。为了使工程实施按计划、有序地进行，必须建立工程承包合同实施控制管理体系。

1）进行合同交底，确保相关合同在责任上的落实，切实保障目标管理的实行。分析完合同之后，便是合同交底的流程，目标对象是该合同的管理人员，把合同责任落实到各责任人和合同实施的具体环节上。

所谓合同交底，实际上是组织所有的人员对于分析的结果及合同本身进行共同的学习研究，对于合同所涉及的主要内容进行说明和解释，使大家掌握合同的主旨及各项条款和其在工程项目管理上的程序。对于承包商的合同责任、工作范围甚至是其行为所产生的各种法律上的后果，都要充分了解，促进大家从工程建设目标出发，相互协调，避免发生违约行为。

对于工程的具体实施，往往首先对整体工程进行分解，将工作职责充分落实到工程施工的各项环节及分包商，使其了解合同实施的必要文件资料，如施工工作表、设备的安装图纸及建筑施工图纸，甚至比较详细的具体施工说明等。对于施工上的技术问题及法律问题都要进行详细的解释与说明，具体如相关工程的技术及质量上的要求、对于工程工期上的要求、对于建筑耗材的基本标准等。

工程具体施工之前要切实做好与合作方如监理方、承包方的沟通工作，可以召开相关的协调会议，贯彻工程的各项安排。

合同责任的完成必须通过其他经济手段来保证。与分包商主要通过分包合同来明确双方的权利义务关系，保证分包商及时、完全地履行合同义务。对其违约行为，可依据合同约定进行处罚和索赔。对内部的各工作单元可以通过内部的经济责任制来保证，要建立经济奖罚制度，以保证工程目标的实现。

2）建立合同管理工作程序。在工程实施过程中，为了协调各方工作，应订立以下工作程序。①定期或不定期的协商、会办制度。在工程建设过程中，参加工程建设的各方之间，以及他们的项目管理部门和各个施工单元之间，都应建立定期的协商、会办制度，重大议题和决议应用会议纪要的形式予以记载，各方签署的会议纪要是合同的有机组成部分；通过不定期地召开商讨性的会议来解决在具体的施工过程中所出现的一些特殊情况及特殊的问题。②有必要建立工程合同具体实施的工作程序。特别是对于那些经常性的工作而言，工作程序的建立显得尤为重要。这样做的好处就是程序的建立使大家都能有章可循，具体包括：对于工程变更的程序、工程账单进行审查的程序或是工程图纸的审批程序、已完成工程的检查验收程序等。虽然这些程序在合同条款中都有约定，但是必须进行详细、具体的规定。

3）建立文档系统。工程项目各阶段的合同管理工作中要注重建立完整的文档系统工作。

在合同实施过程中，参加工程建设的各方之间，以及它们内部的项目管理部门和各工作单元之间，都有大量的信息交流。作为合同责任，承包商必须向发包方提交各种信息、报告、请示。这些都是承包商说明其工程实施状况，并作为继续进行工程实施、请求付款、获得赔偿及工程竣工的条件。

在招投标阶段和合同实施过程中，承包商做好现场记录并进行保存有着重要的现实意义。在实践中，任何工程都会存在或大或小的风险，产生争议时，就需要证据。一些承包商不重视文档工作，妨碍了造成争议的解决和索赔工作，最终使自身的利益受到损害。

各项工程资料及相关的合同资料的采集、整理及存档工作都是由专门的合同管理人员来负责的。工程具体实施的过程中会产生工程的原始资料，这就要求相关的职能人员、工作单元、分包商必须提供相应资料，将责任明确落实。

4）工程实施过程中实行严格的检查验收制度。承包商要对材料和设备质量承担责任，应根据合同中约定的规范、设计图纸和有关标准采购材料和设备，并提供产品合格证明，以符合质量标准的要求。合同管理人员应积极做好工程质量工作，建立能够满足工作要求的质量检查和验收制度。

5）建立报告和行文制度。工程建设各参与方之间的沟通、协调都应采用书面形式，这既符合法律、合同的要求，也是工程建设管理的需要。报告和行文主要包括：①对于工程的实施情况的定期报告；②对于具体施工过程中的特殊问题及情况所做的书面性文件；③涉及合同双方的一切工程的相应的手续和签收证明。

（3）合同实施控制管理内容。

1）合同管理人员与项目的其他职能人员共同落实合同实施计划，为各工作单元、分包商提供必要的保证。

2）在合同约定范围内协调工程建设各参与人及其职能人员、工作单元之间的工作关系，解决合同履行过程中出现的问题。

3）对工作单元和分包商进行工作指导，负责合同解释，对工程实施过程发现的问题提出意见、建议或警告。

4）会同项目管理其他职能人员检查、监督各工作单元和分包商合同履行情况，保证合同得到全面履行。

5）会同造价管理人员对工程款账单及收款账单进行审查、确认。

6）由合同管理人员专门负责合同的变更，以及与工程实施相关的答复、请示的记录工作。

7）对工程实施的环境进行监控。

4. 合同变更管理

（1）工程变更的概念和分类。工程变更是指合同实施过程中，当合同状态改变时，为保证工程实施顺利所采取的对原有的合同内容所进行的部分修改或补充的措施，其中包括相关工程项目的变更、施工条件及计划进度上的变更等，在合同的补充上即在原有的工程量清单里所新增的相关工程等。一般对于工程的变更可分为工程范围变更和工程量变更两大类，每一类中又分若干小类。①工程范围变更。包括额外工程、附加工程、工程某个部分的删减、配套的公共设施、道路连接和场地平整的执行方与范围、内容等的变更。②工程量变更。包括工程量增加、技术条件改变、质量要求改变、施工顺序的改变，设备和材料供货范围、地点标准的改变，服务范围和内容的改变、加快或减缓进度。

（2）工程变更的程序。工程变更的处理程序应该在合同执行的初期确定，并要保持连续。工程变更一般应按照以下程序进行。

1）工程变更的提出。发包方、监理单位、设计单位、承包商认为原设计图纸或技术规范不能适用工程建设实际情况的，都有权向监理工程师提出变更要求或建议，并提交工程变更建议书。

2）工程变更建议的审查。监理单位负责对工程变更建议书进行审查，在审查时要充分与工程建设其他参与方进行协商，对变更项目的单价和总价进行估算，分析由变更导致的工程费用的变化数额。

3）工程变更的批准与设计。承包商提出的工程变更，经监理单位审查由建设方批准；设计单位提出的工程变更应与建设方协商后由建设方审查、批准；建设方提出的工程变更，涉及设计修改的与设计单位协商；监理单位提出的工程变更，如果属于合同约定的监理职责内的，监理单位可决定，不属于合同约定监理职责内的，由建设方决定。

（3）工程变更的管理。

1）由工程变更所引起的责任分析。在合同履行的过程中，工程变更是最为复杂也是为数相当多的，这就使得工程变更所引起的索赔数额也是最大的。工程变更所进行的责任分析主要包括两方面的内容：什么原因导致了工程的变更？如何对于该工程上的变更进行处理？通过对工程变更这两方面的分析直接关系到合同的赔偿问题，是赔偿的重要参考。通过分析，工程变更的类型有两种。

一是关于工程变更上的设计变更。工程在这个方面的变更对于工程量的增减及工程质量上或是具体实施方案上的变化都有影响。工程的发包方在工程变更上所享有的权利是由施工合同所赋予的，这样发包方可以根据工程的实际需要直接下达相关工程设计变更的指令从而实现在设计上的变更。

二是工程施工上的方案变更。对于方案变更在其责任的分析上是相对复杂的。首先，承包商会在投标过程中对于工程的具体施工提出相对完备的方案，但是文件中的施工组织设计往往不具针对性。其次，在施工关键性环节所做的变更会直接影响整个工程的进展，往往会导致整个施工方案的变化，而此时施工方案的责任人同工程设计变更的责任人是一致的。也就是说，如果设计变更的责任人是发包方，那么所引起的方案变更的责任人也应当是发包方。再次，一般由于地质原因所引发的工程上的变更责任是由发包方来承担的，因为地质问题对于承包商来说是其无法预测的。另外，相关的地质报告等都是由发包方所提供的，那么发包方完全有责任对于其所提供地质报告的准确性承担相应的责任。最后，在工程变更中对于施工进度所进行的变更是相当频繁的，通常业主会在工程的招标文件中确立工程的工期，这样承包商往往会在标书中体现出该项工程在具体实施上的总计划，并且在承包商的标书中标之后，应当制订一份更为详细透彻的施工计划及安排，然而在该计划具体的实施过程中，每个月都会有工程进度上新的调整和计划，这都是需要由发包方或是工程师批准之后施行的。

2）对于工程变更的合同条款进行分析。这方面应当引起承包方及发包方的共同注意，特别是对于承包商而言，分析合同中相应的条款变更是很重要的。当然，合同的变更也是在合同的规定范围内开展的，一旦对工程所做的变更超越了合同所规定的范围，那么承包商对于这些条款有权不予执行。对于工程师或是发包方对于工程变更的认可上必须进行相应的限制。对于工程建设材料的认可往往都是由工程发包方所委托的工程师进行专业的检测来确定的，就是为了保证工程建筑材料良好的质量，但是对于承包商而言无疑是一种高要求，在合同中在相关约定的条款上含糊其词往往会出现争议及纠纷。对于材料的认可方面，若明显不符合所签订的合同规定范围，而且如果工程的承包商同时具有发包方或相应的工程师对其的书面确认,那么发包方则往往会落入合同索赔的陷阱之中。所以,这就要求所有的合同性文件都要有专业的合同管理人员对其进行法律及专业技术上的分析审查,才会避免合同问题的出现。

4.3　工程总承包分包合同管理

对于工程总承包项目,设计、设备材料的采购及施工等工作需要分包给具有相应资质的分包单位来进行,因此分包合同的管理是总承包商的工作重点。分包合同管理贯穿于整个工程的全过程,包括招投标、合同实施、合同收尾等几个阶段。做好分包合同管理工作,有利于工程的顺利实施,从而达到合同约定的目标。

4.3.1　招投标阶段分包合同管理

1. 制订合理的分标规划

工程总承包商需要根据工程总承包项目的工作内容和工作范围,结合现场的实际施工条件,制订合理的分标规划,确定各标段的合同范围。分标规划应本着有利于项目建设管理、有利于选择分包商、保证工程质量和进度、节约投资的原则进行。

工程总承包商应重视标段的划分,充分发挥设计优势,合理确定标段数量,控制标段规模;同时,明确各标段之间的界限及施工过程中责任的划分,避免以后在施工时分包商之间产生纠纷。标段划分过多,会使单个分包合同工作量变小,单价势必上升;同时,也可能由于分包商过多,增加合同管理的难度;还可能造成各标段界面划分不清晰、施工互相干扰等,引起分包商的索赔。标段划分过少,分包商较少,施工过程中受某个分包商的影响就会较大,不利于对工程质量、进度及造价等的控制。

2. 招投标管理

分包商选择得好与坏决定着项目的质量、进度、费用,是项目成败的关键。招标工作是分包合同签订和执行的基础。招标工作主要包括编制招标文件、发售标书、开标、评标、定标等。

在编制招标文件过程中,要明确合同的工作内容和工作范围、双方的权利和义务等;在编制招标文件及工程量清单时,要充分考虑施工工艺和项目特点,把工程量清单的工作范围和要求与技术文件对应起来。同时,分包合同条件应尽量与主合同的条件保持一致，尽可能将主合同的风险转移给分包商。

招标控制价是工程招标文件的重要内容之一。它是由招标人结合招标工程实际情况，依据有关计价办法、文件和工程量清单，编制的最高投标限价。通过设置控制价，能够防止投标人盲目报价和抑制低价中标，从而控制项目工程造价。

发售标书后，针对招标文件和投标人提出的问题，要及时澄清和答疑；在评标过程中，要从分包商的资质、设备、业绩、信誉、履约能力、投标报价、施工水平等方面进行综合评审，选择报价合理、经验丰富、信誉良好的分包商。

3. 分包合同的签订

分包合同的编制要基于招标文件，体现合同双方的权利和义务，明确工作内容和工作范围，使分包合同的条款、进度、质量要求等内容与主合同符合。在合同谈判时，总承包商应掌握主动权，对分包合同中的某些事宜做进一步明确和要求；同时，对招投标阶段存在的尚有疑问的事宜，要求分包商进一步澄清和解释，以避免合同实施过程中的风险和纠纷。

分包合同正式签订前，应执行合同会签制度，对合同范围、合同条款、双方的权利义务、变更索赔处理、付款等方面进行讨论和评审。

4.3.2 合同实施阶段分包合同管理

此阶段的分包合同管理是重中之重，主要工作如图 4-1 所示。

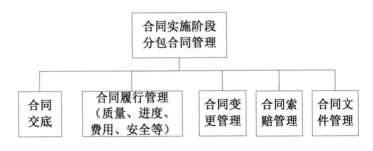

图 4-1 合同实施阶段分包合同管理工作

1. 合同交底

分包合同签订后，总承包商应组织项目管理人员及分包商召开合同交底会，对工程概况、合同工作范围、双方的权利与义务、执行的规范和技术标准、变更索赔处理原则、违约责任、可能的风险及防范措施等进行明确。通过合同交底，使总承包商的项目管理人员和分包商了解、熟悉合同，尤其是合同工作范围及合同条款的交叉点和理解的难点等，从而保证工程实施过程中合同的顺利执行。

2. 合同履行管理

合同履行管理主要包括进度控制、费用控制、质量控制、安全控制等方面的内容。工程总承包商要充分发挥设计源头的主导作用，提高技术水平，有效地控制工程质量、进度、费用和安全。

（1）进度控制。针对工程的进度控制，总承包商应结合主合同的工期要求制订合理的总进度计划，分包商在此基础上编制相应的进度计划，满足合同工期的要求。在进度计划的实施过程中，总承包商要对分包商工程进度执行情况进行有效监督，设置合理的节点目标，检查工程进度是否按计划要求进行，对出现进度偏差的要进行分析、纠正，保证工程进度能够满足要求。在进度计划实施过程中，随着各种条件不断变化，总承包商和分包商需要对进度计划进行不断的监控、调整和更新，以保证工期目标的实现。当外界条件改变导致施工难度加大，从而导致工期延长的情况出现时，应综合考虑各种因素，分析费用换工期的可行性，最大限度地减少损失。

（2）费用控制。针对工程的费用控制，总承包商应按照合同规定，审核分包商申报的工程量和工程进度款，按时完成进度款的支付，保证分包商的资金周转。在进度款的审核过程中，要认真核算分包商已完工作量和增加的签证费用，注意扣减相应的款项，避免进度款超付。在每个付款周期末，计量和付款结束后，应及时建立工程量统计台账和进度付款统计台账，动态跟踪控制已完工程量和掌握工程款结算情况，从而为项目的费用控制提供有力支持。同时，总承包商应对分包商的工程资金流向进行监督，确保专款专用，保证工程顺利实施。

（3）质量控制。针对工程的质量控制，总承包商应建立和完善质量控制体系，对施工全过程进行质量控制，督促分包商全面实现合同约定的质量目标。在实际施工过程中，以质量预控为重点，对项目的人员、机械、材料、方法、环境等因素进行全面质量控制，注重对隐蔽工程的质量把控，监督分包商把质量保证体系落实到位。

（4）安全控制。针对工程的安全控制，总承包商应结合主合同的要求制定安全管理目标，建立完善的 HSE 管理体系，对施工全过程的安全进行全方位、全过程的监控，确保各项安全目标落实。同时，要求各分包商根据分包项目的具体情况制定详细的安全控制目标，对分包商的安全施工条件执行情况进行严格检查，督促分包商整改落实消除各类隐患，避免安全事故发生。根据国家有关规定及分包合同要求，及时支付分包商安全文明施工措施费，并督促分包商落实安全防护及文明施工措施，确保专款专用。

在分包合同的管理过程中，质量、进度、费用、安全四者之间的关系是既相互联系，又相互制约；既相互对立，又相互统一。单纯追求工程的质量和安全，可能会造成进度滞后，也会使费用增加；单纯追求工程进度，可能导致工程的质量下降和费用的增加，安全事故发生的概率也将增大。要得到分包合同管理的最佳结果，只有做好质量、进度、费用、安全各项控制工作，才能够使它们成为有机的整体，达到最佳平衡点，这也是每个分包合同管理追求的目标。在分包合同履行过程中，工程总承包商要充分发挥自身的设计优势，对质量、进度、费用、安全进行总体控制。要加强对工程现场施工的技术支持和指导，为工程质量提供技术保证；要协调内部管理，进行统筹规划、全面安排，促使设计与设备采购、设计与施工准备、设计与土建工程施工、土建工程与安装工程等工序交叉进行，加快建设速度，确保工期目标；同时，紧密配合现场施工，及时根据实际情况进行合理设计和方案优化，以期达到节省工期和费用的目的；在设计时要充分考虑施工和运行的不安全因素，对设备和系统进行安全性设计，确保施工安全和运行可靠。

3. 合同变更管理

由于设计深度及现场实际施工的需要，工程变更是不可避免的。工程总承包商应充分发挥自身的技术优势，提高设计文件的质量水平，尽可能避免设计失误造成工程变更。同时，在工程实施过程中，应发挥技术优势，结合现场施工实际进行设计优化，从而达到降低造价及缩短工期的目的。

在分包合同签订时，合同条款中对变更的范围和内容、变更权、变更程序及变更估价原则等进行约定。

在施工过程中，对于工程变更，总承包商要根据合同条款的要求进行处理。确认的变更范围和内容经批准后，才可实施变更，而且这些变更应成为分包合同的组成部分。对已确认的变更进行审核，审核主要以工程量计算是否正确、单价的套用是否合理、费用的计取是否准确三方面为重点。在施工图的基础上结合分包合同、招投标文件、会议纪要及地质勘查资料、工程变更签证等资料，对变更项目进行计算核实，确定变更项目费用。合同变更是施工过程中合同管理的重要内容。在施工过程中，总承包商要建立变更项目台账，加强动态管理，实时更新支付台账。

4．合同索赔管理

合同索赔是指合同当事人一方因另一方不履行、不完全履行合同义务，或一方违约，给另外一方当事人造成经济损失或权利损害，或合同当事人均无过错，但按合同、法律规定应由其中一方承担相应的风险时，这一方当事人依据合同规定向另一方提出经济或时间赔偿要求的行为。索赔是合同双方的权利，合同的任何一方均有权利向对方提出索赔。一般将承包商（分包商）向业主（总承包商）提出的补偿要求称为索赔，而将业主（总承包商）向承包商（分包商）进行的索赔称为反索赔。

工程总承包商要依据合同条款认真分析合同风险，估计哪些方面可能出现索赔事件，并在项目实施过程中特别加以注意，努力避免引起分包商索赔。对于分包商提出的索赔，要利用分包合同中的有关条款，对索赔证据和理由进行细致分析，审查索赔理由是否成立、索赔证据是否合理，找出有利于己方的合同理由和依据，反驳对方不合理的索赔要求。对于已确认的索赔，应认真、如实、合理、正确地计算索赔的时间和费用。

索赔是双方的、双向的。工程总承包商要有反索赔意识，当对分包商在合同履行过程中的违约责任进行反索赔时，应注重索赔取证、调查和分析，避免干扰事件的影响。

工程总承包商，要加强工程设计管理，避免因设计失误或设计图供应不及时，导致分包商窝工或返工损失。在合同履行过程中，总承包商要加强主动控制，尽量减少工程索赔；索赔发生后，要以合同为依据，对索赔进行有理有据的分析，审核索赔费用，及时有效地处理，避免工期延误。

5．合同文件管理

工程总承包商还应注重合同文件的管理，进行各类合同的档案资料的收集、整理和归档管理工作，做好合同管理台账，定期统计分析。

合同的文档化管理工作主要是对分包合同履行过程中的信息、文件和资料等进行分析、整理、传送、反馈、保管和归档。这包括但不限于来往文函、会议纪要、付款资料、变更索赔文件、施工记录、进度报表、技术质量文件等，同时要妥善保存和管理分包商提交的所有文件、施工图和资料。完善的文档管理，能为日后可能进行的工程变更与索赔提供支持依据。

4.3.3　合同收尾阶段分包合同管理

分包合同内容完成后，工程总承包商应按分包合同约定程序和要求进行分包合同的收尾工作。主要包括：对分包合同约定目标进行核查和验收、分包合同的完工结算和合同的关闭、分包合同的后评价等。合同结束后，应对合同的履行情况进行分析，总结经验教训，以提高合同管理水平。同时，对各分包商的履约情况应进行评价，建立合格分包商库，为今后工作的顺利开展打下基础。

分包合同管理是工程总承包项目建设管理的重要部分，从招投标开始直至质保期满，返还质量保证金为止，贯穿于工程的始末。工程总承包商没有施工队伍和设备制造能力，土建施工、设备制造安装等工作均需分包给施工单位和设备制造厂家，因此工程总承包商应重视分包合同管理。在分包合同管理过程中，工程总承包商充分发挥自身的设计优势，以合同目标为出发点，抓住合同管理的重点，制定相应的合同管理措施，进行规范、有效的管理，从而实现合同目标，并取得最终效益。

4.3.4　分包管理策略

1．构建合格分包商名录

构建合格分包商名录从以下几方面进行。

（1）相关部门需要对一手资料进行采集，包括分包商资料、资质等。

（2）以此为基础，对基础信息进行有效跟踪，并实现实地考察，根据之前工作情况做出合理评价，最终筛选出更为优秀的承包商。

（3）在实际工作中实施动态管理。想要确保合格分包商名录中涉及的分包商的质量，相关工作人员在开展动态管理过程中，应做好合同履行能力、工资支付能力等全方位考察，定期对各方面信息进行更新，随时调整分包商信息。

（4）对该名录进行合理的优化和管理，做好分包商专业类别和综合实力对比工作，确保将分包商的选择范围降到最低。当总承包商承接新工程之后，可以根据自身具体需求情况，借助于价值工程来对分包商进行选择，确保相关工作有序开展。

2．规范分包合同管理体系

规范分包合同管理体系包括以下几方面。

（1）在招标合同管理上，相关部门需要提前制订招标计划。工程总承包商应根据实际主合同和项目进度计划，确定工程切块划分、各项分项工程分包等。除此之外，还要有计划地确定接下来的工程程序和实践，避免项目成本计算出现问题。

（2）根据实际合同额度做好审批权限的划分工作。现阶段，工程总承包商主要以大型国企为主，管理系统极为复杂，管理权限划分明确，这也使整个分包招标工作需要与各公司的管理结构相适应。

（3）在合同签订过程中，分项工程中标单位确定之后，总承包商需要与分包商进行标准合同范本制定的谈判工作，实现合同条款的进一步确认，还要指派专门工作人员记录谈判内容。与此同时，为了将合同文件的合法性和预见性展示出来，开展分包合同评审工作尤为重要。除此之外，整个合同评审权限和招标权限也要处于对应位置，依照合同额度大小，制定不同层次的评审级别。

3．分包合同的动态管理

从合同的签订到合同实施，工程总承包商会对合同进行多次深入研究，让施工指导更具动态性。随着工程项目的不断发展，相关问题也越来越多，工程量变动、施工秩序打乱等均会对合同关系产生严重影响。为了避免相关问题出现，总承包商和分包商需要对合同实施动态管理，通过不断沟通以及对工程实际情况的梳理，在合同之中增加一些补充协议，这在合同执行上十分重要。另外，在信息分类管理上，由于合同文件类型众多，工作人员应确保合同文件管理效率的全面提升，在合同执行过程中，需要对文件变化所带来的信息提高重视程度。例如，在编制资金报表方面，工程总承包商不仅可以借助资金报表来了解资金的需求情况和使用情况，还可以对成本进行合理统计，从中挖掘出一些偏差。想要确保这类报表内容的科学性，财务工作人员也要参与其中，做到相关信息的及时反馈。

4．借助培训提高执行力

即使合同管理和内容再完善，也需要管理人员在工作中具备较高的执行力，否则相关作用和效果也无法展示出来。合同管理是分包管理工作中的重要内容，各个岗位工作人员均需要了解其内容。在新工作人员入职时，管理人员可以做好执行力方面的培训工作，邀请优秀工作人员讲解，引导新员工了解忽视合同内容的危害性。在工作之初，管理人员还应该对其做好合同交底工作，使其对合同条款内容进行深入了解，有效规避相关风险。另外，如果在合同执行过程中遇到难以解决的问题时，需要在第一时间内反馈给管理人员，以此寻求更合理的解决方式。无论最终问题解决情况如何，工作人员均需要与项目部人员交流，为后续工作开展提供基础条件。

4.4 工程总承包材料设备供应合同管理

材料设备供应合同是企业（供方）与分供方，经过谈判协商一致同意而签订的"供需关系"的法律性文件，合同双方都应遵守和履行，并且是双方联系的共同语言基础。签订合同的双方都有各自的经济目的，采购合同是经济合同，双方受《中华人民共和国合同法》保护和承担责任。

在工程项目管理过程中，决策者的目光更多地聚焦于安全管理、工程进度、工程质量和投资控制等显性方面，对于工程物资采购过程，更多关注采购的过程控制，往往忽视了采购合同的管理。有效地控制物资采购合同的法律风险，实现合同双方的预期目的，让合同给公司带来利益，避免因合同的不规范给公司带来不必要的损失，就不能忽视采购合同管理在项目管理中的作用。

实践中，应加强对采购合同的管理。采购合同的主要条款包括标的、数量、质量、价格及支付、包装、装运、检验、保险、验收、违约责任、合同变更、不可抗力及争议解决等。在签订采购合同前，一定要本着"先小人，后君子"的原则，对采购合同中能够预见到各种不利因素以条款的方式加以防范，规避采购合同中的各种风险，运用法律来保护公司的合法权益。

4.4.1 材料设备供应合同管理的内容

合同管理部门进行管理合同，主要具有以下几方面内容。

（1）负责检查、监督、指导、审核公司的各类合同的签订、履行，参与每份采购合同的可行性研究，审批公司对外签订的重大采购合同。

（2）对公司合同专用章、法定代表人授权委托书和合同范本进行严格的管理和控制。

（3）掌握物资采购进度，督促供货商按合同规定期限交货。

（4）对合同的签订履行情况进行统计分析，为领导提供决策依据，定期召开会议，检查合同履行情况，及时发现和解决合同签订和履行中存在的问题。

（5）培训合同管理人员，及时总结采购合同管理方面的经验，组织有关部门和工作人员学习合同法规。

（6）对合同纠纷进行处理，做出决定，配合有关部门解决合同纠纷。

（7）建立采购合同管理台账，保管好采购合同签订履行中的各种传真文件、邮件、发货记录、运输记录、发货清单、产品检验报告、货款支付凭证等，以备合同发生纠纷时有据可查。

4.4.2　应对材料设备供应合同风险的有效手段

企业经营与合同密不可分，几乎每天都要签署各种合同，然而很多企业在签订合同时的风险防范意识和能力较低，合同管理制度也存在漏洞，发生合同纠纷的概率居高不下，出现纠纷后一旦涉及法律程序就陷入被动。这样的局面，完全可以通过在合同订立中通过合理、充分的风险评估和预防措施来避免。审查采购合同主体资格和合同的内容是应对采购合同风险的有效手段。

1. 审查合同主体资格

（1）对方当事人基本情况。对方当事人为法人单位的，审查《公司法人营业执照》，如采购标的物为特种设备的，还需要对方提供特种设备制造许可证等，通过网络查询、电话咨询等核实对方情况是否属实。

（2）履约能力。对合同对方的经营状况、注册资本、地址、银行资信、资产负债情况等方面对其进行审核。

（3）签约人资格。合同经法定代表人签字盖章后生效，因此，必须确定签约人是否具有法定代表人资格或者是否具有法定代表人的授权，其授权是否具有法定效力。

2. 审查合同的内容

（1）明确标的物的正式名称、商标、规格型号、颜色、尺寸及相应配套件等，避免因标的不明，产生不必要纠纷。

（2）明确标的物的计算方法，当计算方法出现歧义，得出的合同数量可能有多个结果，双方理解不同也会引起纠纷。

（3）如合同中标的物执行标准或技术要求约定不明，会导致双方发生争议。对于是否符合合同要求，还需要委托第三方进行相关检测。委托检验费承担不明，会出现互相推托的情况，导致纠纷发生。

（4）双方约定价格根据实际消耗数量结算的，而实际消耗数量难以衡量时也容易发生纠纷。价款支付比例在分批发货后，其支付比例难以达成一致，也会导致纠纷。

（5）双方关于装运的方式、装卸费用承担和风险负担等约定不明，容易导致纠纷发生。

（6）明确履行合同义务对应的违约责任及惩罚措施，明确罚金的具体计算方法、设定解除合同的权利，在出现合同纠纷时，根据违约责任约定妥善解决相关分歧，避免仲裁或诉讼带来时间和精力的浪费。

（7）此外，还要约定仲裁或诉讼的管辖法院，明确合同的执行期限等。

4.4.3　材料设备供应合同监控

加强采购合同履行过程中的管理，为保证双方的利益得以实现，确保双方按合同约定顺利合作，必须对采购合同的履行过程进行实时监控。主要分为合同执行过程中的监控、合同执行后的监控、合同的变更、合同纠纷的处理和索赔等方面。

1. 合同执行过程中的监控

合同执行过程中的监控主要包括监控供货商原料准备过程，督促供货商按要求开展生产，保证材料设备准时供应。同时，也要注意工程进度，避免出现库存积压，告知对方合同可延缓的时间。材料设备到达现场还要根据合同的数量、质量等组织到货验收工作，做好入库记录。对于一些重要材料设备，要委派监理进行生产过程现场监督，保证货物生产质量。

2. 合同执行后的监控

合同执行后的监控包括按合同规定支付货款，材料设备到达现场后出现的不合格品，要及时和供货商协调解决。对合同执行过程中的供货商表现进行综合评估，决定是否继续合作。

3. 合同的变更

合同的变更包括供货商如受不可抗力因素的影响，无法按计划交货，双方有义务采取措施，将因不可抗力造成的损失降到最低。由于工程施工的不可预见性，施工变更常会导致物资的增加或减少，双方在合同中约定双方同意对供货物资增加或调减，并对合同金额进行增加或调减，此项变更作为合同的附件，与主合同具有同等效力。

4. 合同纠纷的处理和索赔

采购合同的纠纷处理方法包括协商、调解、仲裁和诉讼，根据纠纷的大小来决定处理方式。合同索赔包括合同一方当事人违反合同，另一方当事人有权提出索赔。索赔的内容包括材料设备的质量、数量、包装、延期交货及违反合同的其他行为。提出索赔要求时，需要提供充分的证据，包括法律依据、事实依据和符合法律规定的出证机构。索赔期限和索赔金额依据合同中的约定计算，证据不全或约定不清，对方有权拒绝赔偿。采购合同要做好存档管理，采购合同是项目档案的重要组成部分，是企业进行经营活动的有效凭证，在维护企业合法权益方面有着重要作用。

4.4.4　材料设备供应合同存档管理

1．影响合同存档管理的因素

影响合同存档管理的因素有以下四个方面。

（1）合同管理人员法律意识淡薄，忽视合同的法律效力，合同不及时存档，导致不必要的纠纷发生。

（2）不重视合同存档工作，合同履行阶段出现的质量问题、经济纠纷等，无法利用存档合同维护自身合法利益。

（3）合同存档管理制度不完善，合同更新不及时。

（4）合同存档管理信息化程度不高，造成合同丢失，合同提取不便。

2．做好合同存档的要求

做好合同存档的要求有以下四个方面。

（1）对合同存档的意义进行宣传，增强档案管理意识和法律意识。

（2）确保存档合同印章、字迹清楚，做好借出收回记录。

（3）对存档合同进行分类，方便查找。

（4）利用计算机、管理软件等对合同进行信息化管理。

4.4.5　加强材料设备供应合同管理的措施

1．加强对采购合同签订的管理

加强对采购合同签订的管理，一方面要对签订合同的准备工作加强管理，在签订合同之前，应当认真研究市场需要和货源情况，掌握企业的经营情况、库存情况和合同对方单位的情况，依据企业的购销任务收集各方面的信息，为签订合同、确定合同条款提供信息依据；另一方面要对签订合同过程加强管理，在签订合同时，要按照有关的法律法规的要求，严格审查合同条款。

2．建立合同管理机构和管理制度

合同的履行企业应当设置专门机构或专职人员，建立合同登记、汇报检查制度，以统一保管合同、统一监督和检查合同的执行情况，及时发现问题，采取措施，处理违约，提出索赔，解决纠纷，保证合同的履行。同时，可以加强与合同对方的联系，密切双方的协作，以利于合同的实现。

3．处理好合同纠纷

当企业的材料设备供应合同发生纠纷时，双方当事人可协商解决。协商不成时，企业可以向仲裁部门申请调解或仲裁，也可以直接向法院起诉。

4．信守合同，树立企业良好形象

合同的履行情况好坏，不仅关系到企业经营活动的顺利进行，而且关系到企业的声誉和形象。因此，加强合同信用管理，有利于树立良好的企业形象。

第 5 章

工程总承包设计管理

5.1 工程总承包设计概述

建筑工程设计是对建筑造型、外观、结构的设计，使建筑物满足使用功能，且同时满足外部造型美观、功能适用、使用安全等建造需求。设计单位交付的文件是采购、施工、试运行、考核、竣工验收和工程维修开展工作的基础，设计管理的质量直接决定着整个项目的进度、成本及质量。

从本质上讲，工程总承包既是策略，也是组织的方式，但能否在实践中加以运用，关键在于整个工程设计的水平高低。对工程总承包项目而言，设计作为工作的核心和一切招标、计价、采购及施工指令的依据，影响到工程的各个方面。可以说，工程总承包项目管理中，最难的一部分就是设计。设计对项目的进度、质量、成本等起到决定性作用。设计部门应主动与施工部门沟通施工顺序及施工方法，为了保证进度，根据难易程度、风险大小和施工顺序，合理计划各分部分项或单位工程的设计顺序，促进设计与施工的深入交叉，以提高总体进度按时完成的可能性。良好的设计管理能够从根源上对项目的建设成本、建设工期、技术水平、人员管理、质量安全等诸多因素进行控制，克服自身的缺点与不足，提高主观能动性，充分发挥设计管理在工程总承包项目中的核心作用，提升设计能力和综合管理水平。

5.1.1 工程总承包设计的特点

随着我国工程总承包模式的发展，几种组织模式也日渐发展成熟，其中以设计为龙头进行工程总承包已经成为越来越多的中国工程总承包企业的共识。工程总承包项目设计的主要特点有以下几方面。

1. 提高设计行业的话语权

设计阶段是整个工程总承包项目实施的基础和保障，设计管理是工程总承包模式的核心之一，是决定整个工程质量的至关重要的因素。设计单位可以凭借其在专业领域中天然的技术咨询优势，在总承包项目中发挥主导作用，这在一定程度上改变了设计行业工作任务重、取费低的困境，有益于形成有效的设计建造协作模式，更能适应新时代的建筑市场环境。

2. 突显设计的专业协同性

与传统项目管理相比，工程总承包项目管理更注重设计各个专业，如土建、内装、管线综合等专业提前协作，各专业既相互制约又互为条件。专业性强的设计单位在项目初期就可以对项目做整体规划，选择合适的设备材料、施工技术等，对方案进行系统地优化，从而提高项目设计质量。

3. 更好地体现业主需求和设计意图

工程总承包项目采用设计—施工一体化的组织管理模式，专业设计单位能够更加准确地理解和领会业主的项目设计意图，更好地把握相关的工程建设技术要求。因此，良好的设计管理能够使设计单位在工程建设过程中从整体上把设计、采购、施工等各环节有机联系起来，使各环节、各部门的工作有效开展，从而让项目始终处于可控状态。

5.1.2 工程总承包设计管理现状

我国工程总承包企业或联合体对于设计管理阶段存在的主要问题表现在以下三个方面。

1. 管理意识淡薄

我国建筑企业大规模开展工程总承包时间较短，市场体制尚不完善，企业管理经验不足，有经验的管理人才紧缺。因此，对于一个大型的工程总承包项目而言，无论是工程总承包企业还是总承包联合体，对于设计管理的认识依旧不足，具体表现在：设计单位对于设计阶段的自身主导地位认识不明确，无法充分发挥主观能动性，不能带动业主和施工单位实现自身的设计诉求；总承包企业或联合体在设计阶段管控能力有限或管控力度不足，使得其他相关方对设计工作的参与度较低，设计—施工一体化貌合神离。

2. 管理手段单一

目前，工程总承包在项目施工、采购、运维等阶段对于 BIM、信息化平台、大数据等现代化管理手段、管理技术应用较为广泛，但在设计管理阶段，现代化的管理手段仅限于设计单位内部。设计单位各专业部门间利用 BIM 技术协同合作完成设计任务，而业主单位专业性技术不足，管控能力有限，其他相关单位参与积极性低，习惯于传统的组织实施模式。因此，对于工程总承包项目的实际设计管理手段仍旧十分单一。

3. 管理体系不健全

无论是以工程施工单位为主体联合设计而整合的，还是以设计单位为主体通过组建改制的工程总承包企业，都尚未形成全面、完整、健全的工程总承包管理体系、服务体系、组织结构体系、人才布局体系。目前国内的总承包工程公司，很多都是在设计院的基础上转型而成的，总承包模式的采购、前期设计介入管理方式和现场施工组织管理等方面，在设计单位转型前并没有具体的实施机构，大多都是为了适应市场需要而仓促成立的，其管理组织结构和管理方式尚处于试行阶段。同样，以施工单位为主体的工程总承包企业，也有待进一步完善。所以，目前国内的工程总承包商在管理、服务等多方面体系建设仍不完善，针对 BOT、CM、EPC 等全面适应市场需求是滞后的。

另外，由于工程总承包项目中相关方众多，项目管理团队或项目经理不容易及时了解和调度各方需求。对于设计阶段来说，设计作为项目产品的描述者，其主要任务是围绕产品展开总体进度、成本方面策划的优势，通过建立标准化的设计管理文件，涵盖设计、施工、采购等方面的信息。加强现场设计人员的利用，通过现场各专业设计对各个单位进行协同管理，及时解决现场施工问题，从而提高施工质量，加快进度，进而降低施工成本。但目前来说，工程总承包管理团队或项目经理在设计阶段并未充分发挥工程总承包集成管理优势，对设计管理及相关方的协调配合未形成标准化的管理体系，设计阶段管理方面的松懈或疏漏对于后期施工质量、进度、成本等各个方面造成极大影响，这也是目前中国市场上工程总承包项目经常出现项目最终成本远高于合同价格的主要原因之一。另外，采用先进的信息化技术，提高设计向施工、采购阶段的信息传递，降低信息孤岛的负面影响，整体调度设计、施工、采购之间的管理程序，设定信息流向，进而实现多方之间协同，也是工程总承包企业在设计阶段完善体系建设的重要手段。

5.2 工程总承包设计过程控制

设计过程控制可以分为三个组成部分：设计输入管理、设计过程管理、设计输出管理。

5.2.1 设计输入管理

设计工作开展前，首先应确定设计输入的要求，对不完整的、含糊的或矛盾的要求，应会同业主、设计单位或部门一起解决。所有的设计输入均应组织评审，以确保设计输入的有效性和完整性。设计输入评审过程要保留记录。

1．输入内容

设计输入文件应包括如下主要内容。

（1）设计依据，包括设计合同/委托书、设计基础资料、项目批准文件、强制性标准、国家行业规定的设计深度要求等。

（2）由业主明示的、通常隐含的法律法规、标准规范要求转化的质量特性要求，包括功能性、可信性、安全性、可实施性、适应性、经济性、时间性等要求。

（3）同一项目前期设计输出、设计确认结果。

（4）以前类似项目设计总结的经验教训。

（5）设计所必需的其他要求（如特殊的专业技术要求）。

各设计阶段应汇总统一的项目基础资料，作为统一的设计输入。基础资料应包含地形、区域规划、工程地质、气象、水文、铁路运输、汽车运输、大件运输和施工运输要求、土建及施工、征地与城建、环保与绿化、安全与工业卫生、原料及产品、概算、技术经济等方面的内容，并应在各个设计阶段不断深化、补充完善。

2．输入程序

（1）熟悉和确认合同中所提供的技术要求。

（2）为了能使设计达到最佳结果，设计管理部门有权建议对原有的设计输入进行修改或补充。经设计单位或部门的相关专业及总负责人书面提出并经项目经理批准后，应立即通知业主，并提出相应的技术和经济方面的评价。当接到业主发出的有效确认的书面通知后，所建议采用的修改和补充便成为设计输入的条件。

（3）在业主提供的资料中未包括的某些特殊方面，应根据项目需要，列出项目使用的标准、规范，经设计总负责人和项目经理批准后，报业主审批，经同意后编入设计文件。

（4）若设计单位或部门认为业主提供的信息存在不完善、含糊不清或有争议的地方，则应请业主解释和澄清，用澄清确认的资料做输入条件。若用不完善、含糊不清或有争议的资料做输入条件，应经双方共同确认。

（5）在文件编制过程中，如果对合同进行修订，或业主的要求发生变化，均应将其变化内容转化为新的设计输入文件。

（6）项目设计输入文件应发至相关合作单位，发送过程要保留记录。

5.2.2　设计过程管理

设计作为项目策划的初始，而且在工程总承包项目中贯穿于工程建设全过程，设计文件作为工程采购、施工的依据，对设计、采购和施工的合理交叉和相互配合具有基础性作用。采购需要依据设计提供的设备材料请购单及询价技术文件进行招标或询价，而设计负责技术评审，并审查厂商的技术文件及图纸。同时，设计向施工提供设计图纸等文件资料，安排图纸会审和技术交底，并根据工程施工需要组织设计进行现场服务，及时解决施工中出现的设计问题，有效管理和控制设计变更。因此，在整个建设全过程中需要对设计管理进行审核和控制，合理交叉协调设计对施工、采购在进度、成本、质量、安全等方面的作用是重要工作内容。

1. 内部和外部接口控制

在大型的工程总承包项目中，设计工作除了由主要设计单位进行外，经常存在众多专项深化设计单位后续参与的情况，于是工程总承包通常存在不同设计单位之间的配合与衔接的问题。在工程总承包模式下，总承包企业必须发挥总承包模式在统筹管理上的优势，确保前后设计接口在主要技术参数、方案形式、主材选取上的一致性，并协调好各设计交接周期与施工进度之间互相耦合的问题，保证施工进行的流畅性，避免由于设计接口的疏漏、延迟而造成的工程进度上的延误或者返工。

（1）内部接口控制。内部接口是指设计单位或部门各专业之间的接口，以及设计单位与采购、施工、试运行、考核验收等各部门之间的接口。前者主要内容包括各专业之间的协作要求、设计资料互提过程，设计文件发放之前的会签工作等。后者是工程总承包项目管理的重点，包括重大技术方案论证与重大变更评估、进度协调、采购文件的编制、报价技术评审和技术谈判、供货商图纸资料的审查和确认、可施工性审查、施工、试运行、考核与验收阶段技术服务等工作。

设计单位出具的原则设计或基础工程设计文件，应当满足编制施工招标文件、主要设备材料订货和编制施工图设计或详细工程设计文件的需要。编制施工图设计或详细工程设计文件，应当满足设备材料采购、非标准设备制作和施工、试运行、考核及验收的需要。

设备材料确定后，设计选用的设备材料，应在设计文件中注明其规格、型号、性能、数量等。其质量要求必须符合现行标准的有关规定。

将采购控制纳入设计程序是工程总承包项目设计管理的重要特点之一，设计管理部门应依照工程总承包项目采购管理的要求，联合设计单位或部门，准确统计设备材料数量，及时提出设备材料清册及技术规范书。请购文件应包括：①请购单；②设备材料规格书和数据表；③设计图纸；④采购说明书；⑤适用的标准规范；⑥其他有关的资料、文件。

在施工前，设计管理部门应向采购管理部、施工管理部交底，说明设计意图，解释设计文件，明确设计要求。

1）设计管理部门与设备采购和管理部门的接口。①针对项目核心工艺设备和重大设备，应在原则设计前，由设计管理部门牵头、设备采购与管理部门协助组织相关供货商开展技术和商务交流，从技术和成本等方面综合论证，确定项目基本工艺和原则设计方案。②设计管理部门向设备采购与管理部门提出设备、材料采购的设备材料清单及技术规范书，由设备采购与管理部门加上商务文件，汇集成完整的询价文件后发出询价。③设计管理部门负责对供货商的投标文件提出技术评审意见，供设备采购与管理部门选择或确定供货商。④设计管理部门派人员参加供货商协调会，参与技术协商。⑤由设备采购与管理部门负责催交供货商返回的限期确认图纸及最终确认图纸，转交设计单位或部门审查。审查意见应及时反馈。审查确认后，该图即作为开展详细工程设计的正式条件图，并作为制造厂（商）制造设备的正式依据。⑥主进度计划中的设计进度计划和采购进度计划，由设计和采购双方协商确认其中的关键控制点（如提交采购文件日期、厂商返回图纸日期等）。⑦在设备制造过程中，设计管理部门应派人员协助设备采购与管理部门处理有关设计问题或技术问题。⑧设备、材料的检验工作由设备采购与管理部门负责组织，必要时可请设计管理部门参加。

2）施工监控部门与施工部门的接口。①施工进度计划由施工监控部门和施工方协商确认其中的关键控制点（如分专业分阶段的施工图纸交付时间等）。②施工监控部门组织各专业向施工管理对口人员进行设计交底。③及时处理现场提出的有关设计问题。④工程设计阶段，设计单位或部门应从现场规划和布置、预装、建筑、土建及钢结构环境等多方面进行分析，施工单位应在对现场进行调查的基础上向设计单位或部门提出重大施工方案，使设计方案与施工方案协调一致。⑤严格按程序执行设计变更与工程洽商（价值工程），并分别归档相关文件。

3）设计管理部门与试运行部门的接口。①设计管理部门提出运行操作原则，负责编制和提交操作手册。②工程设计阶段，设计部门应与试运行部门洽商，提出必要的设计资料。③试运行部门通过审查工艺设计，向设计单位或部门提出设计中应考虑操作和试运行需要的意见。④设计部门应派人员参加试运行方案的讨论。⑤试运行阶段，设计部门负责处理试运行中出现的有关设计问题。

（2）外部接口控制。外部接口指业主、设计管理部门与设计单位等方面的接口，主要内容包括业主的要求、需要与业主进行交涉的所有问题、与各设计合作单位间的资料来往等。

2．项目设计基础资料的管理

项目设计基础资料由业主准备和提供，通常应在项目招标阶段或在项目中标后项目开工会议之前提供。如果经审查发现完整性、有效性存在问题，应及时向业主提出。

项目设计基础资料由设计管理部门集中统一管理，原件不得分发各有关单位/部门；必要时，应经项目经理批准复印。

当业主提出修改项目设计基础资料时，项目经理应联合设计单位组织有关专业人员，对修改内容进行审查和评估。

项目经理应将经批准的设计基础资料修改情况发放给所有受影响的单位和部门。

3．项目设计数据的管理

项目设计数据通常以业主提供的项目设计基础资料为基础，由设计单位各专业负责人进行整理和汇总，编制成项目设计数据表，并经总负责人审核，项目经理批准，送业主确认后发布。项目经理应及时联合设计单位修改项目设计数据表，另行发表。

在项目实施过程中，如必须修改项目设计数据时，应列入变更之中，按规定程序批准后，项目经理应及时联合设计单位修改项目设计数据表，另行发表。

4．项目设计标准和规范的管理

项目采用的设计标准和规范，应在合同文件中规定，并附有项目设计采用的标准、规范清单。如果合同文件中没有相应的标准、规范清单，则应在项目开工会议之前，由设计管理部门联合设计单位编制一份设计采用的标准、规范清单，经策划控制中心及项目经理批准后，送业主审查批准。

项目开工之后，设计单位或部门各专业负责人负责编制本专业采用的设计标准、规范清单，经设计单位各专业部室审核，交设计管理部门审核并汇总后，并经策划控制中心送交业主审查同意。

在设计过程中禁止采用过期、失效、作废的标准和规范。

5．项目设计统一规定

项目开始之后，通常在设计开工会议之前，由设计管理部门联合设计单位组织各专业负责人编制项目设计统一规定，作为各专业开展工程设计的依据之一。

项目设计统一规定包括业主提供的项目设计基础资料和工程总承包企业内部的有关规定，项目设计统一规定应经项目经理审核批准，并送业主确认后发布执行。

项目设计统一规定分总体部分和专业部分。总体部分由设计单位总负责人编写，设计管理部门组织审核；专业部分由设计单位各专业负责人编写，总负责人审核，之后分发到每一个专业负责人。

在设计过程中若需要对项目设计统一规定中的某些规定进行修改，则应提出报告，批准后进行修改。修改后的项目设计统一规定应按原程序签署，并分发到每一位专业负责人，同时收回修改前的统一规定。

6．项目设计变更

（1）设计变更概述。设计变更是指按照企业内部设计成果评审程序确认，并且通过施工图审查单位审核确认合格后的施工图纸下发后，凡是涉及此版施工图纸内容或产品技术要求变化的，对此版施工图纸的修改（注意不包含承包商深化设计的内容）统称为设计变更。设计变更是工程变更的一种，简单来说凡是涉及对施工图纸的修改，即为设计变更。

项目实施过程中，原定的任务、范围、技术要求、工程进度、质量、费用往往会发生变化。鉴于设计在工程总承包项目中的龙头作用，要管理好设计变更，尤其是重大设计变更，非常重要。设计变更可以分为业主变更（又称用户变更）和内部变更（又称项目变更）。所有的设计变更均要保留记录，按设计变更单执行。由于合同项目的任务范围（内容、质量、标准等）的变更从而导致的项目总费用和（或）项目总进度计划发生了变化，称为重大设计变更，需以设计变更单为基础，编制重大设计变更报告，详细说明变更的原因、内容及其对质量、工期、成本等的影响，经设计管理部门内部审核后报项目部领导，由策划控制中心组织评审。

设计变更若涉及价款调整，则需建立台账；若涉及索赔，则按照项目合同管理要求，配合相关部门完成索赔报告。

（2）设计变更管理。工程总承包项目的设计变更较传统模式略有不同，主要表现在合同约束不同、涉及利益主体不同、变更驱动力及主导主体不同等方面。因此，工程总承包项目的设计变更管理应从以下几个方面考虑。

1）以总承包合同为依据。在设计合同中明确各设计单位的职责和设计服务范围，尽可能地细化各设计负责人的工作界面，尽量避免出现工作漏洞和灰色地带；对于一些交叉较多的设计界面，要注意明确工程总承包单位与其他参与单位之间的关系，明确各单位之间互提技术条件的深度和时间要求，保证在各专业、专项设计交叉推进的过程中，界面清晰、协同有序。

在工程总承包合同中明确设计阶段、设计范围及图纸深度要求，通过设计变更相关条款约束图纸质量。可以约定图纸因错漏碰缺等原因产生的设计变更率的最大值，如超过约定值，从工程总承包合同额中扣除相应罚金作为处罚。

2）以设计任务书、产品标准为补充。根据国家、地方的法律法规及相关规范，各个项目的设计特点分阶段制定设计任务书和产品标准，明确各个阶段的设计目标和设计深度要求。

3）强化审图环节。在每个阶段成果正式交付前，工程总承包单位组织各个分包单位进行图纸会审，由设计管理部门在内审版施工图出图后召集并主持，由项目部、成本管理部、工程管理部、商业管理部、经纪公司及施工图设计单位、各专业顾问公司等参加，按照审图要点，分别从各自的专业角度对图纸进行会审。根据往期项目设计图纸中易出错的分项和各专业配合之间容易疏漏的点，制定《审图要点》，解决图纸描绘错误和各专业不交圈的问题。

4）设计后评估制度。设计后评估分为工程总承包单位自评估和业主评估两部分，每个阶段工作结束后，由工程总承包单位对前一阶段工作过程和交付成果进行自评估，总结完成情况，发现自身不足，落实到下个阶段的工作中去。业主对工程总承包单位该阶段工作情况和图纸质量进行评估，制定工作计划和纠偏措施，保证下一阶段成果顺利交付。

5）履约评价机制。建立供应商履约评价机制，以设计单位依据设计施工配合的响应程度、设计进度的完成情况、图纸质量、设计变更率的高低、图纸质量为重要评分项，作为履约评价的重要依据。

7. 工程洽商

工程总承包项目中，为加强总体管理，设计阶段总承包商就需组织施工合作单位与设计合作单位就重大设计项目施工方案进行沟通。设计文件经业主批准后，工程洽商一般由施工合作单位提出，在不改变项目使用功能、建设规模、标准、质量等级及安全可靠性大原则下，提出提高施工可行性、降本增效的合理化设计优化建议。

总承包商应设计恰当的激励机制，鼓励施工合作伙伴在设计阶段与设计单位或分包商加强沟通的基础上，合理化地提出工程洽商，以加快施工进度，降本增效。

工程洽商经设计管理部门审核批准后，应向业主提交详细书面说明变更理由和技术经济比较资料，经批准后实施。若涉及价款调整，也需建立台账。若涉及索赔，按项目合同管理相关要求，配合相关部门完成索赔报告。

8. 设计进度控制

设计管理部门要配合相关人员对项目的进度计划进行跟踪，掌握项目设计阶段各专业主要里程碑的实现，了解各阶段的设计评审、验证工作情况，并按规定及时形成周报或月报，上报策划控制中心及项目经理。

策划控制中心相关人员应组织检查设计计划的执行情况，分析进度偏差，制定有效措施。设计进度的主要控制点应包括以下六个方面。

（1）设计各专业间的条件关系及其进度。

（2）原则设计或基础工程设计完成和提交时间。

（3）关键设备和材料采购文件的提交时间。

（4）进度关键线路上的设计文件提交时间。

（5）施工图设计或详细工程设计完成和提交时间。

（6）设计工作结束时间。

设计管理部门应在策划控制中心的指导下，联合设计单位总负责人及各专业负责人，配合控制人员进行设计费用进度综合检测和趋势预测，分析偏差原因，提出纠正措施，进行有效控制。

设计部门作为工程总承包项目的总体策划者，在项目全过程、全要素的层面掌握设计、采购、施工在工程总承包项目中的关系，根据实际项目制定相应的工作流程和制度，监督设计与施工的配合程度，及时发现偏差并调整，从而保证项目的成功。设计进度管理主要包括以下内容。

（1）编制设计进度计划。由于采购、施工等都需要以设计文件为依据，充分考虑设计工作的内在逻辑关系，以及与采购、施工的交叉配合关系，加强设计各专业间的协同，以保证设计图纸的进度；审核设计进度在整个工程总承包项目中的影响因素，整体考虑设计进度计划对采购、施工进度的协调配合效果，以确保设计图纸及技术文件的提交时间。

（2）制定设计人员组织架构。不同于传统设计模式，在工程总承包项目中，由于设计处于工程全过程的初始阶段，并贯穿于整个过程，因此设计人员组织架构需要调整以适应需求。通过考虑每个工程总承包项目的规模、周期、建设难度等因素，设置前期以设计部门主导，施工阶段项目部或施工部门主导的组织架构，充分利用设计人员对图纸、变更等方面掌握程度，促进施工的顺利。

（3）设计流程标准化和规范化。由于传统的设计管理主要针对设计阶段，而工程总承包模式下，通过分析专业分包、设备采购与设计之间的联系，重新制定了业务标准和管理流程（见图 5-1），使设计能够涵盖采购和施工。

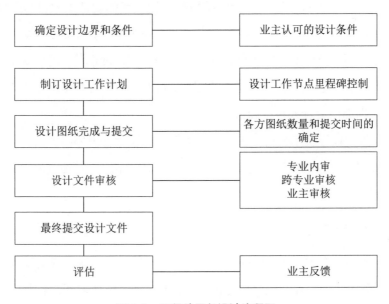

图 5-1　工程总承包设计流程图

（4）界定设计管理范围。考虑到设计对工程总承包项目的影响，设计管理的范围需要突破以往只以设计为核心的管理思维，延伸至整个工程总承包项目管理生命周期以内；制订设计方案，提供满足业主功能和工艺要求的技术方案；进行初步设计和施工图设计，并对设计质量进行控制和审核；控制设计进度，以使设计、采购和施工合理交叉；参与设计交底、图纸会审及竣工验收；审核设计概预算，参与投资控制；参与设备选型；协调设计与采购和施工的关系，并提供现场服务以支持施工。

9．项目限额设计

当设计与施工由不同的合作单位或分包商负责时，需考虑限额设计。限额设计是总价合同控制工程造价的一种重要手段。它是按批准的费用限额控制设计，而且在设计中以控制工程量为主要内容。设计管理部门宜建立限额设计控制程序，明确各阶段及整个项目的限额设计目标，通过优化设计方案实现对项目费用的有效控制。

限额设计的基本程序如下。

（1）将项目控制估算按照项目工作分解结构，对各专业的设计工程量和工程费用进行分解，编制限额设计投资及工程量表，确定控制基准。

（2）设计专业负责人根据各专业特点编制各设计专业投资核算点表，确定各设计专业投资控制点的计划完成时间。

（3）设计人员根据项目成本计划中的控制基准开展限额设计。在设计过程中，设计相关人员应对各专业投资核算点进行跟踪核算，比较实际设计工程量与限额设计工程量、实际设计费用与限额设计费用的偏差，并分析偏差原因。如果实际设计工程量超过限额设计的工程量，应尽量通过优化设计加以解决；如果确定后，仍然要超过，设计管理部门需编制详细的限额设计工程量变更报告，说明原因，相关设计人员估算发生的费用并由设计管理部门负责人审核确认。

（4）编写限额设计费用分析报告。采购文件应由设计管理部门提出，经专业负责人和设计管理部门负责人确认后提交费用控制人员组织审核，审核通过后提交采购，作为采购的依据。

10．设计质量控制

在充分理解业主的功能和使用要求后，设计管理部门需要统一规定设计数据和信息格式，帮助设计人员的描述表达趋向标准化，从而有利于专业之间及各部门之间的信息传递。在设计过程中，各专业人员在设计经理的组织下定期对设计方案进行协同设计，同时制定施工技术人员定期参加图纸方案策划制度,从现场实践的角度提出可以降低施工难度及造价成本的建议,利用施工技术人员的经验帮助设计提高设计方案的可操作性,减少因与实际冲突而造成的变更等情况,最终形成既能满足设计要求,又能满足施工需要的最优设计方案。严格按照设计进度进行设计工作,尽量减少设计错漏所造成的施工返工。

在施工阶段,设计经理带领符合工作要求的专业设计工程师驻扎现场对施工进行专业协助,加强设计管理方面对施工现场的管控,通过加强设计交底频次,提高设计问题的解决速度,及时发现质量额外难题,避免质量问题解决的拖延。

现场专业设计工程师帮助施工人员正确理解和领会图纸,现场设计代表不仅对采购与施工起着沟通和媒介的作用,而且对工程投资、工程进度、与业主的关系,以及对设计的优化起着非常积极的作用。现场设计代表能及时发现因设计人员的疏忽和经验的欠缺所导致的问题,结合施工现场情况,稍微修改图纸,就可以使设计更加合理并且节省投资,尽量把设计的不足之处消灭在施工之前。

施工人员在会审时发现的问题往往无法覆盖所有的设计问题,而许多问题是在施工过程中发现的。现场设计代表可以与施工人员商议,或者去现场察看之后,通过结合实际施工情况与设计初衷,提出合理的施工建议,或者有针对性地先画图说明后补确认文件,既简单又快捷,施工人员就可不用停工,大大节约时间,保证工程进度的同时有效控制现场施工质量。而对于现场无法解决的问题,还需要与技术人员进行商议。

(1)质量控制内容。

1)设计管理部门应建立质量管理体系,根据工程总承包项目的特点编制项目质量计划,设计管理部门及时填写规定的质量记录,按照《质量管理手册》的规定及时向项目部反馈设计质量信息,并负责该计划的正常运行。

2)设计管理部门应对所有设计人员进行资格的审核,并对设计阶段的项目设计策划、技术方案、设计输入文件进行审核,对设计文件进行校审与会签,控制设计输出和变更,以保证项目执行过程能够满足业主的要求,适应所承包项目的实际情况,确保项目设计计划的可实施性。

3)整个设计过程中应按照项目质量计划的要求,定期进行质量抽查,对设计过程和产品进行质量监督,及时发现并纠正不合格产品,以保证设计产品的合格率,保证设计质量。

(2)质量控制措施。设计内部的质量控制措施有以下几个方面。

1）设计评审。设计评审是对项目设计阶段成果所做的综合的、系统的检查，以评价设计结果满足要求的能力，识别问题并提出必要的措施。项目设计计划中应根据设计的成熟程度、技术复杂程度，确定设计评审的级别、方式和时机，并按程序组织各设计阶段的设计评审。

设计评审过程要保留记录，并建立登记表跟踪处理状态，形成设计评审记录单和设计评审记录单登记表。评审时需考虑项目的可施工性、设备材料的可获得性，以及是否符合 HSE 要求，如设备布置、逃生路线、员工办公及住宿区安置、危险区域隔离带等。

2）设计验证。设计文件在输出前需要进行设计验证，设计验证是确保设计输出满足设计输入要求的重要手段。设计评审是设计验证的主要方法，除此之外，设计验证还可采用校对、审核、审定及结合设计文件的质量检查/抽查方式完成。 校对人、审核人应严格按照有关规定进行设计验证，认真填写设计文件校审记录。设计人员应按校审意见进行修改。完成修改并经检查确认的设计文件才能进入下一步工作。

3）设计确认。设计文件输出后，为了确保项目满足规定要求，应进行设计确认，该项工作应在项目设计计划中做出明确安排。设计确认方式包括：可行性研究报告，环境评价报告及其批复，方案设计审查，初步设计审批，施工图设计审查等。业主、监理和设计管理部门三方都应参加设计确认活动。

4）设计成品放行、交付和交付后的服务。设计管理部门要按照合同和有关文件，对设计成品的放行和交付做出规定，包括：设计成品在项目内部的交接过程；出图专用章及有关印章的使用；设计成品交付后的服务，如设计交底、施工现场服务、服务的验证和服务报告、考核与验收阶段的技术服务等。

（3）设计代表的具体职责。

1）审查设计图纸，对问题进行收集整理，反馈给设计人员进行修改。对现场的疑问进行解答。

2）代表设计部门参与相关验收工作。

3）按照质量控制要求参与现场技术质量问题检查，材料合规性检查等工作。对不符合的设计项进行通报。协助处理现场施工质量问题。

4）及时解决业主提出的修改问题。

5）提出招标文件的技术要求及设备技术参数。参与对采购及排产前的设备的确认。

6）根据现场情况重点排布室外综合管线，加强统筹管理。

7）定期进行内部设计交底，提供全价值链融合。

8）跟踪及更新图纸，配合现场资料员进行统计及发放。做好图纸变更的依据和已审批资料的收集。

9）对现场设计工作的洽商记录及技术核定单进行跟踪整理。

10）负责深化设计的工作，材料认样，方案确定。

11）参与并配合推动政府部门对图纸的审核工作（如规划、防雷、消防等）。

12）相关专业共同参与业主组织的协调会议，做好技术支持，做好会议记录。

11．设计合同管理

设计合同管理体现在以下几个方面。

（1）设计管理部门负责对设计单位的审查、合同技术条款的编制，同时参与设计资料的验收工作。

（2）在项目实施过程中，设计管理部门要了解和掌握合同的执行情况，监督设计合作单位的进程，负责设计合作单位合同款项的确认及支付。

（3）设计管理部门收集、记录、保存对合同条款的修订信息、重大设计变更的文字资料，并负责落实新条款和变更的实施情况，为后续的合同结算工作准备可靠依据。

12．设计文件控制

对设计文件的控制应从以下几个方面进行。

（1）设计管理过程中所有需要外发的文件、资料、图纸，应根据项目档案管理相关规定和"项目设计统一规定"的要求对其进行编号、登记，经设计管理部门签字后才可放行，将文件资料存档备案。

（2）设计单位内部图纸资料的分配和发送由发出资料的专业负责。

（3）对于设计阶段的会议，设计管理部门要负责整理、备案、下发会议纪要。

5.2.3　设计输出管理

在设计过程中，将设计输入转变为设计输出。设计输出是指设计成品，主要由图、规格表、说明书、操作指导书等文件组成。设计管理部门应对设计输出的内容、深度、格式做出规定。设计输出应注意以下几点。

（1）满足设计输入的要求和项目设计统一规定的要求。

（2）为采购、施工及试运行提供信息（如设备材料表、施工注意事项、操作指导书）。

（3）包含或引用施工、试运行及验收规范，重要设备材料接收准则。设计输出文件放行前应由授权人批准，批准前应进行设计验证和设计评审。参与设计的各级设计、校、审人员，应做好编制、校对、审核、审定工作，保证设计输出文件合格。

（4）设计输出发送过程要保留记录。

5.3 工程总承包项目设计阶段的成本管理

传统模式下，设计单位独立招标，方案的好坏决定了中标与否。所以，传统设计单位在工作中更注重美观和实用，因为这两个因素直接成为外界衡量设计方案质量的指标。而经济指标由于涉及另外的造价单位、采购单位、施工单位等，最终无法成为衡量设计成果的指标。

但是，工程总承包项目的工作，不仅包括设计工作，工程总承包单位需要对项目的全过程负责，而"经济"又是业主关心的主要问题之一。设计成果直接关系到后期的施工与造价问题，所以在设计时也需要更多地考虑经济因素。可以说，工程总承包模式下设计原则的改变就是经济因素比重的加重。统计显示，设计阶段的成本控制影响了建设项目全过程成本控制的 70%～85%。可以看出，在工程项目设计阶段进行成本控制不仅是对设计阶段这一个阶段的控制，也是对施工阶段成本控制的基础，更是防止其他阶段失控的准则。

5.3.1 设计阶段成本管理的现状

我国目前工程设计阶段的造价控制还存在很多问题，总结起来，具体有以下几个方面。

1. 重视技术可行性，忽视工程经济效益

由于设计师只关注设计速度与设计方案的可行性、先进性，在设计过程中没有考虑方案的实际经济价值，没有重视方案的经济性。

2. 重视造价比较，忽视潜在优化发掘

大多数情况下，在设计的初期，是进行方案比选的过程，是在已经成型的多个方案中相互比较选择，而没有进行某个方案内部更深的设计优化。

3. 重视施工阶段，忽视设计阶段

虽然随着建筑经济工程的发展，我国大多数总承包商经济意识觉醒，实行的是"以

设计阶段为重点进行建设全过程造价控制"，但是在大多数实践项目中并没有体现出设计控制造价的思想。

不少人错误地认为，施工阶段是影响工程造价控制的主要时期，整体造价的上涨是施工过程管理不善造成的，因此施工阶段就成了成本控制的重点。事实上，施工阶段起到的成本控制效果是非常有限的，设计阶段结构选型、设备材料种类的选择对成本的影响远大于在施工阶段对成本的影响。

4．缺少造价控制的主动性

主动控制是立足于事前分析，将利润点前置，主动地采取各种措施降低工程费用，提高利润。但是目前设计人员普遍缺少主动性。

在我国设计人员和概预算人员是两个工作模式，一般是设计人员完成设计工作之后，概预算人员再根据设计图纸编制概预算。设计人员与概预算人员之间没有进行有效的沟通和密切的配合，没有在设计阶段主动进行造价控制。

我国现阶段设计费用的计取和工程的总造价有关，缺乏对造价节约的激励措施，影响设计人员改善方案和优化设计的积极性。

5.3.2　设计阶段成本管理的内容

与传统的合同模式相比，在工程总承包模式下，设计过程应该是连续和渐进的，并随着设计阶段的进展逐步完善和细化。因此，为了有效监控工程总承包项目的设计成本，设计阶段应向前延伸到可行性研究阶段，并向后延伸到采购阶段，以实现更全面有效的成本控制。

工程总承包模式下设计和采购是同时进行的，设计人员、采购人员、施工技术人员通过交流沟通，听取各方建议，使工艺设计中采用的材料设备是常见、通用的，使设计可施工性更加符合现场实际。采购阶段和设计阶段的交叉管理，也有利于成本控制。

设计阶段的成本控制主要是对建安费、基础设施费、配套设施费这三种费用的控制。通常，工程总承包商将审定的成本额和工程量分解到各个专业，再分解到各个分包商，在设计过程中按照方案设计、初步设计、施工图设计三个阶段进行分阶段分层次的控制和管理，实现成本控制的目标。明确设计三个阶段的控制重点、控制方向，才能在设计阶段成本控制达到利润最大化。

1. 方案设计阶段——功能分析、方案的选取

根据业主提出的设计要求和设计标准，设计师提出了各种符合建设目标的替代方案，替代方案符合建筑和工作要求情况下，根据价值工程原则，选择一个有更大经济利益的设计方案。

2. 初步设计阶段——投资限额分配、方案优化

对于选定的设计方案，工程总承包商的设计部门和商务部门将分析项目的主要功能和成本函数关联，并分配投资项目的总额，实现项目的功能最大化。

3. 施工图设计阶段

根据前两个设计阶段计划的改进结果，按照设计深度的要求完成施工图纸的设计，并严格按照详细投资控制计划书审核工程设计，保证不超过投资最高额。

目前，限额设计、价值工程是工程总承包商进行设计阶段成本控制的最常见也是最有效的两个方法。

5.3.3 设计阶段成本管理的问题

目前，大多数总承包商在设计阶段面临的成本控制问题比较多，主要有以下几个方面。

（1）在大多数工程总承包项目中，设计部门不只有设计图纸的职能，它还根据不同的专业系统分为不同的设计小组。这样的设置使各部门增加了协调沟通的难度。采购没有完全融入设计过程，施工技术人员也没参与设计工作。

（2）缺乏总承包商设计管理的经验。工程总承包项目不仅是设计，还包括采购、管理等各个方面交叉衔接，涉及的因素较多，对设计人的全面素质要求也比较高。如果缺乏经验，会影响设计质量，延误后续施工进度，专利技术和专业技术无法在设计工作中得到很好的利用。

（3）设计图纸不够深入。由于工程总承包项目往往是边设计、边采购、边施工，如果设计图纸时没有考虑可施工性和施工过程可能发生的突发情况，则会发现施工的图纸不够深，后期设计变更、材料采购问题突出，延迟项目工期和增加成本。

（4）设计人员设计优化意识不强。工程总承包的总体合同，一般是总价合同。这要求设计师在设计过程中将设计改进问题放在设计概念的前面，对物资设备材料、性能指标和项目工艺节点的材料进行综合评估，设置设计解决方案并调整到价值最大化。

（5）设计审查流程未落地。设计审核中对设计图纸的技术可施工性和可行性、材料选取合理性和经济性没有严格分析调整，设计图纸质量就得不到保证。

5.3.4　设计阶段成本管理的方法

1. 限额设计法

（1）限额设计的概念和适用范围。现在工程总承包项目通常是采用总价固定的总价合同，这就考验工程总承包商如何能保证在合同总价不变、满足业主的功能使用指标的基础上，使自身利益最大化。限额设计是由设计师提出满足业主要求的各种设计理念和方案，成本控制人员在满足设计要求的前提下进行经济比较并选择最合理的投资计划。这个方法有效地从项目的整体角度控制项目投资，并将事后审查转化为强有力的预控制。

"限额"和"限量"的设计被认为是实现合同总价分配和工程量控制的最主要的方法和途径。

限量设计的提出主要是针对结构的设计，工程的总造价中大约 50% ～ 70% 用于结构工程，设计人员在设计工作中严格控制钢筋和混凝土的用量不超过某个限值。在设计工程中合理运用限量设计，平衡了结构安全和经济的关系。

限额设计就是在初步设计开始前，根据可行性研究报告及工程总承包合同总价确定的限额设计目标，对项目工程造价进行分解，把各个单项工程、单位工程、分部工程按照具体的目标值分配合同额，再把每个专业分配给对应专业设计的团队。每个专业设计团队必须根据具体的目标价值进行设计。在整个设计过程中，采用该理论，确保投资总限额和各分部限额不被打破，从而达到控制设计阶段成本的目标。应用限额设计的最佳方式和方法是加强对项目投资总额分析和对工程量的有效控制，并逐层细化，实现项目的动态控制和科学管理。

（2）限额设计成本控制的过程。在限额设计的管理过程中，必须实施技术责任制。每个建设项目组建由负责整体设计人员和专业设计人员组成的设计团队。参与施工的其他员工必须明确履行设计限额的职责，分工明确，各自履行职责。总限额的目标是由每个参与者完成自己的任务来实现的。

设计人员将设计指标作为设计标准，有助于提高设计人员的经济意识；成本管理人员为设计工作提供具有成本效益的工程信息和合理的成本优化建议，并实现成本效益和动态的成本控制。在整个过程中，要求设计人员和成本管理人员相互配合，在项目建设过程中尽可能地平衡技术与经济的关系。

限额设计的成本控制分为纵向控制和横向控制。纵向控制也称为分阶段控制，顾名思义就是随着设计进度发展，上一阶段的设计结果指导和确定下一阶段的设计方法，在每个设计阶段都要确保各部分、各单项工程在设计限额范围内。横向控制就是通过设计人员和成本控制人员在限额设计中相互及时沟通和协调配合来控制成本。

1）纵向控制。限额设计作用于整个设计阶段，也作用于每个阶段的各个专业项目中。

在每个阶段，限额设计都被作为设计工作的重点内容。纵向控制的内容包括总合同价格的分配，初始设计成本、技术设计成本等的控制，以及控制设计变更。

作为设计限额的起点，设定合理的投资限额非常重要，确定合理限额的设计指标也非常重要。如果指标设置很低，较难实现；如果指标设置很宽松，就意味着限额设计没多大意义。投资限额的准确性和合理性将对后续行动产生非常重要的影响。为了合理确定总投资限额，需要从以下两个方面入手。

首先，深化勘察设计研究深度，深化可行性研究报告调查的深度。一般而言，投资总限额是基于项目可行性研究报告中投资估算来确定的，投资估算的准确性将对总投资额起到指导意义。应该做到全面收集拟建项目的相关数据，确保设计数据的真实和准确。

其次，确保投资估算的正确性和准确性。避免恶意增加设计成本和为了立项而故意压低造价的情况，保持总投资限额和工程量、功能要求、设计水平、建筑标准相协调。大多数情况下，大部分企业为了避免恶意增加或压低成本导致项目资金不足，企业将会设定"阈值"给限额设计指标一个的弹性空间，该"阈值"可能是投资估算的 90%、95%或 105%。

我们把投资限额当成一块"大饼"，如何有效地切分这块"大饼"，使每个"人"（这里指的是单位工程）都能做到在资金有限的情况下，尽可能达到设计标准。

在进行设计之前，总承包商组织设计部门、商务部门、施工技术部门，选择重要时间节点聘请有关专家参加投资分析会议，研究影响限额设计的因素，分析项目特点，根据项目的特点提出节约投资的措施和优化方案的思路，保证设计目标的可能性。总设计师应将设计任务书的投资限额分配到各专业、各单项工程中作为设计过程中成本控制的目标，并平衡各专业之间的限额目标，编制建设项目设计中的投资分配方案作为各项专业设计的控制指标。

2）横向控制。横向控制是建立和加强建设单位和专业设计团队各方的经济责任制。

首先，设计单位内部要明确限额设计系统，设计限额的整体任务逐层分解并落实到每个设计人员，明确每个人的职责。其次，应该为设计单位制定额外的惩罚制度，通过改善各方面的设计，合理降低项目成本，创造的利润应给予一定的奖励，如果造价没能控制在目标范围内，或者变更过多造成损失，也应有惩罚措施。目的是使得各方发挥自身主观能动性，将造价控制在限额范围之内。

2. 价值工程法

价值工程的重点是进行功能研究，其借助研究产品的功能和评估价值，在达到产品功能的需求过程中，让寿命周期里的成本得到合理控制，实现成本效益的目标。价值工程表达如下：

$$价值（V）=功能（F）/寿命周期成本（C）$$

评估价值程度通常取决于功能和寿命周期成本的比例。在工程总承包模式设计环节，提高价值工程的运用力度，关注研究工程造价不同项目的具体功能，提高项目功能的规范性，进一步分析相关项目成本跟总造价的相关性，探讨周期成本，制定科学的工程造价策略。

价值工程使用在工程总承包体系设计环节基本包括两种影响。首先是在多种设计策略的选择中，得到价值系数最佳的设计策略。其次是在设计方案优化环节体现出指导意义，价值工程在完善设计策略的过程中主要是提升价值，同时用最佳的寿命周期成本达到产品功能需求，功能研究是其中的核心内容。科学技术是辅助方式，价值提升是最终目的。

从价值工程的原理上分析，完善设计最核心的并非仅仅控制设计之初，还要妥善应对经济和技术之间的均衡问题。基于此，在设计环节相关人员之间要展开频繁沟通，进一步明确工程报价的策略内容，充分彰显价值工程的作用，逐步达到经济效益提升的目的。

5.3.5　设计概算的编制与审查

编制设计概算对工程经济成本控制起着关键性的作用。在编制概算的过程中，一方面，要遵守国家相关的政策规定和设计标准；另一方面，还要按照图纸、工程量计算规范的规定来核算工程量，查找是否有漏算、重复等问题，及时纠正。

设计概算审查的实践意义和价值大于概算的编制。概算审查制度一方面提高了投资的利用率，另一方面还能很好地控制项目资金的使用效果。

1．设计概算审查的意义

对设计概算进行严格审查，是设计阶段控制成本造价的重要组成部分和手段措施之一，使设计概算合法、合理、实际。

（1）规范编制概算单位管理，符合国家相关标准政策，提高概算编制的准确性。

（2）在审查设计概算的过程中，更准确地发现是否有漏项等错误，有利于提高设计的正确性和可靠性。

（3）可以规范建设项目的总投资规模，防止随意加大投资，使预算与实际使用之间的差距大大降低。

（4）在设计阶段审查也是对设计阶段成本控制的方法之一。通过对项目设计早期的审核，修改意见或设计变更体现在仅修改设计图纸上，带来的结果是增加少量的设计费用。但是一旦进入施工阶段再做修改，哪怕是图纸一些微小的变动，对工期和成本的影响也将是巨大的、无可挽回的。

2．设计概算审查的步骤

采取会审方式是设计概算审查阶段最常用的方法。在联合会审前，设计单位会首先进行自审，其次是工程总承包商单位对概算进行初审，还有业主指定第三方工程造价咨询公司的评审。联合会审的由业主牵头，邀请相关单位和专家组成审查小组，对设计概算出现的问题进行分析、探讨和总结，并审查各方案的投资增减情况，确定最终的解决方案。

审查设计概算的步骤如下。

（1）设计单位对设计概算的编制情况进行介绍。设计概算中的建设规模数据和数量与收集相关文献中同类型的其他项目进行比较分析，找出差距，为审查提供准确可靠的依据。

（2）在对动态投资、静态投资和流动资金的研究基础上，编制包括"原始概算""增加和减少投资""审核结论"和"增减幅度"等项目的数据图表。针对超过投资规模的部分，严格按照有关部门的规定重新计算。

（3）在审查核算的过程中，应向有关部门报告问题，并应及时解决。在对概算进行相应调整后，必须重新通过原审批部门正式的审批。

5.4　工程总承包项目设计收尾管理

设计收尾管理应从以下几个方面进行。

1．合同要求的全部设计文件

根据设计计划的要求，除应按时完成全部设计文件外，还应根据合同约定准备或配合完成为关闭合同所需要的相关设计文件。其中，关闭合同所需要的相关文件一般包括：①竣工图；②设计变更文件；③操作指导手册；④审批修正后的设计概算；⑤其他设计资料、说明文件等。

2．文件编目存档

根据施工监控部、施工合作单位、工地代表在施工过程中收集整理的设计问题，设计单位或部门应进行竣工图纸的换版形成竣工图。设计单位或部门根据规定收集、整理设计图纸、资料和有关记录，在全部设计文件完成后，组织编制项目设计文件总目录并存档。

3．设计工作总结

项目竣工（完工）后，应依据相关要求进行设计工作总结，将项目设计的经验与教训反馈给设计管理部门，进行持续改进。设计收尾工作完成，标志着设计管理工作结束。

第6章

工程总承包全要素供应链管理

■ 6.1　工程总承包全要素供应链概述

6.1.1　工程总承包全要素供应链的内涵

建筑企业可以把制造业中的供应链思想运用到工程建设当中，依据信息流、资金流和物流，从项目立项、组织物流及工程建设直到项目的竣工和交付使用，与制造业相似，是一个完整的供应链过程。完成一个对接业主、承包商、设计单位、采购材料、消耗管理、工程建设、交付使用等的过程，其实质就是一个完整的供应链。在工程总承包模式下，考虑建筑行业的工程建造活动特点，以工程总承包的角度定义建筑行业供应链的含义为：以建设项目为中心，其核心企业是总承包商，通过对信息、物流、资金流的控制，包括材料采购、设备租赁、设计、总承包及分包、竣工验收直至将建筑产品交付给业主的功能网链结构。工程总承包全要素供应链的结构如图 6-1 所示。

目前大多数学者都是把总承包商作为核心企业对工程项目的供应链进行研究，且工程项目是一个复杂的系统，参与方包括设计单位、总承包商、材料供应商等。参与方之间需要进行相互沟通，相互配合及信息共享，从而使工程顺利完工。建筑供应链是一个庞大且复杂的系统，业主与总承包商、设计单位、供应商与分包商等多个节点企业的交流的运作如图 6-2 所示。

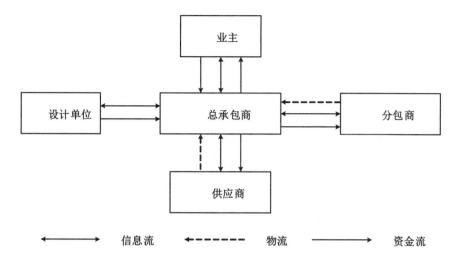

图 6-1　工程总承包项目供应链结构图

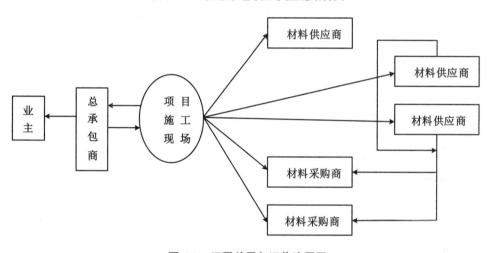

图 6-2　工程总承包运作流程图

6.1.2　工程总承包全要素供应链的实施优势

当前业主对工程项目的质量和工期要求越来越高，原有的单一模式已经明显滞后。在建筑供应链模式下，供应商按时、按量、按质将材料送达给采购商，供应商赢得商誉获得经济效益，采购商降低采购成本，提高采购效率从而实现双赢。其主要实施优势如下。

（1）工程总承包全要素供应链下，采购活动是以订单驱动方式进行的。订单驱动可以使采购商选择合理最优的供应商，制订采购计划实现零库存，或减少库存提高库存周转率，从而达到缩短工期的目的。

（2）工程总承包全要素供应链下，总承包商和供应商是战略合作关系，双方之间的信息是完全对称的，双方可以及时全面地分享重要信息，供应商可以及时了解施工进度，总承包商也能知道供应商的生产进度及运输情况等，避免信息失真、滞后、影响工程建设。

（3）随着工程总承包全要素供应链及计算机网络技术的不断发展，建筑企业开始向多元化方向发展，如单一供应商与多供应商的相结合，自营采购与外包采购等方式已经被越来越多的建筑企业实施，建筑企业已经摆脱以前的落后形式走在发展的前沿。

（4）促进管理理念变革。传统的建筑管理模式无法适应建筑产业化发展的新需求。要实现建筑产业化，应将工业化生产管理理念与建筑施工技术相结合。目前建筑工业化虽取得了初步的成果，但在施工、管理流程的细节上对创新重视不足，供应链的各参与方对供应链管理、生产管理等没有充分理解和足够重视。因此，企业应不断进行管理体制改革，鼓励创新成果通过技术转移实现产业化，并且促进技术创新各主体之间的交流，加强校企合作，通过工程总承包全要素供应链管理理念变革，实现全产业链的协同管理，高效合作。

随着建筑市场竞争的日益加剧，建筑行业整合在不断深化，相关企业面临的内外部环境变得更加复杂，单一的企业已经不能适应当前的激烈竞争形势，企业与企业间的竞争已经转变为供应链间的竞争。因此，集成程度高、专业化能力强、管理效果好的工程总承包模式在建筑市场的优势也越来越明显，在建筑行业得到了越来越多的应用，也成为总承包商增强自身竞争实力、克服企业发展困境的重要手段。

6.1.3　工程总承包全要素供应链的各参与主体

工程总承包全要素供应链管理强调供应链中各方参与主体之间的协同效应。基于工程总承包模式的"设计—采购—制造—施工"一体化的实现，要求各参与方在全过程一体化集成的基础上，服从于整体利益，形成协同效应。在产业化背景下，基于工程总承包模式的全要素供应链参与主体及其主要职责简要概括见表6-1。

表6-1　工程总承包全要素供应链参与主体及主要职责

参与主体	主要职责
业主	提出需求，咨询委托
总承包商	选择合作伙伴、构建供应链系统、整合资源、集成"三流"，协同各方目标，提高业主满意度
设计单位	与总承包沟通和交流，了解客户需求，提供设计图纸
金融机构	与建筑企业合作，降低其融资成本，保证资金来源的稳定性
政府部门	宏观管理、提供政策支持、监督市场、保证公平的交易环境

参与主体	主要职责
部品部件制造商	结合客户需求与标准化设计，大规模预制建筑部品、部件
材料设备供应商	与总承包商信息共享、快速响应需求，优化采购流程，缩短采购周期，降低成本
分包商	按要求施工，提高工程质量、减少管理及交易成本
监理单位	监督建造的过程和质量、安全等是否符合合同或规范要求

工程总承包要素供应链的发起者与最终客户均是业主。总承包商从业主需求出发，协调各方，整合资源，推动供应链有效运作。总承包商通过与咨询单位充分沟通了解业主的需求；与设计单位沟通，以理解设计意图，并可提出合理化建议，节约施工成本；与建筑部品制造商沟通协作明确部品的规格要求等，以满足业主需求；优选供应商、分包商与之建立合作伙伴关系，以更好地控制成本、工期及质量。

6.2　工程总承包人力资源管理

6.2.1　工程总承包人力资源管理概述

1. 工程项目人力资源管理的概念及特点

工程项目人力资源管理是指为了充分发挥项目团队成员的主动性和能动性，确保项目顺利实施，而对项目人力资源在规划、配置、培训、激励等方面的管理。项目人力资源管理具有团队型、临时性、寿命周期性和岗位有限性特点，因此其管理的内容相对集中于人力资源计划、项目组织的建立、团队成员的选用、团队文化建设与激励等方面。

（1）项目人力资源计划。确定了项目所需人力资源的数量与质量，以及其具体岗位和到岗位时间。项目人力资源计划在项目管理中发挥着重要的作用，合理的人力资源计划，能确保在合适的时间安排项目所需人员，保证项目人员能够得到充分、合理使用。项目人力资源计划与项目进度计划息息相关，在项目执行中，加强项目人力资源计划的动态管理至关重要。

（2）项目团队组建。项目团队组建是项目人力资源管理的重点。项目团队的构成，一般包括自有人力资源和外部人力资源两部分，根据企业规模、项目管理定位，两者所占比重有较大区别。外部人力资源主要是分包人员，传统的分包模式主要是大包模式，包括专业分包、劳务分包，此种模式下总承包商完全依赖分包队伍，分包队伍会在不考虑项目质量的前提下不择手段地追逐利润最大化，给总承包商管理带来很大困难。在此基础上，逐渐出现新的分包管理模式，如工序分包、架子队模式等。在项目执行中，选择合适的分包模式尤为重要。

（3）项目团队建设。项目团队组建后，各项工作开始进行，在项目前期由于项目团队成员来自不同的地方，一般很难马上进入高效的管理状态；在项目执行中，由于人员性格各异，难免会发生冲突。为此，建立一个高效率的项目团队就必须重视团队建设与发展工作，通常需要持续改进，进行培训、能力开发、相互激励和团队文化建设。

（4）项目组织激励。在项目人力资源管理中，对所有项目管理人员都应适当使用激励手段，从而激发项目团队成员的工作热情，形成良好的工作氛围，确保项目顺利实施。

2. 工程总承包模式人力资源的概念及特点

工程总承包模式人力资源是以工程项目人力资源为基础的，是指与实施工程总承包项目相关的所有内外部人力资源。对项目人力资源的管理，即通过制定规范、适宜的制度、政策，采取科学、有效的管理方法保证每个与项目相关的人员都能积极主动地发挥作用，推动项目成功实施。工程总承包模式人力资源特点包括以下几方面。

（1）流动性。不管是自有人力资源还是外部人力资源，因工程项目不同，都具有流动性。通常，与外部人力资源相比，自有人力资源流动性不大，但随着工程项目的不同、施工地点的不同，以及项目不同阶段对专业人员需要的差异，还是会产生必要的流动。而外部人员的流动相对较复杂，即使同一工程项目、同一个施工地点也会产生流动，这种流动有两种情况：一是同一工程项目因施工阶段不同引起对人员工种、数量和技能的需求发生变化，只能根据项目实际情况进行临时性调整；二是受社会经济和文化的影响，如在传统的节假日、秋收期间，会造成人员的短期集体流出。

（2）两重性。在工程总承包项目中，总承包商的自有人力资源一般担任着两种角色，一是总承包商的人员，二是某个总承包项目中的一员。因此，他们既要服从总承包商的管理，又要受到项目部的约束，承担着双重的责任，接受双重考核。

（3）人文性。鉴于工程总承包项目的长期性、复杂性等特点，与传统项目相比，工程总承包项目人力资源管理中的人文性更显突出。在项目执行中，加强对人员的尊重、爱护和关心更为重要，但往往被管理人员忽视。"以人为本"在实际工作中具体表现为：

完善各项管理制度，创造良好的工作氛围，实行合理、公平的绩效考核，及时支付薪酬，做好员工职业规划等。

（4）针对性。相对于其他工程项目来讲，工程总承包工程项目的人力资源结构更加复杂，包括本地员工、外地派遣员工，甚至包括外籍员工。所以，应当按照不同的劳动合同类型，在薪酬管理体系的设计过程中制定具有针对性的薪酬制度，进而更好地实现薪酬的激励性目标。

（5）协作性。与传统项目管理模式相比，工程总承包管理模式可以实现设计、采购、施工的深度交叉，同时设计、同时施工、同时投入生产和使用（"三同时"），各业务环节人员能够根据需要及时沟通，对于以往施工环节经常发生的问题等，可以前置到设计、采购等环节进行提前控制；对于项目执行中出现的问题，设计、采购、施工团队可以共同参与、共同协商。

3．影响工程总承包项目人力资源配置的主要因素

（1）项目管理组织。相对于企业，项目管理组织一般有明确的开始日期和结束日期，因此通常在总承包商与业主方签订合同后，总承包商就开始策划组建项目团队，项目结束后，原成立的项目团队会自动解散，具有一次性的特点。不同项目组织模式，人力资源配置也不同。按照目前国际上通行的分类方式，根据结构形式，项目组织的基本形式分为职能式、项目式和矩阵式三种。职能式项目管理组织模式，通常按公司总部职能部门的职责和特点，分成若干个子项目，由相应的职能单元完成各方面的工作。项目式就是将项目的组织形式独立于公司职能之外，由项目组织独立负责项目运作。矩阵式组织是介于职能式与项目式之间的一种组织形式，项目人员由各职能部门负责安排，在工作内容上服从项目团队的安排，人员不独立于职能部门之外，是一种暂时的、半松散的组织形式。三种模式优缺点对照见表 6-2。

表 6-2　三种模式优缺点对照表

比较内容	职能式	项目式	矩阵式
团队成员方面	从职能部门抽调，关系属于原部门，项目结束后可以回归原部门，无后顾之忧	单独成立，项目结束后，面临组织解散的风险	从职能部门抽调，受原职能部门及项目经理的双重领导，团队成员无后顾之忧
项目经理的作用	权力相对集中，受职能部门的影响	权力集中，对项目负第一责任	项目管理权力平衡困难

续表

比较内容	职能式	项目式	矩阵式
职能部门发挥	职能部门为主体,易造成业务受制于职能管理	职能部门发挥指导、服务等作用	可根据自己部门的资源与任务情况来调整,安排资源力量,提高资源利用率
人才培养方面	不同部门之间协调性较差,不利于人才培养	仅限于项目内部的交流,较片面	有利于人才的全面培养,可相互取长补短
适用于项目	大型的、工期要求紧迫的且需多工种多部门密切配合的项目	小型的、专业性较强而不涉及众多部门的工程项目	同时承担多个项目的企业

（2）项目规模。目前,项目人力资源计划制订的依据主要是项目目标分析方法、工作分解结构、项目进度计划、历史资料、马斯洛的需求理论等。通过对以往工程总承包案例的实际分析,在项目组织模式确定的情况下,一般项目规模与项目人员配置成正比,即项目规模越大,项目人员配置数量相对多。

6.2.2　工程总承包人力资源管理内容

1. 人力资源管理职责

人力资源管理职责包括以下几个方面。

（1）建立项目人力资源管理制度、流程和标准体系,并组织实施,同时监督现行制度的执行情况并改进完善。

（2）建立项目人力资源管理体系,规划项目组织机构、岗位设置、人员定编、人员需求、岗位说明书、招聘标准编制等;制定新员工招聘标准要求,跟踪进行新员工的面试及岗位竞聘工作,要求严格执行公司相关规定和需求选拔人才。

（3）编制季度人力资源现状分析报告,并提出改进意见,保证组织长期持续发展和员工个人利益的实现。

（4）建立项目绩效管理制度,设立绩效指标,开展绩效考核等工作,并对绩效实施过程进行监控,对存在的问题进行总结和分析上报。

（5）开展年度培训需求调研,结合公司人力资源发展规划,编制年度培训计划,满足员工职业发展需求及公司对组织能力发展的要求;分解年度培训计划至月度并有效实施，组织调研、分析，发现培训过程中的问题，提出解决方案并推动执行。

（6）管理项目所有员工的考勤记录、上报工作；监督执行好员工的休假管理制度；负责项目员工劳资、福利管理；负责项目员工职称评审管理。

（7）负责与公司相关部门及人员就人力资源事项的沟通与对接。

（8）据项目现场的实际需要开展临时员工、商务、技术人员的招聘，并按照项目所在地（国）相关法律法规对外聘（外籍）员工进行管理。

（9）现场员工的稳定，劳务纠纷的处理。

（10）人员培训。

2．人力资源规划管理

项目人力资源规划，是根据项目定位、项目进度及项目施工特点等，对项目需要的人力资源（包括公司员工和分包商人员）进行分析与预估，对人力资源的获取、配置、使用进行充分策划，以确保项目在需要的时间、岗位上获得需要的人员。工程总承包项目人力资源需求的阶段性要求比较强，若规划不充分，在项目实施过程中，对于公司员工来说，可能会出现某阶段需要的专业人员不能满足专业要求或能力不匹配；对于分包商来说，由于项目受季节、气候、施工阶段等影响，会导致分包商人员流失，或者某阶段如秋收期间用工荒等问题，进而影响项目实施。

对于工程总承包项目人力资源配置，需根据公司对项目的管理定位、项目性质、合同要求等，对不同岗位合理配置人员。对于管理岗位人员，选择管理经验丰富、沟通谈判能力强、专业性强的人员；对于现场操作人员，必须根据国家相关规定通过招标的形式引入，对于有资质要求的岗位必须选择有资格的人员。根据施工进展，对不同施工阶段及时调配不同专业的人员。通过对人员合理配置、统筹安排，可以避免资源短缺或资源过度等现象。

3．内、外部人才队伍建设管理

（1）内部人才队伍建设。

1）合理规划人才队伍建设工作。根据企业未来三到五年的发展战略规划，确定公司的发展方向、业务定位等，及时对业务发展所需的人才进行科学分析、超前策划，对当前企业缺少的岗位要及时制定措施，避免人才队伍出现断档。

2）建立科学合理的人员培训机制。培训对提高人员技能、增强人员的意识等至关重要。一是企业要重视培训工作，加大培训工作的力度和经费投入；二是培训需更具实用、更有针对性，不能对不同员工、不同阶段采用一刀切的方式，即需根据不同的阶段制定不同的培训计划及培训内容，需根据不同的岗位确定不同的培训内容，需根据现场实际情况制定不同的培训方式等；三是企业要拓宽培训渠道，不但要充分利用内部讲师培训，还可以聘请外部专家或者参加外部单位组织的专业培训。

3）营造良好的氛围。对于企业来说，在人才队伍建设方面，留住人才更重要，尤其是施工单位。施工单位的工作性质决定了人员工作具有流动性等特点。在满足员工基本物质需求的同时，更要尊重员工，尊重知识。企业要完善人才工作政策，建立健全人才选拔使用机制和激励保障机制，通过实施有效措施营造良好的工作环境。

（2）外部合作团队的培养。在与公司长期合作过的分包队伍中，选择施工能力强、业绩多、财务状况良好的，通过采用利益共享的形式建立长期良好的合作机制，将其人员作为公司员工进行统一管理、统一培育，这在一定程度上可以减少总承包商项目人员配置，也可以避免出现用工荒的现象。当与业主发生利益冲突时，也可作为利益共同体，降低企业风险。

4. 员工需求管理

（1）建立完善的沟通机制与渠道，保护好员工的权益。鉴于工程总承包项目的特点，工程总承包项目一般周期较长，从事工程总承包项目建设的员工，经常面临长时间远离家人、回家不便等情况，在项目的生活一般比较枯燥乏味，因此做好与员工的沟通工作事关重要。一是要建立完善的沟通机制和渠道，确保员工能及时与各层领导进行沟通；二是在沟通中要保护好员工的权益，对于员工提出的一些问题、抱怨等，要积极地对待，要为员工做好保密工作；三是要采取正向思维对待员工提出的问题、抱怨等，不能因提问题，使员工利益受损，造成员工工作消极。

（2）建立有针对性的沟通机制。工程总承包项目涉及业主、监理、总承包商、分包商等多个单位，各单位之间的沟通非常重要，包括总承包商总部各职能部门间、总承包商总部各职能部门与外部单位间、项目部内部各部门间、项目部与外部单位间，需根据工作性质等针对不同方建立不同的沟通机制及沟通方式。对于项目部成员，要及时沟通，时时关注员工的日常生活和工作情况，及时发现团队成员的思想波动及内部冲突。

（3）创建多元的人文环境。

1）项目活动多样化。在现场从事项目的人员由于受工作环境的影响，往往远离家人，每天都是办公室到宿舍两点一线，生活比较单一，因此项目部需积极开展各项娱乐活动，满足员工物质享受的同时，要陶冶员工的情操，使得项目人员在工作之余，享受生活的乐趣。通过定期举行团队建设活动，比如组织篮球比赛、打牌比赛等，促使项目团队成员之间团结、合作、互助。

2）制定合理的激励措施。根据马斯洛的需要层次理论，人需要的五个层次分别是生理需要、安全需要、社交需要、尊重需要和自我实现需要。为防止员工对工作产生懈怠，需根据人员不同需求，制定不同的激励措施。在基本需要实现后，尤其需重视自我实现的需要，比如通过口头或书面表扬、开展评优活动、委以重任等方式，让员工认识到其工作的价值，进而激发其工作的积极性和主动性。

5. 薪酬与绩效管理

（1）制定科学的薪酬和福利政策。在项目管理中，人是最重要的资源之一，对于施工单位，尤其是对项目人力资源来说，若处理不好员工的薪酬和福利，则很容易导致人员流失等现象。通常，对于从事项目的人力资源来说，与总承包商总部人员相比，虽然岗位相同，但所处的工作环境不同，除了基本工资外，还另加津贴、补贴，如高温补贴、出差补贴等，对于补贴津贴，规定必须透明，发放标准必须灵活、适宜。

（2）健全人力资源考核体系。科学合理的工程总承包项目人力资源绩效考核体系能客观反映一个人、一个分包队伍的工作效果。但如果项目组织绩效考核体系缺少科学性，对于公司自有人员来说，如不考虑员工的职业生涯发展或考核不公平等，必然会影响员工的工作积极性；对于分包队伍，容易导致窝工等。因此，应针对自有人员、分包队伍等分别建立科学的业绩考核制度，对效益好的奖励，对效益差的予以处罚，甚至可以采用淘汰制度。对自有人员，评估体系分为两种方式：项目团队的利润百分比和工作量。对分包队伍，分为年度考核和项目结束后履约评价。

1）对自有人员的考核。主要有两类考核：按利润的百分比考核和按工作量考核。

按利润的百分比考核类型：按利润的百分比考核分为项目实施阶段和项目执行完阶段。在项目实施阶段，根据项目某阶段的实际利润，按百分比与项目组人员的某些奖励、福利直接挂钩。如果某阶段总利润较高，那么收入将提升；如果某阶段没有利润甚至亏损，那么收入整体下降，甚至没有任何奖励。项目实施阶段按利润百分比来考核的困难在于如何准确评估某阶段的项目的成本，因为有些成本是在某个阶段投入比较高，或者某阶段的成本受项目实施计划的影响比较大。这就要求充分做好项目成本策划，并与项目进度计划挂钩，即项目进度计划变动了，相应的成本策划也有调整，从而保证其准确性。另外，对于项目实施过程中的一次性投入，要提前策划、评估，并制定合理的分摊规定，避免造成某阶段因成本较高而无利润现象，从而影响项目小组人员的积极性。在项目完工阶段，为避免项目实施阶段不按照实际的工程量进行结算，从而导致过程有利润、最终项目亏损等现象的发生，在实施过程考核的同时，也要加强项目结束后的考核，即按照项目最终利润，对项目班子进行最终考核。

按工作量考核类型：为充分调动人员的工作热情，激励后进人员，按工作量对工程总承包项目人员考核是最佳方式之一。通过员工工作量的多少、为项目产生利润的高低进行量化评价，与工作少、能力低的人员相比，能确保工作量多的人收入较高，进而更加激发了其工作激情；对于工作量少的人员，也会产生推动、激励作用。这样有利于提高整个项目团队的工作效率。

2）对分包队伍的考核。对分包队伍的奖惩，一是制度上规定要到位，二是执行要到位。在与分包商签订分包合同时要明确评价标准及奖惩要求，项目执行中要将总承包商对分包商评价及奖惩的有关规定及时下发给分包商。在执行过程中，严格按照制度规定开展工作。

3）制定合理的薪酬分配政策。应建立有效的项目运行管理评估机制，对项目经理、员工进行科学有效的绩效考核，绩效考核的结果作为工资、奖励发放的依据。在项目实施过程中，要严格按照规定的文件执行，绩效好的就应该得到奖励，绩效差的就应该受到处罚。若执行不到位，尺度把握不好，可能会发生问题，导致人员分散和员工之间缺乏凝聚力，进而产生不好的影响。按照文件规定应该对员工某项工作进行奖励，但最终未执行，发生次数多了，员工就会逐渐失去积极工作的劲头，也会影响员工对公司管理层的形象。

6.3 工程总承包物资采购管理

6.3.1 工程总承包物资采购现状

由于工程管理及其技术的不断提升，业主也慢慢改变传统的思想，越来越关注总承包商的总承包服务能力。当今的工程大多具有规模大、结构复杂、新技术与新材料应用广泛等特点，材料采购在工程项目管理中占有很重要的位置，且材料采购在工程总承包项目中是衔接设计与施工的重要部分。研究数据表明，工程项目中材料的采购成本占工程总造价的 60%左右。因此，总承包商要想在竞争日益激烈的环境下提高自身利润，材料采购成本不容忽视。

由于材料采购成本在工程成本中所占的比重较大,直接影响着工程成本和总承包商的经济效益,做好工程材料采购成本控制已成为工程总承包项目成功运作的关键环节。由于大多数工程总承包模式能够从设计开始追踪成本信息,让各方围绕成本协同,因此可以全过程控制成本,在设计阶段审查设计方案是否达到成本目标要求,若达不到再进行优化。在采购及施工阶段,通过审查一系列的费用文件,及时对发生费用偏差的事项采取措施,如控制设计变更、签证等情况,对项目的总体成本状况比较了解,进而能够较大范围地有效压低材料设备价格,降低成本。

在采购策划方案的编制中,需要根据总体策划的采购包划分进行投资预算分析,选择合理的招标方式。然后结合设计、施工、材料设备生产加工等进度计划情况编制采购计划,使采购与施工合理搭接,保证总体建设进度按计划执行。根据企业供方库情况,结合项目部所在地、所需资质、工期、质量等原因综合选择供方单位,编制招标文件,确定详细的招标范围,明确投资(尤其是工程量,防止漏项),同时与设计部门充分对接,对技术要求部分给予明确,保证项目的质量。在完成评标工作后,按照要求确定中标单位及签订合同。在实施阶段,按照要求催缴材料设备,按合同要求执行建设内容及要求。

采购管理不能单纯地由采购部门负责。在采购及招标时,设计部门、施工部门及企业相关方要给予充足的支持,保证招标或询价文件能满足进度、质量、安全、成本要求。在实施阶段也需所有部门充分对接,如专业分包定标后,主体转移至施工部门,但合同管理、成本管理还需采购部门的支持,保证分包商按合同执行;材料设备的供应需设计、采购、施工部门认可,确认是否满足相关要求。

采购管理是实施阶段成本控制的关键环节,采购完成后合同价即为各分包的成本,要合理高效地确定各采购包的投资控制目标。采购进度往往决定项目的建设进度,因此采购计划与施工计划的合理搭接将是项目总进度计划的关键,采购计划必须满足项目进度计划的需求。

6.3.2　工程总承包物资采购方式

1. 传统物资采购概述

工程项目传统的采购方式为设计—招标—建造方式,先由业主与设计单位洽谈签订设计合同,并负责项目前期准备过程中所有的相关工作,当项目正式立项后再对其进行设计。在设计阶段准备施工招标的相关资料，并选择总承包商，然后总承包商和分包商对设备及材料的采购工作与供应商进行合同的签订及组织工作。传统采购模式下和供应商的贸易商务活动是其重点，忽略了材料的采购质量与供应时间，从而导致工程质量低下、交付不及时等问题。

2. 工程总承包物资采购方式

针对这些问题，现行的材料采购方式主要有以下几种。

（1）订货点采购。订货点采购指的是采购人员先对各种物品的需求量和订货提前进行了解，从而确定每种物品的订购批量及周期、库存的最高水平等，然后针对库存问题建立相应的检查机制。当订货点达到时就对库存情况进行检查，检查完毕后再发出订货，根据制定的标准确定订购批量的大小。

（2）物料需求计划（Material Requirement Planning，MRP）采购。MRP 采购基本原理为：对物料需求的时间及数量进行最为准确的估算，进而确定采购数量，并将其作为物料需求计划。MRP 的主要目标是实现库存的控制并对交货时间进行较为准确的掌控，对物料的生产计划及顺序进行较为精准的确定，使其达到平衡的状态。MRP 的逻辑原理如图 6-3 所示。

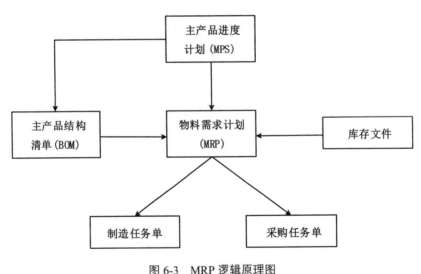

图 6-3　MRP 逻辑原理图

（3）准时制采购。又称 JIT（Just In Time）采购，其主要目标是实现零库存或近似零库存，生产中根据实际需求进行准时采购，最大限度地使库存达到最低。其主要优点是降低物资采购价格和库存的同时，在一定程度上提高物资的采购质量；缺点是建筑产品的复杂性及施工过程的不确定性，使 JIT 采购在建筑企业的实施有一定的困难。JIT

采购做到了灵敏的采购模式，满足客户需求的同时使客户的库存数量最小。不用设置库存的采购模式使客户实现了零库存。JIT 采购是一种比较科学、理想的采购方法。

（4）第三方物流采购即采购外包。其优点包括：①对工程的施工进度起到加快促进作用；②在降低风险的同时对资源配置起到优化作用；③在保证工程质量的同时使工程造价得到降低。第三方物流公司为总承包商在一定程度上提高了供应质量及效率，并为项目的成本控制提供了很好的途径。

（5）电子采购。指的是在电子商务环境下的网上采购，其可以减少客户的采购时间，手续简单，可以提高采购效率，降低采购成本，但其受电子商务和物流配送水平的影响较大。

6.3.3　工程总承包物资采购成本管理

1. 物资采购成本控制内涵

采购成本控制是指对于所需材料采购相关费用的控制，主要由采购人员的管理、采购订单的费用及采购计划制订者的管理费用组成。一般对于总承包商而言，采购成本更多体现在材料采购成本上，所以抓住材料采购成本的控制就是抓住了成本控制的重心。

对于材料采购成本的控制，不仅要考虑到其降低，还必须结合企业实际考虑企业的战略及长期发展，科学计算材料采购成本控制，运用科学的方式方法对施工当中的企业采购各种材料的耗费进行详细的计算和监管。这个过程同时也是发现某些薄弱环节，仔细挖掘其内部潜力，尽一切可能控制材料采购成本的过程。在这个过程中，既能控制材料采购成本，还能促进企业依据自身存在的某些问题不断改善采购管理方面的制度，进而使企业素质得到全面提高，使其在建筑行业的激烈竞争中更好地生存发展。因此，对于企业来说，重要环节之一就是材料的采购成本，材料采购成本的降低是企业提高发展的必要途径。

2. 物资采购成本管理原则

（1）全面性原则。物资采购成本控制的原则主要包括以下三方面内容：①在工程项目确定后，从施工准备开始到工程施工过程直至最后的竣工交付，完整的一系列过程都要做到材料的及时供应，并且结合实际的工程进度对物资采购计划进行修改，并及时与材料供应商进行沟通将材料送达施工场地；②物资采购成本控制不能只从自身的角度去考虑，要有长远眼光，不能为了降低材料采购成本而不顾工程质量，偷工减料，从而造成不可弥补的后果，影响企业的长远发展；③物资采购成本控制不仅仅是采购部门的职责，企业的每个部门和成员都有责任参与其中，每个部门都应该重视起来，在平时的施工过程中，按时完成自己的工作，从而保证施工进度的顺利进行，材料得到及时使用，尽量避免库存过多现象。

（2）例外管理原则。例外管理原则指的是在材料采购成本控制过程中，对于在成本控制标准以内可以控制的成本，不用浪费精力过多追问，而应该把精力集中放在材料采购过程中不常发生、不符合项目常规的问题。

（3）经济效益原则。经济效益的提高不仅依靠降低材料采购的价格，更重要的是降低材料采购中不必要的成本。例如，材料的库存成本过多就会造成材料采购成本的增加，进而增加总承包商的总成本，因此，在材料采购中要及时根据项目的实际情况进行采购活动。

6.3.4　工程总承包物资采购过程管理

采购过程管理指对具体采购相关活动的管理，包括采购计划制订、供应商管理、生产监控、物流管理和仓储管理等。采购各环节均有各自的工作内容和侧重点，但又是相互联系的统一整体。采购管理人员需要从整个供应链的视角来进行过程管理。这就要求总承包商能够汇总各方信息，来保证过程管理的高效。

供应链一体化中的信息集成，通过集成各方信息，有助于承包商对采购全过程的监控和高效管理。因此，信息集成对采购过程管理具有促进作用。供应链一体化中的关系集成也能够通过信息集成促进采购过程管理。此外，关系集成作为一种关系基础，也可能直接促进采购过程管理。与供应链各方良好的伙伴关系往往意味着组织之间具有良好的合作意愿，各方工作积极性高，从而有助于促进采购过程效率的提升，如设计图纸的及时交付有助于采购计划的制订。因此，关系集成对采购过程管理具有促进作用。

1. 采购计划制订

物资采购与管理部门根据项目施工组织总设计，对项目所在地物资生产供应能力、市场供应价格、采购周期、物流周期、技术标准等级，以及上述不同产地物资的经济对比等物资供应情况，进行进一步调查，编制物资采购计划表。

若由总承包商负责采购，根据批复的物资采购计划表及项目所在地物流运输周期情况，设计管理部门、施工监控部门审核设计单位材料清单，对拟购物资的技术、质量要求及采购数量等进行审核,物资采购与管理部门按照清单和技术要求采购。物资需求计划需要充分考虑项目物资采购与管理部门招标及合同评审时间、物资加工制作周期、物流运输周期等时间,以保证通过合理的工作时间来满足现场项目部门对物资的使用需求。若由合作单位负责采购,合作单位应制作物资需求计划,并提交至物资采购与管理部门进行评审,物资采购与管理部门应从设备、物资制作,运输周期重点考虑,予以审批。

2. 供应商管理

物资采购与管理部门负责对项目工程所需主要材料建立供应商档案,负责物资供应商的评审工作。对首次接触的新供应商应进行负责登记和资格预审,评审合格后纳入供应商档案及名录,编制总承包项目投资单位资格预审审核表。每年对合格供应商供货质量、供货价格、资质情况、市场信誉、履约能力、售后服务等方面进行一次评价,对不符合要求的供应商及时从合格供应商名录中剔除;对技术、质量等方面有特殊要求的物资,安排专业技术人员进入评审小组参加评定,经评定确定为合格的供应商。当供应商不在企业合格供应商名单中,或对物资有特殊要求或相关方对供应商评定尚未包括的内容或产品提出调查要求时,物资采购与管理部门在采购前组织相关人员对供应商进行考察,考察结果列入供应商考察报告。物资采购应优先从合格供应商名录中选择,如合格供应商数量不能满足要求,可临时增加相应供应商。总承包商应对项目实施过程中所使用物资的供应商建立数据库,以满足物资管理及工程保修的要求。

3. 物资采购程序管理

根据物资分类及业主授权范围,物资采购与管理部门负责除合作单位/分包商负责采购的物资外全部工程物资的采购。

物资采购的程序严格按公司相关管理制度执行,物资采购采用公开招标、邀请招标、议标、询价采购相结合的方式。进行物资采购时,公司各部门、项目部采购人员及技术、工程管理人员等人员共同参与,根据各自职能对采购程序、供应商评价、供货渠道、价格、质量等进行监督,参与采购的成员应取得公司或部门的授权。

物资采购需通过公司网站及指定媒体等方式发布招标信息,物资采购与管理部门负责物资采购谈判的过程文件整理归档工作。资料包括招标文件、供应商投标文件(含报价单)、评标结果、中标通知书等。

物资采购与管理部门根据评标结果,填写总承包项目定标评审表,由所有参与招标成员签字确认后，报送项目部领导及公司领导确认。物资采购与管理部门根据物资采购评审结果，发放中标通知书；对于没有中标的供应商，应书面通知其未中标原因。

如果在合同执行过程中，中标单位出现质量或交货时间无法满足要求的情况，物资采购与管理部门牵头根据入围供应商综合情况，重新确定补充供应商，满足客户要求。在工程合同中约定需由业主定厂、定价并有书面函件，且公司利益不受损失、不影响工程工期、质量的；在投标文件的技术规格书中明确生产厂家、品牌的；有证据证明该项物资、设备为国内或国外独家生产的，可免于招标。

免于招标的物资设备可采取协商定价的方式采购，协商定价时采购领导小组相关成员参加，确保采购过程公开透明。

当合作单位负责采购时，在合作单位初步确定材料、设备供应商后，应报批至物资采购与管理部门，物资采购与管理部门根据总合同的要求，将评审意见报项目部审批，审批后合作单位方可签订相关采购合同。

4．物资验收管理

物资采购与管理部门负责或监督合作单位根据发运计划督促供应商生产、备货。

物资采购与管理部门在物资发运前会同设计管理部门对所采购的物资的数量、质量进行验收，收集相关质量证明文件（合格证、检验证书等），并将验收结果提供给项目部进行核对。

物资采购与管理部门会同设计管理部门、施工监控部门（或项目合作伙伴）、物资供应商制定集中采购物资验收技术标准。

重要设备在发运前，应由物资采购与管理部门会同设计管理部门、施工监控部门在厂家进行质量验收，索取材质证明及相关资料；质量验收合格后方可安排发运。

物资验收执行"三验制"，即验数量、验质量、验规格品种。在验收数量时，沥青过磅；钢筋过磅或检尺；水泥抽袋检斤；木材检尺量方；砂石料实测实量，其他材料点数抽查。数量验收无误后，填写相关验收凭证。对钢材等有相关外观要求的材料，要在验收凭证上注明"外观合格"字样。当验收发生数量误差时，应严格执行国家及公司有关规定。

对钢材、水泥、防水材料等需要做复试检验的材料，必须在发货前进行复试检验，合格后方可发货，并做好复试检验记录（如有）。

物资验收单据包括：产品合格证、生产（制造）许可证、产品说明书、装箱清单、交接凭证、试验检测报告以及特种设备制造监督检验证明、备案证明等文件。

在验收过程中发现的问题，如数量有误、品种规格不符、材质资料不全和不合格品，要及时通知有关人员，填写记录，做好标识，要求供应商及时处理。

若合作单位负责采购，物资采购与管理部门参与合作单位的相关的检验，若出现问题，可向合作单位提出。

6.4　工程总承包融资及资金管理

6.4.1　工程总承包融资管理

在理想状态下，总承包商在每次收取项目业主工程款之后再向供应商、分包商支付相应款项，不存在为项目建设垫付资金的情况。但是，在实际操作过程中这种情况并不多见，总承包商收取工程款的进度与付款进度往往存在差异，同时受合同各方现金流状况、工程结算手续等因素影响，资金的收支与合同付款计划可能并不一致。为了保证工程项目建设顺利进行，总承包商需确定合理的融资规模，采用合适的融资方式提供资金支持，同时在出现突发资金周转困难时，能通过有效的渠道快速获取资金。

总承包商可将整个项目周期划分成若干阶段，按照合同约定的资金收付项目与工程计划进度，通过比较主要现金流入及流出情况，测算出每一时间段现金流的盈余或短缺金额。目前总承包商常用的外部融资渠道与方式有：银行信贷资金、其他金融机构资金、通过证券市场筹集资金和组建总承包联合体。对于国际工程总承包项目来说，利用国际金融市场融资可以融通大量自由外汇资金和工程所在国货币及第三国货币，使资金的借、用、还一致，减少汇率风险，如利用政府间双边贷款、利用国际金融组织贷款、利用国际证券市场融资、利用国际租赁市场融资等。所以，总承包商想要参与更多的国际竞争，就必须在利用好国内资金的同时，面向国际金融市场拓宽融资渠道，研究和掌握国际融资技巧。

6.4.2　工程总承包资金管理

资金是工程项目正常建设的基本保证，对资金的管理是提高项目资金周转率、实现资金使用效益最大化的关键，因此成为工程项目财务管理的核心内容。工程总承包资金管理的主要内容基本表现在资金的预算和结算管理上，以保证工程项目资金供应，防止出现资金链断裂为主要管理目标。但是，随着工程总承包模式运用范围的不断扩展，如何控制资金风险、降低资金成本、提高资金效益，受到越来越多的项目管理者的关注。

由于工程总承包模式存在投资规模大、建设周期长、合同价格固定、工程估价较难的特点，在其资金管理活动中往往存在以下难点：①项目开始前工作量难以准确预计，造成资金需求预测困难；②资金筹集方式单一，总承包商融资能力有待提高；③对合同中资金结算相关条款不够关注，资金结算方式单一。因此，应从资金管理的目标与计划入手，把握工程总承包模式资金管理的重、难点，实现工程总承包资金管理的科学化和高效化。

1. 资金管理的目标与计划

项目部及工程总承包商相关职能部门应制定资金管理的目标和计划，对项目实施过程中的资金流进行管理和控制。

（1）项目资金管理目标。一般包括：①项目资金筹措目标（在项目前期或各分阶段前提出用于支持项目启动和运作的资金数额）；②资金收入管理目标（将可收入的工程预付款、进度款、分期和最终结算、保留金回收及其他收入款项，分阶段明确回收目标）；③资金支出管理目标（项目实施过程中由项目总承包商支付的各项费用所形成的计划支付目标）。

（2）项目资金管理计划。主要包括项目资金流动计划和财务用款计划。

1）项目资金流动计划包括资金使用计划和资金收入计划。资金使用计划一般包括前期费用、临时工程费用、人员费用、工程机具费用、永久工程设备材料费用、施工安装费用和其他费用等。资金收入计划一般包括合同约定的预付款、工程进度款（期中付款）、最终结算付款和保留金回收等。

2）项目财务用款计划也称项目资金需求计划，是对资金使用计划的分项和细化，由项目财务管理人员根据项目资金流动计划和项目资金管理规定的要求制订，按照规定程序审批后分时段执行。该计划对所列各项的支付金额、计划时间、执行人、批准人及资金来源等予以明确。

项目部要按照资金使用计划控制资金使用，节约开支，按照会计制度规定设立资金台账，记录项目资金收支情况，实施财务核算和盈亏盘点。同时，要进行资金使用分析，对比计划收支与实际收支，找出差异，分析原因，改进资金管理。

另外，项目部应根据工程总承包商的资金管理规章制度，制定项目资金管理规定，接受企业财务部门的监督、检查和控制，并配合工程总承包商相关职能部门，依法进行项目的税费筹划和管理。同时，项目部应对项目资金计划进行管理，项目财务管理人员应根据项目进度计划、费用计划、合同价款及支付条件编制项目资金流动计划和项目财务用款计划，按规定程序审批和实施。

2. 资金管理的主要内容

工程总承包项目供应链上相关方众多，关系复杂，总承包商需在与供应商、分包商、业主单位间资金结算的过程中积极筹划，以处于较为有利地位。资金管理内容主要包括以下方面。

（1）建立内部结算中心制度，实现资金的集中管理。由于工程项目部常常远离总承包商机构所在地，项目部经常被设置成为一个独立的核算机构。为了加强资金的内部控制管理，实现企业资金的统一调度，总承包商应对所有项目资金进行集中管理，由企业本部统一开设资金结算账户，办理资金结算业务，杜绝资金账外循环。

（2）银行保函管理。在工程总承包项目中，开具银行保函作为合同担保方式被广泛采用。第一，总承包企业应选择一两家实力强大、信誉良好、保函经验丰富的银行作为固定的保函开立银行，建立良好的合作关系。第二，建立一套保函开立审批程序，在与银行对相关条款进行谈判时，应尽可能利用银行授信额度，降低保函抵押金、压低保费，以减少资金占用。第三，建立保函台账，实施动态管理，及时延期、及时办理注销手续、积极牵头应对业主保函索赔等。

（3）结算资金回收管理。为了加快项目资金回笼，总承包商在收款节点到来之前就应积极准备工程价款结算工作，整理好工程量清单、工程变更签证等结算资料，组织监理和业主单位及时审验，按时结算。另外，总承包商可考虑办理应收账款保理业务，加快资金周转。

（4）分包工程款的管控。一方面，在与工程分包企业进行工程款结算时，总承包商应对分包商提请的工作量清单进行仔细复核，保证结算金额准确；另一方面，对拨付的施工进度款不能包而不管，对资金使用情况应进行监控。

3. 资金管理的保障措施

（1）强化对工程总承包项目资金管理的重视。在传统的工程建设项目中，资金管理主要是财务部门的职责，这种理念已不能满足现代项目管理的需要。所有的项目参与者，特别是项目经理等管理人员，都必须树立"项目资金管理价值创造"的核心价值观，将资金管理与控制工程整体造价结合起来，通过减少储备资金占用，降低资金使用成本，提高资金运营效率，加速资金周转，来实现资金运行效果的最大化。

（2）完善资金管理体系，实施规章制度。科学有效的规章制度是工程总承包项目资金管理体系实施的必备条件。规章制度的制定与实施既要体现工程总承包项目的个体特征，又要与企业内部控制体系相结合。

（3）提高工程总承包项目管理水平及管理人员业务素质。项目资金管理作为工程总承包项目管理的一个重要组成部分，其管理水平的高低与整个项目管理水平密切相关，而工程总承包项目中管理人员的技能水平，又是决定资金管理绩效的关键因素。

资金管理人员作为项目资金管理的实施与操作者，首先，要更新观念，将资金管理职能由事后记录与算账转变为事前预测、事中控制、预警与监控、事后分析等；其次，定期对参与资金管理工作的人员进行理论知识和具体业务操作培训；最后，资金管理人员应不断提高综合业务素质，特别是工程预决算、施工流程等相关知识，加强与工程项目管理人员的沟通，贴近生产一线，及时了解项目运行状态。

（4）加快工程总承包项目资金管理信息化平台建设。随着信息、网络技术的发展，总承包商可通过应用信息化技术平台来实现各工程总承包项目的集中化管理。第一，选取合适的项目管理软件，并根据总承包商特点进行二次开发，使资金管理贯穿于各业务流程，实现有效的财务监控。第二，强化资金管理信息化模块的构建，不断优化项目资金预算控制系统、项目资金结算控制系统、项目资金分析决策控制系统以及项目资金全过程跟踪预警系统等几个最主要的系统的功能。第三，完善工程项目全过程信息化建设，实现项目生命周期的全过程动态管理，推进工程项目多角度信息的共享、查询和分析等操作。

6.5　工程总承包技术管理

工程总承包项目管理中的技术是竖、横双线单向管理的模式。其竖线为专业领导，横线一般是行政管理部门。横线行政管理部门负责技术人员在轮休、值日、请假和上下班时间等日常工作状态的检查和考核，由工程总承包项目部总经办或秘书处负责；竖线专业归口是总包部分管技术副总经理或总工管理，工作质量对技术副总经理（总工）负责，由其分管的策划部负责对技术人员专业技术质量进行考核。

技术管理是以"总包部项目管理为中心、专业技术管理为基础、技术经理负责制"的管理方式，按矩阵双接口模式进行项目技术管理。在项目策划阶段，根据项目特点对工作内容进行分解,不同任务落实到相应的专业,将专业组织与专业工作内容相互对应,项目工作任务与专业组织结构之间构成矩阵网络。项目部技术团队将对项目的进度、费用、合同、信息、协调和技术咨询、技术指导、质量控制进行协调管理。强化执行的整体性和可控性,充分利用职能部门后方各类技术、人力资源,保证工作进度与产品质量,为工程总承包项目管理部提供优质产品和满意服务。

6.5.1　技术管理的主要作用

工程项目管理的目的是在保证节约成本的前提之下,按照合同约定的质量和工期,将工程项目最终给业主交付使用,当然,在具体的实施过程当中,离不开项目部的支持,项目部一定要通过内、外因素的综合考虑,保证目标的实现,而这些重要因素的综合管理,主要是项目采购合同、技术、质量等方面的管理。而这些管理的成效,是通过进度、质量、成本、预算及管理目标来实现。由此可见,实现项目管理目标离不开技术管理。其主要作用可以归结为以下几个方面。

1．工程投资控制的决定性作用

工程项目的成本控制,与是否实现投资方预期收益密切相关,直接影响项目的正常履约。从技术着手减少工程投资是降低工程费用最行之有效的手段。重要的是要发挥设计的灵魂作用,统计分析表明,投资关键控制阶段主要是决策阶段和设计阶段,其中工程初步设计影响项目投资的可能性为 70%~90%,施工图设计影响项目投资的可能性为 5%~35%。显然,工程总承包项目一旦做出决策,技术对控制投资是起决定性作用的。

2．进度控制的超前作用

技术的领先性和超前性,是确保工程项目顺利实施的基础和保证,应将设计和施工技术进度管理纳入工程总承包项目管理中,使技术工作各阶段的进度与设备材料采购、现场施工及试运行等进度相互协调,确保设计进度满足工程总承包项目的总体网络计划要求。例如,常规项目是施工单位在设计出图按流程下发蓝图后编制方案报审,而在工程总承包项目中,可以把草图或未审批蓝图先发施工单位,施工方可提前编制方案和采购计划,提前介入可以尽早地为现场创造施工条件。

3．工程造价控制的支持作用

在工程总承包项目中,应从以下几个方面控制项目造价:①设计科学化,避免"过度设计"；②精细设计；避免漏缺；③动态调整设计、方案，结合现场实际提出优化措施，充分发挥工程技术对造价控制的支持作用。

4．工程安全的技术保障作用

安全的技术保障，依托项目技术经理或总工程师为主要责任人的技术支撑体系，充分发挥设计与施工技术技防能力。根据施工安全操作和防护的需要，在设计文件中注明涉及施工安全的重点部位和环节，提出保障施工作业人员安全、预防生产安全事故的措施建议。施工过程中，分层次明确施工组织设计、施工方案、安全技术措施交底和作业指导书工作的内容、程序及要求。对组织或参加的交底工作留存交底记录。对于采用新技术、新工艺、新流程、新设备、新材料和特殊结构的危险性较大的工程，制定防范安全生产事故的技术方案和指导书。

5．工程质量过程管控作用

全方位、全过程参与和实施勘测质量管控、设计质量管控、施工质量管控，质量管控遵循全面质量管理（TQC）和持续改进循环（PDCA）的原则。

6．达标创优实现的目标性作用

将合同承诺的达标创优总目标分解为质量目标、安全目标、绿色施工和环境目标、调试试验目标、扩投产后性能目标及工程档案管理目标。明确技术、施工、机组调试达标投产、工程管理信息化、规范工程档案管理等创优目标，组织实施达标投产检查、达标投产考核、达标投产申报等工作。

7．做好科技管理和"五新"技术应用的总结

开工初期，根据工程需要进行科技内容和方向的策划，科技管理和"五新"应用管理过程中收集技术情报和信息，确定主要的研究内容及研究目标；进行科研项目立项、申报、实施和报验工作。

应用新材料、新技术、新工艺、新设备及新产品，制定技术方案和措施，推广技术标准、自创新技术的开发、应用及总结，组织技术改造、技术革新、技术发明、工法、专利技术的申报、资料整理等工作，提高建设项目经济效益、环境效益和社会效益。

6.5.2　技术管理的主要内容

1. 技术前瞻性管理

工程总承包项目具有一次性、独特性、目标的确定性、成果的不可逆性、组织的临时性和开放性五个维度，五个维度中与技术有紧密关系，技术的先导性、可预测性是需要工程总承包项目重点强化的内容，主要原因是工程总承包项目属于固定总价合同范畴，一旦技术无法预警，将导致被动接受环境变化，那么项目资金流和进度会出现很大的问题。因此，技术预测的可靠性、技术的先导性、设计的科学性及方案的可行性，是合同履约和工程持续发展的先决条件。

2. 技术体系后台支撑管理

项目管理体系中的 WBS、OBS、BOM、RBS、CWS 分别是工作分解、组织分解、采购分级、风险分解、成本分解系统，技术将全系统参与项目管理过程，受专业水平、工程经验和能力制约，如此庞大的项目系统建立、运行和纠偏等若仅依赖于现场技术团队，很难达到项目管理要求，必须要有技术体系的后台支撑。

例如，四川二滩水电站地下厂房施工由德国公司承建，开工初期由该公司总部教授、博士后和博士组成高端人才团队，负责项目系统建立和实施过程的纠偏两个环节，项目在实施过程中，地质条件、工程环境、设计变更、施工协调等可变因素影响下，每个工作面仍能精确到每天完成的工程节点，这说明高端人才团队参与项目建设操作的重要性。

3. 利用专家团队技术先进性的变现能力

工程总承包项目部与业主、监理不可避免会有利益冲突，从工程总承包项目部角度来说应尽可能进行技术优化，但业主和监理一般认为设计越保守安全度越高，因此，在技术优化方面需要专家团队给业主和监理一个科学合理的依据，利用技术先进性提高项目的变现能力。

4. 施工现场的方案优化管理

在策划阶段要确定技术的灵魂作用，一旦技术解决不好，或不合理，则对项目实施和执行有很大的负面影响，将对项目经营造成不可逆转或不可挽回的损失。在施工现场整合设计、施工各方的技术力量，以设计为龙头，建立工地现场技术部，设计方案或设计图与施工方案将常规的直线作业调整为搭接作业，有效缩短文件报审时间，提高效率。

使设计紧密联系现场实际,在第一时间掌握现场一手资料,为项目顺利实施和加快工程进度创造有利的条件,同时,也能加快与业主、监理方的沟通,容易达到各项设计技术优化的目的。

5. 技术接口关系管理

通过建立协同控制机制,明确接口关系,确定技术人员的定位和角色,避免出现工作真空、 管理混乱、相互推诿现象或指令相互矛盾,以体现协同控制是龙头、设计是灵魂、商务是效益、施工是基础、质量是保障的管理要素要求。

6. 一体化融合管理

相比常规模式而言,工程总承包项目的设计图和设计文件报审流程较多,首先设计院按合同进行施工详图设计,由总包管理部和施工项目部会审,会审后由管理部上报监理审核,重要和关键结构还要报业主核备,审批和核备后,再由施工项目部编制施工方案上报,总包管理部才能组织各类资源进入实施阶段。若涉及设计优化还要业主、专家和各部门会审,时间更长。因此,需要设计与施工技术、采购深度融合,提前介入,为现场实施留出提前量,以保证施工有序进行。

技术融合需要重点关注的事项有以下几点:①设计和施工技术之间的利益关系应以制度固化,在保证工程总承包项目整体正常运行的基础上,建立共享利益、共担风险机制;②一定要按"大部制"组建设计技术部门,以形成合力;③杜绝家长式技术管理,充分民主;④技术、施工方应避免不结合现场实际的设计,以及不看设计的施工方式,积极沟通,结合实际不断优化方案,保证项目的顺利实施。

6.5.3 各阶段技术管理的要点

1. 施工准备阶段

在工程总承包项目开始施工之前,要建立健全的技术管理体制。管理体制的建立一定要能够明确各个岗位、各个级别的责任制,而后匹配所需要的图集、标准、相关资料,并根据建筑工程施工合同的具体要求,结合施工蓝图等,从施工工艺、工序、设备等方面进行深入研究,从而分析建筑工程的重点、难点和特点。通过上述一系列的流程,对于项目就会有相对完整和成熟的总体认知,能够从以往成功的类似施工经验中吸取经验,根据实际情况制订符合实际的实用技术方案,而后依据审批组织设计,进行交底。组织相关人员参加会议,从而能够使施工更加方便,进度和质量也能够得到保证。然后再编制相关必备的安全技术方案，接受公司对项目部完成一级技术交底工作。上述的技术准备工作是项目施工准备当中的重要核心内容，一定要将资料全部收集好，而后做好准备工作，制订出符合技术目标的一系列计划，从而为后续的施工提供最基础的保障。

2．施工阶段

技术管理在施工阶段的主要内容包括：分析各班组及分包商的技术能力；考察、检查施工技术方案的执行和实施情况；监督、检查和验收产品，对于关键工序和隐蔽工序较大的施工计划当中，还要进行严格的检查和验收，如果出现不合格的产品，就不能够进入下一步的工序。而在了解工程实际情况之后，想要提出工程的变更，一定要和工程参与方进行高效的洽谈，使变更资料变得正式化，还要收集和管理工程技术的相关资料。除此之外，还要建立项目的资料，项目当中所需要的各种物品都要进行测试，对于涉及技术标准和规范上的文件，还要进行识别和管理，确保项目施工时符合相关的技术的标准和要求。技术管理在施工时起所产生的作用是为下一步的施工进度做准备。

3．竣工验收阶段

技术管理在竣工验收阶段的主要作用，就是将相关的管理资料进行整理和归纳，然后对技术进行分析、评价和总结，对于项目技术管理的具体实施及产生的问题进行汇总，从中吸取经验和教训，而后进行反思，提出不足和建议，这对于施工技术会是一种创新和突破。由此可见，在竣工阶段技术管理工作能不断优化和提升。

6.6　工程总承包信息管理

6.6.1　工程总承包信息管理概述

1．工程总承包信息内容

在当前所描述的工程总承包项目中，普遍为大额投资项目，在时间和过程方面都有着相对较长和复杂的细节需要逐项处理。从项目全生命周期及相关主体来看，以工程总承包项目立项为起点，经过决策并实施，最终以形成计划内的固定资产为目标。可以看出，工程项目在过程内为不可逆流程，而三个重要阶段在工程项目全生命周期内所发生的动作将会产生诸多的重要信息及数据资料，总称为工程总承包项目信息。这些信息包括招投标文件、各类合同、开工手续、相关管理制度、工程图纸、组织机构构架、技术应用、材料，以及人工市场形势分析、过程内业资料、变更洽商记录等。

其中，一部分为建设方在立项之初的重要参考基础数据，必要的分析将为项目最终是否成型奠定基础；另外一部分为总承包商在制定投标文件直至中标、进场施工、竣工过程中提供有效的数据支撑，在可控范围内确保工程利润可达预期；还有一部分将为监理、业主及行政管理部门作为历史可追溯资料，最终形成工程历史资料留存。其中的图文、报表资料在工程的全生命周期内通过纸质或电子介质留存，会留下大量的信息资料。

2. 工程总承包项目信息管理特点

工程总承包项目综合管理信息较其他类型企业信息存在共性，也伴随着其自身特点在运行中存在，主要体现在以下几个方面。

（1）工程总承包项目全周期积累信息量庞大。建筑类工程本身周期较长，而工程总承包项目，在工程周期、涉及资料内容及往来资料上均会有更大的存储压力，收集及整理工作的难度也相应增大，对高效优质的工程项目信息管理要求也更高，便捷及完善的资料整理系统显得更为重要。

（2）工程总承包项目信息衔接跨度大，周期长。工程总承包项目运行周期内各类资料通过部位或流程节点在时间上有合理衔接的要求，而对于信息的产生、采集、归类、整理、传输、分析处理及反馈要求都需要时间完成，从而形成一条有效的信息链条并成为后续信息累加的重要基础，而其中任何一个位置的动作不及时或传递误差均会对整条供应链信息资料的真实有效性产生重大的影响，特别是在供应链各节点衔接过程中的步骤时差，很可能对下步资料处理动作造成延误，而该延误对整体信息结构的完整性、及时性和准确性造成的影响可能会影响最终的数据结果，并影响数据处理后的引用效果。

（3）逻辑结构外工程信息占比较大。一般建筑类工程项目所涵盖的信息包括工程进度、月结工程款、商务信息等逻辑结构数据，但很大一部分为非逻辑结构数据，包括洽商变更、劳务人员管理、消防安全管理等内容。该部分数据是无法通过软件模型完成数据的流程化的存储、传输和引用。虽然软件无法很好地支持该类数据资料的信息化运行，但是对于整体工程在项目综合管理中却有着不可缺少的重要性。

（4）工程总承包项目信息过程来源渠道多，最终储存处理点多。工程总承包项目运行过程中数据在多方主体参与下，涉及建设方、总承包商、分包方、监理方、供货方、业主方及行业主管部门不同的资料管理要求。各施工环节及流程节点的差异也将会产生各类间接影响，最终会为信息采集中段和收尾处理增加一定的处理难度。在信息采集者、整理者、参考者均平均分布的情况下，对于信息不对称影响最小化的工程总承包项目综合管理信息系统将起到有效作用。

（5）动态工程项目信息的不确定性。作为应用类型综合信息，工程总承包项目信息在其全生命周期内有着极强的动态变化，季节气候影响、劳务技术水平、原材料价格浮动、国家政策标准规范等方面的变化，均会对整体施工造成或多或少的影响。项目管理人员及施工人员的波动又是其中最大的不稳定影响源，在空间和时间上对人员、施工过程、现场及内业方面的实时记录及管理将会有一定的改善作用。

6.6.2　工程总承包信息管理措施

我国工程总承包项目综合管理对于传统模式的依赖是信息管理进程中的一大阻力。通过对现代建筑工程项目管理理论的深入学习和具体实践，才能实现工程总承包项目供应链上的信息管理现代化，有效地完善管理效能、全面的覆盖管理内容、大幅提高生产效率、整体控制生产质量，最终改善提高总承包商综合实力，从而实现工程总承包项目的科学管理。完善工程总承包项目信息管理的具体措施包括以下几方面。

1. 行业主管牵头建立统一信息平台，实现资源共享

借助国家工信部、住建部及国务院办公厅指导意见或政策导向，以各级城乡建设行政主管部门为核心的建筑工程管理及信息共享平台已基本设立到位，在该平台以行业监管为主，并行服务的基础上，可以扩展在工程总承包项目信息收集处理方面的功能，充分发挥其受众广、可信度高、专业性强等方面的社会公众服务功能，针对性地提高工程总承包项目的信息管理能力及管理力度。

2. 通过网络信息平台进行公开招投标，提高工程总承包项目综合管理效能

较传统的纸质方式等单向信息媒介，网络信息平台在信息交流传递上有着明显的优势，工程总承包商如果能够充分利用信息平台将会吸收电子商务的优点，采用网络信息平台的形式公开招投标，优选分包单位，规范招标程序，将大幅提高综合管理效率。

3. 设立建筑企业信用评级制，营造健康的市场竞争环境

国家相关法律法规对各行业均有着必要的权益保护，但是法律是对主体的意识自律和事后的权利维护，无法杜绝侵权或违法行为，如果有综合的企业信用评级和历史业务资料库佐证，从企业选择、企业自律以及行业规范方面将有更好的作用，可以充分保障

有序市场竞争下工程总承包行业的健康发展。

4. 通过提高信息技术应用程度加强服务能力

行业管理与行业服务是分不开的政府部门职能,有效提高市场环境、完善市场秩序、推进健康发展,需要在行业监管的基础上提供更为便捷、公平、公开、高效的职能服务,而信息化综合管理平台无疑将会为此目标提供最为有效的条件。国家对于建筑行业市场建设有着较高的目标,规范的市场秩序、廉洁的市场活动、健康的市场行为、公平的市场环境将对建筑企业生产安全、产品质量、综合管理效率等方面的提高有着积极的作用。而采用科学合理、与我国行业特点相适应的综合信息管理平台和数据处理系统,可以从容地加强市场管理、提高服务意识。目前我国工程总承包项目管理信息化普及程度处于中间阶段,还要进一步提高利用层级,扩展信息处理及综合分析功能,最终实现对产品质量、施工安全、生产管理的优化,实现工程总承包项目信息管理目标。

5. 全面信息公开,规范市场行为

当今网络条件日趋成熟,通过网络平台公开建设工程信息,将对工程总承包项目市场活动产生积极影响,上下游供应链各相关主体可以更为便捷地掌握所需资源,避免不必要的市场运行消耗,推进健康可持续的市场发展,规范有序公平的市场行为,杜绝违法违规行为的滋生。

第 7 章

工程总承包施工管理

▉ 7.1 工程总承包项目施工管理概述

施工管理是工程总承包施工阶段的重要内容,通过对施工内容进行计划、组织、协调和管理,顺利、高效地实现工程项目的建设。在工程总承包项目中,总承包商作为施工管理者,管理对象为项目部内部成员及施工生产周期内的分包商,内容包括整个施工阶段中施工作业控制、分包施工监控,以及设计、采购与施工交叉等各方面内容,任务是在过程中对各方资源进行组织协调,处理其中的进度、质量、成本、技术、安全、人力等关系,最终达到管理目标。

由于目前国内能同时具备设计和施工资质的大型企业不多,只有一小部分工程总承包项目是由同时具备设计和施工资质的大型企业承包,其余大部分是以联合体的形式承包。采用联合体承包的形式有两种:第一种是由施工单位牵头组成联合体,施工企业实力强,施工方在联合体内部处于主导地位,适用于施工技术难度低、施工工艺比较常规、投资大的项目,这种最为常见;第二种是由设计单位牵头组成联合体,设计单位势力强,适用于施工技术难度大、结构复杂、施工工艺创新性大、地质条件复杂、业主要求高和风险大的项目。

这两种不同形式的工程总承包在进行施工管理时有一定的差距,但从管理根本目标和手段上相似性很大。

首先,无论是哪种形式的工程总承包,对于施工管理都要从以下两个方面考虑:施工准备管理、施工过程管理。具体的管理内容都包括设计、施工技术方案、时间、资金、劳动力、建筑材料和设备机具等。

其次，施工过程的管理组织架构基本相同，都是由项目经理牵头，再由总工程师、工程部长、安质部长、商务经理等分别负责项目施工过程的质量、安全、工期造价等管理工作。

其中，项目经理主持全面工作，负责根据合同文件中有关工期、质量、安全文明施工、成本控制等各项目标的施工工作，以及人员调配、财务管理、对外协调等。

项目总工程师是工程项目的技术主要负责人，对工程项目的工程施工质量负有重要责任；贯彻执行工程项目质量方针，并确保工程施工进度及质量目标的全面实现；为了确保质量管理系统的有效运行，负责审批组织内部的质量、施工组织设计，组织重大技术攻关活动等。

很多大型的工程总承包项目还设有项目副经理，负责协助项目经理工作，主抓关系协调、生产进度、安全、文明施工等。检查项目经理部各职能部门工作落实情况，重点监控施工进度、安全文明施工。

其他项目控制层，包括工程部长、安质部长、商务部经理等分别为工程的施工质量、安全、成本核算等的主要负责人，确保工程施工符合技术、质量标准并达到各项技术经济指标，完成并实现项目质量方针和质量目标。严格执行施工及验收规范、施工技术措施（方案）和施工组织设计安排、协调各工序的衔接和质量计划的执行，创造安全文明的施工环境，均衡生产。严格执行质量、安全、进度要求和措施，及时认真组织处理返修、返工及经检查提出的不合格项，并对处理结果和纠正措施的执行负责。对违章施工造成的质量、安全等问题和损失负责。按要求组织编制施工记录资料。

分包单位领导及职工是将设计意图付诸实现，对所施工的工程质量、安全负直接操作责任。严格按要求施工，保证施工质量，对质量不合格品负责。严格遵守劳动纪律、工艺和操作规程，做到安全文明施工，进行工序保护和标示工作，对违反规则产生的质量问题负责。工序完成后进行自检，合格后通知班组长进行检查，还应做好施工记录和自检记录。

以上为工程总承包项目的基本管理实施组织架构，根据工程总承包项目的规模大小、工艺复杂程度等还可能设置部分管理岗位，以达到精细管理、合理分工的目的。例如部分工艺复杂的工程总承包项目需增加专项的工艺责任工程师、设备责任工程师等。无论多么复杂的组织架构模式，其核心目的都是实现施工过程管理的精细化、全面化，但并不是越细致的部门设置、人员分工就能更好地实现施工管理。过于复杂的管理架构容易出现职能重复，责、权、利不明会导致项目管理混乱。而过于精简的管理架构则容易出现管控不及时、管控不到位、专业能力不足的情况。因此，只有找到最适合目标项目本身的管理组织架构模式并设置合理的管理人员职能分工，才能最大限度地将复杂的工程总承包项目施工管理工作精益化、高效化，从而更好地实现工程总承包项目各阶段的施工管理。

最后，工程总承包项目施工阶段协调的任务重大，面对的各方面关系较为复杂，首先要保证项目的进度、质量、安全、成本按照既定目标完成，同时需协调业主方、监理方、分包方、政府部门等的关系，因此施工阶段的管理将决定项目能否顺利完工。

工程总承包项目需制定安全管理程序、进度管理程序、质量管理程序等一系列程序，以保证施工阶段各项目标的达成，在编制相关的管理程序时，需结合企业自身的管理体系及最新的法律法规、总承包模式的规定，综合考虑设计、采购、施工各个阶段，注重各个阶段的相互搭接及串联，保证项目安全、质量、进度及成本处于稳固高效状态。为了保证项目高效运转，工程总承包项目的协调管理机制至关重要，因此需专门设置协调委员会，协调委员会组长需由项目经理兼任，同时建立长效的管理协调机制及管理体系。由于工程总承包项目往往较为庞大，需要协调的任务量较大，项目经理的协调范围有限，为了保证项目协调更加高效，可设置企业高管作为项目集资源协调者，协助项目经理协调各方关系，通过企业顶层提高协调的力度。

为了更加高效地解决问题，可以调动工程总承包项目的优势资源集中解决某个单体项目中的难点，从而为项目实施进度、质量保驾护航。同时，可以将具有共性的问题总结汇总，完成组织过程资产的更新，进而提高项目部及企业的经验应用价值。

在施工阶段也不能由施工部门孤军奋战，要注重与设计、采购部门的对接，转变设计部门仅仅作为设计者的观念，引导设计人员全程参与项目建设，敦促设计部门及时发现问题解决问题，才能体现工程总承包项目的优越性。

7.2　工程总承包项目施工准备管理

施工管理准备衔接设计阶段，在既定的工期内，制订施工进度计划、质量管理计划、成本管理计划、安全管理计划、人力资源计划，进行沟通协调，完成施工方案、施工组织设计方案，以指导施工管理实施。在此阶段还完成施工分包商的选择，通过招标选择具备相应实力及类似施工经验的分包商。在项目实施之前，项目经理及其他主要成员研究合同的重要条款，对主要成员就项目特点进行培训，使管理人员能够以合理、合法、合规的方式履行施工管理程序，为项目开工奠定良好基础，从而减少施工阶段的冲突。同时，项目经理制定或审核施工管理程序，结合企业制度、"三标"等相关体系等，统筹现场管理人员的责权利一致，按照管理制度实施施工管理。

施工准备阶段的施工管理主要任务包括以下方面。

（1）任命施工监控部负责人，建立施工监控部。

（2）由项目技术负责人组织编制项目施工部署。

（3）提出初步的施工进度计划，并配合项目策划控制中心编制项目总进度计划。

（4）进行现场调查，提出施工方案，供设计工作参考。

（5）准备项目施工分包内容，调查拟参加施工投标的施工单位的资质。

（6）深入熟悉项目设计部各专业的设计文件，从施工安装的角度审查有关施工方面的图纸，并提出意见。

（7）根据设计文件组织编制施工分包招标文件。

（8）组织招标、评标、定标，协助项目经理与中标施工分包商签订施工分包合同。

（9）制定包括项目施工协调程序、施工进度计划、分包合同管理办法、施工材料控制程序、保证施工安全程序，以及事故处理措施等在内的项目施工程序文件。

（10）如果项目施工分包给若干个施工分包商，应在施工组织设计中编制总体施工组织规划，协调各施工分包商之间的进度和施工方案。

7.3 工程总承包项目施工过程控制

施工过程控制包括施工实施过程和施工收尾过程两方面的控制。

7.3.1 施工过程控制概述

1. 施工实施过程管理

施工实施过程管理是根据准备阶段制订的计划，对分包进行管理，协调设计、分包、业主的关系，经常检查施工实际情况，将实际情况与计划进行对比，分析存在的偏差，以及对施工过程的影响，找出调整措施，纠正偏差，保证完成质量、进度、成本、安全等目标。施工实施过程管理主要是通过采取相应的控制措施和方法，实现对进度、质量、成本、安全的控制。其主要管理任务包括以下几个方面。

（1）进驻现场。在施工现场，施工监控部负责人除领导指挥现场施工管理工作外，还被授予部分项目经理的职能，代表工程总承包企业与业主及施工分包商联系工作。

（2）检查开工前的准备工作，落实"三通一平"及施工分包商的施工组织设计，然后商定开工日期。

（3）检查设计文件、设备、材料到货及库房准备的情况，确保开工顺利。

（4）编制施工进度计划和三月滚动计划，检查由施工分包商编制的三周滚动计划，控制工程进度。

（5）向策划控制中心定期报送项目施工进度、费用和质量问题的书面报告。

（6）处理业主及施工分包商提出的工程变更。

（7）进行现场设备、材料的库房管理。

（8）协助 HSE 安全环保部门进行现场施工的 HSE 管理。

（9）认真填写施工管理日志，做好工程施工总结和施工资料归档。

（10）督促、检查施工分包商做好试运行前的准备工作，包括完成设备调试工作。项目竣工后，要做好交接验收和现场收尾工作，包括施工机具的处理、剩余物资的处理、竣工资料的整理和移交、人员的遣散等。

另外，在项目施工实施阶段，要及时、经常审查施工现场的报告，分析存在的问题，及时处理需由总承包商协助现场解决的问题。

2．施工收尾过程管理

施工收尾过程管理是在施工结束后，组织项目部管理人员实施移交手续，对工程质量、成本、进度、安全等进行成果验收，评估项目的施工管理效果。在内部审核合格的情况下，组织业主、监理对工程进行验收。最后，组织项目班子完成过程资产的更新。

7.3.2　施工进度控制

工程项目施工进度控制与项目成本、质量和安全管理等息息相关，共同确保能够在节约工程成本的前提下，合理配置资源。在工程项目的日常管理的进程中，进度的把控尤为重要。进度控制的实质就是运用科学的管理办法保证工程能够按照计划进行，不超过预定的工期，是一种动态的活动。

进度控制最常用的是横道图与网络图。前者能够清晰地表明每个项目的施工时间和搭接时间，但是不能够清楚、快速地找到关键线路；后者恰恰相反，能够清晰地找到这条关键线路，能够第一时间指出各个节点存在的问题，进而发现这些问题对进度计划的影响，通过优化关键路线来规避产生的缺陷。

1. 影响施工进度的主要因素

实际的工程总承包项目中，人员、机械设备、方法、材料、自然和社会环境是影响进度控制的主要因素。

（1）项目范围不明确。虽然项目范围在项目实施阶段就已经由业主和总承包商以合同的形式明确，但由于一般工程总承包项目建设的周期比较长，存在较多不可预见的风险和变故，实施项目范围不可避免地与事先计划的范围存在偏差，造成项目范围的变更，而变更幅度的大小必然会对进度的控制存在一定的影响。因此，在项目实施中，业主和总承包商要时刻收集、预测项目范围变更的信息，提前预防，及时分析变更可能对项目进度产生的影响，采取必要的纠正措施。

（2）工程总承包项目管理人员的技术能力和管理水平存在差异。总承包商在进度控制中主要的工作就是保证各相关参建方沟通畅通，需要做大量的技术协调和信息沟通工作，需要有足够的技术能力来支持，并且需要项目管理人员有很高的沟通协调能力，如果其能力不能达到要求，则无法使各相关方能目标一致地为项目工作，造成管理混乱。

（3）资金到位及时性。资金是工程进度控制的关键因素，是工程持续推进的动力，但是往往由于各种原因，资金不能及时按合同支付，以致极大地影响施工单位的工作热情。因此，在工程实施中，要提前准备好项目资金筹备，并及时对资金不到位做出纠正措施。

（4）分包商确定。为了节约费用，总承包商往往在确定分包商时，青睐报价最低的分包商，而忽略分包商工程建设的能力。这会从根本上影响项目工期，导致进度控制失控。所以说，合理选择分包商是保障项目进度的关键。

（5）项目出现非预见性因素。例如，增加了围墙、栏杆、电缆等材料，需要变更项目管理范围，或设备出现了重大故障，需要返厂修理，等等。

（6）设计进度不能满足施工，设计变更太多，导致施工无法连续。

（7）施工分包商对自己的管理水平要求较低，导致体系运行不畅，人员素质不高。

（8）里程碑计划、三级网络计划编制有问题，如工序安排错误、工期不科学等。各参建单位、各配合专业、各相关工序间的交接配合杂乱无章，打乱了进度安排，致使现场作业脱节，出现停工待料的情况，使工程不能如期正常进行。

（9）建设所需的设备、材料无法按期到达现场。因为许多无法预料的情况，材料不能按期到达施工现场，或在安装调试过程中出现重大的不能满足工程需求的设备质量事故。

（10）项目管理不符合预期。施工现场极易产生安全隐患，引发质量事故和安全事故，现场被勒令停工，对事故进行调查、分析、处理，导致进度无法受控。

（11）工地出现突发事件，如恶劣天气、地震、临时停水、停电、交通中断等，造成施工工期延误。

2. 施工进度控制的措施

（1）编制合理的施工进度计划。施工进度计划的安排和控制是项目管理、控制的重要内容。在项目总进度计划的指导下，在保证各项工作的深度和质量的前提下，合理安排施工顺序和现场规划，避免因施工方案安排错误而造成延误，同时协调施工外部环境，使其能够促进施工进展，减少外部阻力，从而达到缩短整个项目建设周期的目的。这些是项目经理及全体项目部成员的重要工作目标。其主要过程包括以下几个方面。

1）分析并论证项目总进度计划（包括设计、采购）。

2）编制二级进度计划，不断深化该进度计划成三级计划。

3）协调设计、采购、施工、试运行等主要里程碑的进度衔接。

4）制定进度控制流程。

5）定期检查进度情况，审查进度偏差情况，并部署后续进度任务。

6）审查用户变更及项目变更对进度的影响。

（2）快速进场，按计划准时开工。保证工程第一时间开始施工，并且具有不间断施工的条件就是要有一整套项目前期的筹备方案。按照工程进度要求，项目部做好相应的前期动员，以及所需的施工资源准备。前期准备需借鉴已往相似工程总承包项目积累的成功经验，从设备供应、技术资料、设计图纸等方面协助项目公司工作。利用以往施工积累的经验教训、技术资料，编制施工组织总设计、质量计划、作业指导书、施工组织专业设计、验收评定表，制订周密的设备材料供应及施工进度三级计划。根据施工组织设计文件及项目公司批准的总平面，对生产和生活临建施工进行合理安排，快速进场形成生产能力。

（3）优化资源配置，实施动态管理，确保工程进度需要。优化资源配置，保证资源供应是确保工程进度的重要条件。按照实际工程总承包总体计划进度的要求，运用现代化网络技术，进行资源优化配置，运用相关管理软件进行动态跟踪和调整，保证项目材料的供给与施工计划相匹配。

1）保障人力资源的科学调配。按施工组织设计劳动力计划曲线，进行优化配置，根据实际施工进度进行动态调配。

2）优化机械设备投入。为确保工程进度按期完成，根据建设项目的特点，很多大型的机械设备需要满足一定的环境要求，如龙门吊、送料卷扬机等。还有一些在施工过程中试验所需的设备，如钢筋焊机、无损检测装置等。以上设备都需要按照要求采购，保证整个项目机械化运转正常。

3）加强管理、做好物资供应保障。工程总承包项目负责人应该强化机械设备和物资的管理职能，实时地和所在区域的监理企业进行协调，制订采购进场计划。同时，机械设备的维护和管理要有专人负责，人员数量要与现有设备相匹配。要求相关人员娴熟地掌握物资系统的应用，实行科学的管理，利用网络实现沟通和传输数据的功能。运用相关标识系统实现产品的登记、检查验收、分配管理等功能。

材料采购部门的前期准备必须十分充足，合理安排物资采购、预定或提前加工，要有预判物资是否能够及时充分地运达施工现场的能力。积极协调业主、监理方在物资机械的交付过程中关于瑕疵的处置，进而保证每个进度节点都能够满足既定要求。

制订材料、构件、半成品及加工件需要量计划，保障采购、运输、保管和发放渠道畅通。编制施工机具需要量计划及进入施工现场时间计划，合理调配提高机具的利用率。

（4）优化施工顺序，合理安排工序。构建完整的现场指挥调配体系，强化施工场地的沟通和组织工作职能，科学地布置每个分部分项工程，保证现场各项工作井然有序地进行，通过合理安排各工序、工种之间协调作业，使下道工序能够尽早提前开工，使总工期得以缩短。

（5）编制科学的技术方案，保证进度。

1）制定切实可行的作业指导书，确保高质量、高效率、安全、准时地完成工程项目建设。总承包商需根据本次施工建设的始末所遇到的问题和困难，以及解决问题的办法措施，对这些资料进行分类梳理，总结经验教训，更好地为今后的工程总承包项目服务。

2）完善图纸的会审质量，要提升会审的水平，进而将施工质量提上更高的台阶，避免因图纸因素导致进度滞后的现象发生，保障项目建设稳步推进。

3）强化技术交底的目的、意义和交底质量。交底的最终目的就是要让所有人员明白自己要做的工作包括哪些，如何高质量地完成这些工作。好的技术交底能够合理利用工期，避免成本浪费，保证进度按计划顺利进行。

4）科学进行厂区的分组合并。根据材料产品的特殊性，如材料占地、运输方便性、施工工序等要求进行科学的重组优化，保证进度不落后、设备安装符合要求、管线布置在允许的误差之内，避免窝工。

（6）加强施工组织管理，抓好关键节点进度。

1）为了尽快地满足施工进度要求不滞后，必须要投放丰富的机械和人力物力，最大限度保证多个节点平行作业，把准备工作做充分。

2）科学调配，最大限度地运用可以利用的资源减少关键线路时间。做好施工前的计划工作，进一步完善施工计划，编制特殊天气施工技术守则。围绕施工管理重点狠抓关键路线，紧紧地以最长时间的线路为中心，组织利用现有资源，保证每一个工序都能够顺利进行，这些工作能否顺利进行直接影响项目的工期，所以要充分保证人员和机械富足。

3）构建完整的管理体系，完善每个部门的制度建设，按照层级进行布置，实行岗位责任制。

4）工程所在项目人员必须听从业主和监理的指挥和监督管理，积极与各方主体沟通，包括物资设备生产商等。

5）强化项目的施工管理，必须有完整的沟通调配体系。每周定期定时组织生产协调会，各负责人汇报各自部门的生产情况，形成汇总材料，与进度计划进行对比，根据现有的资源进行进度计划动态调整，保证工期不滞后。

6）强化项目施工便道和料场的管理水平，尽力保证所需的材料运输畅通周转；对于现场临时放置且不便移走的设施的管理可以加强，对需要拆除的临时安装工程委派对应人员进行维修管理，确保施工用水、用电及时供应，加强对临时排水系统的管理，尽力减少可避免的人为因素和自然因素对施工的影响，使工人可以正常施工。

7）对设备及系统的调试和验收进行严格把关。加强对设备从静态到动态运行、生产的管理，大力完善执行分包制度。在设备运行前期，准备工作做得越完善充分，后续的运营状态越安全可靠，运行的状况更加优良，各机械设备载重作业，机械施工环境更加优良，维修维护时间逐渐缩短，种种状况叠加在一起，保证进度计划稳步推进。

（7）以质量保进度。构建整套的质量管理制度和方案，搭建管理框架，在项目施工初期，按照实际情况和工期要求制订前期规划，制定好质量的等级指标，分析项目可能的风险因素，对风险因素进行分类统计，按照业主和监理的验收指标做好保证质量的相关措施，高水平地控制好项目建设的各个环节，进而在提升进度的同时避免窝工。

1）总承包商按照业主和监理方关于项目的进度计划和要求达到的质量等级编写需要培训的内容规划，按照工程涉及的方方面面，有效地组织开展各项培训工作，提升专业人员的业务素质。

2）根据工程项目的特点，分别编写单位、分部、分项工程节点的验收程序，科学地编写施工组织设计。

3）落实施工动态监控监察程序，特别是对一些隐蔽工程的验收和预留预埋的附属设施等。

4）所配置的质量监督人员要与工程合同价相匹配，按照规范要求设置满足数量的人员，对重点工程的隐蔽项目施工前，第一步是自检，第二步是互检，第三步是专项检查验收。

5）在关键线路上的每一个工作环节必须要经过监理和业主的检查验收，合格后才能进行之后的施工。

6）积极预防工程质量缺陷，完善相关管线的埋设及接头的质量、管径的对接链接、安装误差等。

（8）以安全保进度。严格落实"预防作为主要工作，安全放在首位"的政策。项目经理必须树立"安全是全部"的理念，以规章制度为准绳，以安全法和安全生产管理条例为出发点和参照，积极主动地落实安全生产委员会关于安全工作的相关要求，按照安全工作设定岗位责任制，总承包商安全经理负总责，其他分管领导负连带责任，树立起"管生产就要管安全"的责任，同时将环保落实到实处，保证项目从开始到竣工验收始终处于安全可控的范围内。

1）将总承包商安全负责人设立为整个项目关于安全生产的第一责任人。项目部设立安全生产检查部门，包括安全部长和安全员。安全员的设立与工程合同额有关，按照一定的比例设定相对应的人员数量。同时，建立环保安全执法部门，保证在安全、健康、环保的环境施工。

2）扎实推进企业、项目、班组的阶梯式培训工作。对新入职的员工开展安全教育培训，学习以往的经典案例，警醒员工时刻保持安全生产的意识，对培训达到标准的人员建立档案后方可准许入职。

3）制订安全巡查方案，特别是对重点工程环节的检查。按照施工组织设计的内容进行安全文明施工，绝不姑息违反规章制度的行为，加大惩治覆盖范围，把各种安全隐患逐一解除，争取实现零事故目标。

4）项目负责人定期组织人员召开例会，会上将上一阶段的工作情况进行总结汇报，分析项目建设过程中存在的安全问题、不良因素及解决办法。

5）制定分项工程作业指导书和整个施工组织设计时，安全防范措施必不可少。在开工建设之初，要进行三级技术交底工作，即总工程师交底技术主管，技术主管交底技术员、安全员，技术员交底作业班组人员。层层交底，杜绝危险发生，确保安全防护工作落实到位，出现问题马上启动应急预案。

6）施工机械设备必须经过第三方检测检验合格方可使用。项目总工程师和工程技术负责人要对应用在项目上的各种仪器进行检查，检查合格后才允许在施工现场使用，同时建立检查、维修记录。

7）编制特殊季节施工应急预案，及时有效地应对暴雨、泥石流、高低温天气带来的不便，提前进行预防准备，做好应急物资救援准备。

8）构建施工现场绿色文明施工环境，场地整洁，无垃圾污水乱排现象，施工便道保持通畅，设备材料摆放整齐。

9）必须严格遵守施工场地的安全设备设置准则，使用标注鲜明的警示牌，配发合格使用证。

10）对工程施工必要的安全保障设备，如防护绳索、测速器、自动上锁器等，在使用之前一定要仔细检测外观，按期检测器械性能，确保合格方能投入使用。

（9）用经济举措保障施工进度。

1）用承包目标风险来管控项目施工，考核各部门的执行情况。采用合理的风险管理体系，以定性定量相结合的方法把控施工关键环节，降低风险，保证施工进度。

2）提升施工人员工作主观能动性，总承包商在各个工程关键节点实施有效的奖惩方法和举措，通过切实可行的经济利益达到按期交工的目的。

（10）催交设计图纸和设备交付进度。

1）工程工期进度脱节，图纸、设备不能按时交付是一个很主要的原因。设备、施工图纸应按计划交付，总承包商应积极主动协调设计、施工分包商、配合监理做好设备、施工图纸的交缴工作。

2）做好设备监造和出厂验收，把好设备质量关，尽量把设备制造过程中的缺陷消除在出厂之前，以优质的设备确保工程进度。

3）预先建立预控措施，及时调整施工顺序，确保总进度，以此防范因为供给设备、技术图纸等方面导致的延期，或突发事件导致的工程不能按期交付。设备到达现场需及时组织施工，必要的情况下需投入全部的人力、物力来保障工程的进度。

（11）采用新技术新工艺提高工效，缩短工期。

1）充分利用现代化信息手段，如 BIM、大数据、物联网等技术，辅助施工信息传递、信息处理过程，降低信息传递失真率，提高信息提取和处理效率，及时发现并处理施工现场出现的突发问题，提高施工过程中相关方的信息传递效率，增加整个施工过程中各方的协调配合能力。

2）适时采用新型建造手段，如装配式建造、绿色建造、精益建造等。合理利用新型建造手段不仅能提高进度控制能力，提高工程质量，还能够提高项目的绿色文明施工能力。现代化的工业建造技术已经日渐趋成熟，因地制宜地采取合理的新型建造技术能够提高资源利用效率、减少能源浪费，建造过程工业化率的提高，能够从根本上提高工效，缩短工期。

7.3.3 施工成本管理

施工阶段的成本管理主要是施工过程中设备材料的变更控制，以及潜在价格波动风险、运输风险、保险成本等控制。

1. 建立成本/进度控制基准曲线

在施工阶段，要定期检查项目成本。造价经理上报的挣得值法分析图，如图 7-1 所示。其中，BCWP 为已完工预算成本，ACWP 为已完工实际成本，BCWS 为计划工作预算成本。

在图 7-1 成本偏差（CV）计算公式中，当 CV≤0 时，即表示项目运行超出预算成本，应该采取相关的改进措施及优化方案；反之，则表示实际成本没有超出预算成本。在图 7-1 进度偏差（SV）计算公式中，当 SV≤0 时，表示进度延误，即实际进度落后于计划进度，应该采取相关的改进措施及抢工措施；反之，表示进度提前，即实际进度快于计划进度。项目经理定期检查费用偏差情况，及时审查相关的改进措施及方案。

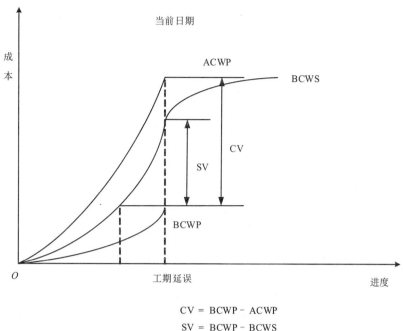

$$CV = BCWP - ACWP$$
$$SV = BCWP - BCWS$$

图 7-1　成本/进度分析

2. 变更及签证对费用的影响

（1）业主方变更。业主方变更是指由于业主工艺需求变化或其他原因引起的设计变更，责任主体为工艺总师。工艺总师首先需判断变更的必要性，若必要，需协调工艺和设计相关专业向造价专业提出变更估算条件（包括工程量、做法等），造价部门进行费用估算，由工艺总师向业主报送"项目变更费用估算表"，并协调业主签认事项及费用。若业主同意变更，则进入正式设计变更程序，同时工艺专业和造价专业均需做好业主需求和费用确认的相关资料的留存工作。业主同意变更后，专业设计开始启动正式图纸设计，设计完成后交由设计部门，设计部门将设计图纸移交至造价部门，造价部门根据设计图纸确定预算，最后由设计部门上报"设计图纸（变更）确认单"由业主方审批（包括图纸及费用）。业主方对图纸及费用审核完成后，由设计部门下发其他单位设计变更通知单。

（2）非业主方变更。对于因设计自身原因、分包单位原因及其他非业主方原因引起的设计变更，设计部门发出最终设计更改通知单或修改图纸前，建筑总师（或建筑主持人）需将相关变更资料统一收集整理后送交造价部门一份，造价部门进行详细费用估算并填写"项目变更费用估算表"。"项目变更费用估算表"签字齐全后作为设计变更通知或修改图纸的组成部分，一并发至设计部门，设计部门将设计图纸发至监理机构及业主审核，审核同意后发分包单位。下发至分包单位后，分包单位上报"设计变更费用确认单"，由造价部门确认，最后由项目经理签字后执行，最终放入与分包商的结算费用中。

（3）根据各种调整及变更确定的动态投资控制。为了更好地控制投资，需编制工程总承包动态投资控制表格，包括与供应商及业主方有关的动态投资控制表，主要作用是让项目经理能及时把握投资目标的情况，并采取相应的措施。

1）工程总承包商与分包商之间的动态投资控制。总承包商与分包商之间动态投资控制主要由招标及合同价、过程控制价、结算价三部分构成。其中，招标及合同价下设总承包中标价、投资控制目标、招标控制价及分包中标价，前两者用于指导招标控制价的确定。过程控制价下设甲供材料设备调整、甲控乙供材料设备调整、风险材料调差、人工费调整、甲方原因及非甲方原因产生的变更及签证等，各项和即为分包结算价。当分包结算价低于分包中标价时，项目风险基本为零；当分包结算价高于分包中标价但低于投资控制目标时，项目费用处于可控状态；当分包结算价高于投资控制目标时，项目处于费用不可控状态，要采取紧急措施。总监组织项目经理、设计部、施工部、造价部门等进行分析，包括对表格的准确度及完整度进行分析，若统计准确应采取其他措施，如减少设计变更、进行节省费用的设计方案优化等措施。总监定期检查投资控制，保证项目费用在可控状态下运行。

2）工程总承包商与供应商之间的动态投资控制。总承包与供应商动态投资控制主要由招标及合同价、过程控制价、结算价三部分构成。招标及合同价下设总承包中标价、投资控制目标、招标控制价及中标价。当结算价高于投资控制目标时，项目处于费用不可控状态，要采取紧急措施，项目经理组织设计管理部门、施工管理部门、造价管理部门进行分析，包括对准确度及完整度进行分析，若统计准确应采取其他措施，如减少设计变更、进行节省费用的设计方案优化等措施。项目经理定期对投资控制进行检查，保证项目费用处于可控状态以下运行。

3）工程总承包商与业主之间的投资动态控制。总承包与业主动态投资控制主要由合同价、过程控制价、结算价及利润四部分构成。合同价下设总承包中标价。过程控制价下设甲供材料设备调整、甲控乙供材料设备调整、风险材料调差、人工费调整、甲方原因产生的变更及经签证等，求和即为结算价。其中，结算价与"总承包与供应商项目动态投资控制"中分包结算价之差即为利润。项目经理定期对利润进行检查，当利润大于设定的利润率时处于可控状态；当利润小于设定的利润率时，处于不可控状态，应及时采取措施。项目经理组织设计管理部门、施工管理部门、造价部门进行分析，包括对表格的准确度及完整度进行分析，若统计准确应采取其他措施，如检查业主方变更确定的费用是否准确、进行节省费用的设计方案优化等措施。项目经理定期对投资控制进行检查，保证项目费用处于可控状态下运行。

每月检查项目是否按照"以收定支、量入为出"的原则执行，动态进行收支平衡控制，保证分包商的积极性及付款的准确性，促进现场进度。

在工程总承包项目中，总承包商首先做好与各分包商的竣工及交接工作，对采购合同等文件进行收尾，不仅考虑分包商的质量保修金，也要汇总设备材料台账。然后要与业主做好最后的施工验收和竣工结算工作，在工程保修期间，项目经理明确分包责任，要求保修责任人根据实际情况提出保修计划（包括保修费用），以此作为控制工程保修成本的依据。项目经理审查竣工结算报告，确定是否达到预期目标要求。

7.3.4　施工过程质量控制

1. 质量管理的目标

（1）能够严格遵守相应政策措施及法律法规。项目及其涉及所有活动能够严格遵守已签订总承包合同中约定的标准、规范及要求。

（2）项目全部工程达到国家现行（或工程所在国）的验收标准并能够满足客户需求，交付后服务兑现率达到预期目标。

（3）杜绝重大质量事故，确保项目顺利如期实现竣工交付，满足项目建成后的运营安全和使用要求。

2. 质量管理的职责

（1）编制项目质量计划。施工监控部负责工程质量管理工作，负责对分包商和合作单位质量工作的协调和管控，负责编制项目质量计划。

（2）确定质量目标和质量标准。

（3）制定质量管理制度。

（4）组织质量事故处理，组织质量分析，提出纠正措施。

3. 质量管理的内容

（1）制定建立项目自身的质量管理方针，针对项目的质量管理目标进行质量策划，建立相关的质量管理组织与职责，采用正确的质量控制方法。

（2）做好识别相关质量过程，确定好质量管理及控制标准，制定具体的质量控制程序，提供相应质量管理资源。

（3）明确相关的质量检查办法与试验办法，对工作任务进行质量监控检测，分析质量结果并采取相应的措施。

4．质量管理的方法

（1）PDCA 质量循环法。PDCA 质量循环法是一种循环质量管理方法，通过分解，将质量目标按照质量管理的原则分成不同的质量管理层次，并将每个层次分成若干个控制单元，每个单元都通过质量计划、工作实施、质量检测和检测结果处理四个紧密想连的环节进行质量管理。因此，能否做好最小单元的质量控制是该方法成败的关键。通过反复循环，可对质量管理方法进行不断改进，从而使产品的质量不断提高，如图 7-2 所示。

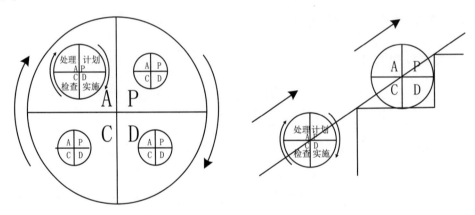

图 7-2　工程总承包模式下 PDCA 循环图

（2）试验设计法。以取得最佳质量为目标，通过科学分析和研究设计出管理模型，通过反复测试，排除非主要因素，使管理模型的纹理逐渐清晰。通过设计实验并进行测试，可以最小成本获得与质量指标紧密相关的因素，并找出影响质量目标的主次因素，为企业制订最优的质量方案提供科学依据。

（3）帕累托图法。帕累托图是一种直观的概率图，通过统计学的方法，按照质量事故发生的概率大小绘图。在帕累托图中，有利于将需要进行质量改进的领域摆在优先位置，还可以通过比较前后解决的问题，对纠正措施效果进行分析。该方法多用于事后分析，对原因归纳和相关数据的统计具有较高的要求，如图 7-3 所示。

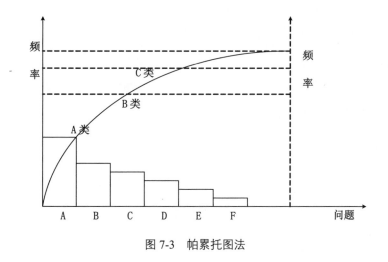

图 7-3　帕累托图法

（4）因果图法。因果图因其形状与鱼骨相似，又称鱼骨图，通过对具体问题因果关系的分析，层层追究问题根源，并将主要因素作为图形的主干，列出各个相关因素，通过整理绘制成图。因果图能够将复杂的问题清晰化，分析结果往往一目了然，如图 7-4 所示。

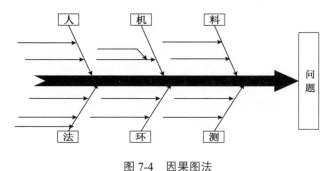

图 7-4　因果图法

7.3.5　项目 HSE 管理

1. 管理目标

为明确项目部对项目职业健康、安全与环境（HSE）监控的管理目标、工作内容，制定安全管理制度，确立项目部各级 HSE 责任制度，制定项目部安全管理措施及操作方法，实行对项目系统化、科学化的 HSE 管理。

HSE 管理的总体目标是减少由项目建设引起的人员伤害、财产损失、环境污染和生态破坏，降低项目风险，促进项目可持续发展。

项目部应根据规定并结合项目实际情况，按照主管部门的相关要求，建立项目部安全目标管理制度，确定项目健康、安全和环保的总体目标，并根据本企业年度安全生产目标，确定项目年度安全生产目标。

项目部应与各部门、各分包商及合作单位签订安全生产目标责任书，责任到人；应制定 HSE 目标的考核办法和安全生产奖惩措施，对目标指标的完成情况进行定期检查和考核，并根据考核结果实施奖惩。

2. 管理职责分工

（1）项目部管理职责。项目在正式开工前，项目经理应组织成立项目部安全生产管理小组，并将安全生产管理小组文件报备企业主管部门。项目部安全生产管理小组对公司 HSE 管理机构负责。

（2）HSE 管理组织职责。

1）安全生产管理小组组长职责。一般情况下，项目经理为项目部安全生产的第一责任人，对本项目范围内的 HSE 管理工作全面负责，履行安全生产第一责任人的职责、权利、义务，其具体职责如下：①负责组建项目部安全管理机构，配置专职安全管理人员；②贯彻落实国家及所属地有关安全生产的法律、法规及公司安全管理要求；③制定、完善项目部相关规章制度和安全管理策划方案并组织落实；④负责安全管理费用的批准及监督落实；⑤负责组织监督检查工程安全管理的实施情况；⑥负责组织对工程安全事故的调查、处置及事故处理。

2）安全生产管理小组副组长职责。包括：①负责组织编制 HSE 管理计划；②组织项目部安全管理机构的落实；③落实公司安全管理要求及项目部相关规章制度；④组织对项目进行大型检查活动；⑤组织对各分包商和合作单位的安全管理工作进行考核与评价；⑥完成组长交办的各项工作。

3）安全生产管理小组成员职责。①负责日常各项 HSE 的具体检查和管理工作，包括：HSE 目标和工作计划的具体实施；项目部培训计划的实施；依据企业的管理要求，确定 HSE 的管理重点，编制 HSE 管理实施细则；具体实施对工程安全进行安全检查；项目安全信息的上报，落实项目信息化建设；项目部应急计划的编制和执行。②设计管理部门通过对设计的管理，为工程建设全过程的安全文明施工提供技术与设计方面的服务和支持；参与应急预案的制订、修订，发生事故时负责技术处理措施及督促措施落实情况。③设备采购管理部负责抢险救援物资的供应和运输工作；负责应急抢险用车及设备的管理工作。④施工监控部参与 HSE 危险源识别，监督落实施工过程中各项 HSE 管理措施的落实。⑤财务部负责事故处理措施、相关计划资金的落实，并收集、核算、计划、控制成本费用，降低资源消耗，对经营活动提供资金保障。⑥办公室负责日常后勤保障及职工卫生健康管理工作，负责现场医疗救护指挥及受伤人员分类抢救和护送转院工作，并负责治安保卫疏散工作。⑦各分包商和合作单位负责各自单位的日常 HSE 的各项管理工作；负责事故处置时的现场管理和职工队伍的调动管理工作；负责事故现场通信联络和对外联系，并负责警戒及道路管治等工作。

（3）编制项目的 HSE 管理计划。项目开工前，项目安全生产管理小组常务副组长应组织编制 HSE 管理计划。HSE 管理计划应根据公司相关要求并结合项目具体情况编制，还应遵从工程承包合同、相关法律法规的要求。

项目 HSE 管理计划编制完成后报项目经理审核签字，然后报送监理机构审查，审查通过后可用于指导项目的 HSE 管理工作。

（4）法律法规与安全管理制度。项目部应结合项目特点评估适用的法律法规及相关要求清单，并组织对项目适用的法律法规、技术规范等进行解读和培训。

项目部应结合项目特点，组织编制项目安全生产管理制度，报项目经理批准后下发各部门、分包商及合作单位执行。项目安全生产管理制度包括但不限于以下内容：①安全教育培训制度；②安全检查制度；③安全隐患停工制度；④安全生产奖罚制度；⑤安全生产工作例会制度；⑥安全事故报告及处理制度。

项目部应及时对相关安全生产管理制度进行修订和更新，以保证制度的适用性和效果。

（5）安全生产投入。为确保 HSE 管理计划的顺利实施，认真贯彻"安全第一、预防为主"的方针，规范安全生产投入管理工作，项目部应依据《中华人民共和国安全生产法》或项目所在国相关法律法规的要求和有关规定，结合项目部实际情况，制定项目部安全生产投入管理制度。

安全生产投入管理制度应包括安全生产投入的内容和要求、安全生产投入的计划和实施、安全生产投入的监督和管理等内容。

项目部应为项目安排 HSE 管理专项资金，主要用于设备、设施、仪表购置、人身安全保险、劳动保护、职业病防治、工伤病治疗、消防、环境保护、安全宣传教育等方面。

项目部应规范 HSE 管理专项资金的使用，制订使用计划，明确批准权限，监督检查使用，并建立安全生产费用管理台账。

（6）安全培训。工程开工前，项目 HSE 安全环保部负责领导应根据公司安全教育培训制度及项目实际情况，组织制定项目部安全教育培训制度，包括目的、适用范围、职责、参考文件、工作程序等。安全教育培训制度还应明确教育培训的类型、对象、时间和内容。

工程开工前，项目 HSE 安全环保部负责领导应根据公司年度培训计划及本项目部的培训需求，组织编制项目部年度安全教育培训计划，每年至少组织管理人员进行两次安全培训，时间安排在年初及年中，经项目经理审批后实施。相关培训完成后填写安全教育培训台账。培训完成后应及时进行效果评价，并记录相关改进情况。

HSE 管理教育培训类型应包括岗前教育、入场教育、违章教育、日常教育，季节性、节假日、重大政治活动前教育，以及消防、卫生防疫、交通、安全生产规章制度、应急等专项教育。应将 HSE 教育和培训工作贯穿于工程总承包项目实施全过程，并逐级进行。

项目安全管理人员应进行专门培训，经过考核合格后持证上岗，并具备相应的资格证书。

对新入场的从业人员进行公司级、项目部级、班组级三级安全教育。新入场从业人员是指新入场的学徒工、实习生、委托培训人员、合同工、新分配的院校学生、参加劳动的学生、临时借调人员、相关方人员、劳务分包人员等。

项目部所有特种作业人员必须经过安监部门或建设主管部门培训，并取得特种作业操作资格证才能进行作业，严禁不具备相应资格的人员进行特种作业。

项目部应要求分包商和合作单位建立 HSE 教育培训制度，制度应明确教育培训的类型、对象、时间和内容；对分包商和合作单位 HSE 管理教育培训的计划编制、组织实施和记录，以及证书的管理等职责权限和工作程序进行定期检查。

项目部应进行安全文化建设，定期或不定期地举行安全文化活动，包括安全月、安全知识竞赛等。

（7）施工设备管理。项目部应根据相关法律法规要求、公司规章制度并结合项目实际情况制定设备管理制度，以加强施工现场机械设备的安全管理，确保机械设备的安全运行和职工的人身安全。

设备管理制度应包括设备使用管理，设备保养、维护及报废管理，特种设备安装及拆除管理等主要内容。

建立机械设备台账。所有进入施工现场的设备，交付手续必须齐全，交接双方签字。设备必须经检验，确认合格后方可进入作业现场。

设备使用应遵从以下要求。

1）机械设备操作人员必须身体健康，熟悉各自操作的机械设备性能，并经有关部门培训考核后持证上岗。

2）在非生产时间内，未经项目部负责人批准，任何人不得擅自动用机械设备。

3）机械设备操作人员必须相对稳定，操作人员必须做好机械设备的例行保养工作，确保机械设备的正常运转。

4）新购或改装机械设备，必须经公司相关部门验收，制定安全技术操作规程后，方可投入使用。

5）经过大修的机械设备，必须经公司有关部门验收，合格后方可使用。

6）施工现场塔吊、施工升降机的安装、加节，必须由具备专业资质的单位完成，必须经过有关部门验收合格后，方可使用。

7）机械设备严禁超负荷及带病使用，在运行严禁保养和修理。

8）设备使用过程中应定期进行检查并形成检查记录；制订维护保养计划，做好维护保养工作，形成设备运行及维护保养记录。

（8）作业安全。

1）现场管理和过程控制。项目部应加强安全生产的过程管控，即通过对过程要素（工艺、活动、作业）、对象要素（作业环境、设备、材料、人员）、时间要素和空间要素的控制，消除施工过程中可能出现的各种危险与有害因素。现场管理和过程控制的内容包括但不限于以下方面。①加强施工现场管理，包括在施工现场入口处设五牌一图，搭设施工区域围栏，所有出入口、深坑、洞口、吊装区域、架空、电线等危险作业区设置安全防护措施、安全标志牌和夜间红灯示警，所有现场人员必须统一佩戴安全帽等；②加强施工过程中的技术管理，包括对危险性较大工程编制安全专项施工方案，编制各种单项安全生产施工组织设计及方案，进行安全技术交底和施工方案交底等；③加强施工用电管理，包括编制施工现场临时用电专项方案、进行施工用电专项检查，现场所有的施工用电必须有专职电工操作，现场施工用电必须执行"三相五线制"，做到"一箱、一机、一闸、一保护"，防止触电事故的发生；④加强防洪度汛管理，包括制定防洪度汛安全管理制度、建立防汛值班制度、进行险汛专项检查等；⑤加强交通安全管理，制定交通安全管理制度，对机动车驾驶员进行登记、对机动车辆进行安全检查等；⑥加强消防安全管理，制定消防安全管理制度，确定项目部消防工作责任制，配备消防器材及设施，健全防火检查制度，设立消防标志，并到当地消防部门进行消防备案。

2）作业行为管理。生产过程中的隐患分为人的不安全行为、设备设施不安全状态、工艺技术及环境不安全因素等。为了加强生产现场的管理和控制，应加强对作业行为的管理，包括不安全行为辨识，编制不安全行为检查表，制定处罚措施，进行员工培训，实施不安全行为检查、不安全行为处理等。

人的不安全行为包括：违反安全操作、违章指挥、疲劳作业等；设备设施不安全状态包括设备设施过期使用，设备设施的设计制造存在缺陷，设备设施的使用、维修不当等。工艺技术及环境因素包括工艺技术落后、不适宜生产要求、自然灾害等因素。

作业行为安全控制措施包括但不限于以下方面。①发现违反安全操作的作业人员，应停止其工作，对其再进行安全生产教育，直至考核合格再上岗，必要时应给予经济处罚。②员工有权拒绝违章指挥操作，并向上级领导举报，因违章指挥而造成不良后果的，由指挥者承担一切责任。③对疲劳作业应安排轮流作业，适当调整作业时间。④设备设施使用不应超过其生命周期，设备设施应当经常维护保养，对超周期使用，不能维修或维修不如更新划算的应按规定作报废处理。⑤设备设施存在缺陷的应由设计制造单位负责重新设计制造，必要时退回处理。⑥设备设施的使用，应严格遵守操作规程进行操作，严禁违规操作、野蛮操作等。维修后的设备设施应实行验收制度，经验收合格后方可使用，严禁擅自使用未经验收或验收不合格的设备设施，造成事故的，由使用者承担一切责任。⑦对工艺技术不适合生产要求的，应及时更新，引进先进的生产工艺技术及设备、设施，对报废和购进新的设备设施要严格按照生产设备设施的规定执行。⑧企业应加强对自然灾害的预防，严格执行各项规章制度，增强企业抵抗自然灾害的能力，把企业的损失降至最低。

（9）相关方管理。相关方主要指项目生产过程中相关的外来团体、组织、单位及个人。为了加强项目的安全管理，造就安全健康的环境，规避外来协作方对项目实施过程的安全风险，预防各类事故发生，确保项目安全生产，应根据相关规定并结合项目具体情况，制定相关方安全管理制度。

项目部安全管理人员应做好对相关方以下几方面的管理工作。

1）审查相关方的资质，向相关方告知相关安全环保、治安保卫管理制度和规定，发放《安全告知书》，履行审核、告知责任。

2）指导相关方认真填写"相关方安全环保管理协议书"。

3）在与相关方签订的项目合同中，必须有涉及安全、健康、环保等方面的双方责任义务条款，满足有关法律法规的规定，保证双方法定义务的履行。

4）必须在项目实施过程中向相关方提供必要的个人劳动防护用品（如护目镜、口罩、耳塞等）。

5）开展安全检查与纠错工作，严格现场监督、检查、考核，及时发现和纠正违章行为和安全隐患，督促技术措施、管理措施落实到位。

6）做好相关方的安全生产、环境保护的协调管理工作，对相关方管理过程中出现的混乱和违章、隐患突出的现象进行监督检查，并提出限期整改意见。对不听取、不纠正且情况危急的，有权停止其作业，并按协议和项目有关安全环保管理制度进行处理。

7）支持、指导分包商/合作单位对相关方的安全监督管理，积极采纳合理化建议，对坚持原则的管理和考核给予支持和奖励。

（10）变更管理。为规范项目安全生产的变更管理，包括生产过程中工艺技术、设备设施及管理等永久性或暂时性的变化，消除或减少由于变更而引起的潜在事故隐患，应制定安全生产变更管理制度。

变更包括工艺技术变更、设备设施变更、管理变更等几类。项目部应针对各类变更制定相应的变更程序，包括变更的申请、审批、实施、结果验收等。

由于变更而产生的各项资料均应存档。项目部应鼓励员工在工作中通过发挥个人的主观能动性，发现问题，提出相应的变更建议。任何员工在未得到许可的条件下，不得擅自进行任何变更，否则将视为违章作业，严肃处理。

（11）安全生产隐患排查与治理。安全生产隐患是指违反安全生产法律、规章、标准、规程的规定，或者因其他因素在施工生产过程中存在可能导致事故发生的物的危险状态、人的不安全行为和管理上的缺陷。安全生产隐患分为一般事故隐患和重大事故隐患。

为建立安全生产事故隐患排查治理长效机制，强化安全生产主体责任，加强事故隐患监督管理，预防和减少生产安全事故，保障施工人员生命财产安全，项目部应根据企业各项规章制度，结合项目部实际，制定安全检查及隐患排查制度。

项目部应制订隐患排查方案及计划。隐患排查方案包括综合检查、专业专项检查、季节性检查、节假日检查、日常检查等。

项目部应对安全生产检查中发现的安全隐患、重大设备缺陷等，实行分级督办整改制度，治理一项、验收一项，确保整改工作高标准高质量完成，并形成隐患治理和验收、评价记录表。对处于整改过程中的隐患和问题，要采取严密的监控防范措施，防止隐患酿成事故。对尚未完成整改的重大隐患要逐条制订详细的整改计划，落实治理责任、措施、资金，限期完成整改。对不能确保生产安全的重大隐患，要坚决停产整改，经验收合格后方可恢复生产。

为实现对风险的超前预控、规避安全风险，项目部应建立项目部安全隐患预测、风险预警防控体系，分析项目部作业场所风险等级，对项目部存在的安全风险进行预警和防控，切实加大隐患排查治理力度，及时消除事故风险因素，使风险始终处于受控状态，促进项目部安全生产的开展。

（12）重大危险源控制。重大危险源是指长期地或临时生产、搬运、使用或储存危险物品，且危险物品的数量等于或超过临界量的场所和设施，以及其他存在危险能量等于或超过临界量的场所和设施。

为加强对重大危险源的监督管理，项目部应根据《安全生产法》《重大危险源辨识》和《关于开展重大危险源监督管理工作的指导意见》等有关规定，结合项目实际情况，编制详细的、具有针对性的重大危险源管理制度。

项目开工前，应进行危险源辨识和分析，填写项目"危险源辨识和风险分析表"，并填写"重大危险源申报表"报政府安全生产监督管理部门登记备案。

项目部应对每个重大危险源建立档案，主要内容包括重大危险源报表、重大危险源管理制度、重大危险源管理与监控实施方案、重大危险源安全评价（评估）报告、重大危险源监控检查表、重大危险源应急救援预案和演练方案。

应针对每个重大危险源制定一套严格的规章制度，通过技术措施（包括设施的设计、建设，运行、维护及定期检查等）和组织措施（包括对从业人员的培训教育、提供防护器具、从业人员的技术技能、作业事件、职责的明确，以及对临时人员的管理等），对重大危险源进行严格管理。

加强对重大危险源的监控管理，包括对重大危险源的定期安全评价，对重大危险源进行安全检查和巡回检查，并填写"重大危险源检查记录表"，制定值班制度和例会制度等。

加强对危险作业的管理，制定危险因素告知、监控及危险作业审批管理制度。对作业人员履行危险因素告知程序，并填写危险因素告知书；对危险作业实施全过程监控，并填写危险作业监控记录表；建立危险作业审批机制，有效监控危险作业，保证作业安全。

重大危险源的生产过程及材料、工艺、设备、防护措施和环境等因素发生重大变化或者国家有关法律法规、标准发生变化时，应对重大危险源重新进行辨识评价，并将有关情况报当地安全生产监督管理部门备案。

（13）项目环境管理。

1）环境过程管理。环境过程管理包括以下五个方面。

第一，环境管理实施计划。项目部应结合项目具体情况并根据工程承包合同、环保法律法规的要求，编制环保管理实施计划，确定项目部环保管理人员、设备设施配备、管理内容、管理措施、管理要求。项目部环保管理实施计划是项目部 HSE 管理计划的组成部分。

第二，环境影响因素识别与控制。环境影响因素是指项目在设计、施工、竣工、保修服务、运行等各项实施过程活动和服务中能与环境发生相互作用的要素，主要分为水、气、声、渣等污染物排放或处置，以及能源、资源、原材料消耗等。

项目部应组织分包商和合作单位对项目实施的工作范围进行详细分析，对现场环境因素进行识别、分析和评估，对可能产生的污水、废气、固体废弃物、噪声等环境影响因素采取预防和控制措施。

第三，环境监察与监测。项目部安排人员对重要的环境影响因素的控制情况进行监察与监测。项目部环保工程师根据检查情况填写有关的环保检查表格，并对检查中发现的不合格环保问题指导纠正，督促整改。

项目部定期对污水排放、混凝土消耗、木材消耗、纸张消耗、水电消耗、燃料消耗进行统计分析，掌握环保数据。

第四，环境应急准备与应急措施。项目部除对一般常见环保管理因素识别外，应对化学品泄漏、防洪、水浸、暴雨、特别气象等环境因素进行识别，结合项目实施管理要求采取必要的应急准备及措施。

项目部根据应急准备的需要，配备必要的物资、设备，明确有关人员职责权限。

项目部在开工之初可进行防化学品泄漏演习，在雨季之前进行防洪、防暴雨等方面的演习。

第五，总结与改进。项目部按照"惩戒分明、以奖为主、重奖重罚"的原则，制定考核奖惩办法，激发作业人员对环境保护工作的重视，及时实施奖惩。

对环境保护管理过程中的经验与教训进行总结，不断改进，提升管理效果。

2）环境管理措施。包括以下两个方面。

第一，三废、噪声管理。项目污水收集系统按清污分流的原则，建立临时污水处理设施，相关污水按规定处理后再行排放。

对于项目施工、运输、装卸、存储、生活等产生的有毒有害气体、粉尘物质、油烟等，应采取合理措施减少产生，如在渣土、物料运输时采用喷水或加遮盖处理，采取密闭或其他防护措施运输、装卸、储存能够散发有毒有害气体或粉尘物质的物资，减少不环保材料的使用。

工程施工中的弃土和建筑垃圾，应按规定堆放和处理，并防止处理过程中的污染，不得随意抛弃。

加强对噪声的管理，采用必要的消声、隔声、防震等治理措施。

第二，项目节能减排。项目实施过程中，在保证质量、安全等前提下，做到"节能、节地、节水、节材"。例如，优先使用节能、高效、环保的施工设备和机具，采用低能耗施工工艺，充分利用可再生清洁能源；进行地下水资源的保护，节约生产、生活用水，充分利用雨水资源；施工现场物料堆放应紧凑，减少土地占用，优先考虑利用荒地、废地或闲置的土地，土方开挖施工应减少土方开挖量，最大限度地减少对土地的扰动，保护周边自然生态环境；推广先进工艺、技术，降低生产、生活所需的各种材料浪费。

3）文明施工。施工现场设专职人员负责日常的文明施工管理，最大限度地减少对当地周围环境的影响，将有限的污染控制在最小的范围，做到现场清整、物料清楚、操作面清洁、保持生态平衡，促进当地社会、经济及文化的良性发展。

7.3.6 施工收尾管理

工程总承包项目施工进入收尾阶段时，由于工程量较大，管理结构复杂，因此造成管理人员退场与更换过程中工作交接不彻底，收尾计划落实困难等情况，而且遗留工作大多是零碎、分散、工程量不多的工程项目，往往不受重视，管理层对剩余工程量没有整体认识，缺乏总体管理思路，容易出现发现一项就施工一项的现象，造成人员窝工、设备闲置、材料浪费、劳务队伍反复进退场等，造成项目不必要的经济损失。

对于收尾阶段，项目管理人员要对项目的施工图纸、施工过程中出现的设计变更、项目既有的人材机资源、已完工程量、未完工程量等进行统一梳理，编制收尾阶段的现场尾工计划。计划的编制要充分考虑项目的既有劳动力资源、机械设备的配置，剩余材料等因素，充分利用项目既有的材料和机械设备，同时考虑业主对完工日期的总体要求。要把计划层层落实，全面交底，组织相关人员定期和不定期地对施工任务的完成情况进行检查，建立工程项目动态管理台账，防止施工过程中出现遗漏。

1．现场完工验收管理

工程总承包项目收尾工作，是工程总承包项目施工管理全过程的最后一个环节，也是最重要的环节之一，必须引起项目部的高度重视。快速高效收尾的基础是过程管控，在保持项目组织机构完整及主要管理人员连续的条件下，尽早启动竣工资料整理及竣工结算整编等工作，这是实现项目快速高效收尾的基本保障。因此，当项目现场施工基本完成，进行现场收尾工作后，要尽快推动完工验收工作，具体包括以下内容。

（1）梳理质量过程控制资料，对于遗漏和有误的资料，尽快完善。

（2）组织现场实体检查，对于施工缺陷及时处理。

（3）积极与业主、监理机构沟通，减少验收次数，能合并一起验收的项目，尽量一次通过。

2．竣工资料管理

施工过程的良好履约，与参建各方（特别是与业主方）建立充分的信任关系是项目快速收尾的基础。很多工程总承包项目可能在进场时就成立竣工办，但在施工阶段，竣工办主要负责管理资料的收集。真正到了收尾阶段，竣工资料的整编还有很多工作要做，相关问题也会同时出现，包括案卷的分类、各种封面目录的格式、组卷的要求等。如果业主没有发布相关的管理办法，项目部可以参考国家相关标准提出自己的一套格式，积极与业主沟通，明确资料的具体要求，推动竣工资料的整编工作。同时，要将工作任务细化，落实到人，时间安排到天，做到每一项竣工资料的整编都有人负责，且落实情况每天都要检查，实现竣工资料整编全过程动态管理。必要时，可以由工程总承包项目部经理带头，集中办公，统一管理，辅助工作可以借助社会资源配合，从而快速完成竣工资料的整编和移交工作。

3．人员管理

在工程总承包项目收尾阶段，一方面部分职工工作任务已经完成，需要调整工作岗位；另一方面项目管理者认为工程已经接近收尾，对员工疏于管理，对员工的工作安排不明确，甚至部分员工无具体工作任务。这样容易造成员工责权不明确，人浮于事，此时下发的工作任务在员工之间相互推诿，甚至无人执行，对项目的整个施工进度、竣工资料的收集整理等都有一定程度的影响。因此，收尾阶段的人员管理要做到以下几点。

（1）合理安排管理人员，做到责权利明确，充分调动员工的积极性。

（2）对于调出人员，特别是一些主要人员，要进行详细的工作交接。

（3）对于工作任务已经完成需要退场的职工，及时移交企业人力资源管理部门进行统一协调，防止出现人浮于事的现象。

（4）加强劳动纪律建设，制订各项工作计划。

（5）对于关键岗位人员，必须保证人员的稳定，确保工作的连续性，为以后审计工作的开展保存力量。

4．现场材料和废旧物资管理

工程总承包项目在施工收尾阶段，物资管理部门要对剩余材料进行详细盘点，根据工程部门提供的剩余工程量编制进料计划，做到工完料尽，减少材料的库存和浪费。

收尾阶段施工方案的确定，要尽量考虑利用项目既有剩余材料，对剩余材料做到物尽其用。施工项目的特点是点多面广、材料分布分散，而后期项目管理人员偏少，材料容易发生丢失，因此对现场材料要及时收集，统一入库，建立登记手续，防止丢失。对于废旧物资，根据其剩余价值分类处理，及时上报企业物资管理部门，严格按照相关规定和企业要求，调配至其他项目或招标拍卖。

5．竣工工程量管理

工程总承包项目进入收尾阶段，工程量的清理及补报就显得尤其重要。工程量的清理及补报工作的好坏，直接影响项目经营的好坏。要组织人员依据设计图纸、设计变更通知、工程联系单、监理指令等一切与工程量有关的依据，系统、全面、迅速地对项目工程量进行梳理，并与项目中期结算工程量形成对比，找出、找准工程施工期间漏报、少报的工程项目，形成报量文件，与业主、监理协商，并跟踪落实签证情况。通过工程量的清理及补报工作，查漏补缺，全面系统地进行梳理，为后期竣工结算计算书的形成及竣工结算的快速申报奠定基础。在工程量的清理工程中，要注意以下几点。

（1）所有的工程量要有对应的依据和签证。

（2）竣工图是送审文件的重要组成部分，在竣工工程量的申报过程中，应检查竣工图工程量与竣工结算申报量（签证量）的一致性。

（3）补签的工程量或计量依据，应注意符合现场实际情况和逻辑关系。

6．审计管理

随着社会的进步及规范，审计项目的范围会越来越广，审计工作会更加严格。如何应对审计工作和规避审计风险是工程总承包项目施工收尾管理的重要工作之一。

（1）送审前的策划。目前，大部分工程总承包项目属于政府投资项目，竣工结算必须通过严格的审计。从以往工程总承包项目审计经验看，最终审减比例较企业申报数额大。综合分析这些因素，项目部需积极与业主、监理机构沟通，送审前认真审查结算资料，识别潜在的审计风险，分析每一个风险项可能带来的最坏结果，做到心中有数。

（2）审计过程的跟踪。完工结算送审后，项目部收尾阶段应保留对项目施工过程非常熟悉的主要技术、经营管理人员。当审计单位的审核事项初稿提出后，抽调这一部分人员分工协作，评审审计单位意见，补充资料，形成回复意见，派专人与审计单位沟通解释，积极联系业主召开审计谈判会议，推进竣工审计工作。每次与审计单位对接后，根据沟通的情况，不断测算和调整利润表，哪些项目是确定审减的；哪些项目还可以去解释，争取少审减的；哪些项目有审减风险，审计还没有发现的。在利润表上一一列出项目和金额，不断调整，守住底线。

第 8 章

工程总承包试运行管理

■ 8.1 工程总承包项目试运行概述

　　试运行包括预试运行和投料试运行两个阶段。为了缩短试运行周期，试运行工作可以在部分单元或系统的试运行准备工作完成，且已经达到机械竣工标准后立即开始。其中，机械竣工是工程总承包商向业主转移项目管理权的交接点。此外，在签订机械竣工证书前，业主和总承包商可就部分先行试运行的工程进行交接，即进行中间交接，其目的是解决总承包商尚未将工程整体移交之前业主有权对部分工程进行试运行的问题。但这样并不解除总承包商的质量责任，遗留的施工问题仍由总承包商负责。在工程中间交接前，总承包商要组织有关部门进行单机试车。

　　工程总承包项目试运行服务的范围和深度由业主决定，并在合同文件的有关条款中载明，一般包括编制试运行计划、协助业主编制试运行方案、试运行培训、试运行准备、试运行过程指导和服务等。试运行工作由业主组织、指挥，由总承包商进行指导，试运行资源由业主提供。同时，为了组织好试运行工作，业主、总承包商、供应商应进行明确的责任分工，并密切协调配合。

　　项目进入试运行阶段，标志着已完成竣工验收并将工程的管理权移交给业主。项目部在该阶段中的责任和义务，是按合同约定的范围与目标向业主提供试运行过程的指导和服务。对交钥匙工程，总承包商应按合同约定对试运行负责。试运行的准备工作包括人力、机具、物资、能源、组织系统、许可证、安全、职业健康、环境保护，以及文件资料等的准备。试运行需要的各类手册包括操作手册、维修手册、安全手册，以及业主委托事项和存在问题说明等。

8.2　工程总承包项目试运行过程控制

8.2.1　试运行阶段部门设置及主要职责

工程总承包项目进入试运行阶段前，应及时成立试运投产部并明确职责，协调项目部试运投产期间的现场指挥、投产保驾、现场培训及投产各方关系。试运投产部成立的作用是能够及时将试运投产管理工作提到工程总承包管理的议事日程，强化试运投产管理，加强与投产各方的联系，为做好工程总承包模式下的试运行管理提供组织及技术保障。试运投产部的职责有以下几个方面。

（1）负责贯彻执行国家、行业及上级主管部门有关试运投产工作管理的法规、政策和规定。

（2）组织制定试运投产工作管理规章制度、管理规定并监督和检查执行情况。

（3）负责组织业主及工程技术部、质量安全环保部对试运投产项目投产方案的编制、审定和备案工作。

（4）负责组织相关人员现场督导试运投产项目，必要时聘请相关专家参与督导工作。

（5）建立完善的试运投产管理体系，成立试运投产管理专门机构，由公司领导担任组长，成员由相关部门组成，配备的人员要有一定的专业技术和管理经验，确保有效开展工作。

（6）负责试运投产工作的具体实施。

（7）负责试运投产过程中突发事件的应急处理。

（8）负责试运投产项目相关记录和档案的管理工作。

8.2.2　试运行阶段岗位设置及人员职责

1. 试运行经理

试运行经理根据合同要求，执行项目试运行计划，组织实施项目试运行管理和服务。具体工作如下。

（1）协助项目经理做好设计、采购、施工和试运行的接口管理，开展技术服务工作，组织解决试运行和合同目标验收中的重大问题。

（2）组织编制试运行执行计划，明确试运行目标、进度和试运行步骤；进行物资、技术和人员的准备（包括人员配备、分工及职责，指挥系统，技术资料及规章制度，编制试运行所需原料燃料、水、电和气等用量与平衡），三废处理，防火与安全防护措施；编制试运行费用计划、进度计划、培训计划；实施试运行管理和服务等。

2．试运行工程师

试运行工程师协助项目发包人编制试运行准备计划及试运行方案，在试运行各阶段负责指导和督促执行试运行方案、操作手册和安全规程，并监督岗位操作。

3．设计人员

设计人员协助试运行经理会同专利商代表、项目分包商解决试运行中的设计技术问题。在试运行与设计的接口关系中，对下列主要内容的接口实施重点控制。

（1）试运行对设计提出的要求。

（2）设计提交试运行操作原则和要求。

（3）设计对试运行的指导与服务，以及在试运行过程中发现有关设计问题的处理对试运行进度的影响。

4．采购人员

采购人员协助项目试运行经理会同供应商代表解决设备、材料质量及技术问题。在试运行与采购的接口关系中，对下列主要内容的接口实施重点控制。

（1）试运行所需材料及备件的确认。

（2）试运行过程中发现的与设备、材料质量有关问题的处理对试运行进度的影响。

5．施工人员

施工人员协助试运行经理处理解决试运行阶段中存在的施工问题。在试运行与施工的接口关系中，对下列主要内容的接口实施重点控制。

（1）施工执行计划与试运行执行计划不协调时对进度的影响。

（2）试运行过程中发现的施工问题的处理对进度的影响。

8.2.3 试运行执行计划编制

试运行执行计划应由总承包商试运行经理负责组织编制，经项目经理批准，项目发包人确认后组织实施。试运行执行计划主要内容包括以下方面。

（1）总体说明：包括项目概况、编制依据、原则、试运行的目标、进度和试运行步骤，对可能影响试运行执行计划的问题提出解决方案。

（2）组织机构：提出参加试运行的相关单位，明确各单位的职责范围，提出试运行组织指挥系统，明确各岗位的职责和分工。

（3）进度计划：试运行进度表。

（4）资源计划：包括人员、机具、材料、能源配备及应急设施和装备等计划。

（5）费用计划：包括试运行费用计划的编制和使用原则，按照计划中确定的试运行期限、试运行负荷、试运行产量、原材料、能源和人工消耗等计算试运行费用。

（6）培训计划：包括培训范围、方式程序、时间和所需费用等。

（7）考核计划：依据合同约定的时间对各项指标实施考核的方案。

（8）质量、安全职业健康和环境保护要求：按照国家现行有关法律法规和标准规范对试运行的质量、安全、职业健康和环境保护提出要求。

（9）试运行文件编制要求：包括试运行需要的原材料、公用工程的落实计划，试运行及生产中必需的技术规定、安全规程和岗位责任制等规章制度。

（10）试运行准备工作要求：包括规章制度的编制、人力资源的准备、人员培训、技术准备、安全准备、物资准备、分析化验准备、维修准备、外部条件准备、资金准备和市场营销准备等。

（11）工程总承包和相关方的责任分工：通常由工程总承包商领导，组建统一指挥体系，明确各相关方的责任和义务。

8.2.4 试运行实施过程控制

1.编制试运行方案

（1）方案编制原则：①编制试运行总体方案，包括生产主体、配套和辅助系统及阶段性试运行安排；②按照实际情况进行综合协调，合理安排配套和辅助系统先行或同步投运，以保证主体试运行的连续性和稳定性；③按照实际情况统筹安排，为保证计划目标的实现，及时提出解决问题的措施和办法；④对采用第三方技术或邀请示范操作团队时，事先征求专利商或示范操作团队的意见并形成书面文件，指导试运行工作正常进展。

（2）方案编制内容：①工程概况；②编制依据和原则；③目标与采用标准；④试运行应具备的条件；⑤组织指挥系统；⑥试运行进度安排；⑦试运行资源配置；⑧环境保护设施投运安排；⑨安全及职业健康要求；⑩试运行预计的技术难点和采取的应对措施等。

（3）方案落实手段。

1）技术落实：包括编制操作手册、维修手册、分析化验手册和安全手册等。

2）人力资源落实：包括项目业主和项目总承包商及专业分包商为实施试运行服务提供的人力资源。

3）物资落实：主要由项目业主或总承包商负责。监理单位依据合同约定协助进行检查并提出建议。

2．试运行管理流程及要点

在工程总承包管理模式下，试运行是对整个工程总承包项目所完成的产品质量的验证过程。在工程总承包商将建筑产品交付给业主之前，需要通过调试和试运行检验性能是否达到设计要求，满足生产要求，所以这也是工程总承包的最后一个环节。试运行过程的管理要点包括以下几方面。

（1）业主验收。对于工程总承包管理模式下的项目而言，在总承包商完成全部建设工作并自检合格后，应将工程本体建设情况向业主汇报并由业主进行本体验收，确保工程本体建设合格且满足生产要求，具备试运行的条件。同时，在项目启动试运行前，政府相关的质量监督中心需对工程质量进行监督检查并出具报告。

（2）相关职能部门验收。对于部分公共建设项目，不仅需要业主验收，同时需要相关的政府职能部门组织验收。以电网项目为例，由于电网项目具有启动投运后即接入公共电网的特殊性，为保证电力运行安全，在完成质量验收后还需由电网公司组织进行并网验收。与电力建设工程质量监督中心对工程质量进行检查验收不同，电网公司组织的并网验收重点在于检查电网项目中升压站（开关站）和送出工程的建设质量，检查升压站（开关站）和送出工程是否符合接入系统评审意见确定的技术原则，检查上网计量装置、电能量采集装置是否完成安装和信息录入，检查有功智能控制系统、无功电压控制系统是否完成安装和静态调试，检查与省调和地调的远动数据对点工作是否完成，检查设备命名编号是否下达，检查与省调和地调的并网调度协议、高压供用电协议、购售电协议是否签署等，以保证电网项目在并网投运前具备条件。

（3）并网投运。以电网项目为例，在电网验收完成且业主办理取得《预发电业务许可证》后，电网项目即可申请并网投运进入"倒送电"阶段。在正式进行"倒送电"操作之前，工程总承包商还应会同分包商、专业设计人员、采购人员、施工人员、业主代表或项目管理公司、业主的生产管理团队进行发电设施的安全检查，确认安全合格后方可操作，同时制订并网投运方案和应急预案。对于电网这类新能源项目，业主往往可以聘请专业的运维单位对电站进行后续正常运行维护。在并网投运阶段，作为业主的生产管理团队，运维公司需要及时介入，参与安全检查和制订并网投运方案、应急预案。"倒送电"后各项设备即可以进行带电调试，逐级调试正常、消除缺陷并接收到地调的并网指令后，电网项目正式并网投运，向公共电网输送光伏电力。

（4）试运行。工程总承包项目投运成功并通过 72 小时连续运行无故障后即自动进入试运行。在试运行阶段，随着系统的调试运行，设计、采购、施工过程中的缺陷将逐渐暴露，因此，总承包商还需对上述暴露的缺陷进行整改，直至业主认可。

8.3　工程总承包项目竣工验收与交付

竣工管理是工程项目管理中非常重要的环节，特别是竣工验收部分。工程项目完工后，通过竣工验收，可以对工期的合理性、工程造价控制和投产达标程度有一个整体评价，能够对提高投资效益、保护各方的合法权益起到积极作用。

工程总承包项目完成实施阶段的全部工作后，项目即具备了进行试运行及验收的条件，也就意味着完成竣工验收后即可以进行正式运行。该阶段的主要工作内容就是总承包商和业主的生产管理团队或者业主聘请的专业的运维队伍配合，对总承包项目进行调试、试运行，将完成的项目交接给业主，然后由业主组织对项目进行竣工验收、项目竣工决算及档案验收。其具体流程如图 8-1 所示。

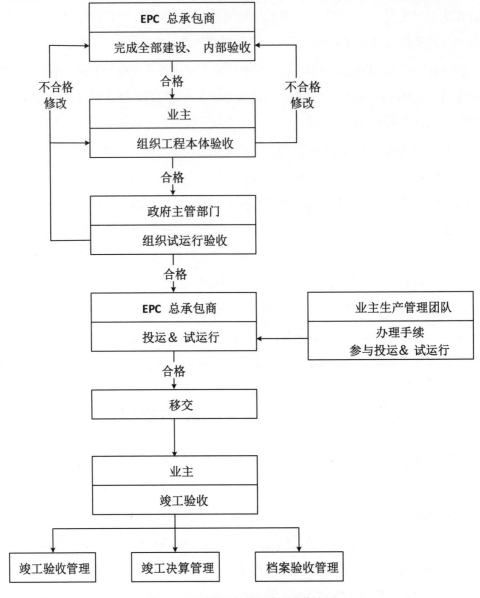

图 8-1　工程总承包项目竣工验收流程

8.3.1　竣工验收管理

竣工验收一般由业主单位牵头组织,相关参与单位应包括工程总承包商、监理单位、生产运行单位等。为了对项目总体有一个综合评价和鉴定,必须依据设计文件、施工验收规范、质量标准文件对已建成投运的项目进行全面细致的检查。工程总承包项目在试运行合格后即宣告工程总承包的建设工作全部完成,但对工程建设质量和系统性能指标等各方面是否达到了实际要求,还需通过工程竣工验收管理工作进行进一步的检验。

在工程总承包项目竣工验收管理工作中，要重点关注两个方面。

（1）要明确工程总承包项目竣工验收管理的依据规范。随着近年来工程总承包项目的蓬勃兴起，除针对传统建设项目的管理规范外，专门针对工程总承包项目的管理规范亦逐步出台，均可以作为工程总承包项目竣工验收管理的依据。

（2）应明确验收管理工作的组织保障。由于工程总承包项目的验收管理工作跨越时间较长，往往设立验收管理专项工作小组来专门负责该项工作，由业主的上级主管部门、业主的相应管理部门、项目管理公司、监理公司、运维公司等的相关领导和技术人员组成。验收管理专项工作小组的主要职责包括：检查工程总承包项目是否按工程总承包合同完成建设内容并达到设计要求和性能指标；检查验收技术资料是否完整；根据相关规范和标准审查投运方案和应急预案；组织各方投运和试运行；监督工程总承包商进行缺陷整理；协调竣工验收管理中的问题；跟踪遗留问题的解决；签发竣工验收证书；等等。

8.3.2　竣工决算管理

工程竣工验收的一项重要工作是工程竣工决算，因为工程竣工决算是全面反映工程项目实际总投资、概预算执行情况的重要文件，也是评估项目投资效益的关键依据。为做好竣工决算，从项目策划阶段开始的相关资料的收集、整理、积累、分析等工作就必须安排专人进行。在项目竣工验收阶段，再组织业主相关部门、总承包商、监理单位等人员共同参与。为达到使竣工决算全面准确反映工程总承包项目的实际投资成本和效益的目的，业主应注意对竣工决算的依据进行把关，并采取切实可行的决算措施，保证竣工决算管理的顺利完成。

1. 竣工决算的依据

要做好竣工决算管理，首先应明确竣工决算的依据。与一般建设工程项目类似，工程总承包项目的竣工决算应当依据以下原始资料和文件。

（1）项目可行性研究报告。

（2）业主批准的项目投资估算、工程概预算或工程结算的调整文件。

（3）业主批准的招标文件、总承包商的投标文件及与其签订的工程总承包合同。

（4）业主与项目管理单位、监理单位等其他单位签订的合同。

（5）业主为落实项目建设用地而发生的征地补偿、安置补偿、附着物补偿等费用。

（6）业主发生的管理费用的有关凭证。

（7）业主批准的设计变更、工程量签证文件。

（8）竣工图。

（9）其他有关的文件资料等。

上述原始资料和文件并不是在竣工验收阶段一下子就能够完成收集和整理的，需要注重在工程总承包项目实施过程中的基础工作，特别是在日常会计核算中，应充分考虑编制竣工决算时的相关要求，包括建立设备、材料、建安工程、各类费用台账，以及收集其他相关资料。

2．竣工决算管理的措施

在工程总承包管理模式下，竣工决算中业主与工程总承包商的工程结算是最为关键的环节。因此，业主应从工程总承包项目招标文件的编制开始即加以明确。在最终签订的工程总承包合同中，除明确合理的计价方式外，还应针对工程合同价款可能的工程范围、技术方案、工期、质量、主材价格等引起的合同价款调整或索赔的解决方式进行明确，以便尽量减少业主与总承包商之间的争议和分歧，确保竣工决算的顺利进行。作为竣工决算依据的原始资料和文件，将直接影响竣工决算的准确性，也是业主与总承包商解决争议和分歧的依据。因此，业主在进行日常资料的收集和整理时，应仔细审查，并建立完善的项目文件管理制度，严肃签发设计变更、现场签证等文件，以免竣工决算时出现信息不对称。另外，业主应组织专业造价师或聘请第三方造价机构，运用成熟的造价管理软件，编制和审核竣工决算文件，提高工作效率，保证工作质量。

8.3.3 工程档案验收管理

工程档案是工程永久性技术文件，是项目建设过程的见证，体现了项目过程管理与全面控制情况。工程档案验收则是竣工验收的必备条件。因此，在竣工验收阶段，业主必须重视做好工程档案验收管理工作。按照《国家重大建设项目文件归档要求与档案整理规范》《重大建设项目档案验收办法》等相关文件，业主自行管理，组织总承包商、监理单位等完成工程档案的验收。

工程总承包项目的工程档案主要包括工程报批文件、招投标和合同文件、与工程相关方的往来文件和会议纪要、竣工决算文件、工程设计、采购、施工文件、监理文件、生产准备和试运行文件等。其中工程总承包商是对业主负责的统一管理单位，在工程建设的同时对其所有分包商进行档案管理工作的协调、指导、监督，以及组织编制工作。

监理单位应负责对总承包商的竣工档案及其自身的档案资料进行审查，按照统一标准、统一规范对总承包商提供的档案的真实性、准确性、完整性、规范性负责，保证工程档案的质量。竣工验收阶段是工程总承包项目全过程项目管理中的重要一环，业主应予以高度重视，在合适的时候成立竣工验收专项工作小组，组织各方力量做好竣工验收管理、工程竣工决算管理和工程档案验收管理，有始有终保证工程总承包项目的投资实现价值，同时为工程后续的正常运营打下良好基础。

第 9 章

基于 BIM 的工程总承包集成化管理

■ 9.1 工程总承包信息化管理概述

随着经济建设进程的加快，各行各业都在快速地发展，这就对建筑行业信息化的发展提出了更高的要求。工程管理是建筑业中最重要的一个环节，提高建筑工程信息化管理需要发挥行业优势，全面提高信息化管理的创新与内涵，在这个基础上全面推进建筑工程信息化管理的进程。

9.1.1 工程总承包信息化管理的必要性

建筑行业传统的项目管理模式，不论在可靠性还是在速度或者经济可行性方面都明显地制约着建筑行业在市场竞争中的发展和可持续性。目前，我国建筑行业规模持续壮大，对于建筑施工质量要求和施工技术专业性要求越来越高，施工单位信息交流和技术更新的日趋频繁，这就对建筑行业信息化管理的要求更加细化。

随着各单位与各部门之间信息交流量的不断加大，信息交流也越来越快速，建筑工程项目管理的难度和复杂度也提升了，这就需要细化信息化管理水平，使各个部门做到无缝连接，实现及时的信息化共享，以及对工作的及时处理，改变信息不对称及业务运作时间差的问题，进而改善成本管理。

共享已经成为当下的一种常态，建筑工程信息化管理会更加有效地节约工作时间，使工作一目了然，减少部门之间信息处理的重复工作，信息化管理不仅要求施工单位内部管理过程中用电脑保存信息，更重要的是为信息技术提供重要保障，为建设项目决策提供真实可靠的依据。

建筑管理信息化有助于信息及时反馈，是工作监督的有利凭证。为后期物资采购及生产计划提供真实可靠的经验，有效节约工作时间，提高施工单位信息化管理水平，使项目管理更加科学化，正确、及时引导施工项目的有效开展。

9.1.2　工程总承包信息化管理现状

1．信息化管理模式滞后

建筑工程信息化管理是一个复杂的体系，需要处理物资材料、合同管理、成本管理、质量监督、进度控制等一系列的复杂流程，这些信息需要各个项目及部门快速协作完成。信息化管理的基础是企业的管理模式而不是企业的计算机技术。对于信息化项目管理，我国还没有明确的管理模式，企业之间的发展也不一样，这就需要借鉴其他成功企业的信息化管理经验，打破原有的观念进一步完善我国建筑工程信息化管理模式。

2．信息化管理认识不足

建筑工程信息化管理是一个系统的工程，部门与部门有着大量的数据共享和信息交换，这就要求我们根据各部门的实际需求提出具体的操作框架，在整体操作框架下解决不同部门的工作需要。如果处理不当，会使得部门之间信息传达出现问题。建筑工程信息技术也是一个十分专业的领域，随着经济发展的加快，信息技术发展也非常快，新技术新概念层出不穷，非专业的信息领域人员很难胜任，部门之间不能只是站在自己的角度提出模糊的需求，需要长远的眼光才可以推进建筑工程信息化管理的进程。

3．人员素质有待提升

项目管理强调以人为本，员工理念和质量的管理直接影响到项目管理，尤其是项目信息管理。没有经过信息技术培训的员工，计算机应用水平难以提高，许多新的管理方法和手段难以采用。

信息化管理已经成为建筑工程领域管理工作的大方向，应当加大信息技术设备的推广力度，注重在工程管理的过程中依靠专业技术人才推广使用信息技术设备。当前建筑施工企业储备的信息技术人才严重不足，现有的施工技术人员普遍不熟悉信息化管理操作方式，不能在信息化环境下有效地汲取各种施工信息。高端信息技术设备没能在建筑工程领域普及。一些建筑工程企业不能组织技术人员进行必要的信息技术培训工作，严重制约了信息技术的普及，不利于专业技术人才的快速成长。当前基层施工企业还未能围绕着智能化管理组建技术攻关团队，不能推动基础信息设备的广泛普及，影响了建筑工程的管理水平，没能为智能化建筑、绿色生态建筑的施工奠定必要的基础。

4．相关制度亟待完善

推动建筑工程信息化管理应当把信息化管理方法作为基本的制度规范推行到建筑工程施工的全过程当中。一些建筑工程施工过程中没能基于信息化管理条件、手段、环境与操作步骤制定相关的施工管理工作制度，没能在施工管理中体现信息化管理的思想，导致信息化施工操作标准未能有效普及。首先，当前还缺乏完善的信息技术使用与培训机制，基层施工人员不熟悉、也不重视运用信息技术设备。其次，建筑工程管理没能逐步采用信息化管理方法，不能基于建筑工程数据信息采用预见式的管理，没有发挥数据信息作为评判工程质量和优化施工方案的基本手段。再次，当前还缺乏创新性技术成果的转化能力，缺少必要的信息化环境下施工的奖惩制度措施，影响信息化工程管理水平。

5．软硬件的更新不足

当前建筑工程领域还缺少必要的软硬件更新，一些建筑工程管理中的信息化软硬件设备更新严重不足。首先，不少建筑工程施工单位没能引进专业的软件管理系统，现有的软件管理系统与物联网设备的同步能力不足，施工现场的终端设备缺乏智能化传输能力，导致一些基础施工数据收集汇总较慢，没能达到对工程实施监控的目标，影响施工管理的预判性。其次，基础施工设备缺乏智能化模块，一些老旧的机械设备没能纳入到智能化管理体系当中，新型的智能化大型机械设备的更新不足。再次，当前施工企业未能在智能化管理方面投入足够的资金和精力，因此制约了智能化工程管理手段的快速普及，不利于提高施工管理有效性。

9.1.3　工程总承包信息化管理的改善方法

1．搭建多层次管理平台

建设项目实施过程当中的平台繁多，涉及施工、设计、地方政府、监理部门、地方政府和上级管理机构等诸多相关方；涉及现场施工管理、财务管理、合同管理、材料设备管理、概预算管理等。所以，项目信息化应充分考虑不同参与者的需求，完善覆盖施工的多层次软件系统和网络信息平台。通过项目远程监控、项目多方协作、现场管理、企业知识和信息管理，可自动生成不同主题的数据，实现资源的信息化管理。

2. 构建企业项目管理数据库

目前国内建筑市场还没有采用企业定额招标的方法，但根据设计院或业主公布的概算编制投标报价的惯用方法实际上是企业定额的反映，不包括恶性竞争、围标等因素。市场行情中，中标价格实际上是企业能够承受的最高成本。事实上，在建工程具有积累工程管理经验、积累类似工程实际成本、评价承包商适者生存、树立企业信誉等功能。因此，工程项目信息系统应建立企业定额编制模板、材料仓库、承包商和供应商数据库、各类合同编制模板。用户可以根据现场需要进行删除和维护，方便其他项目直接调用和参考。

3. 构建一体化信息系统

施工企业在项目实施过程中涉及资金核算、定额成本控制、计划进度控制、质量安全管理、人员管理、材料设备、分包管理、变更设计等。这些要素对项目管理是必不可少的。信息系统是一个极其复杂，涉及项目繁多的系统，因此在操作中需要综合考虑这些要素。由于系统庞大，在整个项目实施过程中，地方的支持、国家的政策、具体项目的指标等因素也是不可或缺的。项目管理系统复杂，需要大量的数据作为支撑，灵活掌握标准的工作流程，是整个建筑行业进行工程造价的主要依据，是建设各方工作的基础。因此，构建一体化的信息系统对于提高建筑工程管理水平有着重要作用。

4. 加强全员信息管理意识培养

展示信息技术对推动建筑工程的强大作用，着力优化配置和广泛宣传信息技术设备，对于推进建筑工程的高速发展有重要价值。当前，应当加大建筑工程领域信息技术的普及工作。首先，应当充分重视把信息技术设备作为建筑工程领域的基础设备，着力运用信息化设备对建筑工程实行动态管理。其次，应当对先进的智能化信息设备进行广泛的宣传，基于日常施工培训普及应用信息技术设备，强调提高全员对信息设备的使用率。再次，基于信息化的工程管理模式完善和修订日常施工管理制度，制订专业的工程方案，通过信息设备进行工程数据、施工图片、影像信息采集和技术交底工作。最后，运用智能化的设备手段对工程进行验收，切实基于施工技术与工程设计、监理和业主保持沟通，及时反馈相关方的意见、建议，推动工程高速实施。

5．完善信息化的技术设备

加大信息化软件与硬件设备的配置是保证建筑工程落实信息化管理理念的基本条件，应当大力引进专业的建筑工程领域的信息化技术设备。首先，在移动互联理念下基于"移动应用+云平台"的理念建立建筑工程管理平台，让传统的工程建造应用触手可及的开放式平台实现更高效的沟通、更便捷的操作，进一步保证建筑工程质量、安全和监理在透明环境下运行。其次，为了保证建筑工程顺利实施，还要引进智能化的监测设备，进一步运用智能化的监测设备实现对工程的预见性监督管理。例如，使用在线环境监测仪对工程施工区域的污染情况进行监测；在安全防控系统中使用智能化测试仪、测线仪等；还可以使用智能化的电锤、台钻、弯管器等。再次，建立智能化的数据信息传输机制，把工程数据转变为可实时传递的数据，从而满足 BIM 等智能化管理技术的应用需要，达到全方位促进建筑工程信息化高速运转的目标。

6．开展信息化的人员培训

人员培训是推动信息技术设备普及、提高智能化工程管理效率的重要手段。应当加大信息技术人员的培训工作，推动建筑业从业人员的信息技术水平，解决信息化施工中的具体问题。首先，应当提高施工人员的信息化管理水平，重视招聘有丰富管理经验的智能化设备操作人员，加强对人才的培训工作，从而提高信息化管理人员的专业技术水平和综合素质。其次，围绕建筑工程管理中常用软件进行信息技术培训，促进基层施工管理人员熟练掌握相关软件，例如，掌握广泛应用的 Revit 软件的使用方法；在一系列的工程勘探、施工管理与隐蔽工程作业中及时上传数据信息。再次，保证施工人员得到工程操作的在线反馈，运用互联网与施工技术人员对工程节点，重要施工环节进行交流，促进施工人员运用施工数据管理系统获得更多的辅助建议与施工保障。

9.2　基于 BIM 的集成化管理体系

9.2.1　BIM 的理论体系

BIM 是一个综合概念，包含众多元素。BIM 中有 IFC、GFC、IDM 等数据标准，Autodesk Revit、Tekla Structures、Navisworks 等软件，各种信息模拟、碰撞检测、全寿命周期等先进理念，以及族、BEP 等专业术语。

1. BIM 的本质

40 年前，"BIM 之父"伊斯曼教授提出"建筑描述系统（Building Description System）"之后，关于 BIM 本质的探索与争论一直伴随着 BIM 的发展，建筑界的专家、研究机构不断对 BIM 进行总结归纳并重新定义，比如虚拟建筑模型（Virtual Building Model）、单个建筑模型（Single Building Model）、项目寿命周期管理（Project Lifecycle Management）、集成项目建模（Integrated Project Modeling）等。直到杰里·莱瑟琳在其文章《比较苹果与橙子》发表后，终于有了统一的定义——BIM（Building Information Modeling）。

Building（建筑）限定了专业概念，取代了众多定义中的 Project（项目）。同时，Building 一词还包含设计、施工、运营等建筑全寿命周期。Information（信息）一词突出了 BIM 中的主体是信息。BIM 中最重要的是包含专业信息，而不是简单的图形，以及信息的处理、传递、共享、存储等。Modeling（建模）说明 BIM 的展现形式是多维模型，这个多维模型是信息管理的宿主，并且在 Model 后面加"ing"表明 BIM 不是静态的产品或某类软件，而是建筑模拟的过程及运营方式。

2. BIM 的特征

美国对 BIM 的描述为："BIM 模型是物理特性和功能特性在数字化技术上的体现，并且具备建设项目决策从设计开始到最后的全寿命阶段的可靠信息。在建模过程中根据项目寿命周期的各个阶段，各个参与方在共同的协作平台上及时插入、更新、修改信息，各司其职并且相互协作是 BIM 实现的前提。"

随后，杰里·莱瑟林于 2005 年 4 月在 BIM 大会上这样描述 BIM："BIM 是一个通过支持（建设项目）完整寿命周期、多维度、丰富'视图'支持（运营过程中）交流（数据共享）、协同工作（以为共享数据为基础）、模拟（通过数据资源预测）和优化（通过信息迅速反馈改善设计与交付）的表现系统。"

可以看出，BIM 其实就是一个描述建筑项目全寿命周期信息共享、反馈、处理、存储的过程。BIM 的核心是信息（Information），包含建筑项目的全寿命周期，以多维度视图描述建设项目，运用协同平台进行信息的传递、共享、反馈、处理、存储构建模型——智能化建模。

（1）全寿命周期。建设工程项目的完整寿命周期主要包括项目建设阶段（项目策划阶段、项目设计阶段、工程施工阶段）、运营阶段（使用阶段、管理、维修、改造）和拆除阶段，整个寿命周期主要在信息维度和物质维度上进行。信息维度表现为电子图纸（结构图、建筑图、地形图等）、表格（造价预算表、工程进度表等）、文字（投标书、策划书、合同等），信息创造时已经在人脑或计算机中进行过了全程模拟。物质维度主要表现在项目所在地的施工、使用到拆除，在信息的指导下，将信息维度模拟过的过程在现实中再运行一遍。

但是实际情况中，信息指导产生物质并没有很好的实现。一方面，在信息维度上并没有考虑建筑寿命周期的完整性与连续性而将项目工程分为建设、运营、拆除三个阶段。例如，建设阶段与运营阶段的人员都是相互独立的，他们往往只考虑自己阶段的情况，在项目的寿命周期内沟通较少。另一方面，信息处理技术在信息维度各个时期存在不平衡发展的问题。项目的全寿命周期中，建设阶段的人力投入和技术开发占据了很大比重，然而信息处理在运营阶段和拆除阶段缺乏重视，导致在建设阶段信息处理技术的先进度远高于运营和拆除阶段。但是在实际情况中，建设阶段的成本远没有运营阶段的成本高。根据美国 Building SMAR Talliance 调查显示，建筑项目运营阶段在全寿命周期的总成本中占比高达 75%。再加上信息维度存在对项目全寿命周期中物质生产判断失误的情况，容易出现"走一步看一步"的情况。

而 BIM 技术含有信息维度所有时期的全部信息，奠定了其可全寿命周期应用的特点。BIM 根据实际情况将运营和拆除阶段与建设阶段同等考虑，比较完整地将项目寿命周期进行描述。图 9-1 总结了美国建筑行业中 BIM 在全寿命周期的应用情况。

（2）多维度视图。BIM 技术最终还是信息的传递、共享和使用。多维度视图是将信息以多维度方式为人服务，将传统建设模式下建筑物中无法直观获取的信息完整地展现。

一个建设项目的所有信息以一维、二维视图展现时，参与人员只能接收到项目的尺寸信息；以三维视图展现时，参与人员能够了解到项目体量信息与材料信息，同时可以在三维视图中加入实际环境因素，比如日照、地下管网等，能够还原建筑在现实情况下的信息；以四维、五维甚至多维视图展现时，在三维视图基础上加入时间维度、成本维度，能够实时根据进度、成本与建设成果进行分析。

（3）智能化建模。运用 BIM 技术建模，可以使用计算机自动实现项目各参建方之间的信息沟通、工作面协调、模拟与优化等。信息沟通主要指各参与方在共同的平台上进行信息共享，通过交流沟通协调各参与方的工作时间与工作面移交；模拟是指依据已有信息数据进行虚拟工作，并预测可能产生的未知信息；优化即对根据已有信息得出的检测情况进行分析反馈。智能化建模中的自动化进程就是多专业的自动碰撞检测、检测反馈与模型优化更新等。自动化与人工相比就是运用计算机替代人的体力工作，从而达到生产物质自动化。随着社会进步和科技发展，计算机在各个行业得到了广泛运用，人们发现越来越多的脑力工作可以由计算机代替从而实现信息工作自动化。

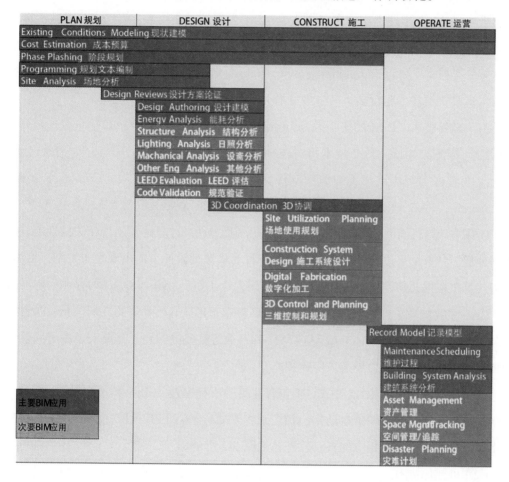

图9-1 BIM在全寿命周期的应用

3. BIM 的方法体系

BIM 能够实现的方法是指什么样的环境能够支持、实现 BIM 基本原理，也就是 BIM 的实现环境和相关技术。

如果想让 BIM 得到实现，并在建筑行业内广泛应用的基础是必须有适合的运作环境。良好的运作环境包括技术环境和外部影响因素。技术环境主要指硬件设施、软件设施、网络环境和 BIM 标准等。外部影响因素主要指国家的基本政策、BIM 团队协同度等。

说到 BIM 技术，大多数人立马想到 Autodesk Revit、TeklaStructures、Navisworks 等相关软件，以及碰撞检测技术、可视化技术、GIS 等。我们可以将这些技术进行简单分类，第一类是实现 BIM 的基础技术，其中一部分技术是为了实现 BIM 专门开发的，另一部分是 BIM 观念被提出之前就存在的，虽然这些技术并不是为了 BIM 而开发，但是由于与 BIM 基本理念相吻合，同样是 BIM 发展的必要技术；第二类技术并不属于 BIM 基本原理体系，但是与 BIM 相结合能够发挥更好的作用。

第一类技术主要包括 Autodesk Revit、Navisworks 等软件技术、可视化技术和参数化技术；第二类技术比较多，其中最有潜力的是 GIS 技术与 RFID 技术。

（1）软件技术。BIM 的核心为 Information（信息）。目前计算机是信息数据运算、分析的主要载体，因此，软件技术是实现 BIM 的必要技术支持。在 BIM 理念出现之前，市面上就有许多与建筑相关的辅助软件，主要以计算机辅助工程（Computer Aided Engineering，CAE）和计算机辅助设计（Computer Aided Design，CAD）为主。

CAE（计算机辅助工程）是指运用计算机辅助分析、计算建筑工程相关的性能，并根据分析、计算结果进行相应优化。CAD（计算机辅助设计）的出现晚于 CAE，CAD 是指计算机根据几何逻辑、几何信息进行辅助设计工作。CAE 与 CAD 均存在一定局限性，CAE 主要侧重于计算物理性能，而 CAD 侧重于形状、尺寸等的几何信息，两者无法独立代表一个建筑，并且 CAE 与 CAD 存在兼容性差的问题，需要人工在不同软件中重复建模，不利于信息导入、传递和共享。

与传统的软件技术相比，BIM 则包含建筑的所有物理、几何和功能信息，有利于实现信息导入、存储、编辑自动化，相当于将 CAD 与 CAE 有机融合，并且基于 BIM 基本原理还出现了大量相应的核心软件，如图 9-2 所示。

（2）可视化技术。这里的可视化技术是指计算机可视化，就是将信息、数据进行分析、处理，最后以图像的形式将无法直观从数据中得到的信息传递给需要者。可视化技术主要有科学计算可视化、数据可视化、信息可视化与知识可视化，这四者的关系见表 9-1。

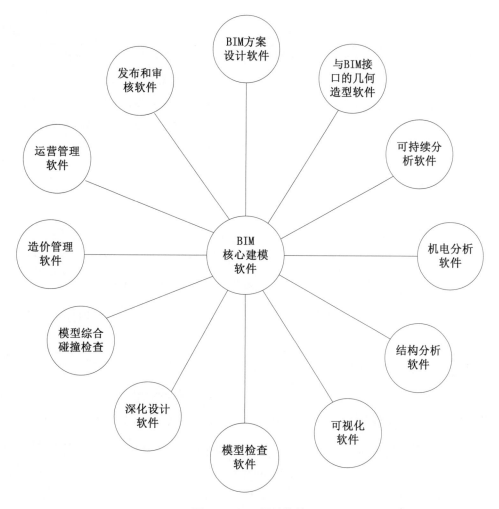

图 9-2 BIM 相关软件

表 9-1 可视化技术比较

比较内容	科学计算可视化	数据可视化	信息可视化	知识可视化
可视化对象	科学计算，工程测量数据	大型数据库的非空间数据	多维非空间数据库	人类知识
主要处理技术	等值线、面绘制、体绘制、流场显示	平行坐标法、树图、枝形图法、面向像素技术	锥形图、轮廓图、双曲图	概念图、认知地图、思维地图、思维导图、语义网络
目的	将科学与工程计算中产生的海量数据用图去输出并分析	将海量非空间数据用直观的图形表示，便于理解	将多维非空间数据用恰当的图形展示，便于了解数据以及数据间的关系和隐含发展趋势	用图形图像表达相关领域知识，促进大众知识的传播和创新

比较内容	科学计算可视化	数据可视化	信息可视化	知识可视化
研究重点	真实、快速显示二维数据，偏重于算法改进及可视化方法创新	易于理解的图形展示方式	展示数据隐藏关系的图形展示方式，偏重于心理学和人机交互	便于理解和知识传播的表现方式
图形生成难度	难	一般	一般	一般
交互方式	人机交互	人机交互	人机交互	人机交互

通过四种可视化技术的比较，不难看出科学计算可视化与数据可视化的对象主要是空间数据，而信息可视化是对非空间数据的可视化，知识可视化是人对信息的分析提取知识的可视化。

BIM中的可视化不仅包含长、宽、高等空间数据，还有造价、性能等非空间数据，并且加入时间维度，所以BIM是可视化的、多维的，既包括科学计算可视化，还包含信息可视化与数据可视化，甚至为了BIM的推广，还会有知识可视化。

计算机技术是可视化技术的基础，可视化主要通过软件实现，可以作为一个附属功能存在于软件之中，也能作为特定数据的专门软件。BIM的可视化需要多个维度的视图，需要通过多种可视化软件来实现。

（3）参数化技术。这里的参数化技术主要应用于参数化设计。变量化设计发展到一定程度出现了参数化设计的概念，两者都是以提高工作效率、减轻手工作业来实现自动化设计的。变量化设计的形状通过尺寸控制，而参数化设计是以变量化设计为基础增加两种核心参数的约束关系：一种是可变参数，如构件的尺寸等；另一种是固定参数，就是尺寸之间关联的约束关系。其实，参数化设计就是计算机通过固定参数按照人为改变可变参数，自动对其他数据做出相应改变的设计技术。

参数化的概念并不是因为BIM的出现产生的，二者实际上并没有联系，只是BIM提出之后，发现BIM原理与参数化设计的理念不谋而合，发现二者整合更有助于BIM实现。现阶段参数化设计已经逐渐应用到BIM设计中，虽然最初参数化设计只是针对构件的几何参数，但是由于BIM丰富了参数化设计中参数的意义，使其中的可变参数除了具有几何特性外，还包含材料、功能、造价等意义。另外，运用相关技术标准、专业知识等有效地对不变参数进行控制。例如，由于功能参数之间的约束关系，门的布置只能在墙中。这样，建筑模型就具备了建筑的所有信息，从项目的整个生命周期看，就能将日照分析、能耗模拟、碰撞检测等因素通过制定固定参数规则进行模拟和优化，最终实现 BIM 自动化。

（4）不属于 BIM 基本原理的其他技术。前文提到过与 BIM 相结合最有潜力的两项技术：GIS 技术和 RFID 技术。GIS（Geographic Information System，地理信息系统）技术是通过计算机对与位置有关的信息进行收集、计算、管理、分析、存储及展示位置信息等。GIS 侧重于建筑以外的环境的几何与非几何信息，CAD 侧重于建筑的几何信息，而 BIM 则侧重于建筑及建筑内部的几何与非几何信息。建筑物是人文环境和地理环境的重要组成，GIS 如果包含 BIM，那么该技术将更加完整；当然，项目建造于真实世界，如果 BIM 得到 GIS 的技术支持，那么 BIM 将更好地通过处理环境信息而指导项目的全生命周期运行，并且近几年来数字化城市的思想就是在 BIM 与 GIS 相结合的基础上提出的。

RFID（Radio Frequency Identification，射频识别）技术，运用无线电波对勘测物进行识别并记录相关信息。从 20 世纪 60 年代，该项技术就开始应用于商业，例如，我国的二代身份证就应用了 RFID 技术。BIM 在建筑施工之前就将建筑的所有信息进行处理，用于在施工阶段的指导、预测及优化，但是再先进、再完美的技术也无法完全避免在施工阶段实际情况下发生的意料之外的情况。这样的情况发生时，就需要将施工现场的实际情况在最短时间内上传 BIM 平台，也就是物质维度和信息维度的即时沟通。传统的解决方式是现场施工人员发现问题后对现场情况进行图像、文字描述，然后上报给 BIM 团队中的相关设计人员，再将问题整合到 BIM 协同平台中由相关专业的人员进行处理。整个过程信息传递容易出现失真并且效率低下。如果将 RFID 技术应用于 BIM，当出现问题时通过 RFID 技术对现场情况进行扫描并上传 BIM 协同平台，由相关专业人员解决问题，并及时反馈给现场工作人员，有利于提高工作效率。

9.2.2　BIM 在设计阶段的集成化管理

每个项目中设计费用占总成本比重不大，但是影响工程技术水平和工程造价最大的环节就是设计阶段，特别是工艺设计与初步设计阶段。有关资料表明：施工阶段对总成本的影响一般仅占 5%~10%，但是设计阶段对工程造价的影响高达 75% 左右。由此可见，设计阶段对总成本控制的重要性。同时，设计阶段的进度和质量本身对项目的采购、施工、竣工交付有着重要影响，是项目能否准时、高品质完成投产的关键因素。

1. 传统设计方式

传统的 AutoCAD 等相关软件通常都是以二维平面设计为基础，其自带的三维建模存在诸多缺陷，多个专业分别运用 CAD 软件设计的施工图无法表达它们之间的空间关系。利用 Sketchup 等三维建模软件建立效果图与 CAD 设计是相互独立的，设计的施工图无法表达一些复杂的造型。电气、弱电、暖通、给排水专业设计连接复杂，二维管线综合设计容易造成碰撞问题。再加上设计单位与施工单位相互独立，设计单位在前期设计时主要站在设计单位的角度思考问题，一般不会考虑特殊构件在施工过程中的实际情况；施工单位与设计单位交流是处于后期的施工图会审阶段，信息无法准确无误地传递给施工单位，需要工程师有强大的抽象思维与工程经验。传统的设计方式会带来如下一些问题。

（1）传统的建筑设计由单独招标的设计院进行设计与规划，无法准确把握项目的施工与运行关键，设计意图贯彻不充分，施工问题无法快速决策，时常发生推诿扯皮的情况，造成成本增加、进度延后等问题。

（2）传统的建筑设计运用 CAD 软件以二维模式为主导，由于建筑设计多个专业的差异性，以二维图纸串联多个专业环节仅仅是简单组合，无法展现最终的效果，施工图与最初的设计方案差异较大，后期由于管线碰撞问题会带来诸多设计变更问题。随着科学技术发展和群众审美提升，建筑工程开始向地下、高空和个性化发展，伴随而来的是复杂的结构工程、烦琐的施工程序，以传统的 CAD 技术为设计主导已经力不从心。

（3）多个专业在不同设计阶段信息单线条传递，每次传递或多或少都会造成信息失真、交流不畅、无法实现资源共享等情况，单个专业设计变更其他专业不能及时产生联动效果，导致后期设计整体效率低下。

2. 工程总承包模式下 BIM 技术的设计

BIM 技术在工程总承包模式的应用中，总承包商委派项目建筑设计师、工程结构设计师、机电设备设计师、工艺工程师、造价工程师、施工单位、采购单位的设计团队基于 BIM 技术中 Revit 软件开展该项目全周期的设计管理工作，即合作编制项目的总体规划方案、建筑方案、初步设计、施工图设计和施工过程中的设计变更等。

（1）平台搭建。BIM 技术中最常用的 Revit 软件提供了一个可以进行多专业拆分的协同平台，让不同专业的设计师和工程师运用同一平台充分交流并利用该平台分别构建自己的模型进行整合，然后运用 BIM 的三维碰撞技术，可以对土建、机电设备、管线等进行管线综合碰撞检查，各专业根据出现的问题进行协调、修改，减少在施工过程中由于管线碰撞问题的设计变更。

选取 BIM 技术中最常用的 Revit 软件建立项目的 BIM 模型，实现业主、设计单位、施工单位协同、实时管理，同时利用 Tekla、BIM5D、BIM 模板脚手架等软件建立对应专业模型进行辅助管理；运用 BIM 数据整合平台达到软件数据之间的双向实时无缝对接，数据共享互动。基于 BIM 的信息平台，建立三维模型，可以直观地看到建筑的立体效果，利用 iPad、手机、笔记本电脑等移动设备，可以随时随地方便快捷地了解项目设计进展的情况，实现业主、设计、采购、施工等不同专业之间的信息准确传递，实现工程总承包项目各参与方之间数据访问与共享，方便采购工作、施工工作在设计阶段提前开展工作，有利于设计深度优化、工期进度优化等。

（2）施工图出图。施工阶段是完全按照设计图纸施工的，设计质量有问题，工程质量必然无法得到保证。同样，设计进度无法满足计划运营要求，则会影响设备、材料的采购进度和施工进度，给工程品质造成不利影响。

工程总承包模式下 BIM 技术的施工图设计初期，可以通过 BIM 技术优化工程节点。例如，陕西某个工程总承包项目中，原有设计地下室结构外轮廓线距离建筑红线为 6.6 米，运用 BIM 平台进行模型综合分析之后，项目部认为通过采用"深基坑高精度无肥槽开挖综合技术"可实现地下室结构外轮廓线整体向外扩移 1.6 米，此举增大了地下建筑面积 1848 平方米，实现了地下空间的最大化应用，从而合理高效地利用了土地资源。

BIM 构建 3D 模型是基于协同平台呈现的，利用该平台可以导出针对不同需要的平面图形，任何时候需要都可以及时打印。相对于 CAD 呈现的二维图形，三维模型更加准确、直观。首先，由 BIM 建筑工程师建立 BIM 模型；然后，导出立面、剖面、楼梯大样、门窗大样、墙身大样等细部图纸，交给结构工程师进行结构设计；接着，结构工程师在协同平台上进行 BIM 结构模型构建；最后，会在 BIM 建筑工程师的详图上生成真正的梁截面，直至导出真正的细部构造图。应用 BIM 技术进行综合管线布置的流程为：安装工程师利用协同平台随时可以看到土建专业的 BIM 模型，安装工程师首先要理清铺设管线与土建结构的关系，水、电、暖等各专业协商好各自管线的走向；再在具体设计情况的工程中调整好细节，确保各专业之间没有较大碰撞之后，在 Revit 中进行定位，并且标记好管线的尺寸与标高；然后导出每个专业的管线平面图与剖面图（仅管线、尺寸、标高、轴网），再按出图标准对不同专业的管线进行标注的修改。利用这样的方式，不同专业的管线在设计中避免了碰撞，不用后期再翻模进行碰撞检测。

施工图出图前，由工程总承包商牵头组织建筑、结构、电、暖、水、施工等专业进行图纸校核，各单位进行讨论并将图纸中出现的错、缺、碰、漏等问题提前解决。同时，项目部将机电 BIM 模型中的机房、泵房的布置，管线的排布、喷淋头的定位、预留洞口的尺寸、套管的安装进行深化设计，并形成书面文件移交给设计单位。业主随时可以通过协同平台下载数据文件，查看各个阶段 BIM 模型的深化程度及效果。工程总承包模式下 BIM 技术的施工图设计提前规避了后期施工阶段中可能出现的设计变更，同时安装专业 BIM 深化图纸，较快确定减少传统设计模式下后期烦琐会审、沟通，有利于节约成本、缩短工期。

（3）设计信息自动调整变更。建筑设计的环节复杂，各个环节与施工环节环环相扣、联系紧密，一旦某个环节出现变更情况，则可能会出现重点调整甚至重新设计的情况。工程总承包模式下的 BIM 技术设计中，二维图纸信息将以三维模型的方式呈现，各个专业的设计师通过平台可以快速发现问题，并在此平台基础上进行修改。由于 BIM 的协同平台中数据是共存状态，当某项设计信息发生改变时，其他相关数据会自动进行修正，无须对所有数据进行计算，避免了传统变更情况烦琐的重复操作。

（4）建筑功能性分析。当代社会是大数据与云计算的信息化时代，可以将 BIM 数据系统与其他相关数据系统有机整合，实现不同功能的模拟实验与分析。将 GIS 系统和 3DS 数据导入 BIM 协同平台进行日照分析，调整光线与阴影的位置，不仅仅是一天中的某几个时间点，可以是一周甚至是一年中的任何时间段，让业主与施工方在任何时候都可以准确了解不同光线对建筑的影响。同时，导入 GoogleGIS 数据进行工具匹配后，日照分析变得更加强大。或者对项目的位置、空间结构进行研究判断其合理性；对建筑物室内空气状况进行研究，探索其流通效果情况；针对建筑物隔音隔热效果进行研究；针对供水供气等问题进行模拟研究，杜绝安全问题产生；针对建筑是否符合特殊要求的模拟研究等。通过多方面多角度模拟分析，将得出的数据进行整合，用来判断建设项目交付后的实际使用情况，对出现的问题及时优化，避免后期业主投诉等负面情况。

（5）进度控制。工程总承包模式下的合同与传统设计结束后再开始招标的建设模式不同，在主体设计方案确定之后，施工部门就可以根据设计方案开始对完成设计的部分开始施工，并准备相应的设备采购工作。这种设计与施工同时进行的快速跟进的模式下，施工部门需要充分利用项目各个阶段的合理搭接时间，从而大大缩短项目从设计到工程竣工的周期。另外，工程周期缩短也有利于节约建设投资和减少投资风险，一方面整个项目可以提前投产获利，另一方面还能减少由于金融政策等因素造成的影响。

工程总承包模式对设计、采购、施工实行总承包管理，项目的初期设计阶段就会分析采购阶段与施工阶段可能产生的影响，从而尽最大可能减少设计、采购、施工三方的矛盾，降低因为设计错误和疏忽引起的变更概率，最终减少项目成本，缩短工期。

9.2.3　BIM 在采购阶段的集成化管理

采购一般是指购买方为获得商品（材料、机械设备）通过招投标方式选择符合购买方要求的供应商，采购包含货物的获取及整个采购过程和采购方式。工程总承包模式中，产品的描述主要处于设计以前的阶段，那么从采购阶段就开始了项目实际制造和形成工程实体的过程。采购工作在工程总承包项目中具有举足轻重的地位，也是一个项目能否成功的关键因素之一，主要原因有以下几点。

（1）施工阶段中土建工程和安装工程的开始条件无法与物资采购剥离，设计方案能否实现取决于采购工作能否顺利开展。

（2）工程总承包项目中材料、机械设备采购成本往往占工程总造价的 65% 左右，因此减少采购成本是降低工程总成本的重要方式。

（3）施工阶段所需要的材料、机械设备的质量直接影响工程交付后的运营，最终对整个项目的经济效益成果有决定性作用。采购工作是整个项目实现的核心环节之一，无论设计阶段如何优化、施工策划方案如何完善、施工技术如何先进，如果采购阶段无法得到保证，其他一切都是纸上谈兵。采购阶段中供货商之间的竞争不仅能够选取高质量的物资让施工阶段的生产费用降低，还能减少项目在质保期内所产生的费用，最终让项目的整体利润提高。

1. 工程项目采购的内容

采购过程在工程中实际上起到一个承上启下的作用，一方面采购是在设计的指导下购买工程所需要的材料、机械设备；另一方面，采购管理部门采购回来的物资要投入工程中去，所以工程质量的好与坏取决于采购过程的监管。工程项目采购工作的主要程序如图 9-3 所示。

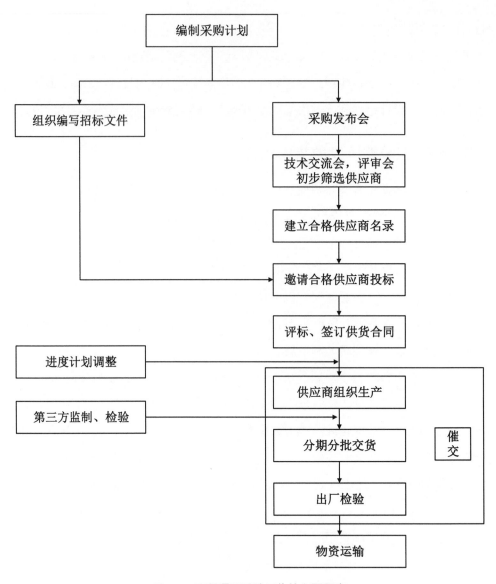

图 9-3　工程项目采购工作的主要程序

（1）编制采购计划。在实施采购工作之前，就必须编制工程的采购计划。工程采购计划是采购工作的依据，采购工作的实施进度直接影响工程施工的顺利实施。采购工作比较复杂、烦琐，一般需要做好以下工作。

1）充分了解工程中所需物品的种类、规格、质量、性能、数量等要求。

2）采购之前要对项目所在地市场及国际市场进行调研，充分了解采购市场的国内外行情及产品的来源、性能参数、价格、稳定程度等。

3）预估采购货物所需数量，提前考虑劳动力需求和成本，分析贷款成本、分批采购、集中采购的利弊等因素。

4）编制采购进度计划必须考虑由于某些因素可能会影响进度计划实施，必须结合相关部门进行讨论、分析。采购工作实施过程中如果出现与进度计划较大偏差时，管理工作者需结合相关部门进行分析并做出相应调整。

（2）选定供应商。选定供应商的过程主要包含发布采购信息、供应商初步筛选、统计合格供应商名单、编制招标文件、邀请招标、供应商评审、签订供货合同等步骤。

1）发布采购信息。分析工程所在地的具体情况，选择合适的渠道及媒体公布该项目的情况和采购信息，标明采购物品名称、规格、数量等，初步筛选供应商技术交流会的时间。

2）供应商初步筛选。供应商初步筛选的基本要求：①采购物资的质量达到要求；②生产能力能够保质保量的满足交货周期；③管理体系健全，能够保证货品质量无起伏；④拥有国家相关产品认证，如生产许可证、强制安全认证等。

3）统计合格供应商名单。对通过初步筛选的供应商建立数字档案，方便以后工程选用；定期对档案中的供应商进行考察，时刻更新供货商名录。

4）编制招标文件、邀请招标、供应商评审、签订供货合同。供应商招标程序与普通招标程序基本相同。其中需要重点关注的是，除了供应商需要有较高的质量信誉外，每种货物还应有两个以上的供应商，以质量、价格、交货周期为原则货比三家，选择最优的录用。评审供应商根据上述内容横向比较即可。

（3）催交。催交工作的主要目的是督促供应商在合同规定期限内提交技术文件等材料，用于满足工程设计和施工要求。

控制要点：①采购合同是否已传递给供应商；②敦促供应商提供技术文件，及时与供货商交流并解决涉及的问题；③随时考察供应商的主要供应产品、辅助材料和库存情况，对应采购计划分析交货周期能否满足；监督供应商相关采购设备的试验与装运情况；④时刻跟踪供应商的进度情况，保证按照合同和采购计划一致。

催交方式：①使用电话、传真、微信等通讯方法实现催交；②采购工作者进驻供应商的制造工厂进行督促；③及时召开会议讨论、解决在交货方面的问题。

（4）检验。时刻监督设备、各种材料的制造过程，确保供应货物的质量按照合同标准交付。如果存在特殊材料、机械设备，应该委托具有相应资格的第三方公司进行检测。

（5）货物运输。货物运输是指材料、机械设备在供应商处制造加工完毕并通过检验后，从制造工厂到施工场地的保险、包装、运输等工作的过程。货物运输一般包含编制运输计划、确定运输单位、审核供货商运输计划和货物运输文件的准备、办理保险业务等。货物运输控制要点包括以下方面。

1）依据与供应商签订的合同和采购计划，编制材料、机械设备的运输计划，其中重点把控大型设备和进口设备的运输计划。

2）运输单位需要依据合同中包装标准和特殊运输条款，对运输货物进行包装。

3）运输、装卸、存储过程中要按照合同要求及时存放，以便于总承包商开箱检验、对应移交和库房管理。

4）处于施工中的材料、机械设备在运输中要加强管理，责任到人。

2．项目采购的管控

项目采购阶段的管控实际上就是对物质的管控。有效的物质管控能够实现对工程的质量、成本和进度的管理。

（1）建立采购管理体系。以项目为首，采购负责人为核心，设计、采购、施工、运营、成本工程师等相关人员组建合理的采购管理体系。采购负责人负责整个项目的采购管理与控制，主要职责为：①制定采购计划与管控基准；②跟踪材料、机械设备的数量及进度状态；③控制材料的申请与发放并审核入场材料清单；④统筹规划材料、机械设备的综合平衡；⑤协调采购工作与设计、成本、施工等部门的运行；⑥管控多余材料与材料结算。

（2）以适时、适量、适质、适地、适价的"五适"原则决定采购工作。首先以合同要求和现场生产需求为准则进行材料、机械设备的选购。采购工作开始之前要对周边市场进行调研，在质量一定的基础上货比三家，选择出综合情况最优的进行采购。利用商家资源做好资金流转，根据现场情况合理确定进货量。重点关注材料、机械设备运输和移交管控。

（3）制定材料、机械设备管理流程，突出相关重点程序与控制要点。与设计工程师一同制定材料控制程序，将材料编码库、请购、询价评标、催交、检验、运输、仓库管理等标准化。

3．BIM 技术在采购阶段的集成管理

工程总承包模式与传统的建设模式相比，较好地避免了不同参与方共同进行项目管理而产生的协调与索赔问题，总承包商利用其自身技术能力、融资能力及管理能力的优势来提高工作效率，从而缩短项目工期，最终实现利润最大化。设计、采购、施工整合是工程总承包模式的核心，如果想要发挥这种模式的最大优势，就必须注重三者之间的协同程度,特别是采购在设计与施工之间的关键性作用。项目的质量、进度、成本与工程中所需材料的采购工作息息相关,采购工作的质量和效率直接影响项目的整体发展。

　　采购工作在工程总承包模式中起着承上启下的作用,采购工作结合 BIM 信息协同平台能够更好地发挥其作用。如图 9-4 所示,基于 BIM 信息设计、采购、施工协同平台能够形成更加合理的交叉运行,方便采购工作在设计阶段更好地进行材料、机械设备及供货周期的调研分析,为设计阶段中后期采购工作介入最大限度地节约时间,从而降低采购成本。设计工作完成时,采购的大部分工作也相应结束,施工阶段管理者根据设计与采购工作对施工可行性进行充分研究,并将研究结果反馈给设计、采购工作者,有利于施工前的设计优化,极大地减少了施工开始后的设计变更,更好地降低了工程成本。

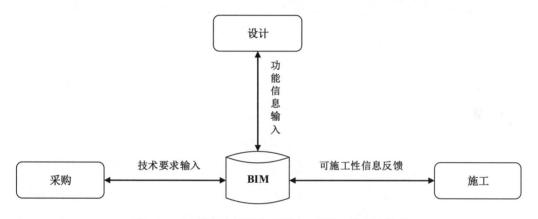

图 9-4　BIM 信息协同平台下设计、采购、施工的关系

　　将 BIM 技术应用于工程总承包模式,能够将采购工作更好地纳入设计阶段。一方面,设计工作与采购工作同时进行,减少工期;另一方面,在设计阶段就确定了大宗材料和大型机械设备,为采购工作与施工顺利开展奠定了良好基础,并且在成本方面也能在设计完成后更加具体。如此一来,工程总承包模式虽然以设计牵头,但是采购工作才是设计方案与设计理念的实现途径,采购过程中采购的材料、机械设备所产生的成本都对设计的实现完整性产生影响。

　　采购阶段与施工阶段往往是成本产生的主要阶段。项目成本中施工阶段的占比应该是最大的,但是这个阶段的输入主要来自采购工作,也就是施工阶段需要的材料、机械设备都需要采购阶段来完成,采购阶段是否能顺利进行将直接影响工程施工的质量和成本。将 BIM 技术应用于工程总承包项目能真正实现设计、采购、施工的合理交叉,采购材料、机械设备的及时性为施工阶段顺利进行奠定基础,进而确保设计方案与设计理念贯穿整个项目,保证最终实现项目的质量目标、成本目标和进度目标。

9.2.4　BIM 在施工阶段的集成化管理

1．协同管理

通过设计阶段确定的统一建模标准，在 BIM 的协同平台实现设计阶段的模型与施工阶段的模型无缝对接，将设计阶段设计的三维模型转换为施工阶段所需的文件格式。

（1）进度与成本协同管理。通过 BIM 协同平台进行施工进度与资源计划整合进行同步虚拟施工，实现三维模型、进度维度和成本维度同步，并有效统计施工各个阶段的成果与成本情况，加强项目投资资金管控。

（2）材料与成本协同管理。工程总承包项目的部分工作是不断重复进行的，项目管理团队可以将这些重复性的工作运用 BIM 协同平台交给计算机处理，确保准确性。比如，迅速提取各阶段所用材料用量，确保现场施工制订准确的材料计划；应用不同软件计算施工材料用量，进行多算对比，达到更为精准的工程成本预控等。

（3）参建方协同管理。各个项目的参建方在现场发现问题，可以使用手机或 IPad 上传至 BIM 协同平台，对应的单位可同时对发现的问题提出整改措施和意见，使工程施工过程中的情况公开、透明，保证各参建方信息的对称性和信息传递的及时性。

（4）管理与指导协同。不同施工阶段的劳务班组组长可以扫描材料上的二维码查看材料信息和使用部位，指导施工工人将材料运输至准确地点，防止相似材料使用错误。管理人员使用手机、iPad 等设备对现场劳务班组长进行复杂部位的施工要点讲解，避免在施工阶段发生错、缺、漏等问题。

（5）施工现场运营维护管理。管理人员通过 BIM 协同平台使用相关插件将涉及的机械设备编号录入，设置定时维护维修提醒，并记录机械设备与施工现场运行状况，防止因设备问题造成的安全事故，保证机械设备的保养，同时也成为各个分包商考核的依据。

2．工程算量

在设计过程中产生许多类型的成本估算方式，估算成本的范围从设计前期的概略值到设计结束后的精确值。但是等到设计末期才进行成本估算很明显是不可取的方式。比如，设计方案在设计完毕后已超过预算，那么只有两种解决办法：推翻本次设计方案或利用价值工程来削减成本甚至是品质。在设计阶段，中期的成本估算能够帮助设计师提早发现问题，使设计方案能有选择空间。这样的过程让设计团队和业主的大多数决策处于建筑咨询充足的情况下，使项目的品质更佳，符合成本预算控制。

设计前期，成本估算只能涉及面积与体积相关的数量，如空间类型、开间进深等。这些数据也许能用于参数化成本估算，这种成本估算方式主要以建筑参数为基础，但参数的运用要根据建筑类型而定，如车库中停车空间和楼层、每层商业空间的数字和面积、商业大楼的材料等级、建筑所处地理位置、电梯数量、外墙与屋顶面积等。然而，在设计方案前期，这些数据无法得到，因为前期方案设计中的构件没有使用 BIM 系统赋予信息定义，因此，将设计前期的建筑模型导入 BIM 算量软件对成本估算是很重要的，这样初期设计的构件能够被提取出来，方便概略地进行成本估算。

传统的工程量算量一般用人工手工计算或计算机软件计算。算量软件为钢筋算量软件、土建及安装算量软件。传统算量过程为：根据设计图纸在钢筋算量软件中进行建模，输入柱、梁、板、基础等构件中的钢筋信息，之后汇总计算得出钢筋报表；然后用土建算量软件进行图形建模，对于各个楼层、各个房间等不同构件根据做法不同套用清单和定额，汇总计算后得出清单与定额报表；最后用安装算量软件根据电、暖、通图纸，将给排水、采暖燃气、电气、消防、暖通空调等部件进行布置建模，汇总之后得出报表。得出钢筋、土建、安装算量后导入计价软件，得出工程控制价报表。如此一来，在算量阶段就至少需要三次建模，并且传统的算量需要算量工作者根据图纸一一对应构件输入，过程重复、烦琐、枯燥，浪费时间与人力。工程中水电暖等管道线路错综复杂，依靠传统二维图纸无法校核管道、线路等部件之间的碰撞问题，碰撞问题是造成设计变更、施工返工的重要原因之一，也是影响进度与成本浪费的主要原因之一。

与传统算量相比，BIM 技术在算量阶段省去了一遍又一遍烦琐的建模过程；利用 BIM 技术算量更加规范化、流程化，避免了人为疏忽带来的问题；在建筑结构模型基础上建立机电模型之后进行构件碰撞检测，避免了后期由于碰撞问题带来设计变更而造成工程量变化、工程返工等问题。

3. 施工方案编制

将 BIM 技术应用到编制施工方案过程中，有助于施工方案更具有针对性和实操性。

（1）施工进度控制。施工进度是工程总承包商进行协调和管理各参与方工作的依据。施工进度控制是指以既定工期为本，以大量工程数据（图纸、项目信息、会议纪要等）为基础，并且依据每个阶段的工程量来估算人员、材料、机械的需求量与每项工作的进行时间，并考虑所有可能的工序搭接，最终编制出最优的施工进度计划。在执行施工进度计划过程中，必须经常检查项目实际的进度情况与计划的符合程度；若出现偏差，必须及时分析实际进度与计划进度产生偏差的原因和对工程的影响程度，然后找出纠偏的详细措施。施工进度控制的目标就是在保证工程质量和工程成本不增加的前提下，适当缩短施工工期。但是，还有许多因素会影响施工进度，特别是施工情况复杂和持续工期较长的施工项目影响因素更多，主要有以下五个方面。

1）施工过程中施工条件变化因素。施工场地工程地质条件和水文地质情况与勘察设计不匹配。

2）施工组织管理因素。流水施工组织安排不合理、劳动力与施工机械协调不当、施工平面布置不合理等影响施工进行。

3）施工技术因素。施工单位缺乏相应的施工经验，所采用的施工技术不符合工程工艺要求，运用新技术、新材料、新结构等施工过程中发生技术事故而影响施工的进行。

4）相关单位因素。虽然施工进度由施工单位控制，但是建设单位、设计单位、相关政府部门、银行信贷、材料机械设备供应部门、运输单位等都会成为影响施工进行的因素。

5）意外事件因素。例如，严重的自然灾害、战争、重大工程事故、工人集体罢工等，都会影响施工进行。

运用 BIM 技术编制施工进度计划，一般以施工方案和施工进度相应的扩展信息模型为基础，运用 BIM 软件的可视化三维建筑模型可以对施工的整个过程进行整体模拟。模拟的过程中数据信息准确、可靠，相当于在项目建设前进行施工过程的整体彩排，直观地展现施工流程、施工进度和相应的成本情况。

根据传统的方法编制施工进度计划，一般是通过横道图、网络图等方式进行管理。一些复杂的施工方式很难在抽象的二维图纸中体现，直观性较差，这些进度计划主要依赖于编制者以往的工程经验，其准确程度无法保证。再者，如果运用不同的施工方法或组织方式，不仅加大了计算工作量，还不一定能找到最优的方案。

如果运用 BIM 技术进行施工进度计划编制，能够在数据库中根据项目的具体结构匹配最优的施工方法和方案；BIM 模型本身的信息就包含了业主意愿、管理单位、监理单位和供应商的想法等，各方面协同工作能够及时发现施工进度计划存在的问题；还能运用 4D 虚拟施工技术模拟推演现场施工过程，极大地缩短了编制时间、减少了人力资源消耗、提高了施工进度计划质量。BIM 5D 虚拟施工是以 BIM 3D 模型为基础增加时间维度和造价维度实现的。通过时间、造价与 3D 模型相结合，可以细化到人员进场顺序、材料周转、机械移动、各个阶段造价等问题，模拟整个施工过程，对于复杂施工方案进行模拟实现施工可视化,避免由于二维图纸视图分歧和语言文字交流不充分等问题;还可以避免不必要的自然、人力和资金资源浪费,方便日后施工管理者提高工作效率。

通过 BIM 的 5D 技术,可以利用可视化模拟直观地展现工程施工模拟动画,总承包商对其进行动态优化分析后,最终可以得到最科学合理的施工进度计划;通过科学合理的规划不同功能的建筑施工分区,编制详细的施工顺序,及时安排相应的施工资源,确保达到最优的施工工期。

（2）技术标准。传统的施工方式中,我国建筑行业的施工技术标准一般都是采用平面视图、立面视图和剖面视图,然后截取特殊部位附注说明文字来具体描述建筑施工技术。而在现场的是实际操作中,施工技术标准的运用往往需要结合现场的施工条件,当现场与施工技术标准产生矛盾时,就只能按照图纸上的施工技术标准进行,如此一来就可能产生一定的不可控隐患。尤其是在新材料与新技术的运用中,国家层面、行业层面基本上还没有可供借鉴的标准,施工质量只能依靠现场施工人员的现场实践来保证了。

BIM 技术建模将技术标准的各项参数定义在三维模型中,不仅有利于建立直观的视觉冲击,而且给工程的管理提供了一个科学的管理依据。运用模拟技术将建筑设计、采购、施工、运营的全过程中加入虚拟环境的数据信息,使工程在虚拟环境下进行施工彩排,尤其是在新材料、新技术的应用中,可以将工程整个实施过程直观地展示出来。如此一来,施工技术标准在工程实施中通过 BIM 技术协同平台进行共享,从而形成科学、统一的施工技术标准。

1）3D 样板。BIM 技术下的样板工程,是建立和运用三维可视化样板族库,对工程部分样板进行模拟展示,从而在指导现场施工的前提下,成功解决了材料浪费及占用施工临时场地的缺陷。

2）施工工序标准化。工程中如果运用了大量新技术,施工和管理的难度和施工工人的技术要求就会大大增加。为了运用好新技术提高管理效率,BIM 团队建立针对新技术的工序标准化三维信息模型、施工工序流程动画等,方便管理人员、劳务班组随时随地运用手机、Pad 等设备了解施工工艺。

3）技术优化。现代项目趋于艺术化、复杂化,工程施工前就必须针对复杂的结构、抽象化的二维图纸进行建模,对不合理处进行修改优化,生成二维、三维图纸指导施工现场。

（3）专项施工方案编制。根据我国相关法律、法规的规定,对于达到一定规模或者危险性较大的工程，必须单独编制专项的施工方案。BIM技术与传统模式的对比见表9-2，BIM的使用提高了专项施工方案的实操性。运用BIM软件，通过三维模拟动画的方式，准确地描述专项工程的实际情况及施工场地布置，根据相关法律、法规和施工组织设计等对施工进度、材料设备、劳动力进行计划，分析施工专项方案中的弱项，对该弱项采取保障措施，让专项施工方案更加合理、更具实操性。

表9-2 BIM技术与传统模式的对比

比较内容	BIM	传统模式
表达方式	三维模型+动态模拟	文字说明+图纸
理论依据	相关标准+4D模拟+经验	相关标准+经验
保障措施	根据现场实际情况做针对性方案	常规方案，具体操作需要根据现场实际情况进行调整
方案比选	技术及辅助，难度小，实操性强，准确度高	难度较大，准确度有待论证，对施工人员专业水平要求较高
成本统计	速度快，计算机获得	速度慢，人工统计
环境管理	预先规划，全程采用可视化管理，有序进行	困难，需要其他专业配合

4. 施工过程管理

（1）施工安全管理。建设工程项目具有规模大、周期长、分包商多等特点，如果没有科学合理地管理施工过程极易发生安全事故，必然会导致整个项目的利益受到非常严重的损害。因此，工程总承包项目必须贯彻"安全第一，预防为主"的原则，并且必须编制相关安全防范计划，分析施工过程中可能存在的安全关键阶段和薄弱环节，将安全隐患扼杀在摇篮里。但是，传统的工程总承包项目施工过程管理中只是根据总承包商自身的经验和相应的安全管理规范来制定安全措施，如此一来就会出现针对性不强，安全防范措施流于形式，最终无法达到理想的效果。如果在工程总承包项目中运用BIM技术，可以有效地进行施工过程安全管理。

1）合理规划施工场地。在传统的工程总承包项目中，总体规划是施工场地具体规划的参照文件，但是由于施工界面及多专业交叉的作业时间，容易造成各专业材料堆放混乱，降低工作效率，甚至还会发生安全事故。如果运用BIM技术合理规划施工界面和材料堆放，便可以解决上述问题。在BIM协同平台中加入施工周边的详细信息，BIM模型展现的就是实际的施工界面。根据不同专业编制进度计划，BIM协同平台将各专业的材料、机械设备及临水临电等按照进场时间、作业地点进行科学、全面的规划，让多专业交叉施工的现场井然有序。如果现场实际情况发生了施工顺序临时改变或出现某项施工作业没有按照进度完成，利用 BIM 协同平台依然可以根据实际情况分析、调整。经过 BIM 4D 虚拟施工，就可以编制出具有针对性的安全防范和管理措施。

2）合理制定施工现场防火措施。施工场地的防火设备的安排大多是以二维平面为出发点，并兼顾考虑设备各自的覆盖范围，但是并不能考虑到实际施工现场情况的变化，主要原因是防火设备的布置是基于二维图纸，而二维图纸的局限性使得无法考虑项目的动态变化过程。如果运用 BIM 技术，利用 BIM 信息模型，再加上施工进度计划、现场实际信息及场地规划情况，可以对现场进行全面的安全分析，消除安全死角，然后配备相应规模的消防装置。同时，利用 BIM 的相关软件模拟施工现场发生火灾后的应对情况，并根据模拟情况在逃生路径上安装相应消防设备，保证施工人员在发生火灾后安全撤离，避免在逃生过程中出现安全隐患。

3）合理制定动火作业管理措施。在项目的施工过程中时常伴有动火作业，如电焊、气割等。传统的项目管理一般是通过开具"现场动火证"对动火作业进行控制管理，再加上专人对整个作业过程进行监督，这样的管理方式依旧存在安全隐患。运用 BIM 技术后，工程管理人员可以根据现场实际进度与安全管理相结合，在动火作业前掌控各个工作界面上的动火作业情况，严格控制"现场动火证"。

（2）施工过程质量管理。工程总承包模式在施工质量管理过程中应当首先保证劳动力、材料、机械设备的合格。利用 BIM 协同平台，BIM 模型中的大量数据信息可以在参与方之间方便、快捷地传递，并且可以根据现场施工过程进行追踪和监控，防止因为材料和设备的尺寸、材质等信息错误造成不良后果。运用 BIM 技术进行日常化的信息检查，BIM 管理人员使用手机、iPad 等设备记录施工过程信息；施工前检查核对材料、构件信息；施工完成后将构件信息通过 BIM 协同平台生成唯一的二维码，与检查信息一并粘贴在施工成果表面，以便后续检查与提取施工过程信息，提前做好工作面移交的准备。

（3）施工过程进度管理。传统工程总承包模式施工过程进度管理与 BIM 应用于工程总承包模式对施工过程进度管理模式不同，见表 9-3。

表 9-3 传统施工过程进度管理与 BIM 技术下的施工过程进度管理

比较内容	传统施工过程进度管理	BIM 施工过程进度管理
进度管理依据	阶段性进度要求与管理经验	依据工程量核算确定工程进度安排
现场情况	施工进行后了解	施工前进行规划并模拟施工
物资分配	粗略	精确
控制手段	关键节点把控	严格、精准把控每个分项工程
工作交叉管控	每个专业以本专业为准	各专业按事前协调后进行施工

　　将 BIM 技术应用于工程总承包模式可以让施工过程进度控制变得有章可循。传统施工模式下，材料进场与施工中的各分包商都只考虑各自的利益，容易出现施工现场混乱，发生事故后事故归责有纠纷，导致工作效率低下，甚至延误工期，成本增加。如果运用 BIM 技术，把经过与参与方协调之后认定的施工进度计划与 5D 可视化建筑模型作为施工实施的最后依据，每个分包商也都可以清楚地了解各自的工作界面与工作时间，以便于合理地安排机械设备、材料的进场，防止出现进度滞后的情况，如图 9-5 所示。

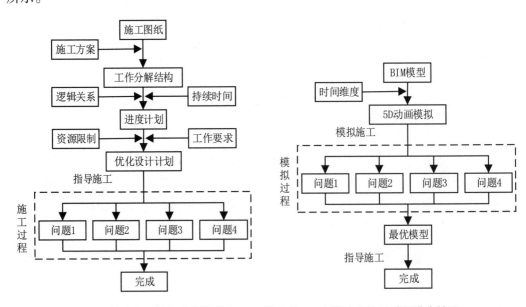

图 9-5 传统施工过程进度管理与 BIM 技术的 5D 虚拟技术施工过程进度管理

　　每个建设工程项目都会存在不可避免的因为业主、设计等原因产生的工程变更，工程变更直接影响工程成本与工程施工进度。在发生工程变更时就需要对原有的进度计划进行一定程度的调整。基于 BIM 协同平台，项目管理者可以清楚地了解工程变更对工程进度及工程量的影响，随即采取措施对工程进度计划进行调整并在参与方之间迅速传递，使工程变更的影响控制在可控范围内。每个建设工程项目的建设都是动态的，管理者也必须强调动态管理，运用 BIM 5D 可视化模型与现场实际进度进行动态对比，动态地掌控每项工作的进行程度。当进度计划出现偏差时，及时采取相应措施处理，将影响降到最低。

（4）施工组织协调管理。工程总承包模式的成败取决于参与方之间信息交流的深入程度与协助。传统的施工管理模式由于各参与方之间缺少信息交流平台，各参与方之间缺乏深入交流，无法完成协同办公。BIM 信息协同平台可以较好地解决这个问题，让各参与方之间的交流更加方便、快捷，有助于在施工过程中多个参与方交叉施工，提高工作效率、缩短工期、降低成本。运用 BIM 三维信息模型计算详细的工作量，并且以此为依据进行人材机的协调安排，最大限度地利用各项资源，统筹规划，为施工组织顺利进行打下良好的基础。

（5）数字集成化。

1）BIM 与数字加工集成。运用 Revit 建立三维信息模型后可以转换为数字加工所需的模型，进行构件加工，如预制混凝土构件、预制加工管线和钢结构加工等。

2）BIM 与全站仪集成。以 BIM 的三维激光测量定位系统为基础，用现场建筑结构实际数据与 BIM 三维信息模型中的数据分析比较，检查校核实际现场施工环节与模型偏差，有利于减少机电专业、精装专业等的设计优化方案与实际操作中可能存在的冲突。

3）BIM 与项目管理集成。BIM 与项目管理集成有利于解决传统项目管理数据来源准确度不高和信息滞后的问题，如工程总承包模式中的采购管理。

4）BIM 与 VR 技术。BIM 三维信息模型建立之后，项目管理者可以应用 VR 技术，将 BIM 模型转换为 VR 文件，使用 VR 眼镜真实地感受设计师的设计总体思路，操纵控制手柄在三维信息模型中漫游，不仅能够看到自己所处的楼层和位置，还能在漫游过程中随时查看建筑模型中某个建筑构件的详细信息，防止在细节上出现遗漏。

9.3　基于 BIM 的工程总承包管理平台

9.3.1　基于 BIM 的工程总承包信息集成管理需求分析

在工程总承包项目中想要发挥对项目建设全过程协调管理的优势，需要对项目信息进行有效的集成管理。应用 BIM 进行工程总承包项目信息管理，需要满足工程总承包项目建设全过程涉及的所有专业及不同管理要素的信息集成需求，并应满足工程总承包项目建设过程中不同参与方的信息管理需求。

1. 工程总承包项目建设全过程信息集成需求分析

在工程总承包项目建设过程中，设计、采购、施工并不是完全独立的，彼此之间需要通过信息的流通来协调保证项目的顺利运转。而在传统的信息管理模式下，工程总承包项目中设计方、采购方、施工方之间的信息是分离管理的，且信息是以点对点的形式进行传递共享，容易导致信息不能被有效地集成和共享。基于 BIM 对项目全生命周期信息集成管理的理念，将传统工程总承包项目中各阶段信息分离管理的模式，转变为自总承包商与业主签订总承包合同开始到项目竣工交付的整个生命周期中信息统一集成管理的模式。这种模式可以满足工程总承包商对项目建设全过程信息充分掌控的需求。工程总承包项目各阶段信息集成管理模式如图 9-6 所示。

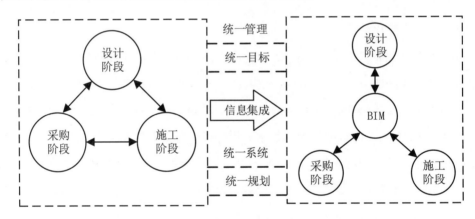

图 9-6　EPC 建设各阶段信息集成模式

2. 工程总承包项目建设各专业信息集成需求分析

工程总承包项目建设过程中，需要各个专业相互协作共同完成建设项目。项目建设过程中涉及建筑专业、结构专业、给水排水专业、供暖通风与空调专业、电气专业等。各个专业间的协同工作是以信息的传递为基础，为了实现项目信息在不同专业间的流动，使不同专业可在第一时间获取工作所需信息，就需要将各专业工作信息进行有效集成管理。应用 BIM 技术可提高信息的准确性和完整性，实现信息一次录入、无限次利用的目的，减少下游专业对信息的重复输入工作。各专业协同工作场景，如图 9-7 所示。

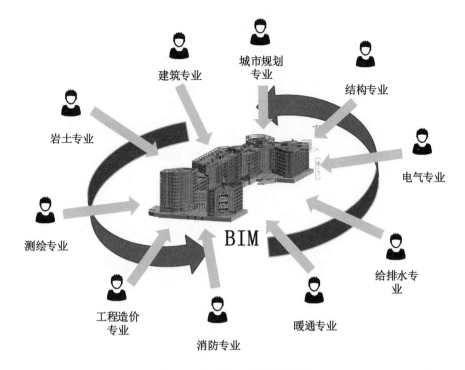

图 9-7　各专业工作协同场景

3. 工程总承包项目管理多要素信息集成需求分析

在工程总承包项目管理过程中，对项目各个要素进行管理是项目管理的重要内容。因此，为了完成工程总承包项目建设的最终目标，对项目多要素进行集成管理十分必要。应用 BIM 针对项目建设过程的质量、进度、成本、安全、环境等项目管理要素实行统一管理，将工程建设管理多要素信息进行充分集成，可提高总承包商在工程总承包项目管理过程中对工程建设各要素的管理能力，从而提高项目管理总体实力。图 9-8 主要针对质量、进度、成本、安全、环境这五大要素的信息集成需求进行了分析。

4. 工程总承包项目参与方信息管理需求分析

在工程总承包项目建设全过程中，每一个建设环节都会有不同的工作信息，随着项目的不断进展而产生和流转，随着项目信息的不断产生和传递，带动了建设项目资金和物流的不断产生和运作。对工程总承包项目信息进行合理管控是保障建设项目正常运转的基础，也是提高工程总承包项目建设效益的重要手段。基于 BIM 的工程总承包项目信息管理就是应用 BIM 对工程总承包项目建设周期内的所有信息进行有效管理，以保障工程总承包项目的正常运作，并为工程总承包项目参与方之间的协同合作提供必要的信息技术手段。工程总承包项目信息管理过程中的主要参与方，如图 9-9 所示。

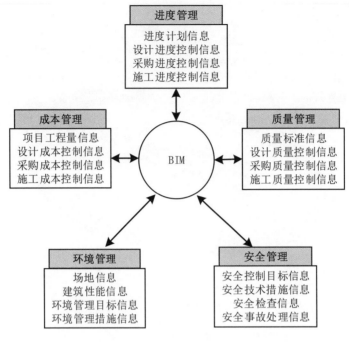

图 9-8　基于 BIM 的项目多要素信息集成管理

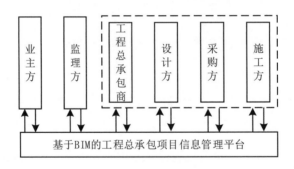

图 9-9　基于 BIM 的工程总承包项目信息管理主要参与方

　　工程总承包项目信息管理主要参与方包括业主方、监理方、工程总承包商、设计方、采购方、施工方。其中，设计方、采购方、施工方中任一方在项目中以分包商的形式出现时，可作为分包单位。在应用 BIM 进行工程总承包项目信息管理的过程中，工程总承包商、设计方、采购方、施工方、监理方作为 BIM 的主要使用方和数据提供方，可将项目数据统一集成到 BIM 中，并根据工作需求提取和应用项目信息。在项目结束后，工程总承包商需将完整的 BIM 信息系统交付给业主，业主作为系统的投入方和最终获益方可利用已有的项目信息进行项目后续的运营工作。应用 BIM 对项目信息进行管理，应满足工程总承包项目各参与方在工程建设过程中的信息管理需求。各参与方信息管理需求如下。

　　（1）业主方信息管理需求。在工程总承包项目中，业主方与工程总承包商签订合同后，会给予总承包商充分的权利进行项目安排。业主基本不会对项目建设工作进行过多的干预，但会从宏观上对项目建设过程进行综合协调，并对项目的实施支持和推进，使工程建设达到预期目标。根据 FIDIC 条款中的"设计采购施工（EPC）/交钥匙工程合同条件"，业主或业主委派的业主代表对工程总承包项目的主要管理内容包括：按照合同及规定的内容对项目各项制度、设计内容进行审批，并对项目进度、质量、安全实施过程进行监督；协调项目内部和外部的关系，保证工程建设符合国家法律法规，使项目有序进行；充分调动资源支持总承包单位进行项目建设。业主方在工程总承包项目中的主要管理内容如图 9-10 所示。

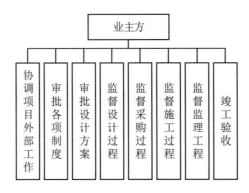

图 9-10　业主方在工程总承包项目中的主要管理内容

由图 9-10 的内容分析，业主方信息管理需求主要包括以下内容。

1）对设计进度信息、设计质量信息等内容进行监管，并对设计方案等内容进行审批。

2）对采购过程中的采购进度信息、质量信息、成本信息等信息进行宏观把控。

3）对施工过程的施工进度信息、投资信息、质量信息、安全信息、监理信息、竣工信息等情况进行监督。

在应用 BIM 进行工程总承包项目信息管理的过程中，应满足业主的信息管理需求。业主可通过 BIM 信息管理平台获取设计、采购、施工阶段所产生的相关信息，实时掌握项目进展。

（2）监理方信息管理需求。监理单位的主要职责就是通过发挥自身的管理能力和管理权力，对建设项目进行监督管理，使建设项目按照项目计划顺利实施，并满足合同要求。与传统的工程项目相比，在工程总承包项目中，监理方的管理对象不再仅是施工阶段，而是转变为对整个工程总承包项目进行监督管理。因此，在工程总承包模式中，监理单位不仅需要对承包商在施工阶段的施工质量、进度和建设费用等内容进行督察，还需要对设计阶段、采购阶段进行监控，并对参与工程总承包项目的多个单位和部门进行组织协调。在工程总承包模式中，监理单位的主要工作内容包括以下四个方面。

1）确定在工程总承包合同中所约定的承包商的负责范围和主要职责，以及工程建设需要达到的标准；梳理合同各参与方关系，协调工程总承包项目各参与方的工作。

2）在设计阶段，对项目合同中的设计范围进行界定，审查设计文件，对设计方案是否合理、设计进度是否符合要求等内容进行监控。

3）在采购阶段，对采购工作的服务范围和深度进行界定，对设备材料采购部门进行监督，并按照材料采购合同对材料的供货时间和材料质量进行严格监控。

4）在施工阶段，对施工方案、进度计划等内容进行审查，并对施工过程中的施工进度、施工质量、施工安全措施等事项进行监督检查，确保工程施工符合设计要求和技术标准。

通过对监理方工作内容的分析，得到监理方信息管理需求的主要内容，如图 9-11 所示。

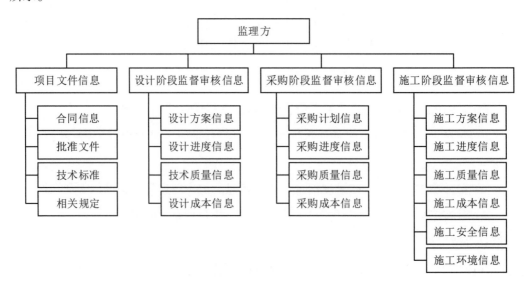

图 9-11　监理方信息管理需求的主要内容

在应用 BIM 进行工程总承包项目信息管理的过程中，监理方通过 BIM 信息管理平台查看项目实施过程中工程总承包商、设计方、采购方、施工方所反馈的工作信息，按照合同要求对项目进行监督管理，并将管理过程中发现的问题进行实时反馈。

（3）工程总承包商信息管理需求。在工程总承包项目中，总承包商拥有最高权限，对项目建设全过程进行统筹规划，并对工程总承包项目每一个实施环节进行管理。工程总承包商项目管理内容涵盖自签订总承包合同直至竣工交付全过程的所有工作,其信息管理需求见表 9-4。

表 9-4　工程总承包项目总承包商信息管理需求

过　　程	需　　求
设计阶段	① 项目勘察设计信息; ② 设计方案、初步设计文件、施工图设计文件; ③ 设计文件审查要求、设计文件审查信息; ④ 设计方案交底,图纸会审信息、设计变更信息; ⑤ 设计进度、设计质量、设计成本等信息
采购阶段	① 建立的采购质量管理体系,包括质量管理文件和质量管理组织等信息; ② 供货商资格审查信息、招投标信息、合同等信息; ③ 采购计划、材料设备技术方案、资源供应计划等信息; ④ 采买、催交、运输、检验等信息; ⑤ 采购质量、进度、成本等信息
施工阶段	① 施工准备工作信息、施工项目管理规划信息; ② 施工方案信息、技术组织措施计划信息等; ③ 施工进度管理信息、安全管理信息、计划管理信息; ④ 项目变更信息、工程索赔信息; ⑤ 工程验收信息等
协调管理信息	① 政府批准文件、相关法律法规、技术标准等信息; ② 业主指令信息、监理反馈等信息; ③ 招投标信息、合同信息等信息; ④ 项目总体质量、进度、成本、安全、环境等控制信息

工程总承包商需要对项目建设实施全过程进行规划和管理,其信息管理内容涉及项目建设的方方面面。通过应用 BIM 有效汇总各参与方所提供的信息,才能使总承包商对项目进行更好的协调管理,从而提升总体管理水平。

(4)设计方信息管理需求。在工程总承包项目中,招标环节业主主要提供工程建设的预期目标信息、设计标准、设计内容及功能需求。因此,设计方主要是根据业主所提出的功能需求和建设目标进行方案设计,将业主的建设意图转化为建设项目可实施的模型。设计阶段按照项目进度和设计深度的不同将设计阶段分为制订设计计划、设计方案、初步设计、扩初设计和施工图设计等阶段。在设计过程的每个环节都会产生相应的设计信息,各个专业通过对这些信息的共享交流实现各专业间的协同工作。设计方信息管理需求如图 9-12 所示。

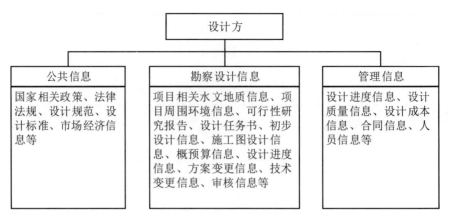

图 9-12　设计方信息管理需求

　　设计方需严格按照总承包商所提供的公共信息进行设计，并将勘察设计信息及设计管理信息充分反馈到项目 BIM 信息管理平台中，使项目各参与方可根据需求即时获取相关信息。

　　（5）采购方信息管理需求。在工程总承包项目中，采购阶段是建设工程实体建造的开端，并在整个工程建设运行中起到了中间衔接的作用。能否对采购过程进行有效的监督管理，直接关系到项目后续的建设和施工能否顺利进行。因此，需要确保采购信息的准确完整，对采购过程信息进行动态把控，及时为施工阶段提供设备材料，为项目施工提供有效保障。采购阶段的主要工作内容包括编制设备材料采购清单、进行供应商招标、签订采购合同、生产交付计划的跟踪与落实、设备材料出厂检验、设备材料运输、进程检验、货款结算、合同收尾等过程。采购方信息管理需求如图 9-13 所示。

　　采购方需按照总承包商提供的公共信息安排采购工作，并对采购过程中所产生的采购信息以及招投标信息进行更新汇总，使项目参与方可通过 BIM 信息管理平台提取和应用相关信息。

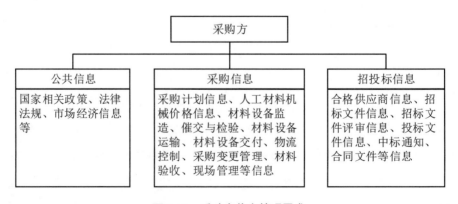

图 9-13　采购方信息管理需求

（6）施工方信息管理需求。施工阶段是工程总承包项目的核心组成部分，主要由施工准备阶段、实施阶段、竣工验收阶段组成。施工准备阶段主要是为项目施工作业的展开做好提前准备，这个阶段的主要内容包括编制施工组织设计、编制施工进度计划、编制施工质量管理体系、编制施工技术管控计划、材料物资供应计划、施工分包计划等。施工实施阶段的主要工作内容包括：根据施工准备阶段编制的计划，检查项目实际施工落实情况，将实际情况与实施方案进行对比分析，尽力保证项目实施按计划进行，对项目实施进度、质量、成本、安全等内容进行控制。施工竣工阶段的主要内容包括业主和监理方对工程进行验收、进行项目移交等。施工方主要信息管理需求如图 9-14 所示。

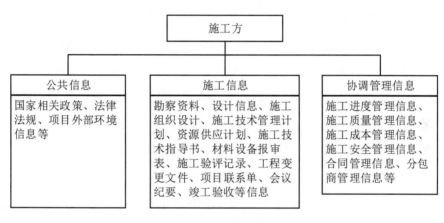

图 9-14 施工方信息管理需求

施工方需要从 BIM 信息管理平台中获取项目公共信息，按照项目公共信息进行施工组织设计，并将施工过程中产生的施工信息及协调管理信息集成到 BIM 数据库中，使项目参与方可第一时间获取项目施工动态信息。

9.3.2 基于 BIM 的工程总承包管理平台构建

1. 管理平台构建的总体要求

为了提升工程总承包项目的信息管理水平，使工程总承包项目各参与方根据工作需求及时准确地获取工程建设实时信息，实现工程总承包项目各阶段间及各参与方之间的信息集成交互，可以将 BIM 基数应用于工程总承包项目信息管理中，构建基于 BIM 的工程总承包项目信息管理平台，充分发挥 BIM 在信息管理中的优势，改变传统工程总承包项目中的信息管理和共享的方式，改善传统工程总承包项目信息管理中存在的缺陷，提升工程总承包商的信息管理水平。建立基于 BIM 的工程总承包项目管理平台有以下几点要求。

（1）满足对工程总承包项目多角度的信息集成需求。在工程总承包项目中，应用BIM 对工程总承包项目信息进行集成管理，需要满足项目不同阶段、不同专业、不同管理要素的信息集成需求。建立基于 BIM 的工程总承包管理平台，将工程总承包项目建设全过程的所有信息进行有效集成，使所有信息形成一个相互关联、相互依存的整体。对项目信息的有效集成是满足项目不同角度信息管理需求的关键所在。

（2）满足工程总承包项目参与方的信息管理需求。建立基于 BIM 的工程总承包项目信息管理平台，应满足工程总承包项目各参与方的信息管理需求，使不同项目参与方可根据工作需求，便捷地获取相应的工程信息，并将不同工作环节产生的信息进行及时更新汇总，使工程建设中的参与方都可以实现对信息的有效利用和有效管理。

（3）实现项目不同形式数据的集成管理。在工程项目建设过程中，涉及的专业领域比较广泛，各个专业在工作中使用的软件各不相同，每一类软件都会产生相应的数据形式。为了保证对工程总承包项目中各类数据的集成共享，需要一个可以供不同项目阶段各参与方进行信息提取、存储、扩展的信息数据库，该数据库可以对工程项目信息进行动态管理。

（4）满足工程总承包商对项目信息的总体把控。在工程总承包项目建设过程中，总承包商作为项目第一责任人，需要对整个项目的建设全权负责。因此，总承包商需要充分掌控建设项目的实时信息，充分了解项目的最新状态，以及出现的新问题，并及时制订解决方案。

2. 管理平台构建

在满足框架体系构建总体要求的基础上，构建基于 BIM 的工程总承包管理平台。使基于 BIM 的工程总承包管理平台在实现工程总承包项目建设全过程信息无缝衔接的同时，满足各个角度的集成管理需求，使信息得到充分集成和应用，并提升工程总承包项目信息管理水平。为了保证 BIM 对工程总承包项目信息的有效集成管理，将框架体系分为基础数据层、模型层、功能模块层。基于 BIM 的工程总承包管理平台如图 9-15所示。

基于 BIM 的工程总承包管理平台中的三个层次在工程总承包项目建设全过程信息集成、信息管理、信息共享方面起着举足轻重的作用。在信息管理平台框架中，工程总承包项目各参与方将建设过程中各阶段、各专业、各要素信息存储到基础数据层中，在基础数据层中对所获取工程总承包项目的信息进行分类、编码、标准化处理并集中存储在统一的 BIM 数据库中。模型层通过提取基础数据层中的信息数据，根据需求生成设计阶段、采购阶段、施工阶段的建筑信息模型，又根据各个阶段中的实际信息管理需求生成相应的子信息模型；在功能模块层，工程总承包项目参与方可根据其工作需求信息从模型层中提取相应模型信息，应用 BIM 软件进行信息处理和相关功能的应用，满足各参与方的信息管理需求。

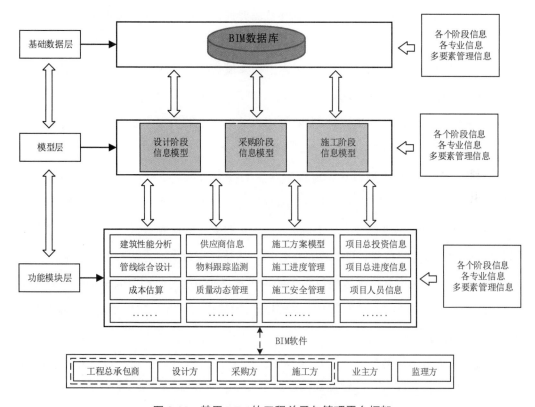

图 9-15　基于 BIM 的工程总承包管理平台框架

9.3.3　基于 BIM 的工程总承包管理平台研究

1. 基于 BIM 的工程总承包管理平台基础数据层

基于 BIM 的工程总承包管理平台中的基础数据层主要是将工程总承包项目中各阶段、各专业、各项目管理要素的所有信息整合到以工程总承包商为主导建立的项目 BIM 数据库中。自工程总承包项目启动开始采集相关信息，随着项目的不断进展持续对数据信息进行更新完善，使项目参与方可第一时间获得项目最新数据信息，并将工作处理更新的数据反馈到 BIM 数据库中，实现信息的有效集成管理。为了保证 BIM 数据库对信息的有效管理，需要对所收集到的工程总承包项目信息进行整合、标准化处理，从而提高 BIM 数据库中信息资源的使用价值。

（1）信息整合。工程总承包项目往往建设时间长，范围广，参与方众多，导致整个过程信息种类繁多且信息数量庞大。想要实现对工程总承包项目信息的集成管理并实现各参与方对项目信息的高效利用，就需要对工程总承包项目建设全生命周期的信息及时准确地进行集成。信息集成过程中，需要充分考虑项目实施的每一个环节，做到不遗漏任何信息，全面地对所有信息进行整合，并且需要通过合理的形式将信息存储在统一的数据库中，保证工程总承包项目各参与方可以快速准确地查询到工作所需信息。

（2）信息分类编码。BIM 数据库作为工程建设数据信息的存储机制，是实现工程总承包项目信息集成和管理的基础。想要对工程总承包项目信息进行有效管理，实现项目建设实施中对信息的精细化检索，需要管理人员对基础数据层中所有的项目信息进行分类编码。

建筑信息编码就是将项目建设过程中产生的各类信息赋予一定规律性的容易被人或机器识别和管理的数字、符号、字母、缩减的文字的过程。利用相同的信息编码结构对工程总承包项目信息进行分类、编码，为 BIM 数据库的信息提供一个可供计算机检索和存储的编码体系。首先，对工程总承包项目信息逐层分解，将整个工程总承包项目信息分解至可控的范围，以满足项目管理的需求；其次，针对分解后的每个单元，选择与之相匹配的编码体系进行信息编码，使编码后的信息与实际工程项目信息对应关联，并保证编码后的信息可以被计算机操作和识别。工程总承包项目信息分类编码体系的建立是对工程总承包项目各类信息进行规范化、标准化处理的前提，为应用 BIM 软件对工程总承包项目信息进行集成管理和信息数据交互提供基础。

（3）信息标准化处理。为了实现应用 BIM 对工程总承包项目信息的精细化管理，不仅需要对工程总承包项目信息进行分类编码，还需要对项目信息进行标准化处理。

目前在 BIM 技术信息标准化中，通用的标准有 IFC、STEP、EDI、XML。其中 IFC 标准是针对建筑领域制定的公开的数据交换标准，也是目前国际通用的 BIM 交换标准。IFC 标准为建设项目中存在的不同格式的数据提供了处理各种信息描述和定义的规范，打破了软件数据格式不兼容的难题。IFC 作为数据交互的中转站实现数据的无障碍流通和关联，从而改善数据共享的现状，避免重复劳动，节约建设成本，使各类 BIM 信息以 IFC 标准为基础，将各类数据处理成为相同形式的数据，统一存储在 BIM 数据库中。基于 IFC 的信息标准化处理情况如图 9-16 所示。

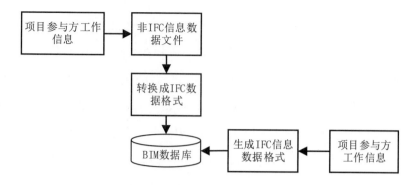

图 9-16　基于 IFC 的信息标准化处理

2. 基于 BIM 的工程总承包管理平台模型层

在基于 BIM 的工程总承包管理平台框架体系中，模型层起到了重要的作用。模型层主要通过提取 BIM 数据库中的信息建立建筑信息模型，并根据 BIM 数据库中实时更新的数据信息对相应建筑信息模型进行动态更新。这里针对工程总承包项目的设计、采购、施工三个阶段建立了相应的信息模型，在此基础上为了满足不同项目参与方的信息管理需求，还可建立相应的子模型。模型层示意图如图 9-17 所示。

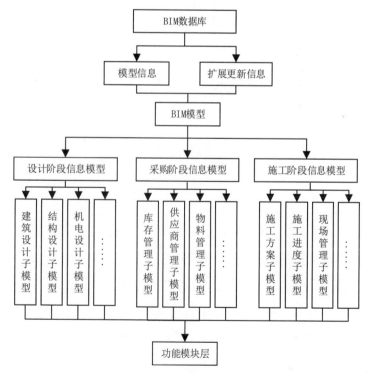

图 9-17　模型层示意图

（1）设计阶段信息模型。在工程总承包项目中，设计阶段不仅是建设项目实施的先导，也是随后采购阶段和施工阶段实施的脉络。设计阶段信息模型由建筑工程师、结构工程师、电气工程师、给水排水工程师等专业工程师在共同的 BIM 平台上协同设计的信息组成。经过各专业的设计，在平台上形成建筑设计子模型、结构设计子模型、工艺设计子模型、管道设计子模型等各专业信息模型，最后将各专业模型信息合并成一个完整设计阶段信息模型，如图 9-18 所示。在应用 BIM 进行信息管理的过程中，设计阶段信息模型是构建整个项目后续工程建设信息模型的基础。在建立设计阶段信息模型过程中，BIM 的应用使各专业间能够相互配合、协同作业，提高了设计建模的效率，实现了各专业关联协同设计。后续的采购阶段、施工阶段信息模型的建立都可以以设计阶段信息模型为基础，从该模型中直接或间接调用相关信息。

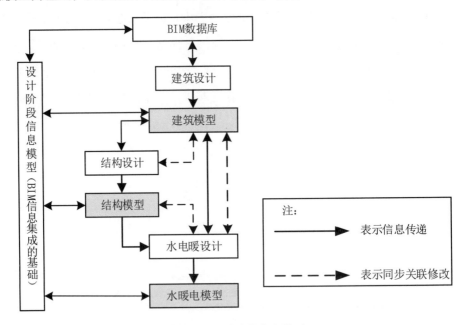

图 9-18　设计阶段信息模型

（2）采购阶段信息模型。在工程总承包项目中，对采购阶段信息的有效管控有利于节约工程建设成本。在工程总承包项目中采购范围十分广泛，涵盖土建、机电、绿化等许多领域，物资供应商也来自各行各业。采购阶段需要对项目采购信息进行有效管理，需要在设计阶段信息模型的基础上建立采购阶段信息模型，并进行功能属性等内容的扩展，将设计阶段信息模型中的建筑构件对应的材料类型、尺寸、数量等信息与物资采买、物资运输、材料库存等实时信息关联到一起，从而生成采购信息模型，如图 9-19 所示。在采购信息模型中，可充分反映物资需求情况和物资供给情况，通过采购信息模型对采购信息的反馈，实现对采购信息的动态管理。

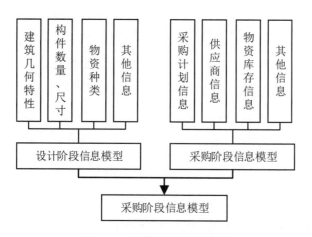

图 9-19　采购阶段信息模型

（3）施工阶段信息模型。在工程总承包项目中施工阶段是整个项目实施过程中需要承担最大风险的阶段，也是项目信息管理过程中最活跃的阶段。在施工阶段投资成本最高、项目管理信息最多，工程总承包商对该阶段的项目信息管理和控制难度较高。在创建项目施工阶段信息模型时，需要提取设计阶段信息模型和采购阶段信息模型中的信息，在此基础上根据施工阶段产生的新信息进行动态扩展，逐步完善施工阶段信息模型。因此，施工阶段信息模型，主要包括基础信息模型和扩展信息。基础信息是指从设计阶段信息模型及采购阶段信息模型中提取的基础信息；扩展信息是指随着施工工作的开展，根据施工阶段管理目标增加的信息，主要包括施工进度信息、施工方案信息、施工资源信息等。在基本信息模型的基础上进行施工信息扩展，得到施工阶段信息模型，如图 9-20 所示。

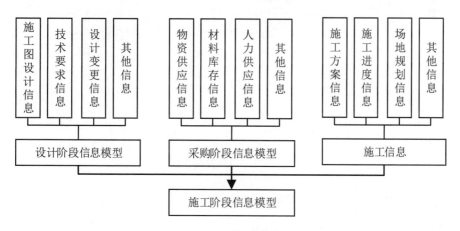

图 9-20　施工阶段信息模型

3. 基于 BIM 的工程总承包管理平台功能模块层

功能模块层是由 BIM 软件在工程总承包项目信息管理过程中的功能应用组成。工程总承包项目各参与方根据信息管理需求从建筑信息模型层中获取各类模型信息,并通过相应 BIM 软件进行分析处理实现相应的功能应用。项目参与方还可将分析处理得到的新信息重新录入 BIM 数据库中,实现数据的高效集成共享,使信息得到充分利用。

(1)设计阶段信息模型功能模块。应用 BIM 提升工程总承包项目信息管理水平,充分发挥工程总承包项目以设计为主导的优势。在设计阶段充分考虑后续采购、施工阶段的主要影响因素,使各专业在同一平台上协同设计,提升设计水平,减少后续的设计变更和不必要的纠纷。BIM 在设计阶段的功能应用主要有以下两方面。

1)BIM 在建筑性能分析方面的功能应用。为了提高建筑的建造品质,减少对资源的过度消耗,满足绿色环保等要求。BIM 可以对建设项目进行仿真模拟,针对某些在现实情况中难以进行实际操作的工作进行模拟分析。进行模拟分析时,通过提取设计阶段信息模型中的建筑信息,应用 BIM 软件对建筑物总体布局、设计方案、日照时长、建筑能耗、空气流动、建筑温度等内容进行信息统计和模拟分析,并通过对模拟结果的分析从而使各专业对建筑模型进行更加深一步的调整优化。建筑性能分析如图 9-21 所示。

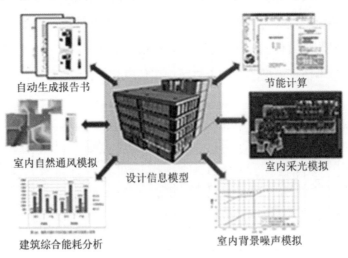

图 9-21 建筑性能分析

2)BIM 在管线综合平衡设计方面的功能应用。管线综合平衡设计技术是应用 BIM 的三维可视化模拟技术,将机电、给水排水等专业的设计内容,进行"预组装",在 BIM 软件中进行模拟和碰撞检查的方法。通过这种方法,可以使设计人员更直观地发现设计内容中各专业间的冲突碰撞问题,然后结合检查结果,各专业相互配合综合分析后,在原来设计基础上进行修改和优化，避免这类问题为工程总承包项目采购、施工带来巨大损失。管线综合平衡设计技术，不仅有利于对设计方案优化，减少设计变更，而且可以对管线安装工序进行模拟并指导施工。管道碰撞及优化设计如图 9-22 所示。

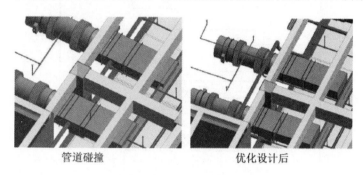

管道碰撞　　　　　　　　　　　　　　优化设计后

图 9-22　管道碰撞及优化设计图

（2）采购阶段信息模型功能模块。在工程总承包项目中，采购阶段是工程建设实施的重要阶段，想要提升工程建造品质，保证建造质量，就需要对采购阶段进行严格把控。工程总承包商对采购阶段的有效管理不仅可以提高采购质量降低项目预期成本，还可以大大降低施工阶段产生的费用，同时保障按计划供应项目实施设备材料，保证工程总承包项目的顺利运作。通过应用 BIM 对工程总承包项目采购信息的集成管理，建立采购阶段信息模型，应用相关的 BIM 信息管理功能，可以提高总承包商对采购阶段的管理能力，并满足采购方的信息管理需求，为项目采购全过程动态控制提供技术支持。BIM 在采购阶段的功能应用主要有以下几方面。

1）BIM 在供应商信息管理中的功能应用。工程总承包商可以将曾经合作过的信誉较高的供应商信息存储在 BIM 数据库中。在采购阶段，采购方可以根据项目实际需求结合数据库中的供应商名单，根据设计方提供的技术要求制定采购供应商评选标准，选择合适的供应商合作，并将已经签订采购合同的供应商编制的设备材料生产供应计划信息、生产进度信息等录入采购信息模型中，应用 BIM 进行动态监控。基于 BIM 的供应商选择流程如图 9-23 所示。

2）BIM 在生成物资采购清单中的功能应用。BIM 技术的出现改变了传统模式中的人工算量方式。通过应用建筑信息模型的工程量编制工程量清单，相较于传统的手工算量更加准确和细致，如图 9-24 所示。应用 BIM 进行工程量统计，还可以根据设计变更及时进行新的工程量统计。采购方根据 BIM 生成的工程量清单编制相应的物资采购清单。

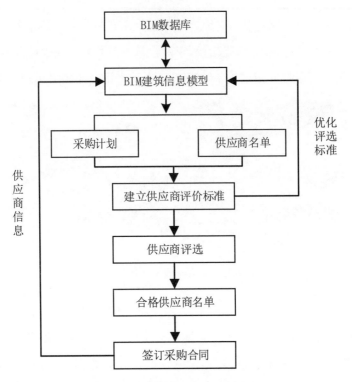

图 9-23 基于 BIM 的供应商选择

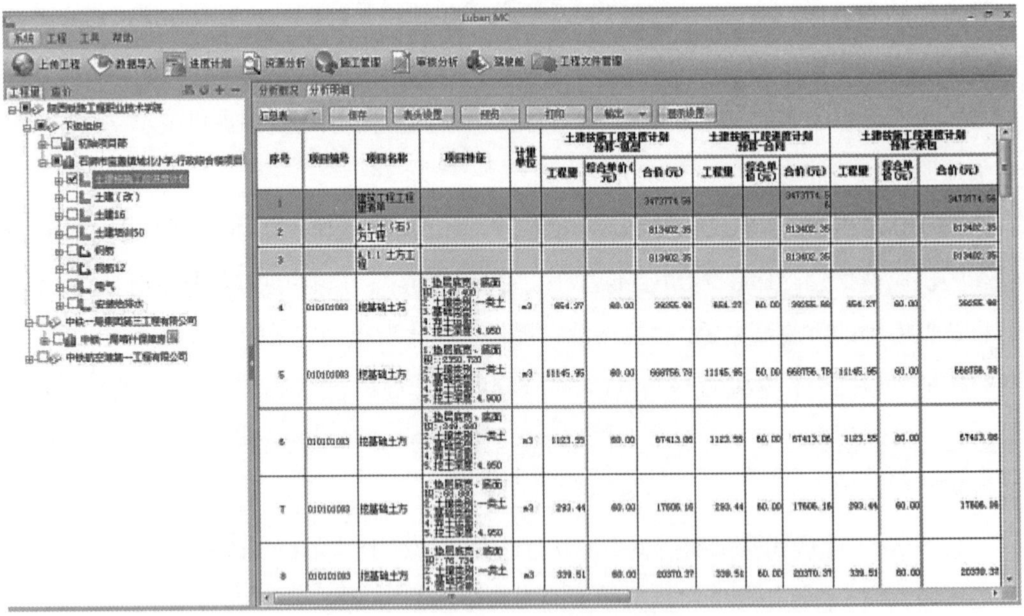

图 9-24 BIM 软件中生成工程量清单

3）BIM 在物料运输跟踪与监测中的应用。BIM 在物料跟踪与监测中的功能应用。在材料运输过程中应用二维码技术，将材料运输信息与 BIM 信息模型进行关联。针对运输的设备材料生成相应的二维码，并将二维码粘贴到运输车辆驾驶室中，货运司机可以通过手机等移动设备扫描二维码，上报材料运输情况。采购管理人员可以通过 BIM 信息管理平台查询采购物料的运输状态，实现实时跟踪监测采购物资运输，并在信息管理平台中查看采购信息，通过 BIM 模型不同的颜色状态反应材料的实时状态。

（3）施工阶段信息模型功能模块。在工程总承包项目实施过程中，施工阶段是工程建设的主要阶段，也是项目管理内容最多、工作最繁重的阶段。通过应用 BIM 技术对工程总承包项目施工过程信息进行管理，建立施工阶段信息模型，可以利用 BIM 信息模型结合项目实时信息对指导工程项目施工。BIM 在施工阶段的功能应用有以下几个方面。

1）BIM 在施工方案模拟中的功能应用。在施工阶段可应用 BIM 进行施工方案模拟，并通过模拟发现问题优化施工方案。利用 BIM 技术，可对场地规划、资源等信息进行模拟规划，使施工参与方直观地了解施工项目的实施方案和存在的问题。还可以对新的施工方案进行模拟和可行性分析，在施工前清楚地掌握施工各个阶段的情况，对可能发生的事故进行提前预测，制定预防措施进行事前控制，避免对工程建设造成影响，提高项目建造水平。应用 BIM 对施工方案进行模拟如图 9-25 所示。

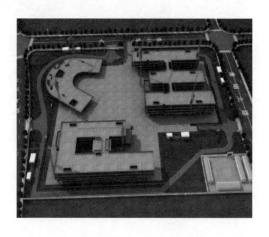

图 9-25 施工方案模拟

2）BIM 在施工现场动态管理中的功能应用。在施工阶段，作业场地的布置应随着项目的不断推进而动态改变。传统的项目现场布置是在编制施工组织设计时，综合项目特点和按照以往经验进行规划布置，因此很难提前发现场地规划方案中的问题。随着施工项目的推进，现场布置得不到相应的变更难免会产生一些碰撞。应用 BIM 技术对施工不同阶段的现场布置中存在的潜在碰撞冲突进行分析，针对不同施工阶段的场地布置方案进行相应设计，实现施工现场动态布置。

3）BIM 在施工进度控制中的功能应用。传统的施工进度控制是按照网络计划图的规划方式对项目进度进行规划管理，这也是项目进度控制最普遍的工具。然而，网络计划图存在一定的局限性，这种方式表达的进度计划比较抽象，难以实现对整个项目计划进度精确直观的表达，并且不能及时对工程的变更、环境变化等突发情况进行调整优化。基于 BIM 技术的施工进度管理，是在设计、采购信息模型的基础上添加时间轴建立四维模型，通过可视化功能直观、准确地反映施工现状，将实际项目实施进度与计划进度进行对比，分析出现差距的原因，并采取措施进行调整，确保按时完成项目。施工进度控制在 BIM 中的应用如图 9-26 所示。

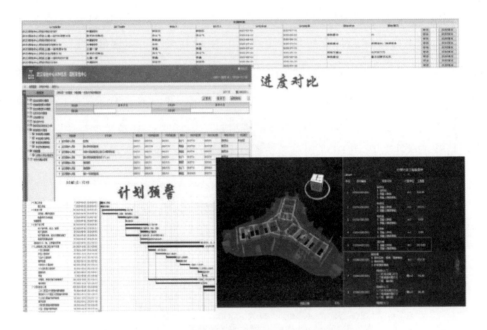

图 9-26　施工进度计划在 BIM 中的应用

第10章

工程总承包管理能力评价

10.1 工程总承包管理能力概述

10.1.1 工程总承包管理能力评价研究综述

我国成功加入世界贸易组织之后,伴随着建筑市场逐步对外开放,越来越多有实力的外国企业进入我国工程承包市场,凭借其科学的管理、先进的技术和雄厚的实力迅速获得很多我国大型项目、重点项目的建设参与权,在我国工程市场中占据优势地位,给我国建筑业企业造成巨大的竞争压力。

相对而言,我国工程承包企业自身也面临两个迫切需要解决的问题:一方面,建筑业本身存在利润率相对较低且逐渐降低的趋势,企业要想获得新的发展必须寻找新的出路;另一方面,与建筑业相关的设计咨询行业,由于其业务类型相对单一,企业的获利情况和发展空间有限,整个行业呈现停滞不前的情形。

国际工程承包业务呈现规模大型化、技术工艺复杂化、产业分工专业化和工程承包一体化趋势,并由技术密集型向资本密集型、知识密集型领域延伸。国际工程承包市场的新变化,促使发包人或业主为规避项目实施风险和获得项目整体最佳效益,越来越重视承包商提供综合服务的能力,这导致传统设计与施工分离的承发包方式快速向总承包方式转变,如 EPC、PMC、Turnkey 等工程总承包模式被广泛用于大型国际工程项目中。我国大中型建筑业企业要在国际工程承包市场中获得生存和发展机会,必须转变过去的经营方式,特别是需要改变设计、施工分离的承发包模式,积极主动推行工程总承包模式,适应国际工程市场需求的新变化。

工程总承包模式作为一种新的工程承包模式，符合国际工程承包市场的潮流，能够适应工程承包业务实施日趋复杂化的要求，也能满足业主规避项目风险，降低项目投资，缩短项目工期，提升项目质量的目标，同时作为经营模式，能拓宽建筑业企业业务范围，提升业务增值空间，大幅度提升企业市场竞争力。

在"内忧外患"和政府大力提倡推广工程总承包模式下，大中型建筑业企业（含勘察设计咨询企业）开始采用工程总承包模式，取得一定成绩，但存在较多问题：实践中工程总承包模式相对传统模式优越性并没有凸显，项目实施效果和企业盈利没有提高；工程总承包企业实力与国际知名公司水平相差很大，且业主对工程总承包企业认可度低，模式整体推广面过小。造成这些问题原因是多方面的，但我国工程总承包企业总承包能力不足是最主要的方面之一。

从我国开始推行工程总承包模式起，国内学者陆续对总承包企业的总承包能力进行了相关研究。孟宪海、赵启、金维兴等（2004）不仅从理论上介绍了工程总承包模式的概念、对比了工程总承包模式较传统模式的优势，还详细分析了国际上著名的工程总承包公司概况、业务领域和服务特点，加深了我国建筑企业对总承包模式是建筑业新经济增长点的认识，同时为我国传统建筑企业转变成工程总承包企业提供有利借鉴。胡志伟等（2004）直接从总承包企业核心竞争力的角度分析工程总承包能力的内容并构建了评价指标体系，在此基础上，王克山（2009）、谢颖和王要武（2010）等建立了用于定量评价总承包能力的数学模型，一定程度上为建筑企业评价和提升工程总承包企业竞争力提供了帮助。但把工程总承包能力直接等同总承包企业核心竞争力来研究存在不足：一方面，我国工程总承包企业由传统的专业性服务企业转型而来，其能力必然随企业发展经历不同阶段，其现阶段的工程总承包能力水平整体偏低，也不可能在短时间内将工程总承包所需要的所有能力提升为企业的核心竞争力，将工程总承包能力等同于企业核心竞争力的研究成果及所提建议不符合我国建筑业企业的实际情况；另一方面，工程总承包能力是总承包企业众多业务能力之一，是企业核心竞争力的物质载体，却不同于企业整体能力性质的核心竞争力的内涵，将两者混为一谈，容易引发建筑企业对工程总承包能力内涵的误解，不利于科学指导企业的生产实践和提升企业完成总承包业务的能力。

10.1.2　工程总承包管理能力概念

工程总承包企业要成功完成工程总承包这项核心业务，就必须具备相应的业务能力——工程总承包能力。由此可分析出工程总承包能力与总承包企业核心竞争力的区别和联系：工程总承包能力是总承包企业的一项核心业务能力；工程总承包能力是总承包企业核心竞争力的重要组成部分和关键部分。因而，总承包企业要培养提升核心竞争力，关键在于工程总承包能力这项核心业务能力的培育与提高。

1. 工程总承包企业的核心业务识别

工程总承包项目所必须完成的各项工作因工程总承包项目规模巨大和技术复杂，都可以独立出来成为单项业务，由一个企业全部完成或多个企业分别完成。其中，有些业务，如工程咨询、设计和施工、项目管理、项目投融资等全部由总承包企业完成时，这些业务对工程总承包企业完成工程总承包的质量和水平起决定作用，对业主或投资者的需求有重大贡献，实质上是工程总承包企业的核心业务。除此之外，工程总承包企业要在工程总承包市场中建立持久竞争优势，除了要与业主、分包商、供应商及劳务承包公司建立长期友好关系外，还需不断进行技术研发，以保持和提高工程总承包服务的水平，赢得业主或投资者长期认可。

2. 工程总承包企业的核心业务能力分析

工程总承包企业的核心业务能力就是总承包企业完成各项核心业务的能力。工程总承包企业具备了完成工程咨询、设计和施工、项目管理、项目投融资等核心业务的能力，也就具备开展业务的核心业务能力，即工程咨询能力、设计和施工深度交叉能力、项目管理能力、项目融资能力、技术研发能力、市场营销能力等。这些核心业务能力不但可以单独存在于一项核心业务，也能几个同时集成于某项复合型的核心业务。例如，工程咨询能力尽管必须以总承包企业对其他核心业务内容掌握为前提，却可以单独存在于工程总承包企业为业主或投资者提供单项咨询服务这项业务中；设计和施工深度交叉能力、项目管理能力、项目融资能力、技术研发能力等可以各自独立存在于单项业务内，但有时候必须同时存在于工程总承包企业开展的工程总承包这一项业务内。由此可见，工程总承包企业的各项核心业务并不是孤立存在的，其完成其中某项核心业务的能力，不仅会影响该项业务实施的质量和程度，还会制约其他相关核心业务的开展。企业必须用全局的眼光审视这些核心业务，考察自身完成这些核心业务的能力水平，然后采取改善措施，才能达到事半功倍的效果。

3. 工程总承包管理能力的内涵

任何企业生产经营都是通过为客户创造价值而实现企业目标，这种价值实现的物质载体是产品和服务。工程总承包企业为业主或投资者创造价值的手段也必然是通过一系列业务开展为业主或投资者提供相应的产品和服务,尤其是那些核心业务所创造的产品和服务,对业主或投资者价值需求满足起着决定性作用。针对一个项目,工程总承包企业采用工程总承包形式为业主或投资者提供服务,其所从事的工作内容涉及设计和施工、项目管理、项目投融资等多种核心业务,企业通过逐一完成这些核心业务来实现整个工程总承包项目的目标。工程总承包企业完成这些核心业务的能力水平直接决定工程总承包业务开展的好坏。由此可知,工程总承包企业的总承包能力实质是其多种核心业务能力的集合,即工程总承包企业完成一个工程总承包项目的全部工作,实际上是完成一系列核心业务,完成这些核心业务的能力就集合成工程总承包企业完成整个工程总承包项目的总承包能力。

工程总承包管理能力可以定义为:总承包管理能力是工程总承包企业完成一个采用工程总承包模式项目的工程总承包所涉及的核心业务能力集合。工程总承包本质是一个集成了其他核心业务的核心业务,完成这项业务的总承包能力也是集成了其他核心业务能力的核心业务能力。

10.1.3 基于核心业务能力的工程总承包能力辨析

大多初学者将工程总承包能力等同于核心竞争力研究,这是混淆了两者概念和本质。这里主要对工程总承包能力与核心竞争力区别和联系进行分析,并分析论证工程总承包能力更能有效指导我国企业实践的观点。

1. 基于核心业务能力的总承包能力与核心竞争力的区别

工程总承包能力实质是工程总承包企业的核心业务能力,其与企业的核心竞争力区别表现在以下几个方面。

(1)工程总承包能力作为核心业务能力,是总承包企业核心竞争力的重要组成部分和物质载体。工程总承包能力是针对工程总承包这项核心业务而言的,总承包企业核心竞争力对于企业来说是整体的竞争力,而不是简单等于企业某一项产品或业务在市场中的竞争力。根据理论界关于核心业务能力与企业核心竞争力的关系的主流观点来分析,工程总承包能力与核心竞争力是部分与整体的关系,工程总承包能力是总承包企业核心竞争力的一个重要组成部分。因此,工程总承包能力与总承包企业的核心竞争力是本质上完全不同的两个概念,将其混淆起来研究缺乏科学性。

（2）工程总承包能力等同于总承包企业的核心竞争力，容易导致工程总承包企业进行错误决策。一方面，工程总承包企业拥有工程咨询、设计和施工、技术研发、项目投融资、市场营销、工程总承包项目管理、工程总承包等多项核心业务，其核心竞争力的载体不可能完全集中于工程总承包这一项核心业务。一旦将工程总承包能力与核心竞争力等同起来，企业可能会因过度注重对工程总承包能力的培养，加大对其业务能力要素投入，而忽略对企业原有核心竞争力投入，导致总承包企业已有竞争优势变弱甚至消失。另一方面，会误导刚转型的工程总承包企业，凭借原有核心竞争力而不再增加对工程总承包能力要素投入，造成企业工程总承包能力缺失，企业故步自封停滞不前，无法在工程总承包市场获得竞争优势。一旦企业在无充分准备的情况下承接了工程总承包业务，因能力不足无法完成项目给企业造成的巨大压力很可能导致企业经营危机。

（3）从我国工程总承包企业的实际情况看，除了几个大型企业具备开展工程总承包业务的竞争优势外，其他大多数企业尽管拥有工程总承包资格，但因工程总承包能力不足和缺乏，会使企业从工程总承包中获利少而不愿或很少开展这项业务。这说明我国工程总承包企业在工程总承包竞争优势的培养上，依靠的不仅仅是对过去核心竞争力要素的投入，更多的是对目前处于非核心竞争力地位但开展工程总承包必需的要素进行投入。只有将处于核心竞争力地位的要素和非核心竞争力地位的要素进行合理投入，才能真正促使我国工程总承包企业工程总承包能力提高。因此，将工程总承包能力等同于核心竞争力研究不符合我国工程总承包企业的实际情形，其研究成果必然不能有效和科学地指导我国工程总承包企业的相关实践。

2. 基于核心业务能力的总承包能力与核心竞争力的联系

工程总承包能力与企业核心竞争存在区别，但两者之间却有十分紧密的联系。工程总承包能力是核心业务能力，作为总承包企业核心竞争力重要载体，对核心竞争力的培养和提高起着至关重要的作用。无论工程总承包企业的核心竞争力是什么，都需要在实际经济活动中体现其价值。这个价值是工程总承包企业获得业主或投资者认可，取决于业主或投资者能否从总承包企业提供的产品和服务获得最大价值和效用。

工程总承包能力是企业的核心业务能力，是支撑和完成工程总承包的决定性因素和保障，其水平的高低直接决定了其提供工程总承包的质量和为业主或投资者创造价值的大小，进而影响业主或投资者对企业的认可度，决定企业是否能够在开展工程总承包上具有竞争优势。因此，工程总承包企业的竞争优势，都必须通过一系列业务作为手段来体现，企业核心竞争力培养最终也要落实到对企业一系列核心业务能力的培养和提升上。工程总承包能力是核心业务能力，在很大程度上促进企业核心竞争力的提升和企业竞争优势的培养，尤其是刚转型为工程总承包企业的建筑企业，各项能力比较欠缺，直接从核心竞争力入手培养竞争优势比较困难，可以先从工程总承包这项业务入手有针对性采取措施无疑会容易得多。

3. 基于核心业务能力的总承包能力对工程总承包企业的作用

无论哪种企业，其提供产品和服务最终都必须进入市场接受消费主体挑选。只有那些为消费主体提供最大价值和消费效用的产品和服务，才能受到消费者的青睐，企业也才能继续生产经营或者扩大生产；相反，企业就可能面临亏损甚至无法生存。工程总承包恰好是总承包企业核心业务之一，直接为消费主体——业主或投资者提供产品和服务，工程总承包企业只要具备支撑和运作这项核心业务的能力——工程总承包能力，就可以针对消费主体个性化需求开展工程总承包，实现业主或投资者最大价值和效用，从而建立起市场竞争优势。因此，工程总承包能力对于指导工程总承包企业开展工程总承包服务和培育竞争优势更具直接性和实践性的意义。

10.2 工程总承包管理能力评价指标

要对工程总承包能力进行有效评价，必须完成两方面工作：构建工程总承包能力的评价指标体系和评价模型。评价指标体系是对工程总承包能力内容的提炼，构建的评价模型必须反映工程总承包能力特征，才能对其进行有效评价。

10.2.1 工程总承包管理能力特征

作为工程总承包企业一项核心业务能力，工程总承包能力具有其独特特征，对这些特征进行分析能加深对其内涵和地位的认识，为后续评价工作提供依据。

1. 晋升为核心竞争力的延展性

工程总承包能力的延展性主要表现在以下两个方面。

（1）工程总承包能力是总承包企业核心竞争力的物质载体，其内容包含未来成为总承包企业核心竞争力的方面。总承包企业只要加大相关要素的有效投入，促使工程总承包能力提升到一定水平，工程总承包能力的全部或部分就能转化为总承包企业的核心竞争力。

（2）工程总承包能力是一项业务能力，其内容直接由工程总承包市场需求决定。一且市场需求发生变化,满足提供这种需求的活动或服务也会发生变化,进而对开展这种业务或活动的能力要求也会相应发生改变。工程总承包企业要继续在工程总承包业务上保持竞争优势,必须根据市场变化的要求对工程总承包能力进行内容完善和水平提升。工程总承包企业认识到工程总承包能力的延展性,便会不断关注市场需求动态变化,有针对性地改善工程总承包业务开展的质量和培养竞争优势,促进企业核心竞争力的培养。

2. 历经不同水平的阶段性

从国内外有实力的工程总承包企业的发展历程及其开展工程总承包业务的实践情况可归纳出,一个工程总承包企业的工程总承包能力具有动态性特征,其水平发展大致经历萌芽、成长、成熟三个阶段(见表 10-1)。在不同的阶段,工程总承包企业的工程总承包能力具有不同的能力特征,与之对应,企业在行业中扮演不同角色,进而在工程总承包业务开展上存在不同的情况,尤其是业务数量和市场区域分布会存在显著差异。企业会根据自身不同市场角色和业务开展情况,制定不同的企业发展战略。因此,工程总承包企业必须把握工程总承包能力的动态性特征,然后有针对性地采取改善措施,提升工程总承包能力水平;否则,盲目进行资源要素投入,不但不能完善工程总承包能力,还会造成企业资源重大浪费甚至经营困境。

表 10-1　工程总承包能力在不同阶段的特性

条目	萌芽阶段	成长阶段	成熟阶段
业务态势	具备开展工程总承包业务资质,在国内工程市场具有影响力	国内工程总承包市场领先地位,开始占领国际市场份额	国内外市场都处于领先地位,具有引领市场需求变化的能力
行业角色	联营体式总承包商	独立总承包商	主导建筑市场动态
能力特征	能力体系不完备,总承包经验缺乏,能基本实现项目目标	总承包能力基本符合业主各项要求,但国际化竞争力有待进一步提高	总承包能力要素达到国际先进水平,能为业主创造新的价值;能引领行业发展趋势
发展战略	不断提升总承包能力体系,达到国内总承包市场领先水平	提升企业在国际总承包市场竞争力,逐步达到国际领先水平	持续改善,不断优化升级,保持在全球范围内的领先地位

10.2.2 工程总承包管理能力内容分析

工程总承包能力是工程总承包企业核心业务能力集合而成,本质也是企业的一项核心业务能力,因此其构成内容也可以按核心业务能力的性质进行分析。一般制造企业在核心业务上重视业务流程的运行,而工程承包型企业重视对项目的实施和管理。鉴于这一点,这里对工程总承包能力的构成内容划分为项目设计能力、项目运作能力、资源储用能力三个方面。

1. 项目设计能力

设计不仅是工程总承包企业开展工程总承包所必须进行的工作内容之一,其质量的好坏还决定着 70%~80%的项目制造成本和营销服务成本。因此,设计能力是总承包能力的重要组成部分,主要体现在项目的设计阶段。关于设计阶段的划分,不同行业和不同国家有不同的方式,针对工程总承包模式应用最广泛的石油、化工等工业项目,发达国家对设计阶段主要划分为工艺设计和工程设计(包括基础工程设计和详细工程设计)两个阶段,见表 10-2。设计过程是连续的,阶段之间没有中断所进行的初步设计审核环节;设计过程是渐进的(工艺包→工艺设计→基工程设计→详细工程设计),逐步深化和细化,比较科学;前一阶段的工作成果是后一阶段工作的输入,对前一阶段的成果通常只能深化而不能否定,保证了设计成果的可用性,基本上不存在国内初步设计否定可行性研究报告的技术方案,施工图设计否定初步设计方案的情况。

表 10-2 发达国家设计阶段划分

设计阶段	工艺设计		工程设计	
	工艺包(precess package)或基础设计(basic design)	工艺设计(process design)	基础工程(basic engineering)设计或分析和平面(analytical and planing engineering)工程设计	详细工程(detailed engineering)设计或最终工程(final engineering)设计
主要文件	工艺流程图 PFD;工艺控制图 PCD;工艺设备清单;设计数据;概略布置图	工艺流程图 PFD;工艺控制图 PCD;工艺说明书;物料平衡表工艺数据占比;安全备忘录;概略布置图;各专业条件	管道仪表流程图 PID;设备计算及分析草图;设计规格说明书;材料选择;请购文件;设备布置图(分区);管道平面设计图(分区);地下管网;电气管线图	详细配管图;管段图(空视图);基础图;结构图;仪表设计图;电气设计图;设备制造图;施工所需的其他全部图纸文件

续表

用途	提供工程公司作为工程设计的依据	把专利商文件转化为工程公司文件,发给有关专业开展工程设计,并提供给客户审查	为开展详细设计提供全部资料,为设备、材料采购提出请购文件	提供施工所需的全部详细图纸和文件,作为施工依据及材料补充订货

我国项目设计程序划分为初步设计和施工图设计,其程序、方法和深度与国际都不一致,这导致我国企业在实施设计任务时很难与国际惯例接轨,其工作能力水平受到国际业主质疑。因此,工程总承包企业在设计能力培养上必须与国际接轨,提升工艺设计能力和工程设计能力。

设计—采购—施工一体化,一方面要求工程总承包企业在设计阶段的工作流程中纳入采购工作内容,使设计与采购交叉进行,密切配合,才能保证设计成果质量和采购设备、材料质量,并且大幅度减少采购占用工程建设的工期;另一方面,它要求工程总承包企业通过利用设计对整个建设过程(采购、施工、调试、验收)进行协调作用,合理组织各阶段的交叉和对接,从而保证工程质量、缩短项目建设周期和降低工程总造价。这两方面工作是工程总承包企业对整个建设过程进行设计管理的内容,其完成的水平将对设计方案的落实和建设活动的有序高效实施起着非常重要的决定作用。因此,设计管理能力也是工程总承包企业设计能力的重要的组成部分,其关键工作内容大致分为对设计方案进行优选、进行设计方案可施工性研究,以及在全建设周期内进行设计沟通工作。

2. 项目运作能力

工程总承包企业要凭借开展工程总承包业务来维持生存和获得发展,就必须具备良好的项目运作能力来承揽和实施工程项目。工程总承包企业为保证实现工程总承包的整个价值链,其一开始从事的工作是对项目的信息进行收集、筛选、咨询,进而采取各种合法手段、方法(如有效的投标策略)获得项目的总承包权。这种获取项目的能力就是商务运作能力,是工程价值链最基本的活动,也是建筑企业符合业主需求开展的与项目有关的业务内容,不仅是工程总承包企业生存的起点,而且与后续服务活动的开展密切相关。

工程总承包是一项复杂而又知识密集的业务活动,工程总承包企业为保证实施过程中各项工作成果的可交付性,必须建立以客户为中心的总承包管理理念,满足客户对工程总承包项目的个性化需求。因此，工程总承包企业必须具备较强的项目管理能力，对项目建设过程的进度、造价、质量、安全、风险等进行有效管理，以实现项目目标，满足业主或投资者价值需求，同时有效降低工程总承包企业在工程总承包项目实施过程中的风险，提升企业盈利的空间，实现企业价值，真正达到承发包双方的共赢。

3. 资源储用能力

工程总承包企业通过组织和管理将企业员工的技能、技术生产力、资金及社会资源等有机整合投放到工程总承包业务运作中，充分发挥各资源价值，确保有效开展工程总承包服务和项目目标的实现。考虑工程总承包项目的特殊性，业主为降低风险和确保项目顺利完工和投产，经常显性或者隐性地对工程总承包企业的资源储备和利用提出人才、技术、设备、资金、关系协调等方面的要求。

首先，工程总承包项目执行全球范围内的设备采购，设备购置价格占到工程总造价的 40%~50%，工程总承包企业必须制订科学的采购方案并遵循标准化的采购流程进行设备采购管理，才能在保证采购设备质量、效率的同时有效控制工程总造价。

其次，工程总承包服务的技术难度大，工艺复杂，要求总承包企业除对材料、设备进行有效配备和管理外，还要引进和培养国际化复合型管理人才，不断收集、学习、掌握、转化新知识和研发新技术，对学习、研发、创新过程进行有效组织和管理，将现代化信息网络技术运用到企业日常经营和工程总承包项目实施与管理中，以保证企业工艺技术的先进和管理方法的科学有效。

再次，工程总承包项目投资巨大，业主通常为了缓解短期资金压力或解决项目资金来源问题会对工程总承包企业的融资能力提出要求，并在招标阶段将其列入对总承包企业能力考核的一个重要方面。工程总承包企业只有具备强大的融资能力，才能确保项目的成功承揽和顺利实施。

最后，工程总承包项目涉及的相关参与方众多，利益交错复杂，工程总承包企业要发挥核心地位作用对各方关系进行协调和管理，才能促进项目的顺利开展和实现项目整体利益最大化。

10.2.3　工程总承包管理能力评价指标体系

1. 指标设置原则

对工程总承包能力评价指标的设置应遵循以下原则。

（1）系统性和层次性统一。既要反应工程总承包能力的主要内容，又要体现指标之间内在逻辑规律，理出彼此归属和层次。

（2）定量与定性相结合。定量指标增加评价工程总承包能力水平的客观性，定性指标保证评价指标体系的完整性，两者结合才能构建出科学的评价指标体系。

（3）客观性和差异性，要求必须根据总承包企业实际开展工程总承包业务所实施工作内容进行指标设置，且每个指标内涵清晰，相对独立。

（4）可行性。针对工程总承包能力评价设置的各指标，要保证其数据获取的可行性，才能保证评价工作的顺利开展。

2. 三级评价指标体系

根据工程总承包能力的构成内容，结合指标设置原则，并借鉴层次分析法的分析思路，建立工程总承包能力评价的三级指标体系结构，如图 10-1 所示。

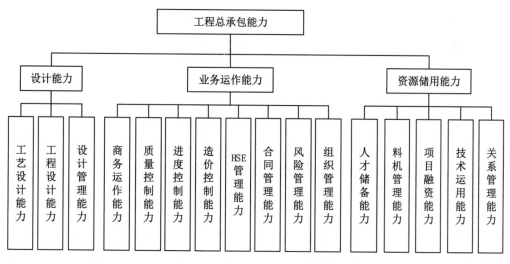

图 10-1　工程总承包能力三级评价指标体系

3. 评价参数选定

以已有的相关文献研究为基础，结合实际调查情况和遵循实际可操作性原则，这里针对第三级指标设置了 47 个评价参数，见表 10-3。

表 10-3　工程总承包能力的评价参数

第三级指标	评价参数
工艺设计能力	工艺水平、工艺师的比例
工程设计能力	设计资质、国家级建筑师比例

第三级指标	评价参数
设计管理能力	方案优选能力、可施工研究能力、设计沟通水平
商务运作能力	投标中标率、年承揽工程合同额
质量控制能力	质量管理体系、竣工维修费率、工程优质率
进度控制能力	各年度完成产值、进度绩效指数
造价控制能力	业主索赔费用比例、费用绩效指数
HSE 管理能力	HSE 管理体系、事故发生率、事故损失费用
合同管理能力	合同熟悉程度、合同履行满意度、索赔成功率
风险管理能力	风险管理系统、资产负债率、营业额增长率
组织管理能力	组织及制度建设、国际营业额比重
人才储备能力	员工年平均培训时间、大专以上人员比例、英语证书人员比例、离职率
料机管理能力	采购标准化、政策运用、采购网络建设、技术/动力装备率、料机调用效率
项目融资能力	信用等级、筹资方式运用、与金融机构合作
技术运用能力	专利数量、研发费用比重、技术产值贡献率、创新机制完善度、信息化水平
关系管理能力	与政府关系、业主满意度、与分包商战略联盟

10.3 工程总承包管理能力评价模型

10.3.1 工程总承包管理能力水平划分依据

工程总承包企业的工程总承包能力具有动态性特征，会经历不同阶段的水平。事实上，工程总承包企业在一定市场中所扮演的角色集中体现了其工程总承包能力的特点。角色不同，企业所提供的业务服务内容不同，企业能够实现项目目标的程度和所创造项目价值的大小不同，直接影响业主或投资者的认可，从而决定企业业务的市场分布。因此，总承包企业针对工程总承包项目在市场中扮演的角色可以作为划分工程总承包能力不同阶段水平的依据。

10.3.2 物元分析法建立定量评价模型

由我国学者蔡文提出的基于可拓学的物元分析法，以解决矛盾问题著称，在许多领域的综合评价中都得到了成功的应用，如大气环境质量、河流水质量生态环境质量的评估，绿色产品评估，食品安全评估，科技项目绩效评估，企业竞争力评估，客户动态评价等。由于物元分析法在进行评估结果等级划分和体现级别区间内的变化时具有独特的优势,而且它能将复杂问题中的各种因素通过划分为相互联系的有序层次而使之条理清楚,并通过定量的数值结果比较相同等级的差别。基于这些特点,这里采用物元分析法来对工程总承包企业的工程总承包能力进行评价,不仅能将总承包能力水平评价这种抽象复杂问题转换成形象化的模型,建立工程总承包能力多指标参数的物元评价模型,并以定量的数值表示能力的不同阶段水平等级,能比较完整地反应总承包企业的总承包能力综合水平,评价过程简便、客观。

1. 物元的定义

给定事物的名称 M,它关于特征 Q 的量值为 V,以有序三元 $R=(M, Q, V)$ 组作为描述事物的基本元,简称物元。若事物 M 以 n 个特征 Q_1,Q_2,…,Q_n 和相应的量值 v_1,v_2,…,v_n 来描述,则称为 R 为 n 维物元,可表示为:

$$R=(M, Q, V)=\begin{bmatrix} M, & Q_1, & v_1 \\ & Q_2, & v_2 \\ & \vdots & \vdots \\ & Q_1, & v_n \end{bmatrix}$$

2. 确定经典域

$$R_{0j}=(M_{0j}, Q_i, V_{0ji})=\begin{bmatrix} N_{0j}, & Q_1, & X_{0j1} \\ & Q_2, & v_{0j2} \\ & \vdots & \vdots \\ & Q_n, & X_{0jn} \end{bmatrix}=\begin{bmatrix} N_{0j}, & Q_1, & \langle a_{0j1}, & b_{0j1}\rangle \\ & Q_2, & \langle a_{0j2}, & b_{0j2}\rangle \\ & \vdots & \vdots \\ & Q_n, & \langle a_{0jn}, & b_{0jn}\rangle \end{bmatrix}$$

式中,N_{0j} 表示所划分的评价等级($j=1$,2,…,m);Q_i 表示第 i 个评价指标参数;X_{0ji} 是评价等级 N_{0j} 关于指标参数 Q_i 的取值范围,称为量值域或经典域,可表示为 $X_{0ji}=\langle a_{0ji}$,$b_{0ji}\rangle$,$i=1$,2,…,n。

3. 确定节域

用 S 表示评价等级的全部集合,X_{si} 为 S 关于 Q_i 的取值范围,称为 S 的节域,表示为 $X_{si}=\langle a_{si}$,$b_{si}\rangle$,$i=1$,2,…,n。

$$R_s=(S, Q, X_{si})=\begin{bmatrix} S, & Q_1, & X_{s1} \\ & Q_2, & X_{s2} \\ & \vdots & \vdots \\ & Q_n, & X_{sn} \end{bmatrix}=\begin{bmatrix} S, & Q_1, & \langle a_{s1}, & b_{s1}\rangle \\ & Q_2, & \langle a_{s2}, & b_{s2}\rangle \\ & \vdots & \vdots \\ & Q_n, & \langle a_{sn}, & b_{sn}\rangle \end{bmatrix}$$

4. 确定待评价物元

用 S_0 表示有待评价的物元，v_i（i=1，2，…，n）为待评价事物的各指标参数 Q_i 具体数值。

$$R_s = (S_0,\ Q,\ V) = \begin{bmatrix} S, & Q_1, & V_1 \\ & Q_2, & V_2 \\ & \vdots & \vdots \\ & Q_n, & V_n \end{bmatrix}$$

5. 各指标的关联度

通过计算待评价事物各指标关于各等级的关联系数 K_j，得到两者之间的关联度，即待评价事物各指标关于各等级 j 的隶属度。按照取最大值的原则，$K_j(v_i)=\max K_j(v_i)$，则 v_i 对应的评价指标 Q_i 属于等级 j。关联函数如下：

$$K_j(v_i) = \begin{cases} -\dfrac{p(v_1, X_{0j})}{|X_{0ji}|}, & (v_i \in X_{0ji}) \\[2mm] \dfrac{p(v_1, X_{0j})}{p(v_1, X_{si}) - p(v_1, X_{0j})}, & (v_i \notin X_{0ji}) \end{cases}$$

式中：$p(v_i,\ X_{0j}) = |v_i - \dfrac{1}{2}(a_{0ji}+b_{0j})| - \dfrac{1}{2}(b_{0ji}-a_{0j})$

$p(v_i,\ X_{si}) = |v_i - \dfrac{1}{2}(a_{si}+b_{si})| - \dfrac{1}{2}(b_{si}-a_{si})$

$|X_{0j}| = |a_{0ji}-b_0|$

6. 各等级的关联度

$$K_j(S_0) = \sum_{n=1}^{n} W_i K_j$$

$$\sum_{i=1}^{n} W_i = 1$$

式中：W_i 是对应指标 Q_i 的权重，$K_j(S_0)$ 是待评价事物各指标关于各等级的关联度，表示待评价事物 S_0 隶属各成熟度等级的程度。若 $K_j(S_0)=\max K_j(S_0)$（j=1，2，…，m），则事物 S_0 评定为等级 j。

物元模型的关联度将逻辑值从模糊数学的[0，1]闭区拓展到（-∞，+∞）实数轴后，比模糊数学的隶属度所代表的内涵更为丰富，能揭示更多分异信息：

当 $K_j(S_0) \geqslant 1.0$ 时，表示待评对象超过标准对象上限，数值越大，开发潜力愈大；当 $0 \leqslant K_j(S_0) \leqslant 1.0$ 时，表示待评对象符合标准对象要求的程度，数值越大，愈接近标准上限。

当$-1.00 \leqslant K_j(S_0) \leqslant 0$时，表示待评对象不符合标准对象要求，但具备转化为标准对象的条件，且数值愈大，愈易转化；当$K_j(S_0) < -1.0$时，表示待评对象不符合标准对象要求，又不具备转化成标准对象的条件。

10.3.3　层次分析法确定指标权重

由于工程总承包企业的总承包能力评价指标体系中本身含有很多定性指标，本书采用专家打分法对各指标逐层进行重要性打分，然后运用层次分析法的求解思路解出各级指标的权重值。

（1）构建判断矩阵。利用专家打分法，邀请专家对各要素之间相对于上一层次的某要素的相对重要性打分，利用分值构建评判矩阵如下：

$$A = \begin{pmatrix} a_{11} & a_{12} & \cdots & a_{1n} \\ a_{21} & a_{22} & \cdots & a_{2n} \\ \vdots & \vdots & \ddots & \vdots \\ a_{n1} & a_{n2} & \cdots & a_{3n} \end{pmatrix}$$

（2）计算判断矩阵的每一行元素的乘积M_i：

$$M_i = \prod_{j=1}^{n} a_{ij} (i = 1, 2, \cdots, n)$$

判断矩阵标度及其含义见表 10-4。

表 10-4　判断矩阵标度及其含义

标度 a_{ij}	含　　义
1	两个元素相比，具有同样的重要性
3	两个元素相比，前者比后者稍微重要
5	两个元素相比，前者比后者明显重要
7	两个元素相比，前者比后者强烈重要
9	两个元素相比，前者比后者极端重要
2，4，6，8	上述相邻判断的中间值
倒数	若元素 a_i 与 a_j 句的重要性之比为 a_{ij}，则元素 a_j 与元素 a_i 的重要性之比为 $a_{ji}=1/a_{ij}$

（3）计算M_i的n次方根W_i：

$$\overline{W}_i = \sqrt[n]{M_i} (i = 1, 2, \cdots, n)$$

（4）对向量 $\overline{W} = (\overline{W_1}, \overline{W_2}, \cdots, \overline{W_n})^T$ 正规化（归一化处理）：

$$W_i = \frac{\overline{W}_i}{\sum_{j=1}^{n} \overline{W}_j}$$

则 $W = (W_1, W_2, ..., W_n)^T$ 即为所求的特征向量。

（5）计算判断矩阵的最大特征值：

$$\lambda_{max} = \sum_{i=1}^{n} \frac{(AW)_i}{nW}$$

式中：$(AW)i$ 表示向量 AW 的第 i 个元素。

（6）一致性检验：

$$CR = \frac{CI}{RI}$$

式中：CR 为判断矩阵的随机一致性比率；CI 为判断矩阵的一般一致性指标，且

$$CI = \frac{1}{n-1}(\lambda_{max} - n)$$

RI 为判断矩阵的平均随机一致性指标，对于 1~10 阶判断矩阵，RI 值见表 10-5。

表 10-5 判断矩阵的平均随机一致性指标

n	1	2	3	4	5	6	7	8	9	10
RI	0	0	0.58	0.90	1.12	1.24	1.32	1.41	1.45	1.49

当 $CR<0.1$ 时，即认为判断矩阵具有满意的一致性，说明权重分配合理；否则，需要调整判断矩阵，直到具有满意的一致性为止。

10.4 工程总承包管理能力提升措施

由于工程总承包能力具有延展性和阶段性，工程总承包企业在其经历不同阶段水平过程中，在开展工程总承包方面会扮演不同市场角色，倾向不同发展战略。因此，工程总承包企业必须在企业战略和工程总承包能力方面采取相关措施，才能在有效提升工程总承包能力的同时保证企业发展方向的准确性。

10.4.1　分阶段加强战略管理

工程总承包模式适合于工程量大、技术复杂、建设周期较长的大型建设项目,建筑企业转变为完全具有工程总承包能力的工程总承包企业是一个复杂系统的工程,在短时间内一般很难实现。工程总承包模式首先是一种经营模式,其核心作用是充分利用市场机制和企业机制,以及两者之间有效的替代作用,以企业经营管理为核心促进工程质量、进度和投资管理水平的提高,通过有效节约市场交易成本,使工程建设过程中的投资者和工程总承包商双赢。

企业采用工程总承包模式必须以具备节约交易成本的能力为前提,这意味着工程总承包商必须成功应对工程总承包项目实施过程中任何可能导致交易成本过高发生的风险,这些风险远远超出传统承包商所能应对的范围。统计数据显示,美国工程总承包企业每年的破产率在 13%左右,德国也在 10%左右。由此可断定,工程总承包模式对建筑企业来说是一把"双刃剑",总承包企业既可凭借它获得更大的发展空间和更好的发展机遇,也可能因为处理不好给总承包企业带来的巨大经营风险。

工程总承包能力会经历不同的阶段,在不同能力水平阶段,总承包企业在工程总承包业务开展上一般会选择不同战略发展方向。管理者对工程总承包业务开展的经营战略管理,除了要根据外部环境和工程总承包能力制订战略计划外,更重要的是要保证企业战略管理实施的绩效水平,以及企业战略计划与企业经营方向一致。我国企业通常会重视战略管理的前者而忽视后者,导致出现企业能够制订出科学的战略计划,但实际实施的战略措施及其效果与制订的战略计划相差甚远。工程总承包企业要避免这一情况出现,就必须借助战略绩效工具来对战略进行有效剖析和评价。

我国学者李治国以某工程总承包企业为例进行实证研究,介绍平衡计分卡(Balanced Score Card,BSC)的导入流程及对企业战略实施的促进作用,该企业利用BSC 顺利化解了战略实施瓶颈,大大提升了企业执行力,发展成为我国最具有代表性的、发展稳健的、增长快速均衡的大型 EPC 企业。事实上,战略绩效管理工具有多种,包括平衡计分卡、绩效棱柱、战略计分卡、基于活动的盈利能力分析(ABPA)。这四种战略管理工具各有侧重点,既独具优势,又在战略管理上都存在缺陷,但彼此又能在一定程度上相互补充,见表 10-6。

表 10-6　四种战略绩效管理工具比较

分析工具	服务对象	分析路径	优　点	不　足
平衡计分卡	泛化企业	首先应用于业绩评价，再应用于战略管理	①综合了内部和外部因素，财务指标与非财务指标；②KPI 显示关键成功因素	①难以找到公司治理与制度化的东西；②时间序列与因果关系问题；③把所有企业的关键成功因素界定在四个维度上，过于狭隘
战略计分卡	董事会	①直接从战略入手：从"战略"获得方法；②特别关注战略决策过程（时间序列）	①同时强调制度化与效率；②信息分析处理过程；③强调风险；④可以将服务主体放大到管理等方面	①由于未涉及 KPI 引导，极易造成决策的"信息淤积"；②"工具化"的具体作用较差
绩效棱柱	企业组织	①从分析企业的关键相关方的需求入手；②五个因素存在时间和空间序列；③有别于从"战略"获得方法	①从相关方；②高度关注"量化"；③实现需求、贡献、战略、流程与能力的整合排列	①直观性没有平衡计分卡强；②使用上具有一定的复杂性；③相对战略计分卡，缺乏"制度"内容
ABPA	企业组织	①分析企业的价值链；②分析活动的成本、收入，确认盈利能力	测评流程简化，把活动精细测量与客户盈利能力的测量标准相联系	①高度以流程为中心；②当客户差异不大或者无法测量时，ABPA 微不足道

根据工程总承包能力不同的成熟度阶段，总承包企业会采用不同的发展战略。结合不同的战略管理工具的特点，工程总承包企业可将平衡计分卡作为企业战略管理的主要工具，然后针对战略实施中碰到的其他问题，再结合其他战略管理工具（见表 10-7），这样主次分明、扬长避短，就能对工程总承包企业的经营战略进行有效的实施和管理。

表 10-7　工程总承包能力不同成熟阶段的战略管理工具选择

条　目	萌芽阶段	成长阶段	成熟阶段
发展战略	借助联营体式发展模式，不断提升自身实力，达到国内总承包市场领先水平	加强企业国际化，提升企业在国际承包市场竞争力，逐步达到国际领先水平	持续改善，不断优化升级，保持在全球范围内的先进水平
选择依据	战略实施，客户和利益相关者对企业发展至关重要	战略实施，国际市场变化不断、风险繁多	战略实施，全球范围制定新的发展方向
选用战略管理工具	平衡计分卡、ABPA、绩效棱柱	平衡计分卡、战略计分卡	平衡计分卡、战略计分卡

10.4.2　萌芽阶段提升工程总承包能力的措施

我国工程总承包企业大多由传统提供专业服务的大中型建筑企业转型而来，因其传统业务内容不同，刚转型为总承包企业时在设计能力、项目运作能力和资源储用能力上水平差异较大。总承包企业只有结合这些差异和工程总承包能力在萌芽阶段具有的特征，有针对性地采取改善措施，才能有效提升工程总承包能力。

1．有针对性地提升设计能力

（1）由设计企业转型而来的工程总承包企业。这类企业因传统业务开展所积累的竞争优势——工程设计能力和相对比较领先的工艺设计能力，在工程总承包业务开展所需的设计能力上也能显现，在设计能力上主要欠缺针对工程总承包项目这种大型复杂性项目实施设计管理的能力。要达到提升设计管理能力的目的，就应从提升总承包企业的方案优选能力、可施工研究能力、设计沟通能力这三方面入手。组建一个包含总工程师、设计人员（设计经理）、施工人员（施工经理）、采购人员（采购经理）、工艺技术操作员等的多专业团队，并明确各成员职责、工作程序，是提升方案优选、可施工研究、设计沟通三方面能力的关键。多专业团队实际上就组成了一个决策机构，通过引入价值工程对多方案进行价值功能对比分析，选出最佳设计方案，并从多专业背景角度综合考虑设计方案修改，确保设计方案的合理性、经济性和可操作性。

总承包企业还要在多专业团队中配备专门负责设计沟通的人员，他们基于规范化、程序化沟通方式，利用现代化通信网络沟通手段，有效促进工程总承包企业与投资者（业主）之间及企业内部各部门间在设计信息上的充分交流，不但保障总承包企业努力方向与业主需求具有一致性，还能提醒设计部门及时修正出现偏差或错误的设计文件，提高设计质量，有效避免后续项目实施环节的返工和资源费用的浪费。建立经验数据库，对以往和正在进行的设计管理相关数据进行保存，为后续的工程总承包项目实施提供借鉴和依据，不断提升总承包设计管理质量。

（2）由施工企业转型而来的工程总承包企业，这类企业因长期从事工程项目施工和现场管理，较少或几乎没有涉及任何设计方面的工作内容，在机构设置、人员配置及工作职能划分上没有完全没有匹配工程总承包所需的设计能力要求。

从一体化模式角度出发，总承包企业必须分层次地采取相关措施，才能有效提升设计能力水平。第一层次，总承包企业针对工程总承包项目对设计的要求招聘相关设计人才，包括建筑师、工艺师和相关设计人员，组建自己的设计团队；同时，设置专门的设计部门或机构，借鉴国内外已有经验对设计部门的职能和工作内容进行科学划分，使设计团队中每个成员能各司其职，避免部门空设、人员闲置。第二层次，总承包企业要加强工艺技术研发，提升工艺设计能力。工程总承包项目大都是工艺复杂的工业性项目，业主或投资者追求一个完整且生产工艺先进的厂房或设备，要求总承包商必须具备先进工艺的设计能力。这就迫使总承包企业不得不加强先进工艺研究，并将其转变为设计能力。第三层次也是最高层次，培养对工程总承包项目实施设计管理的能力，促使项目设计、采购、施工的深度交叉，以保证工程总承包模式优越性和项目目标得以实现。其实施设计管理的内容与由设计单位转型而来的工程总承包企业的设计管理一致，此处不再重复叙述。

2. 全面匹配工程总承包项目运作能力

由设计单位转型的工程总承包企业，因较少或几乎没有从事工程项目的施工和现场管理，缺乏项目管理和实施经验，在工程总承包业务运作上处于初始的摸索阶段。由施工企业转型而来的工程总承包企业，尽管因长期从事工程项目的承揽和施工任务，积累了大量关于工程项目运作的实践经验，但这些既有经验没有结合工程总承包项目的特征如投资额更高、规模更大、技术工艺更复杂、涉及的利益主体数量更多等，无法达到工程总承包项目要求总承包企业完成和管理数量更多、范围更广的工作和风险的能力标准，需要对既有的项目运作能力尤其是项目管理能力进行较大调整和加强。由此可见，我国工程总承包企业必须全面匹配工程总承包项目要求，建立科学现代化的工程总承包项目管理体系，来提升自身对工程总承包项目的科学高效运作，保障项目正确实施，实现目标。

要建立工程总承包项目管理体系，必须完成以下工作。

（1）按照工程总承包涉及的工作内容，必须在企业管理层就设置设计部、采购部、施工管理部、项目管理部、试运营部等职能部门进行项目宏观管理，在项目管理层分设相应的职能机构实施具体控制，构建矩阵式组织机构，为工程总承包企业进行有效的项目运作奠定基础。

（2）明确划分每个部门的职能和每个岗位的职责，减少和避免在项目运作过程中多个部门之间相互推卸责任、降低项目实施效率的现象，也能促进每个员工对自身工作内容和深度的认识和相互配合，从而有序有效地完成各项工作，使工程总承包业务顺利开展。

（3）参考《项目管理知识体系指南》，结合项目管理过程和工程总承包项目特点制定出科学的、可操作的项目管理程序文件和岗位作业指导文件（形成《工作手册》），指导和规范工程总承包项目具体地有序实施和科学管理。

（4）为了保障工程总承包项目实施，企业还必须拥有支撑性的各种资源，包括人、物、技术、资金等。

3．有针对性地提高资源储备利用能力

工程总承包企业想要具备和提升设计能力和项目运作能力，以及完成工程总承包的各项工作，必须有人、物、技术、资金等多种资源的支撑。由设计单位转型或施工单位转型的总承包企业，因企业以往开展业务性质不同，导致其资源拥有和使用效率上都存在显著差异，总承包企业必须有针对性地采取措施。

工程总承包企业，要重视高素质人才引进，特别是要采取一些增加福利待遇的措施吸引设计、科研、项目管理方面的人才进入企业，并通过向他们明确企业长远发展目标能够给予个人发展的空间来避免人才二次流失，为企业设计能力、项目运作能力和研发能力的提升提供保障。

企业要制定标准化的采购制度，有效地对材料设备计划使用量、预定、生产、运输、存储情况和实际使用进行动态管理和监控；采购部门要加强与设计部门、施工部门及财务部门的合作，编制正确的设备、材料采购标准和合理的时间进度安排文件，作为采购工作开展依据；通过合适的方式及程序，选择那些信誉良好、产品质量可靠的设备材料

供应商，并与其建立长期的合作关系，形成企业自身稳定的采购信息网络；重视对设备原材料的催交、检验和运输管理，以保证设备材料采购符合项目实施进度和质量要求，真正做到采购全过程的标准化和高效率。

我国工程总承包企业萌芽阶段要解决资金问题，可以从三个方面入手。①要在日常经营过程中与银行建立稳定持续的业务结算关系，建立规范透明、真实反映企业经营状况的财务制度，全面改善税金缴纳、往来账款、财务核算、数据统计等方面的信用状况，按照规定及时对贷款还本付息，坚决遏制不良债务的发生。通过保持良好的信用记录，塑造良好的企业诚信形象，进而缩短银行审贷周期，降低企业信贷难度。②与材料供应商、设备供应商、建筑机械和施工机具等出租单位建立长期合作关系，通过采用商业票据结算，缓解资金紧张的矛盾；在购销合同谈判中，适当延长付款期限。合同订立后，严格履行合同，避免出现到期不付款的情形，影响企业商业信用。③建立业主选择目录，有选择地承揽违约率低、资信好的业主发包的工程，尽量避免垫资承包工程。

我国工程总承包企业要提升在工程总承包能力在萌芽阶段的技术运用能力，除了要引进必要的研发人才之外，还必须采取以下三个方面的措施：①要增加研发费用在企业营业额中的比重，以保证企业搞技术研发不是"无米之炊"；②要通过建立研发激励机制，鼓励和吸引企业中有能力的人参与到技术研发中，并利用有效的创新运作机制，对技术研发活动进行科学管理，以提高研发效率和产品率；③企业之间可以采用多种形式的合作研发模式，不仅能减轻单个企业研发资金投入压力，还能通过研发人员多角度交流合作，增加技术研发的成功可能性，降低研发失败的风险。

施工单位因过去长期与业主处于一种"敌对"关系状态，而受到业主或投资者的不友好对待，转型成为工程总承包企业之后，要改善这种不利关系，除了建设主管部门和行业协会进行一些宣传，纠正业主或投资者的有关总承包商和工程总承包模式的错误观念之外，更多的是依靠总承包企业自身从工程总承包项目实施角度最大限度地为业主或投资者创造价值来赢得其肯定。设计单位转型的总承包企业，在刚开始从事工程总承包时，要注意多收集一些市场信息并加以分析，初步选定一些实力较强、信誉较好的分包商，然后通过实际合作情况确定合适的分包商，建立分包商合作信息数据库，定期进行动态更新，为总承包企业顺利承揽和实施工程总承包项目提供有力保障。

10.4.3 成长阶段提升工程总承包能力的措施

工程总承包企业的工程总承包能力处于成长阶段，其组织机构、各项制度及各种资源经过前一阶段的大幅度调整,基本达到独立承揽工程总承包的标准,在国内市场中占据比较有利地位,独立承揽的工程总承包项目明显增多;但与国际知名工程总承包企业差距明显,国际市场份额偏少,竞争力不强。因此,总承包企业要提高工程总承包能力来获得在国际市场更大发展空间,最有效和直接的办法就是加强企业国际化。

1. 适应国际项目的设计层次

总承包企业的工程总承包能力整体处于这一阶段,而设计能力不存在被提升到这一阶段的条件时,总承包企业因具备一定实力,可以有针对性地通过兼并国内有实力的专业设计院来快速提升设计能力;当设计能力达到成长阶段,总承包企业除了要继续采取措施提升设计能力中那些还未达到成长阶段的方面外,更要采取一些措施来提升企业设计能力国际化水平,使其达到国际设计服务和工程总承包要求的层次。

这些措施包括:①继续加强工艺研发,使工艺水平及其设计能力达到国际领先,吸引国际业主或投资者;②研究目标市场的相关设计规范和标准,既有利于总承包企业在深刻了解业主需求特点的情况下进行项目设计,也能提高总承包企业对业主或业主咨询公司提供的初步设计图纸在不违背原设计意愿,又符合我国企业进行项目运作要求的前提下进行深化设计的能力;③引入国际上通用的设计管理方法和程序,特别是设计沟通方式,减少设计管理过程中的各种障碍,促进对国际工程总承包项目的顺利实施,保障项目各项目标实现。

2. 提高国际化项目运作能力

在项目商务运作时,工程总承包企业要改变过去在国际工程市场对同国企业采用低于成本价投标方式获取项目的错误、狭隘做法,本着公平、公正原则凭实力投标,在必要时组建联合体进行投标,提升中国总承包企业整体竞争力。对于已有的工程总承包项目管理体系,必须进一步完善相关内容,例如,学习、引进国际上盛行的成本、进度、质量三大控制方法和技术,提高企业对国际工程总承包项目三大目标控制和实现的水平;识别分析国际工程总承包市场中存在的各类风险并针对不同性质的风险制定有效的风险应对策略(风险规避、风险转移、风险减轻、风险自留);学习、掌握和研究国际上通用的合同范本,并对可能存在的索赔和反索赔情况研究一些应对方案,提高国际合同管理和索赔管理的能力;建立 HSE 管理体系,并加强对员工的 HSE 培训,使 HSE 管理贯彻到每个员工的具体工作内容和整个工程总承包项目的实施过程,达到国际工程总承包项目业主对 HSE 要求的高标准;实施多国籍战略,通过在不同国家和地区设立具有法人资格的分公司、关联公司，实现组织上的国际化，增强总承包企业在国际市场不断加强产业保护壁垒下开拓市场的能力，为进入欧美市场寻找到一条捷径。

3. 加强国际化资源储备利用

工程总承包企业实施国际化除了要具备国际化的企业组织，还要拥有提供国际化工程服务的能力，以满足业主或投资者对大型工程总承包综合服务的需求。总承包企业具备既懂管理又懂英语的国际化人才，是保证完成这种综合性服务的最重要条件。总承包企业要转变过去那种自我培养观念，借鉴国际知名工程总承包公司采用的本土化招聘策略，既能加快总承包企业了解当地的民俗民风及工程准则和惯例进度，从而推动工程总承包项目的顺利高效实施，也能消除员工长期背井离乡工作的非人性化安排，增加员工对企业的归属感，更能消除自我培养模式造就的复合型人才与国际工程要求标准不符的后顾之忧，有效地实现人才国际化。

总承包企业在建立标准化的采购制度和设备原材料供应商网络之后，要加强现有采购程序的不断修改和完善，以适应国际工程总承包项目的标准化采购程序和标准；建立全球范围内的设备原材料供应商名单，尤其增加那些工艺先进的大型外国设备制造商的相关数据，了解其所在国政府对大型设备出口的相关优惠政策，为后续开展工程总承包实施全球范围的高效率采购，以及利用进出口信贷来进行项目融资提供便利。

我国总承包企业在国际工程市场要通过优秀的工程服务能力和良好的财务状况来赢得与国际知名银行等金融机构建立合作关系的机会，获得国际金融机构的贷款或各种保函能极大提升总承包企业在国际工程总承包市场的竞争优势；利用多种国际性的融资方式或渠道来进行组合融资提升企业的融资能力，如机器设备的出口信贷和融资租赁、基于与国际设备供应商的战略合作关系进行商业信用融资，以及在国际金融市场发行长短期债券和股票等。

对于技术运用能力，总承包企业要继续加大对技术研发费用的投入规模和比例，逐渐缩小与国际著名工程总承包企业研发投入的差距；企业也可在国际上寻求技术研发合作的企业，彼此交流与合作，增加技术研发的成功率和提升技术水平；利用国际通用的现代化信息技术和软件，辅助技术研发的管理和工程总承包项目集成化和动态化管理，提升总承包企业技术研发和对国际工程总承包项目管理的效率。

工程总承包企业必须通过从国际工程承包市场业主或投资者的需求角度出发，最大限度地为其提供项目价值来获得业主或投资者的认可，从而建立长期、稳定的业务合作关系；要遵守项目所在国政府制定的相关法律法规，尊重当地的民俗民风，与当地居民和谐相处，通过项目实施为当地经济、社会发展做出贡献，从而赢得项目所在国政府对总承包企业的青睐，降低总承包企业继续在该国拓展业务的难度；直接挑选国际工程总承包项目所在国有实力的建筑企业作为分包商，在合作愉快的前提下尽可能建立长期战略合作关系，不仅极大增加眼前项目顺利实施的可能性，还能为日后跟踪该国新增项目信息提供有力渠道。

10.4.4　成熟阶段提升工程总承包能力的措施

从国际著名工程总承包公司近些年从事的工程项目建设活动看，总承包企业倾向于以项目开发建设者或启动者的身份参与到项目中，通过引领市场的需求寻求更大的企业价值和发展。我国那些有实力的工程总承包企业必须把握这种发展方向，尽可能地采用这种全新的发展方式，才能获得持续发展的机会。

1. 培养引领市场需求的设计理念

工程总承包企业从之前的非工程总承包企业到发展成为全球领先的工程总承包企业，一直秉承的理念是必须根据业主或投资者的需求进行设计或提供相应的工程服务，始终扮演着承包商角色，对工程项目建设基本上没有什么发言权，这极大地限制了工程总承包企业在工程建设方面优势的发挥和企业的发展空间。国际有实力的工程总承包企业早已意识到这种局限对企业发展的限制，转变以往以市场为主导的经营理念，运用全新的项目开发建设者思想来重新审视整个全球工程建设市场，重新制定企业发展的战略方向。

成为项目开发建设者，必须完成一系列由业主或投资者考虑或实施的工作：分析工程项目建设的价值、内容；拟订投资计划；协调各方利益主体；实施项目运营；确定和分配的项目收益等。工程总承包企业要成功完成这些以往不曾涉及的工作内容，首要的任务就是结合全生命周期理论和价值分析方法对这些工作进行设计，确定其具体内容和范围。总承包企业必须由过去的市场需求主导的设计理念转变为引领(主导)市场需求的设计理念，才能从根本上改变以往扮演项目承包商或发展商相对狭隘的战略眼光，以全新的战略思维来认识和界定这些工作，引领总承包企业迈向全新的发展道路。

2. 练就启动者的项目运作能力

国际著名工程总承包企业一直保持国际领先优势，除了继续从事工程总承包项目运作外，还以工程项目的开发建设者或启动者参与到一些项目的运作中，其中最典型的是进行 PFI（Private Finance Initiative，私人主动融资）项目运作。PFI 项目运作模式，指由政府指定公共项目的建设规划并以确定 PFI 项目，选定项目的事业主体（特殊目的公司，Special Purpose Company，SPC），审查其开发建设方案并对具体项目实施进行监督和提供必要的服务。SPC 模式是项目法定的开发建设者和经营者在合同期内依赖项目运营收回投资、取得利润，合同期满后向政府（或业主）办理产权移交。PFI 项目运作模式因能以较低成本加快基础设施建设并带动国民经济及地区经济发展，是许多国家或地区政府及事业单位极力推崇和采用的项目运作模式。工程总承包企业凭借以往开展工程总承包的经验，几乎熟悉和掌握了项目实施全过程的工作内容，具有很强的项目实施与管理能力，能以 SPC 成员的身份参与到 PFI 项目中，并发挥核心作用。

工程总承包企业作为 PFI 项目的 SPC 成员，相当于要完成以往业主和承包商的所有工作，但必须努力处理好两方面工作。

一是处理好大量合同关系，特别要明确与政府间的责权利关系。PFI 项目的有效实施是以大量的合同关系履行为前提，其中政府和工程总承包企业之间的合同关系尤为重要，总承包企业必须与政府就各自的权利和义务达成具体的合同条款，以免出现特殊情况影响到总承包企业对 PFI 项目的实施内容、投资安排及日后盈利状况。

二是加大风险管理。尽管 PFI 项目风险在政府和 SPC 之间进行了相对比较合理的分摊，但 PFI 项目运营投资回收周期长，不确定因素较多，加上总承包企业以往没有任何应对和处理项目运营风险的经验，这必然会使工程总承包企业面临巨大的运营风险。工程总承包企业要学习以往成功运作过 PFI 项目的公司经验，结合风险应对方法制订降低或避免 PFI 项目运营风险的方案，对项目运营风险实施有效管理，增强总承包企业的项目运营能力，提高项目盈利。

3. 强化高效率的资源储备利用

工程总承包企业必须在拥有一系列起支撑作用的资源并对其加以有效利用，发挥其效用的前提下，才能保证以项目开发建设者或启动者角色为定位的发展战略得以实现。加大对企业员工进行企业定位新战略的宣传，促使员工形成一种与企业整体定位一致的"主人翁"思维，激发员工在日常工作中的创造性。学习国际知名企业参与 PFI 项目的成功经验，培养一批具有 PFI 项目运作和管理能力的项目经理，以提高企业对 PFI 项目的参与实施能力。保持现代通信技术和网络技术的更新和使用，增强总承包企业对设备、原材料的动态化监控和管理，提高项目实施和运作的效率。培养总承包企业作为项目开发建设者或启动者投资的战略眼光，以保证企业合理选择项目，科学制订投资计划。保持对研发的高投入，配合创新激励机制的不断完善，促使总承包企业始终保持工艺、技术领先优势。努力协调各方关系，同时凭借过硬的项目建设运营能力和认真负责的工作态度赢得项目所在地政府的肯定，为日后参与当地新项目增加砝码。

第 11 章

工程总承包项目管理案例 分析

■ 11.1 某市医院新建项目基于BIM的工程总承包管理 案例

11.1.1 工程概要

1. 工程概况

某市医院项目总用地 112 186 平方米，场地东西向约 280 米，南北向约 400 米。本项目总建筑面积 148 900 平方米，其中地上建筑面积为 103 900 平方米，地下建筑面积 45 000 平方米。设计停车位 1 200 个，设置床位 1 200 张，日门急诊量 3 000 人次，定位为三级综合医院。设计单体包括医疗综合楼、高压氧舱、洗衣房、污水处理站、太平间、垃圾站、液氧站等附属配套设施。执行绿色建筑一星标准。

2. 项目及项目管理特点、难点

（1）单体规模大。

（2）工期紧。建设工期仅 24 个月，且期间跨越两个冬季、两个春节。

（3）管理挑战性高。采用 EPC 模式建设，复杂医院工程参建单位众多，协调管理难度大。

（4）相关方较多。涉及政府相关主管部门、业主方、项目管理单位、工程总承包单

位、造价咨询单位、监理单位等，达到"相关方均满意"需要严密的组织、科学的管控。

（5）对于设计管理、施工管理及后续运维，采用基于 BIM 技术的全生命周期、可视化管控。该项技术目前在国内的应用尚不成熟，在模型传递、不同使用单位协同衔接上需要解决的问题还很多。

（6）本项目设计管理、合同管理、前期管理、协调管理、质量控制、进度控制、投资控制、安全控制、信息管理为技术控制难点及要点。

11.1.2　项目管理目标及实施

1. 总承包项目管理目标

总目标：以"相关方满意"为总目标，目标范围含总承包项目及专业项目的管理目标。围绕业主的投资总目标，实现业主项目的投资效益。

项目目标指项目的整体目标。具体指标包括总投资、安全、质量、进度、环境、文明施工、限额设计指标等。详见表 11-1。

表 11-1　总承包项目管理目标

工程名称	目标名称	管理目标	经济目标
	总投资		
	安全生产		
	工程质量		
	项目进度		
	限额设计		
	……		

2. 总承包管理实施策略

总承包项目管理策略要针对项目的实际情况，依据合同要求，明确项目目标、范围、分析项目的特点及采取的应对措施，确定项目管理的各项原则要求、措施和进程。项目实施分析根据项目目标从总承包项目管理、总承包项目管理重难点及总承包实施策划三个方面分析。

（1）总承包项目管理。实施策略以完成项目目标为出发点，根据企业内部管理要求及工程项目的自身特点，说明企业对项目的管理模式；明确企业内部各机构、部门、相关人员所承担的管理职责及管理内容；明确总承包项目经理部的责任范围；明确自行完成及拟采购内容的实施范围等。

（2）总承包项目管理重难点分析。重难点分析根据项目实际情况，分析完成项目目标所需要的技术、管理方面的难点与重点，总承包项目管理应注意各专业分包的协调与组织，充分考虑各专业分包实施过程中的交叉与矛盾。

以下方面为总承包项目管理重点。

1）总承包设计、采购、施工、试运行各阶段综合协调管理。

2）深化设计进度与采购及工程总进度计划的协调管理。

3）采购计划实施与施工进度的协调管理。

4）设备器材采购全过程的质量控制及新设备、新材料的使用管理。

5）工程进度及多工种穿插施工管理，施工质量过程控制及细部做法管理。

6）安全保卫防火防盗及 CI 形象的管理。

7）各专业分包及成套供货的管理与组织协调。

8）设计、采购、施工、试运行各阶段的合理交叉的组织协调。

9）指定分包/专业设备供应的协调服务，各分包商的交工资料及竣工图交付的协调管理。

（3）总承包实施策划。总承包项目部应简述总承包策划的实施内容概要，一般包括以下内容：

1）明确项目目标，包括技术、质量、安全、成本、进度、职业健康、环境保护等目标。

2）确定项目的实施组织形式、管理模式、组织机构和职责分工。

3）项目阶段的划分。

4）项目工作分解结构。

5）项目各阶段的实施要点。并制定技术、质量、安全、成本、进度、职业健康、环境保护等方面的管理程序和控制指标。

6）制订资源（人、财、物、技术和信息等）的配置计划。

7）制定项目沟通的程序和规定。

8）制订风险管理计划。

9）对项目各阶段的工作及其文件的要求。

10）制订项目分包计划。

3. 总承包项目管理工作计划

总承包项目部应根据项目具体特点及实施策略制订初步的工作计划(从过程及专业角度划分)，详见表 11-2。

表 11-2　总承包项目管理工作计划

序号	总承包管理工作	具体内容	工作要求	时间进度	责任部门
1	总承包项目管理组织建立	①项目经理的任命；②专业技术人员配备；③职能管理人员配备	项目管理人员应具备总承包管理的工作经验		
2	设计招标	①设计任务定义；②设计工作目标计划定义；③协议	①设计单位的设计经验；②设计任务、范围、目标界定应明确		
3	规范、标准编制	①设计规范编制；②施工规范编制；③设备采购标准制定	规范、标准制定应满足或高于国家标准		
4	设计管理与审查	①分标策划；②招标文件；③招标邀请；④谈判、协议	①分阶段、分专业审查设计成果；②设计应符合业主对项目使用的要求，符合规范、标准；③设计应注意成本优化		
5	施工招标	①分标策划；②招标文件；③招标邀请；④谈判、协议	①分标有利于工程实施、风险转移、业主批准；②分标项目界面、范围明确；③注意分包合同的协调；④注意分包合同条件的选择；⑤支付条件是协议关键		
6	设备采购规范	①采购清单确定；②采购计划；③采购询价；④采购标书、合同编制	①采购设备名称、规格、型号、厂家确定；②采购设备调查、询价、比选；③注意设备标准与价格优化		

序号	总承包管理工作	具体内容	工作要求	时间进度	责任部门
7	设备采购管理规划	①采购管理工作要求；②采购审批程序；③设备进场验收程序；④设备采购审批程序	①保证采购工作规范；②确保设备采购满足工程进度、质量要求；③确保设备采购不超过成本目标		
8	施工准备	①七通一平；②临时设施；③工程队伍进场；④施工设备进场	①保证施工正常运转；②满足本工程的要求		
9	施工许可申请	办理各种施工许可、行政审批	保证工程正常开工		
10	WBS编制	WBS结构分解、项目单元定义、编码	①满足工程实际施工管理的要求；②达到施工管理进度、成本控制精度要求；③定义系统、完备		
11	信息管理系统设计	①制订项目信息管理计划；②收集项目信息；③管理项目信息；④分发项目信息；⑤根据项目信息评估项目管理成效，调整计划	①满足项目进度、质量、成本控制要求；②使工程实施、管理各项工作畅通、高效；③保证信息随时可获得且信息真实		
12	总承包方案编制	①上述各种工作内容汇总；②各种工作机制；③总承包管理协调机制	参与工程实施的各部门、责任人、承包人起草自己的责任、工作流程、工作机制、报告体系、协调责任		
13	技术实施方案编制	各专业、分部分项目工程技术方案编制	①能指导工程实施；②满足计划的要求；③保证施工质量达到承包目标		
14	质量管理体系	各专业、分部分项工程质量管理体系	保证施工质量达到承包目标		

续表

序号	总承包管理工作	具体内容	工作要求	时间进度	责任部门
15	试运行	①项目试运营管理规范；②项目试运营管理工作流程；③试运营技术规定；④试运营管理信息	①确保项目各项设施正常运营；②运营数据测试符合要求；③随时解决运营过程中的故障；④操作人员培训、移交达到要求		

4.总承包项目管理基本流程设计

总承包项目部明确总承包管理的基本流程，应包括总承包管理总工作流程、总承包管理策划流程、总承包管理日常工作流程、总承包过程控制流程。

（1）总承包管理总工作流程。总承包管理工作流程如图 11-1 所示。

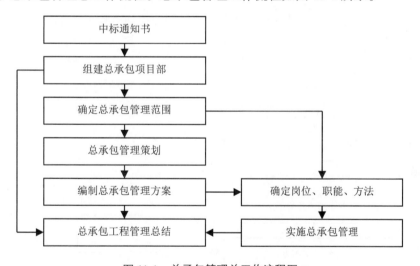

图 11-1　总承包管理总工作流程图

（2）总承包管理日常工作流程。总承包管理日常工作流程如图 11-2 所示。

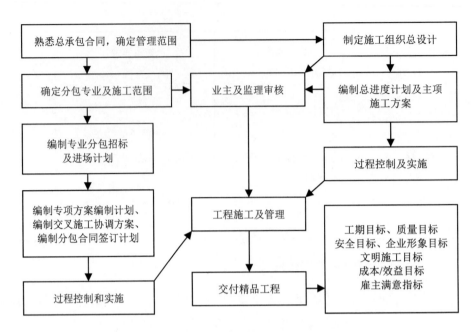

图 11-2　总承包管理日常工作流程图

（3）总承包项目管理策划流程。总承包项目管理策划流程如图 11-3 所示。

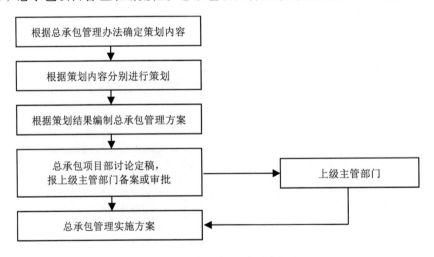

图 11-3　总承包管理策划流程图

（4）总承包管理过程控制流程。总承包管理过程控制流程如图 11-4 所示。

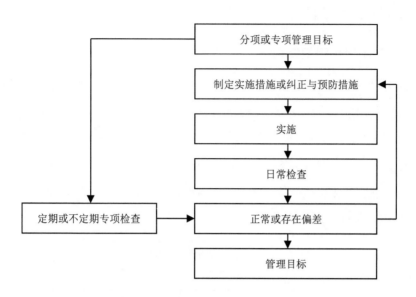

图 11-4　总承包管理过程控制流程图

11.1.3　项目目标（任务）分解

　　总承包项目经理于项目实施规划时完成项目任务分解，并形成分解任务清单及任务详细描述表。

　　项目任务按工程范围和内容进行分解，目的是使项目管理各方对工程项目实体有统一而清晰的认识，并有利于成本计划、资源计划、工期计划等的编制和比较分析工作。

　　对于大型项目，在初步分解基础上进行更为详细的划分，直至形成具体的、可行的、可考核的、具有时间限制的任务体系。详见表 11-3。

表 11-3　总承包项目目标（任务）分解表

任务编码	任务名称	工作范围及工作内容	工作标准	计划成本	责任人

　　分解后的工作任务由具体责任人进行详细的描述，上报总承包项目经理部审批，同时有利于过程考核。

11.1.4 项目组织结构

1. 总承包项目部组织结构

本项目采用联合体形式，由施工总承包单位作为牵头单位。联合体协议签订后，总承包项目组织机构按三个层次设置，即总承包管理层、专业承包管理层、施工作业层（含指定分包）。根据总承包管理模式和项目特点设置七部一室——工程部、技术质量部、设计部、安全部、采购部、商务部、计划与控制部、综合办公室，部门及人员的设置在运行中随项目进度变化增减，保证总承包项目部组织机构的灵活与高效性。总承包项目部组织机构图如图 11-5 所示。

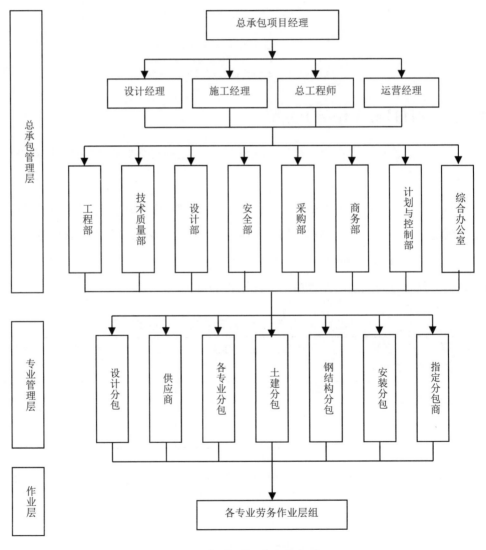

图 11-5　总承包项目部组织机构图

2．专业管理层组织机构设置形式

（1）专业管理层可采用部门负责制或专业工程师负责制。

（2）专业管理层与各部门、专业工程师之间的关系可采用直线式、职能式、矩阵式组织模式。

施工管理层组织结构如图 11-6 所示。

各部门设置应随着项目进展进行适当的调整（设计、施工、试运行等）。

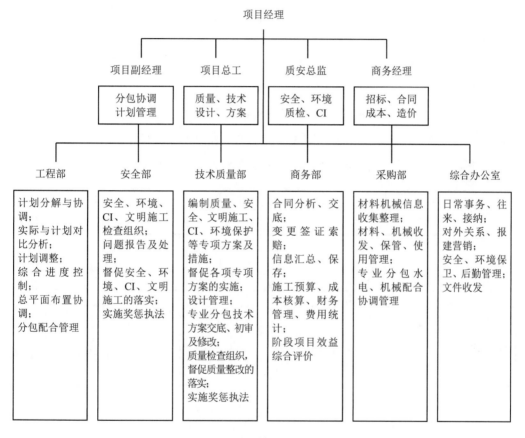

图 11-6　施工管理层组织结构

11.1.5　项目设计管理

1．概述

设计在工程总承包中占有十分重要的地位。设计管理是工程建设项目管理全过程中的一个重要环节。因此，实施工程总承包必须加强设计管理工作，建立一套适应项目特点、行之有效的设计体制、组织机构、运行机制和协作关系。

2．工程项目的设计组织机构

（1）设计组织的说明。

1）项目的设计组织是为完成特定项目的设计任务而建立的临时性组织，由项目设计经理和专业设计人员组成项目设计组/部，在项目部领导下开展有关工作。

2）项目设计经理由设计院派出，专业设计人员由设计院各有关专业室派出。

3）项目设计组/部的成员可以集中办公，也可以不集中办公，视项目的规模、性质、复杂程度或其他因素决定。无论集中办公或不集中办公，矩阵管理的原则和项目设计组成员的职责分工不变。

4）项目设计组/部中所含的专业应根据合同规定的项目任务范围确定，可以酌情增加或减少。

5）项目设计组/部的工作需要有关部门和人员的支持及配合，这些部门的有关人员并不一定列入项目设计组织，由公司或设计院统一管理和提供服务。

（2）项目设计组织结构图。项目设计组织结构如图 11-7 所示。

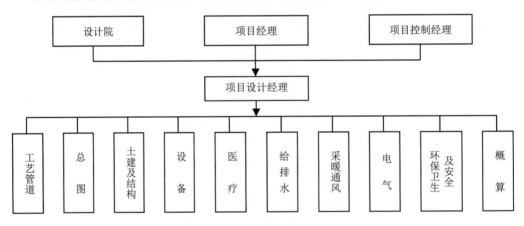

图 11-7　项目设计组织结构

（3）设计工作矩阵式管理。设计工作矩阵式管理如图 11-8 所示。

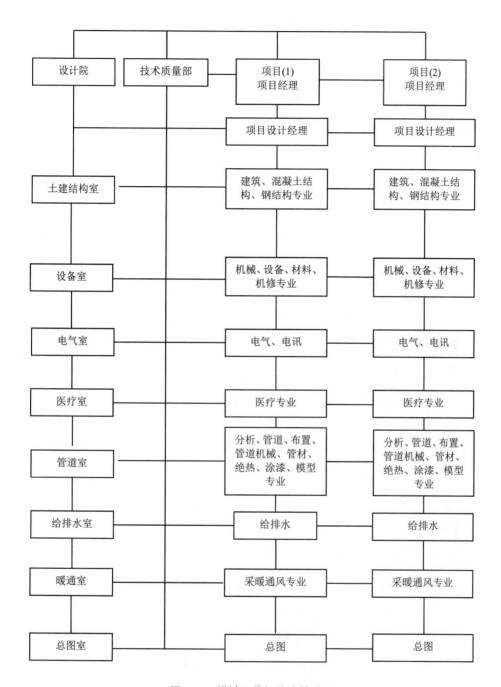

图 11-8　设计工作矩阵式管理图

3. 项目设计工作各岗位的职责和任务

（1）项目设计经理。

1）项目设计经理的主要职责。

a. 项目设计经理由项目经理与设计院协商后由设计院派出，并经企业任命。项目设计经理在项目经理领导下负责组织、指导和协调该项目的设计工作。

b. 受项目经理委托，项目设计经理可直接与用户（业主）、专利商、制造厂（商）洽谈和处理设计问题或技术问题。

c. 项目设计经理承担履行合同关于设计的全部责任，并直接与相关参建方联系。

d. 项目设计经理应分别向项目经理和设计单位报告工作，确保设计工作按项目合同的要求组织实施（包括进度、费用和质量）。

2）项目设计经理的主要任务。

a. 熟悉合同及其附件所确定的工作范围，明确设计分工，按照项目工作分解结构（WBS）提出设计单项（单位）工程表及进行设计工作分解，并提出设计工作任务清单。

b. 在设计院的组织下，与各专业室商定各专业负责人，并配备各专业人员。

c. 审查专业厂商提供的基础设计或其他形式的工艺包。

d. 组织审查开展设计所必须的文件和基础资料，主要包括：设计依据（包括已批准的计划任务书，项目可行性研究报告等）；业主单位提供的工程地质、水文地质勘察报告、气象、厂区地形测量图等设计所需的项目基础资料；业主单位提供的有关协作协议文件（包括城建、环保、交通运输、供电、给排水、供热、机电、仪修、通信、主要原材料和燃料等）。

e. 会同项目经理或计划工程师制订项目总体进度计划（一级进度计划），并据此编制初步的项目设计进度计划。

f. 编制项目设计计划。

g. 会同项目进度计划工程师编制项目设计进度计划。

h. 组织各专业确定设计标准、规范、工程设计规定和重大设计原则。

i. 主持召开设计开工会议，提出设计指导思想、依据、原则、规范、分工、进度、内外协作关系及其他要求，把各项任务分别落实到各设计专业负责人。

j. 审核和批准有关的设计文件，以及需要用户批准或认可的所有设计文件，并促使用户及时批准这些文件。

k. 负责处理用户、专利商及设计协作单位的有关函电，并督促各专业及时答复。

l. 组织有关专业研究和确定工程重要技术方案，特别是综合性技术方案，以及节能、环保、安全卫生和各专业的设计条件衔接等。

m. 协同项目经理、采购经理及其他有关人员协调和处理设计工作中出现的涉及项目控制方面的问题。

n. 组织编制并审查完整的设备清单和设备、材料的请购文件。

o. 主持设计过程中的各项重要会议，包括 BIM 模型审核会、管道平面设计图发表会、设备标高审核会等。组织有关专业人员参加采购部门召开的制造厂（商）协商会（VCM）。督促采购部门催索设备制造厂（商）的先期确认图（ACF）和最终确认图（CF），以保证设计质量和进度。

p. 定期召开设计计划执行情况检查会，检查和分析设计中存在的主要问题，研究解决办法，并及时向项目经理、设计院及有关部门报告。

q. 组织处理与设计有关的项目变更和用户变更。

r. 组织设计文件的汇总、入库和分发。

s. 工程设计结束后，组织整理和归档有关的工程档案，并编写工程设计完工报告。

t. 项目施工阶段，组织设计交底，派遣项目设计代表。

u. 项目试运行阶段，参加试运行方案的讨论，派遣项目设计人员参加试运行前的施工安装工程检查，组织设计人员参加试运行、考核和验收工作。

v. 组织各专业做好项目设计总结。

（2）专业负责人。

1）专业负责人的主要职责。

a. 专业负责人在项目设计经理和专业室的双重领导下，对项目实施中本专业的设计工作及其进度、费用（人工时）和质量负责。

b. 专业负责人通常由专业工程师（专业设计审核人）担任。

2）专业负责人的主要任务。

a. 协助项目设计经理，收集项目基础资料，落实设计条件，明确专业设计工作范围，编制工程设计规定，估算设计工作量（人工时），落实设计进度，代表本专业确认设计进度计划。

b. 组织本专业人员，落实关键技术问题，做好技术经济比较，并在此基础上编制专业设计详细进度计划和设计工作包进度计划。

c. 协助商务部组织编制本专业询价技术文件，参加报价技术评审和配合采购工作。

d. 参加有关专业的技术方案讨论。

e. 严格执行设计单位的质量体系文件，按质量保证程序的规定审核本专业的设计文件、设计条件及设计成品。

f. 代表本专业参加设计文件的会签和设计交底，注意与其他专业的衔接和协调关系。

g. 组织对本专业的设计成品、基础资料、计算书、调研报告、文件、函电、设计条件、变更等文件的整理和归档。

h. 参加设计回访、编写本专业的工程总结和技术总结。

（3）设计、校核、审核人员。他们在项目设计组织和设计院专业室的双重领导下，承担具体的项目设计任务，对设计文件进行设计、校核和审核。其主要职责、任务按设计院有关制度和程序执行。

4．设备、材料采购程序中的设计工作

采购纳入设计程序是国际上普遍采用的项目管理方式，有利于提高质量，缩短建设周期。设备、散装材料采购的主要工作程序有：①编制采购计划；②确定合格投标商；编制询价文件及报价评审；③召开供货商协调会议（VCM）及签订合同；④供货厂商图纸和资料（ACF/CF）的提供和确认；⑤设备检验和监制；催交、包装和运输等。

设备、材料采购中与设计有关的工作程序如下。

（1）确定供货厂商资格条件。在确定设备、材料和各供货厂商（投标商）的采买程序中，设计人员根据下列原则提出对潜在的供货厂商的资格要求。

1）根据设备、材料的技术参数和技术特性选择合适的供货厂商。

2）同类设备投产后对原供货厂商提供的设备、材料运行状况是否良好和安全可靠的信息反馈。

3）供货厂商的信誉、经营和财务状况是否良好。

4）产品质量和交货期是否可靠。

5）该供货厂商是否是某类设备或材料唯一的生产厂商。

（2）编制请购文件。

1）设备请购文件的编制。设备请购文件是设备采购询价文件的重要组成部分，即设备采购询价文件的技术要求部分。设备请购文件由项目设计经理组织项目设计人员完成。

设备请购文件按项目的设备清单编制。只有规格完全相同的设备可以共用一份请购文件，否则应每台设备编制一份设备请购文件。

设备请购文件的主要内容有：①数据表；②技术规格说明书；③询价版设备简图；

④制造厂提供的数据和图纸的份数及进度要求。

设备请购文件由设计人员完成后，需经项目设计经理、项目控制经理审查，重要设备送交项目经理审批，并送业主确认。

经批准的设备请购文件，由项目经理签发后送项目控制部门和项目采购经理/采购部门，并由其询价和订货。

2）散装材料请购文件的编制。需采购的散装材料用量的计算和材料规格要求由设计部门提出，并用表格或计算机传送到项目采购经理、采购部门，并由其汇总整理，完成询价和订货。

（3）报价技术评审。投标商报价的技术评审工作由项目设计经理组织有关专业负责人进行。

评审内容有：设备效率、公用工程消耗指标、材料选择、设备允许负荷范围、设计特点、操作费用、售后服务、机械保证期、先期和最终确认图纸的交付日期等。

设计人员对投标商报价进行技术评审后，应按标准格式写出书面评审意见，供项目采购经理/项目采购部门进行报价比选。评审意见中应提出"推荐""优先推荐"或"不推荐"的明确建议。

（4）参加供货厂商协调会议。设计部门对报价技术评审中的问题应在召开供货厂商协调会议（VCM）之前提出。在供货厂商协调会上，设计人员应全面核对询价、报价技术说明和供货范围，落实报价技术评审和协调会上提出的技术问题。

（5）参加检验工作。必要时由采购部门提请设计人员参加设备、材料的检验工作。

（6）参加试运行。项目设计人员根据需要提供试运行服务，并参与分析和处理试运行过程中可能发生的某些技术问题。

5. 设计进度计划

（1）设计进度计划。该进度计划属第三级进度计划，用以控制各专业的设计进度。其主要内容包括：合同范围内各设计专业的工作进度及时序关系；各专业主要工作包及其进度安排。

（2）编制依据。

1）项目总体进度计划（一级进度计划）及设计主进度计划（二级进度计划）。

2）项目工作分解结构（WBS）中该分项下属的主要工作包。

3）项目设计计划。

4）有关现行的设计人工定额，以往同类或相似特性，规模的设计周期数据等。

（3）编制方法。

1）根据一级/二级进度计划对设计工作的要求，并参照类似设计工作的经验，结合具体装置的条件和采购、施工对设计工作的要求，按照不同的设计阶段，如工艺设计阶段、基础设计阶段、详细设计阶段等，编制设计进度计划。

2）设计进度由项目设计经理牵头负责编制。

3）设计进度计划的确认。设计进度计划经校核和优化，经项目经理主持专题会议确认，或经采购、施工、控制经理确认后，由项目经理签发。

6．项目设计质量管理与控制

为达到工程项目所确定的质量目标，设计各阶段中的每个环节必须按规定的质量控制程序的要求完成，使设计全过程都处于受控状态。设计质量按质量职责分工，由各专业设计室和项目部设计组/部共同负责工程质量计划的实施和保证。工程项目各级人员应按各自的职责和本专业设计质量保证程序的要求各负其责，并接受项目经理和项目设计经理对设计质量的监督和检查。

（1）设计质量管理的组织。为保证设计质量，工程总承包项目部应根据工程项目的大小和需要，在项目部内配备一名质量工程师，或由项目设计经理对项目的设计质量进行监督。组织和业务关系图如图 11-9 所示。

（2）设计输入。设计输入就是对设计的要求，在设计质量控制程序中规定为开展设计工作而由外部正式提供的文件、资料、数据，以及有关的规定、标准等。设计输入应尽可能定量化并形成文件。

设计输入的内容和质量，直接关系设计产品的质量，因此项目设计经理应予以高度重视并切实做好这一工作。所有的设计输入均应由项目设计经理组织评审，以确保设计输入的有效性和完整性。

（3）设计输出。在设计过程中，将设计输入转变为设计输出，设计输出必须满足设计输入的要求。设计输出是指设计成品，主要由图纸、规格表、说明书、操作指导书等文件组成。

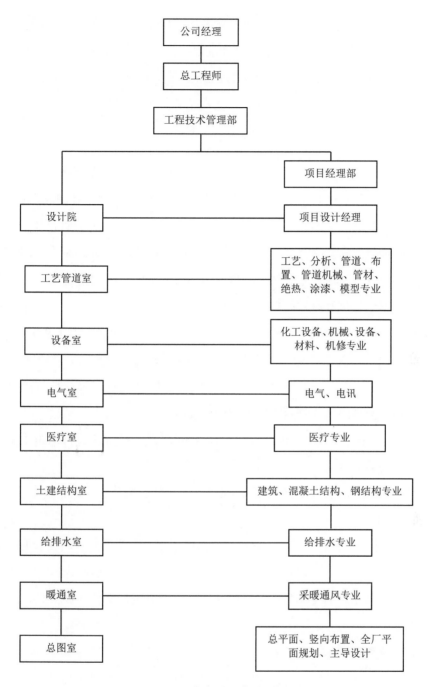

图 11-9　组织和业务关系图

设计输出文件发放前,由设计总工组织各专业负责人用汇签方式进行评审,以保证文件的完整性。设计输出文件评审合格后,项目设计经理在"项目设计文件入库及发送通知单"上签署确认,才能完成复制,并按规定进行标识后发送各有关部门。

设计输出的有关内容、要求、通知单格式及控制程序等按设计单位有关规定办理。

（4）设计更改控制。设计更改是在设计过程或设计成品完成后，由于用户变更和项目变更而导致设计更改，这都将对设计进度、质量和费用产生直接的影响。因此，必须根据不同的变更原因，严格按设计单位的有关规定及程序办理。

7. 项目部设计文件和资料的管理

设计文件和资料系指工程项目设计过程中涉及的有关内部、外部的文件和资料，其中包括各设计阶段形成的技术文件和图纸、设计任务书、委托书、合同及其附件、选厂报告、项目基础资料、项目设计数据、设备/材料请购文件，以及设计采用的标准、规范、规定和手册等。这些文件和资料是设计工作及采购、施工和试运行等阶段的依据，对于确保工程设计和建设质量及控制项目费用均有直接的作用。因此，必须对设计文件和资料进行严格的管理和有效的控制。

（1）设计文件和资料的管理职责。按照设计单位企业已通过 GB/T 19001-ISO 9001 标准的要求对设计文件进行有效的控制。对各类文件的管理与控制职责规定如下。

1）项目文件的编制、评审、传递、变更和发送由项目部归口管理，并由项目经理或项目设计经理具体负责在项目建设过程中实施。

2）标准、规范及设计单位的内部通用性技术文件编制、批准和实施由设计单位有关部门负责归口管理。

3）设计单位所属的档案资料室负责项目设计文件的编目、标识、入库、归档，以及发送、借阅和保管。

4）通常情况下大中型项目的总承包项目部应下设文件收发及中间保管的专责/兼责的机构，负责接受设计院档案资料室发送的设计成品文件，并按项目部要求转发有关单位、部门，同时负责项目实施过程中在现场发生的所有设计文件和资料的编目、标识、借阅和保管。

（2）设计文件和资料的管理程序。

1）文件输入。由业主、专业分包方（包括供应商）提供的与项目有关的文件，应分别按项目的设计、采购、施工、试运行等阶段进行分类，经项目部内有关经理组织评审、编号、标识和登记。由行政系统转来的与项目有关的输入文件，原件存原收文部门，项目部留复印件一份，并按以上程序存档。

2）文件传送。设计输入及设计接口文件（如各专业设计条件）的内部分发应经项目设计经理批准，填写"项目文件内部传送单"。设计、采购、施工、试运行等部门相互之间传送的文件需经项目经理批准。

3）文件输出。项目的文件输出，应按设计单位技术档案的有关规定编号后入库归档，并填写"项目文件发送通知单"，经项目设计经理批准后加以标识发送。文件发送时还应填写"项目文件及设计成品发送单（回执）"，与文件一同对口发送给收件单位，并要求收件单位限期内签署确认后返回给项目部/项目设计经理。

4）文件修改和回收。项目文件的修改（不包括现场修改）均以变更版文件发表，同时对旧版文件进行标识、回收或处理。

5）文件标识。

a. 所有内部发放的项目文件在发放时加盖"有效工作版"印章，并对相应旧版文件加盖"作废"印章。

b. 对输出的咨询类成品文件应视其性质加盖"供审批"或"供用户审查"印章，基础工程设计成品加盖"初步的"印章，详细工程设计成品文件加盖"供施工用"印章。应业主要求需要在入库前提供的设计文件，经项目部审查后加盖"供参考"印章。

c. 采购（包括提供业主用作采购）过程中的输出、输入文件，根据工作进展阶段及文件性质，分别标识"询价版""订货版"或"制造版"印章。

d. 施工文件标识"供施工用"印章，竣工图加盖"竣工图"印章。标识位置按设计单位企业的有关规定执行。

6）设计更改通知单的管理。在工程建设期间，"更改通知单"由现场指定的专业人员负责保管。工程结束后由现场专业人员填写入库申请书，并将按规定编号的通知单送交设计院档案室，由档案室按单项（单位）、专业分别装入该项原图的档案袋内。

7）设计文件的编码。为提高技术文件的管理水平，便于实现计算机统一管理，设计文件的编码结构应符合 WBS 编码系统的要求，以便按规定的编码准确识别特定的设计文件。

项目部可根据项目的大小和复杂程度，资源集合的需要和可能及业主的要求确定，但应与项目的 WBS 相一致。

项目部所属的管理部门，包括 M10 项目管理、M20 项目控制、M30 设计管理、M40 采购管理、M50 施工管理、M60 试运行管理部门。

设计的专业代码执行设计单位企业现行规定。

11.1.6　项目采购管理

1．工程项目采购岗位设置、职责和任务

（1）岗位设置。项目采购一般设置采购经理、综合管理工程师、采买工程师、催交工程师、检验工程师、仓库保管员等岗位。

（2）岗位职责。

1）采购经理的职责。

a．在项目经理领导下，负责组织、指导和协调项目的采购工作，对项目采购的货物的质量、进度及费用全面负责。

b．组织编制采购实施计划，管理和协调采购工作，包括采买、催交、检验、分包、运输、安排制造厂商现场服务。

c．负责组织采购工作的各岗位工程师贯彻公司质量体系文件及采购手册，并保证其有效实施。

d．对采购货物的质量记录的完整性负责。

e．向业主提供供货商评估报告，并负责获得批准。

f．审查询价文件是否能满足询价的要求。

g．对采购的全过程进行控制，例如采购的评标，参加重要设备、关键设备、大宗材料供货商的开工会，催货及检验。

h．负责评审与供货商签订的订货合同，并处理与采购有关的各项问题。

i．有一定的协调、组织能力，协调好业主、采购人员、供货商的关系，并在所采购的货物出现问题时具备应急处理能力。

j．对不符合订货合同的货物提出纠正方法和措施。

k．向项目经理提供装运计划。

l．项目结束后，向项目经理提交项目采购总结报告。

m．采购副经理要协助采购经理完成以上逐项工作。

2）综合管理工程师的职责。

a．在采购经理的领导下，根据项目总计划及施工计划编制采购实施计划和采买、催交、检验、运输等项工作的进度计划。

b．进行数据统计分析和编制采购状态报告。

c．根据货物采购情况编写采购月报表交采购经理审批。

d. 采购订货合同及文件资料管理。

e. 协助项目经理做好费用控制，每月进行采购费用计划报告。

f. 如在现场，要参加每周的调度会，了解采购货物的到货情况及安装进度对到货的要求。

g. 根据订货合同付款条件办理付款申请手续，提出拒付及索赔报告。

h. 工程结束后，将所保管的文件整理好后经采购经理同意，交总承包项目部，按公司规定交档案管理部门。

3）采买工程师的职责。

a. 接受设计提供的请购单文件，包括请购单、数据表、采购说明及询价图纸等。

b. 编制商务询价文件，包括询价函、报价须知、订货合同、合同基本条款、包装及运输要求等。

c. 选择合格的货物询价厂商名单。

d. 发出询价，接收报价。确定供货厂商，签订订货合同。

e. 组织召开厂商协调会。

f. 负责合同、信函及文件的发放、回收整理并交综合管理工程师存档。

g. 协调付款及售后服务问题。

4）催交工程师的职责。

a. 编制催交计划，特别是对项目中的关键设备、重要设备、复杂设备及特殊散装材料的催交计划。

b. 负责催交供货商应返回的图纸并及时交设计部门确认后，按时返回供货厂商。

c. 了解并督促供货商的生产进度、外协件的落实情况。

d. 经常了解施工安装计划，以此协调供货商交货日期，以保证工程进度。

e. 依据供货商采购合同执行情况，编制供货进度报告。

5）检验工程师的职责。

a. 编制货物检验计划。

b. 组织同供货商和/或分包商的预检验会议。

c. 校对和审查供货商和/或分包商提交的检验报告。

d. 根据要求对供货商货物进行中间监造及目击试验。

e. 确认检验报告。

f. 发布纠正、整改工作结果。

g. 向项目采购经理提交在供应商参与监检的报告。

h. 进行货物出厂前的检验，对货物的规格、型号、涂漆、包装等进行全面检查，以保证出厂的货物符合合同要求。

i. 办理委托第三方检验。

6）仓库保管员的职责。

a. 认真学习并严格执行有关物资管理的制度，在采购经理的领导和上级业务部门的监督指导下，搞好本项目的材料保管工作。

b. 在综合管理工程师的协助下运用物资管理软件进行账务处理，包括验收入库业务、调拨出库业务、生成料具消耗结存月报表业务（每月 20 日上报）、每月与施工队进行出库核对业务。以上业务生成资料按要求进行签字、流转和归档。

c. 按材料类别做好料具保管台账，要求当日发生的当日入账。

d. 在综合管理工程师的协助下做好进场物资设备质量证明编号的"三位一体"工作。

e. 做好材料设备的报验工作。

f. 物资入库前，保管员应按送货单核对实物名称、型号、规格、材质、数量，必要时辅以检斤、检尺、量方过磅，确认无误后，才能验收入库保管，并在验收单仓库联后附上检斤检尺记录。

g. 定期进行料具消耗动态和结存情况清查，做到物资的账、物、卡相符。按月与项目成本员办理材料票据交接签收手续，每月按时做出材料月耗汇总表，并与项目成本员核对；工程完工后七天内完成工程材料耗用汇总一览表的编制工作，并与项目成本员核对。

h. 物资保管要做到"三清"（材质清、规格清、数量清）和"三齐"（堆放整齐、码垛整齐、排列整齐）。保持标识清晰，明码对号入座。物资发放要做到"四不出库"：物资没验收、去向不明、白条子、手续不全的物资不出库。

i. 根据各种物资的保管要求做好库房温度、湿度控制，做好防雨防晒工作，保持库房清洁卫生，使保管的物资保持应有的质量性能，做好防火防盗工作。

2. 采购控制

（1）工作内容及工作程序。

1）项目采购计划。项目采购计划是在项目初期，根据项目总体计划，由项目的采购经理负责或组织编制的，应得到项目经理的批准。项目总体计划应由项目经理处或其指定的项目计划部门获得。

项目采购计划的基本内容至少应包括以下几方面。

a. 项目采购的范围。

b. 采购工作计划及工作原则。

c. 货款支付计划及支付原则。

d. 项目总合同中业主对采购提出的特殊要求。

e. 项目采购组的组成及其职责。

f. 工作的准则说明，工作程序的说明。

g. 采购与各有关部门的协调程序。

h. 境内外采购的划分。

i. 与分包商的货物分交原则等。

2）确定合格分供方名单。

a. 合格分供方名单指供当前工程采购询价用的合格分供方短名单；原则上每一类货物不少于三个合格分供方。

b. 当项目合同中对合格分供方的选择有规定时，应按照合同的规定确定合格分供方名单。

c. 当项目合同中对合格分供方的选择未规定时，应按照《货物分供方选择和评价规定》中的规定确定合格分供方名单。

d. 应在项目的初期根据项目的基础设计等货物的初步数据，确定主要货物的合格分供方名单，并提交采购经理批准并存档。在接到正式的请购文件后，若原定的合格分供方不能满足技术要求，可根据要求变更或增加合格分供方名单，但应及时向采购经理提出"合格分供方修改报告"。

e. 原则上国内采购的主要设备不允许选择没有制造实体的分供方作为合格分供方。

3）接受请购单。为了使项目的采购部门采买的货物符合项目的技术要求，项目的采购部门就需要从项目的设计部门获得工程对所需货物的技术要求，即请购单。

请购单由项目的设计部门负责编制，提供给项目的采购部门。采购部门的采买工程师负责接收请购单，并对请购单进行审核，看其是否满足采购询价的要求。

请购单应至少包括以下内容。

a. 技术说明书。

b. 数据单。

c. 图纸（如果需要）。

d. 对报价技术文件的要求。

e. 对报价返回时间的要求（如果需要）。

4）编制及发出询价文件。询价文件的编制是项目采购实质性操作的开始，认真负责地编制好询价文件将为以后的采买工作打下好的基础。

询价文件应至少包括以下内容：①询价函；②项目简介；③报价须知；④请购单；⑤尽可能提供的包括商务和技术的报价标准格式。

编制好的询价文件一般以函件的方式发出。询价文件发生后及时与对方取得联系，以确认其确实完整地收到。询价时间比较紧张时，可以采用传真的方式。

5）解释询价文件及变更请购单。被询价的合格分供方收到询价文件后及编制报价文件期间，可能会以书面的形式或口头的形式提出各种问题或请求（如推迟报价截止日期的请求），这时采买工程师应会同专业设计工程师给予认真及时的书面形式的答复，并本着公平及视其是否具有普遍性的原则，决定是否同时将此答复以书面的形式通知其他被询价的合格分供方。

在询价文件发出后、报价文件收到前，如果应专业设计工程师的要求需要对请购单进行变更，则应及时以书面的形式通知所有被询价的合格分供方；项目计划允许时，可适当推迟报价截止日期。

6）接收合格的分供方报价文件及其澄清。采买工程师在按时收到报价后应对报价文件进行初审，如文件是否清晰、完整，是否按照询价文件要求的格式填写，价格计算是否准确等，并及时向分供方澄清报价文件中的问题。

采买工程师和专业设计工程师在报价评审过程中如发现问题也应及时向分供方澄清。

采买工程师对分供方的询问应尽量采用书面形式，而分供方必须以书面形式做出答复。

7）报价评审。报价评审是采买工程师和专业设计工程师对分供方按时提交的报价文件进行商务及技术评估，看其在商务及技术两方面是否满足询价文件的要求，并在分供方之间做比较，最终确定分供方的过程。

报价评审分为技术评审、商务评审、综合评审三个步骤。

技术评审应由专业设计工程师来完成；采买工程师在收到报价文件并进行必要的澄清后，即将报价文件的技术文件部分通过项目工程师提交给专业设计工程师，专业设计工程师进行完技术评审后，应将技术评审的结果经项目工程师提交给采买工程师。

商务评审应由采买工程师完成。

综合评审应由采购经理来完成；综合评审是根据技术评审和商务评审的结果进行综合分析，写出综合评语，推选出供货商。商务评审与技术评审发生矛盾时，应提交项目经理裁决。

8）厂商协调会及合同谈判。经过报价评审确定供货商后，开始与供货商的合同谈判，并召开厂商协调会，签订合同，并为以后的合同执行做出安排。厂商协调会可分为合同前厂商协调会和合同后厂商协调会。

合同前厂商协调会主要是全面核对询价文件，核对并落实报价评审过程中在商务及技术两方面对报价文件的质询，进一步落实在此之前未与厂商协调过的在询价文件基础上做出的技术变更。与会双方应确认完全了解对方的意图或要求，并形成书面备忘录。合同前厂商协调会可以在报价综合评审完成后与最终供货商之间进行，可以和合同谈判安排在一起进行；也可以在报价综合评审未完成前与多个报价商之间分别进行，目的是为更公正合理地选择供货商提供更客观的依据。

合同后厂商协调会可以在合同签订完后立即召开，此时可以和合同谈判安排在一起进行，主要是对以后合同执行过程中的重要事项经双方协商做出具体安排，包括供货商针对合同货物的生产安排，双方对合同货物检验工作的安排等，并形成书面备忘录；也可以在合同执行过程中，由于某种原因使合同的实际执行情况与合同的规定出现较大的偏差，如制造进度严重迟后、出现较大的质量问题等，这时就需要及时组织召开厂商协调会，双方共同研究找到解决问题的办法，以使合同的执行回到正常状态。

厂商协调会是否需要召开及召开的时间，应根据所采购货物的具体情况安排。

合同谈判的主要工作是合同双方讨论并确认合同的各项条款，明确双方的权利和义务，因此在合同谈判前，采买工程师应将合同文件的初稿编制好，主要议题至少应包括以下方面。

a. 确认合同文件包括的内容。

b. 确认合同订单规定的供货范围及数量。

c. 讨论并确认合同条款中规定的权利和义务。

d. 讨论并确认合同货物的单价及总价。

e. 讨论并确认合同货物的交货时间及地点。

f. 确认合同货物的交货条件。

g. 确认合同货物的运输方式。

h. 确认合同货款的付款方式。

i. 确认合同货物在交货时同时交付的文件清单。

j. 涉外合同还应确认法律上的有效解释文字及本合同适用的法律。

合同谈判一般由采买工程师组织；厂商协调会一般由采买工程师或检验工程师负责召集，必要时请采购经理直至项目经理参加。

9）编制合同文件及签订合同。合同文件是买卖双方共同认可的，规定双方在此经济行为中的权利和义务的，涉及双方经济利益的，具有法律效力的文件。因此，采买工程师在编制合同文件时，应本着认真负责、全面详尽的原则。

合同文件主要应包括以下文件（按解释效力的优先顺序）。

a. 订单。

b. 请购单。

c. 合同基本条款。

d. 供货商报价文件。

e. 厂商协调会形成的备忘录。

f. 其他经双方确认的文件等。

合同的签订是表示双方已认可并接受其中的权利和义务，合同生效具有法律效力。一般买卖双方在合同文件上签字盖章即表示合同已签订，但合同是否生效要根据双方在合同中的约定而定。一般买卖双方应在所有合同文件上签字，并在"订单"上加盖公章；如果"订单"中的"供货一览表"是单独页的，也应在"供货一览表"上加盖公章。对于初次接触的供货商，应以恰当的方式确认签字人的合法身份。最基本的要求是应具有"法人代表授权委托书"。

10）调整采购计划。合同签订后，采购综合管理工程师应根据合同的实际情况对采购的计划安排做出适当的调整。

11）催交。催交工作主要是督促供货商能按合同规定的期限提供满足工程设计和施工安装的要求技术文件和货物，所以催交工作将贯穿于合同签订后直到货物具备装运条件的全过程。催交工作的要点是要及时地发现问题，采取有效的控制和预防措施，防止进度拖延。

催交工作的基本步骤如下。

a. 确认供货商是否接到合同。

b. 向供货商索要制造进度计划。

c. 制订催交计划。

d. 督促供货商及时交付应先期交付的技术文件资料。

e. 了解并督促供货商按时完成制造进度计划。

f. 当发现供货商的制造进度有较大的拖延时，应及时与供货商协商，找出原因及解决办法，必要时应访问供货商的工厂并召开厂商协调会。

12）监造及工厂检验。监造及工厂检验是检验工程师按照监造及工厂检验计划，定期访问供货商的工厂，监督及检验货物的制造是否符合合同的规定及制造标准的要求。

监造及工厂检验的范围如下。

a. 重要的设备应有专人进行全过程监造。

b. 比较重要的设备应进行重点工序的监造，其他工序可设置停止点进行定期的检验。

c. 一般设备可按设置好的停止点进行定期的检验；或按时参加制造商的检验。

监造及工厂检验的基本程序如下。

a. 合同签订后立即与供货商召开协调会，索要供货商的制造计划，协商监造及检验计划。

b. 编制监造及检验计划并提供给供货商。

c. 熟悉合同中的技术文件及相关的制造标准。

d. 当需要监造及检验的货物比较集中时，应制订月检验计划。

e. 提前通知制造商做好检验的准备工作。

f. 按要求进行监造或检验。

g. 必要时召开厂商协调会。

h. 编写监造及检验报告。报告中应包括制造商整改措施报告及厂商协调会备忘录。

13）运输。货物的运输是指从制造商的工厂到施工现场这一过程中的包装、运输、保险等事项。货物运输是运输工程师的职责。

运输基本程序如下。

a. 编制运输计划。

b. 落实或审核运输单位。

c. 检查供货商的运输计划和货运文件的准备情况。

d. 检查供货商对货物的包装是否符合运输条件的要求。

e. 督促供货商向现场及时提供接货通知书，说明货物到达现场时的状态及装卸要求。

f. 大型设备比较复杂的运输还应考虑制定货物运输追踪程序。

g. 通知现场接货的确切时间。

14）现场接收、检验及移交。现场接收、检验及移交的工作应由采购经理派住现场的采购现场代表、驻现场的仓储工程师、业主的现场工程师及供货商的代表等共同进行。

现场接收、检验及移交工作包括以下方面。

a. 货物到场之前的准备。

b. 运输车辆的进场安排。

c. 货物的装卸。

d. 送货清单的核对。

e. 货物及交货文件的清点。

f. 包装箱及货物的外观检查。

g. 向供货商开出收货单。

h. 填写货物验收检验记录。

i. 填写不合格品控制记录。

j. 填写货物入库单。

现场接收、检验及移交的准备工作应包括以下方面。

a. 根据订单填写预收货物的收货清单。

b. 准备预收货物的相关数据单。

c. 准备货物验收检验记录、不合格品控制记录及货物入库单。

d. 准备符合预收货物装卸条件的卸货及搬运机具。

e. 准备符合预收货物储存条件的储存或暂存场地。

f. 准备符合预收货物条件的开箱检验机具及人员。

g. 现场的接收、检验及仓储人员在接到运输工程师的到货通知后，应及时与运输工程师保持联系，随时掌握货物运输的进展情况，并做好相应的准备工作。

15）供货商的现场服务。供货商的现场服务，首先在签订采购合同时应尽可能详尽地在合同条款中给出明确的说明，包括服务范围、服务时限和服务费用等。供货商现场服务的协调由采购现场代表负责。采购现场代表应及时了解工程进度，并根据供货商提供现场服务的难易程度，供货商接到现场服务通知的反应时间等因素，制订供货商现场服务计划，及时通知供货商做好准备工作。采购现场代表应在及时了解工程进度的基础上，及时预见工程可能需要的服务，并准备在急需情况下的应急措施。

采购现场代表本人或通过项目的施工管理部门负责供货商的现场服务人员与施工分包商之间的协调工作，从工程的全局出发，有责任帮助供货商的现场服务人员解决实际困难，以使其顺利完成服务工作。

供货商的现场服务完成后或阶段性完成后，应填写服务记录。

16）供货商的后续评价报告。供货商的后续评价是项目的采购部门对供货商在采购过程中的各个环节的表现做出评价，包括在询报价过程中的表现，为以后工程中供货商的采用及评审提供依据。

供货商的后续评价的主要内容至少应包括以下方面。

a. 报价的工作质量。

b. 合同价格。

c. 工厂的质量管理体系。

d. 提供货物的质量。

e. 在质量出现问题时的处理能力。

f. 交货是否及时。

g. 合同外事物协助处理的能力。

h. 现场服务的能力。

17）项目（采购）总结报告。项目采购总结报告是项目的采购部门对项目采购工作的经验及教训的总结。在项目结束时，由各专业工程师向采购经理提交自己负责范围内的工作的总结报告，采购经理应向项目经理及工程建设部提交整个项目采购工作的全面总结报告。

18）采购文件及质量记录。采购文件和质量记录是采购跟踪及控制的依据，因此采购工作的每个环节均应做好相应的记录或报告，并且这些文件应由采购综合管理工程师或采购经理指派专人进行管理。这些文件应在相应的工作结束后，原件不做任何取舍、原封不动地上交。

这些文件一般包括以下方面。

a. 设计提供的请购文件。

b. 完整的询价文件。

c. 完整的报价文件。

d. 评审记录。

e. 合同谈判记录。

f. 完整的合同文件。

g. 请购文件变更单及合同修改议定书。

h. 厂商协调会记录。

i. 催交记录。

j. 检验记录。

k. 不合格品控制记录。

l. 供货商的现场服务记录。

11.1.7 项目分包管理

1. 项目专业/劳务分包清单

工程总承包项目部应根据相关规定，建立项目专业分包工作清单，一般分为专业承包、劳务分包及服务分包三类。根据项目实际需要编制分包一览表（见表 11-4）。

表 11-4　分包一览表（专业承包、劳务分包、服务分包）

序号	工程名称	工程分包范围	合同额	是否已确定单位	分包单位	进/退场时间	负责人/电话

2. 分包工程的招标和进场计划

（1）劳务/专业分包商的选择应引入竞争机制，通过招标方式确定，根据企业规定，如可以规定分包价款 10 万元及以下的采用议标方式。

（2）根据招标文件和图纸所涉及的专业，结合施工总进度计划要求，应编分包工程的招标计划和进场计划，明确工作流程。

分包方的选择与进场准备工作流程图如图 11-10 所示。

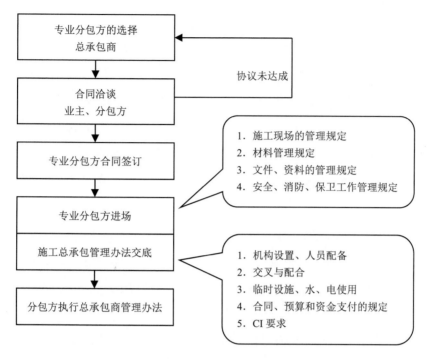

图 11-10　分包方的选择与进场准备工作流程图

3．专业/劳力分包队伍的选择、进场准备和进场要求

（1）专业/劳力分包队伍的选择和进场准备。总承包项目部确认的分包商经业主认可后，总承包项目与分包商签订总分包合同及分包方安全生产协议、总分包方消防保卫协议书、分包管理手册等，纳入总承包管理。专业分包商进场后，由总承包项目部进行"总承包管理办法"交底。

1）分析总进度计划。通过对总进度计划的分析，确定分包队伍的进场顺序，从而确定分包的招标顺序。

2）确定专业的分包范围。根据招标文件和施工图纸，确定专业分包的种类和数量，对招标文件和施工图纸中涉及的专业要进行核对，防止遗漏。

3）编制招标和进场计划。在分析进度和确定专来分包的基础上，编制专业分包的招标和进场计划。

4）审核。专业分包招标和进场计划要经过总承包项目经理和总工程师的审核方能生效。审核的目的主要是核对进场时间和专业分包的种类、数量能否满足需要。

（2）专业/劳力分包队伍的进场要求。各专业分包方进入施工现场前，均需按总承包管理办法的要求设置相应的组织管理机构，配置对口的管理人员，按以下规定程序执行。

1）进入施工现场的各专业分包方按总承包商设置的规则统一命名，其命名规则为：×××工程—分部—工程处（队）。

2）来往信函及有关文件需标注单位名称时，一律以总承包商确定的名称为准。

3）各专业分包方必须按照总承包商设置的机构管理岗位配齐相应的管理人员。

4）分包方必须按照总承包商设置的机构和管理岗位配齐相应的管理人员。

5）分包方必须为进场的管理人员、施工人员购买人身保险，以防意外伤害发生后带来不必要的纠纷。

6）分包方常年驻工地的管理人员，如项目经理、技术负责人、工长、质量检查员、安全员、材料员、维修电工等必须持证上岗。项目经理、技术负责人员必须具有相关专业注册一级建造师证和高级工程师资格证书。分包方进场前要向总承包商上交管理人员岗位证书。如果证件不全，总承包商将拒绝其进场。

7）进场的劳务人员必须持有身份证及在本市办理的有效暂住证、务工证、特殊工种上岗证。其中特殊工种包括：电工、电气焊工、维修电工、架子工、起重工、防水工等。分包方进场，必须将其劳务人员的花名册及上述证件复印件上报总承包商、监理。劳务人员必须经常携带上述证件，以备随时检查，被查者如证件不全，将被清出施工现场。其所属单位将处以罚金。

8）各专业分包方进场前向总承包项目部提交下列资料。

a. 企业各类资质证书及营业执照。

b. 中标通知书及合同。

c. 管理人员名单、分工及联系方式。

d. 岗位职责及管理制度。

e. 施工工人名单及劳务注册手续，暂住证明等。

9）上述各项资料由总承包项目部综合办公室负责收集、整理、收集齐全后装订成册，送资料室归档。

4．对进场劳务/专业分包方的验证

分包商进场后，总承包项目经理部应按照总承包要求和分包的承诺，对分包商进行人员、设备等方面的验证和验收。对专业管理人员和特种作业人员，除查验上岗证外，还应通过口试、实验操作等方式考核其能力。

施工过程中，应定期检查分包商的人员变化、安全措施费用投入、安全防护设施使用等情况，不符合要求的及时监督整改。注意作业人员的思想和身体素质方面的变化，及时进行沟通和交流。

5. 过程的动态管理与考核

总承包项目经理部负责每半年对分包商在施工过程中的情况进行一次考核，填写分包商考核记录，报企业分包商管理部门保存，作为年度集中评价的信息输入。每年度或一个单位工程施工完毕后，由使用单位的相关部门和总承包项目经理部对分包商进行综合考核评价，将考核结果报有关部门复核备案。

分包商在施工过程中违反合同条款时，总承包项目经理部应以书面形式责令其整改，并观其实施效果。确有改进，予以保留；亦可视情况按合同规定处理。

当分包商遇到下列情况之一时，总承包项目经理部填写分包商辞退报告，报企业分包商管理部门，经企业分管领导审批后解除分包合同，从合格分包商名录中删除，在备注栏中填写辞退报告编号，并报主管部门备案。

（1）人员素质、技术水平、装备能力的实际情况与投标承诺不符，影响工程正常实施。

（2）施工进度不能满足合同要求。

（3）发生重大质量、安全或环境污染事故，严重损害本单位信誉。

（4）不服从合理的指挥调度，未经允许直接与业主发生的经济和技术性往来。

（5）已构成影响信誉的其他事实。

11.1.8　合同管理

1. 合同管理流程

总承包项目部应明确合同管理流程，如图 11-11 所示。

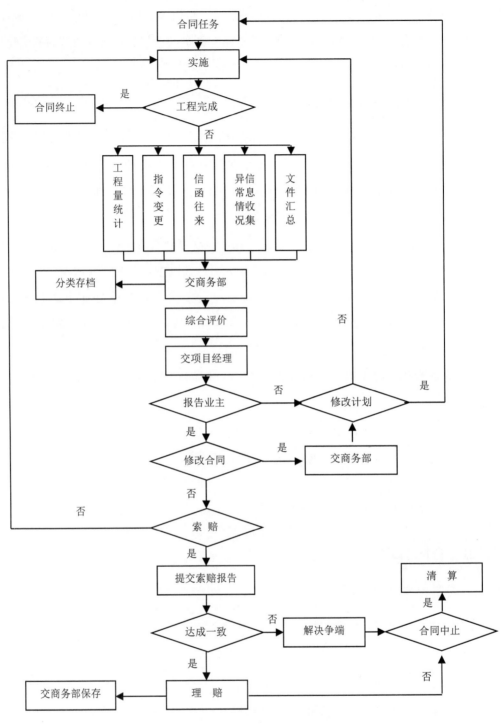

图 11-11 合同管理流程图

2．项目合同清单

总承包项目部应分类列出项目已签署合同明细，说明合同的类型、主体、合同额、签订时间、地点等，详见表 11-5 和表 11-6。

表 11-5　已签合同清单（物资、劳务、租赁、服务）

序号/编码	合同名称	合同内容	合同额（或单价）	合同责任主体（业主、企业或总承包项目部）		签订时间	签订地点	进/退场时间	备注
				甲方	乙方				

表 11-6　拟签合同清单（物资、劳务、租赁、服务）

序号/编码	合同名称	合同内容	合同额	责任主体（业主、企业或总承包项目部）	拟签订时间	进/退场时间	备注

3．合同管理制度及责任人

总承包项目部应制定合同管理规章制度，明确编制人员及时间，说明具体规章制度审批程序、存放地点、发放范围和取阅，明确合同管理各环节（草拟、评审、签署、履约、评价及存档）的责任部门、责任人、相关人。

4．项目合同的签署

（1）合同签署权限划分。总承包项目部应根据合同、企业授权及相关规定，具体描述项目合同签署权限，明确业主指定、企业签订和项目签订权限设置。

（2）合同草拟、评审。总承包项目部根据合同签署权限，明确总承包项目部合同草拟及评审范围，指定责任人。业主及企业签订合同，遵循业主、企业合同管理程序，自行签订合同，严格按项目合同管理规定执行。

（3）合同签订及用印。总承包项目部应制定合同签订及用印章管理制度，明确合同签订的具体签署人及印章管理责任人，严格管理签署权及用印。规章制度应有具体的禁止性规定。

5．项目合同实施管理

（1）合同交底。总承包项目部应明确各类合同的交底人及接受人，明确具体的责任和时间。

（2）履约管理。项目经理为合同履约第一责任人。

总承包项目部应根据项目任务及责任划分，明确每份合同的履约责任人及相关人，列表明示（见表11-7）。

表 11-7　合同履约明细表

序号/编码	合同名称	履约责任人	相关责任人	备　注
			合同及大指标的相关人	

（3）合同变更、违约、索赔、争议。明确合同变更、违约、索赔、争议处理的权限设置，列表或文字说明合同变更、违约、索赔、争议处理的责任部门、责任人及相关人。

（4）合同签订及用印。总承包项目部应制定合同用印章管理制度，明确合同签订的具体签署人及印章管理责任人，严格管理签署权及用印。规章制度应有具体的禁止性规定。

11.1.9　项目进度管理

1．项目进度目标及总进度计划

总进度计划由总承商方依据与业主签订的总承包合同编制，综合考虑各方面的情况，优化配置资源和生产要素对总承包项目做出战略性的总体部署。

总承包项目部依据施工进展情况编排合理的总进度计划，对生产诸要素（人力、机具、材料）及各工种进行计划安排，在空间上按一定的位置，在时间上按先后顺序，在数量上按不同的比例，合理地组织起来，在统一指挥下，有序地进行并确保预定目标实现。

（1）项目进度目标。项目进度目标要根据总承包合同和总承包项目管理目标责任书确定。明确主要阶段设计、采购、施工、试运行等主要阶段的进度目标；各专业分包方在编制分部、分项工程及工序的安排必须服从项目总目标的要求和规定；如果项目计划工期大于责任工期，应按企业有关程序调整计划或责任工期。

（2）项目进度计划。总承包项目根据进度目标进行工期总计划，重点控制设计、采购、施工、试运行等主要阶段的开始时间关键线路、工序进度计划；各单位、子单位工程，各分包队伍应有初步的总计划。进度计划必须采用网络图或横道图。

2. 项目进度管理制度及责任体系

（1）进度管理制度。总承包项目部应编制进度管理制度，明确编制人员及责任人，说明具体规章制度审批程序、存放地点、发放范围和取阅规定。

（2）进度管理责任体系。总承包项目部应根据工程范围和任务划分，明确各级进度管理责任人，形成管理体系图。

3. 项目工期控制点（里程碑节点）

总承包项目经理部应根据总进度计划，提出设计、采购、施工、试运行等里程碑控制点，明确各阶段关键工期控制点并列出明细表。控制点的设置应考虑工程实际情况及时间因素，一般从以下方面考虑。

（1）项目竣工。

（2）单位工程。

（3）子单位工程。

（4）分部工程。

（5）主要的子分部工程（时间较长、工程量比例较大）。

（6）其他划分（考虑时间或工程量因素）。

控制点之间的时间间距不宜超过六个月。

4. 进度保证措施

（1）资源配置。资源的配置主要包括技术、人力资源、资金、物资、设备。资源的计划与配置必须满足工期要求，同时应注意资源耗用的平衡。

（2）合理的施工方案。总承包项目经理应根据合同及项目特点，编制合理的施工方案。应简单描述具体的施工方案，具体阐述时间效益和经济效益的平衡，如施工组织、施工工艺、吊机的选择等。

（3）工期管理重点。总承包项目经理部应明确关键工作、关键线路作为工期管理工作的重点，对关键路线上工作量较大的区域应详细阐述工期管理的各方面工作，如资源配置、方案选择、开始结束时间、风险分析及应急预案等。总承包项目经理部应根据当地的人文环境及气候特点，有针对性地提出特殊时期的施工措施作为工期管理的重点，保证工期管理的持续有效。

总承包项目经理部要将"四新"技术作为工期管理的重点，密切关注"四新"技术的实施效果，拟定应急措施，降低风险。

11.1.10　项目成本管理

1. 项目责任成本的确定

（1）项目责任成本的确定与"工程项目管理目标责任书"的订立遵守企业的管理制度。

（2）总承包项目经理部必须承担责任范围内的管理风险和技术风险，不承担企业投标风险和市场风险。

（3）项目责任成本中不包含因市场风险的原因造成的成本增减额，应包含因技术风险和项目管理风险的原因造成的成本增减额。

（4）项目责任成本的动态调整。项目责任成本确定后，实施过程中，下列情况可予调整。

1）编制错误造成预算责任成本产生误差。

2）设计变更及其他原因引起的工程量增减。

3）政策性调整。

4）签证（包括索赔）、施工方案修改。

5）发包人合同和分供合同变更。

6）其他。

施工过程中，由总承包项目经理部根据上述情况提出分析资料，本着实事求是的原则进行分析、测算，及时确定并对项目管理目标责任书进行补充或修订调整。

（5）项目责任成本的计算依据。

1）招标文件、投标文件及成本分析等报价交底资料。

2）与发包人签订的施工合同及其相关文件。

3）经批准优化的施工组织设计。

4）预算定额、劳动定额、材料消耗定额或企业定额。

5）分供合同。

6）内部制定的费用标准和发布的地区单价等。

7）内部制定的相应规定。

8）类似工程的标价分离方案和经验数据。

（6）预算责任成本操作流程如图 11-12 所示。

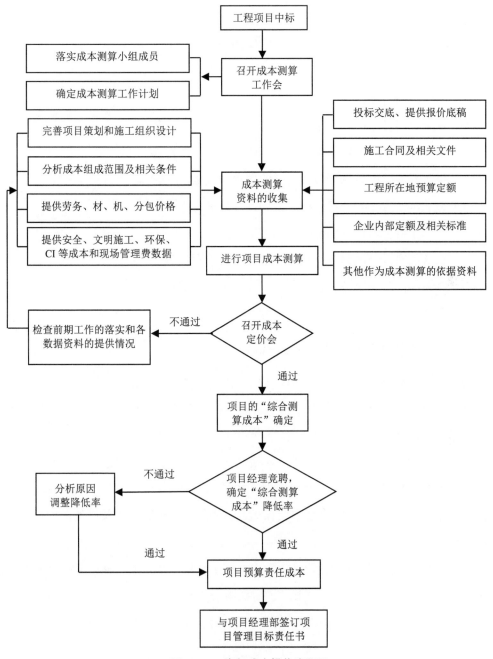

图 11-12　责任成本操作流程图

2. 总承包项目管理目标责任书的签署

总承包项目管理目标责任书应由企业最高管理者或其委托代理人与项目经理在项

目开工前签订。明确总承包项目部的责任、权力、利益。总承包项目经理部配合企业做好施工期间责任成本的调整和竣工后结算责任成本的调整、确认工作。明确签署时间、方式及人员。

3. 总承包项目管理目标责任书应包括的内容

项目管理目标责任书应包括以下几个方面的内容。

（1）总承包项目经理部的工作范围。

（2）总承包项目经理部应达到的各项管理目标与经济指标。

（3）总承包项目经理部的组织结构形式与人力资源配备。

（4）企业管理层次与总承包项目部的职责与权限。

（5）总承包项目部的利益分配原则和计算方法。

（6）针对项目管理目标的考核与奖罚措施。

（7）总承包项目经理部违反有关管理规定的处罚措施。

（8）解除项目经理职务和总承包项目经理部解体的规定。

（9）企业对总承包项目经理部要求的其他事项。

4. 责任成本测算和费用组成及计算方法

综合测算成本由直接工程费、措施费、现场管理费和其他费用组成。

（1）直接工程费。直接工程费是指项目施工过程中耗费的构成工程实体和有助于工程实体形成的各项费用。包含劳务费、材料费、机械使用费。

（2）措施费。措施费是指为完成工程项目施工，发生于该工程施工前和施工过程中非工程实体项目的费用。包括环境保护费、文明施工费、安全施工费、临时设施费、夜间施工增加费、二次搬运费、模板及支架费、脚手架费、已完工程及设备保护费、施工排水和降水费等。

（3）现场管理费。现场管理费是指发生在施工现场，针对工程进行组织施工生产和经营管理等所需费用总和，包干使用。包括现场人员的工资、现场办公费、差旅交通费、固定资产使用费、工具用具使用费、工会经费、财产保险费、经营招待费、现场管理费中其他费用（绿化费、法律顾问费、咨询费等）。

（4）其他费用。其他费用包括质量工期奖、总承包管理费与配合费、索赔与签证、其他构成工程成本开支的费用。

（5）综合测算成本降低率。由上述方法计算的项目综合测算成本，经项目经理竞聘，根据竞聘情况，由公司最终确定综合测算成本降低率。

（6）特殊情况的测算办法。

1）对于分期分批施工的群体项目，应分期分批进行预算责任成本的确定。

2）对于边设计边施工的项目，宜采用节点分离的方法，先确定原则，明确各种费用组成和测算办法，对周转料具的投入、机械设备的投入、人员的安排等做好初步策划，把能计算的部分先计算出来，根据图纸的提供进度，分阶段进行补充和调整。

5．项目责任成本的分解

项目成本管理以《总承包项目管理目标责任书》为依据，进行目标分解，细化项目成本指标，建立了以项目经理为中心、全员参与、全过程控制的项目成本管理体系，完善成本管理职责，制定详细的项目计划成本和成本降低保证措施。

责任成本及计划成本的分解应具体、可考核、有责任人，分解后的任务"谁实施、谁受控、谁负责"。细分的责任成本额度应适应项目实际情况，不宜过大或过小。

对于如机械费、开办费等成本量小，责任清晰的，可以不再二次划分，而对于成本额度相对较高或责任划分不清晰的，应合理进行二次划分或多次划分，直至责任成本额度适中，责任清晰。对于某责任区的责任人具有关联性的时候，除明确责任人外，应根据实际分工明确关联人的责任权重。

具体责任人应根据责任范围内的工作进行成本细分并报总承包项目经理部审批，同时有利于项目过程考核。

责任成本指标分解完毕后，应汇总各成员指标，并形成总表，清晰各成员成本责任。

6．项目责任成本的控制

（1）成本管理体系。总承包项目部应建立以成本为中心的成本管理体系。成本管理体系以《总承包项目管理目标责任书》为依据，以成本效益为核心，明确业务分工和职责关系，把成本控制目标分解到各项技术工作、管理工作中，建立、健全项目全面成本管理责任体系。

（2）成本管理过程。总承包项目经理部的成本管理应是全过程的，包括成本计划、成本控制、成本措施、成本核算、成本分析和成本考核。

（3）项目管理人员岗位成本责任书。根据《总承包项目管理目标责任书》，项目经理同各岗位管理人员签订《项目管理岗位人员成本责任状》，文本格式统一执行公司标准。

（4）成本控制措施。总承包项目经理部应根据项目具体特点，提出实际可行的成本控制措施。成本控制措施应有经济、风险分析，以明确成本管理的重点，并且从侧面反映成本计划的可行度。

（5）成本核算。明确具体的成本核算程序及相关责任人。要求及时进行成本核算，时确实际成本。及时进行材料盘点，针对实际发生并可计量的成本，及时由财务进行核算；实际发生但不能及时入账的，应由预算、合约、财务、生产等相关人员集体提供实际预估数量，提供给成本核算人员。成本核算人员应监督其他人员提供数字的真实性，如有疑问，应予以置疑。最终及时明确项目某一期间的实际成本，提供数据进行月度成本分析。

（6）成本分析。项目应及时进行月度成本分析，以便于及时发现过程中存在的问题，实现成本过程受控。

针对具体数据，如具体材料的消耗、某一劳务的消耗及某些费用的发生，应根据实际情况提供明细表格，以钢管消耗为例，见表11-8。

表 11-8　钢管成本分析

形象进度说明：

规格	进场材料	材料调用	库存材料	实际用量	图示数量（t）	钢筋损耗（2%）	差量	单价	成本降低额
合计									

项目经理签字：　　　　　　盘点组长签字：　　　　　　各工长签字：

（7）项目成本考核。总承包项目经理部必须进行项目月度或年度成本考核，单独进行或纳入项目考核体系，成本考核是项目考核的第一要素。考核结果应和个人收入挂钩。

（8）项目成本调整。绘制成本计划调整流程图。总承包项目经理部应根据成本执行结果及时调整成本计划，保证最终计划成本的实现。如有必要更改责任成本，应提请总承包项目经理部讨论并上报上级机关。

1）属于编制错误的预算责任成本调整。发现编制错误引起的预算责任成本产生误差，由总承包项目经理部提出报告，将详细的分析资料报企业标价分离主管部门，其根据实际情况进行分析测算，确定预算责任成本的调整额度，经企业经理或其指定的分管领导批准后，以补充合同形式给予确认。

2）属于工程量增减的预算责任成本调整。由于工程设计变更和其他原因引起工程量增减，在每一个节点考核期，总承包项目经理部提供调整资料，并协助企业标价分离主管部门，按发包方确认的变更图纸、变更的工程量，依据相应的计算方法进行预算责任成本调整。

3）属于其他原因的预算责任成本调整。由于索赔、签证、施工方案修改和其他原因引起项目成本变化，在每一节点考核期，总承包项目经理部提供调整资料，并协助企业标价分离主管部门按部门相应的计算方法进行预算责任成本调整。

（9）成本管理职责。总承包项目部应明确各责任人员成本职责。

11.1.11　项目质量管理

1. 质量管理组织机构及职责

（1）质量管理组织机构。总承包项目经理部应建立符合公司质量管理体系的组织机构，并绘制质量管理组织机构图。

（2）项目管理人员的质量管理职责及权限。应符合公司管理体系文件《管理职责及权限》。

（3）质量管理制度。总承包项目经理部应根据国家规范及公司有关规定，对项目质量管理制度进行深化，建立质量管理制度体系，列表明确编制人员及时间，说明具体规章制度存放地点、审批程序、发放范围和取阅规定。质量管理制度至少应包括生产例会制度、方案管理制度、样板制度、技术交底制度、计量管理制度、检查验收制度、问责制度及奖惩制度等。

2. 质量计划的编制

总承包项目经理部应明确应用的体系文件，明确质量计划的编制责任人、相关人及时间，明确计划的审批程序、存放地点、发放范围及取阅规定。

3. 过程控制

（1）质量目标的分解、交底。总承包项目经理部应根据质量目标及项目实际特点，分解质量目标。分解应考虑国家规定及项目具体任务分解情况，责任具体到某管理人员及实施单位，并进行书面交底，见表 11-9。

表 11-9 工程质量目标的分解

序号	分部工程	质量等级	子分部	质量等级	分项工程	质量等级	责任人	责任单位	监视人	测量人
1	设备工程	合格	……	合格	……	合格				
			……	合格	……	合格				
2	管道工程	合格	……	合格	……	合格				
			……	合格	……	合格				
3	电气工程	合格	……	合格	……	合格				
			……	合格	……	合格				
4	防腐工程	合格	……	合格	……	合格				
			……	合格	……	合格				

（2）实施准备。根据不同分部、分项工程的专业特点，提前准备检查、监视和测量的仪器、工具及相关表单，做好实施的准备工作。

（3）过程监视和测量。质量的过程监视和测量根据项目任务的分解进行划分，分解方式可按质量目标分解结果执行，明确分解任务的监视人和测量人。

（4）专项施工方案。总承包项目部应根据项目特点详细划分项目实施过程，明确关键过程，并列表详细说明其专项实施方案的编制人、时间，明确方案的审批程序、存放地点、发放范围及取阅规定。

（5）成品保护及不合格品的控制。总承包项目部应根据公司体系文件要求，规定成品保护及不合格品的责任部门和责任人，明确成品保护及不合格品的控制程序。

4. 工程验收

总承包项目部应根据合同、项目责任书及项目任务分解计划组织工程验收，工程子分部以上验收应纳入工程验收计划，列出验收内容、相关人员及预估时间明细表。子单位工程以上的验收应由责任人进行验收策划，明确验收阶段的质量控制内容及具体要求。

11.1.12 BIM 技术的应用

1. BIM 技术应用的组织

（1）BIM 团队组织架构。建立了针对该项目的 BIM 实施团队，由设计人员、造价人员、施工管理人员组成。具体架构如图 11-13 和图 11-14 所示。

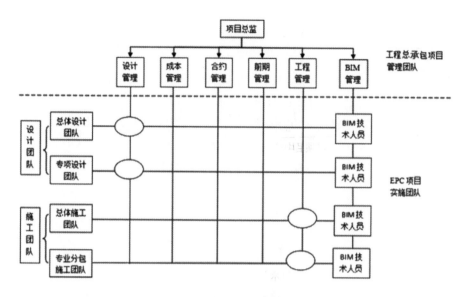

图 11-13　BIM 实施组织项目部级架构图

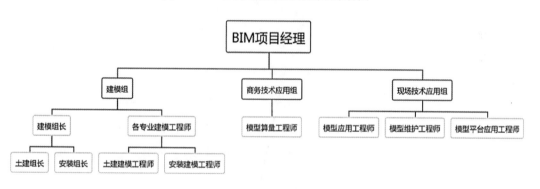

图 11-14　BIM 团队架构图

（2）BIM 团队的主要工作职责。团队职责分工见表 11-10。

表 11-10　BIM 团队职责分工表

序号	岗 位	职 责
1	BIM 项目经理	①以 BIM 项目管理为核心，依据项目决策，全面领导工作； ②负责制订本工程 BIM 应用的任务计划，组建任务团队，明确职能分工； ③负责组织相关 BIM 技术人员熟悉了解本工程的合同、各专业图纸和技术要求； ④根据本工程实际情况，组织制订切实可行的深化设计方案； ⑤参与业主、监理、BIM 总包等单位的讨论、协调会议； ⑥组织项目部管理人员、BIM 任务团队对本工程的 BIM 方案进行评审，确定具体实施方案；

序号	岗 位	职 责
1	BIM 项目经理	⑦按照《BIM 技术应用标准和流程》、评审确定的方案组织 BIM 任务团队建立，优化本工程的各专业模型； ⑧BIM 技术应用跟踪总结管理，组织编制工程竣工总结报告
2	土建建模组组长	①确定项目中建筑结构 BIM 标准和规范； ②组织协调人员进行各专业 BIM 模型的搭建、建筑分析、三维出图等工作； ③负责 BIM 交付成果的质量管理，包括阶段性检查及交付检查等，组织解决存在的问题
3	土建建模工程师	①负责土建模型建模、整合； ②负责软件技术支持（安装、调试等）； ③负责图形渲染及动画展示； ④负责 BIM5D 平台模型数据的对接； ⑤维护 BIM 模型，涉及变更信息，相对应的变更工程数据及时利用 BIM 模型进行统计分析，并反馈至相关部门
4	安装建模组组长	①确定项目机电专业 BIM 标准和规范； ②组织协调人员进行各专业 BIM 模型的搭建、性能分析、三维出图等工作； ③负责各专业的综合协调工作（阶段性管线综合控制、专业协调等）； ④负责 BIM 交付成果的质量管理，包括阶段性检查及交付检查等，组织解决存在的问题
5	安装建模工程师	①负责机电专业模型建模、整合并进行管线综合； ②负责软件技术支持（安装、调试等）； ③负责图形渲染及动画展示； ④负责 BIM 5D 平台模型数据的对接； ⑤维护 BIM 模型，涉及的变更信息，相对应的变更工程数据及时利用 BIM 模型进行统计分析，并反馈至相关部门
6	现场技术应用组	①负责现场数据分析、整理并与 BIM5D 对接； ②负责 BIM 应用点落地现场执行监督（安全、质量、进度等管理应用）； ③负责 BIM 技术方面应用点推广； ④负责与现场各分包商协调、组织应用 BIM； ⑤根据复杂节点模型模拟，辅助技术交底； ⑥负责现场进度把控与数据分析、整理、反馈； ⑦熟悉并掌握 BIM 系统操作要领,如何查看/ 隐藏相关 BIM 模型构件,如何查看、反查,以及导出所需工程数据用于现场施工指导及编制材料计划；

续表

序号	岗　位	职　责
6	现场技术应用组	⑧熟练掌握手机移动终端应用，练习快速采集/编辑现场质量、安全资料库
7	商务技术应用组	①负责商务部分数据分析、整理并与 5D 对接； ②负责 BIM 应用点落地现场执行监督（商务口：合同管理、预算； ③进度报量管理； ④分析资金使用情况，资源配置情况； ⑤熟练掌握 5D 系统牵涉成本管控的操作要领，并实时录入现场相关的成本内容，便于项目成本分析及管控

（3）BIM 技术应用实施顺序。

1）BIM 项目经理与工程总承包项目经理沟通确定项目 BIM 目标，编制实施方案。

2）确定人员架构、软硬件要求，进行协调部署。

3）建立本项目的建模规范及管综原则。

4）土建建模组使用 Revit 软件进行建筑结构模型建立，使用广联达场地布置软件建立施工临建模型。

5）安装建模组使用 Revit MEP 建立机电模型，使用 Magicad 建立综合支吊架。

6）安装建模组将建筑结构模型和机电模型生成 nwd 格式文件，在 Navisworks 软件进行碰撞检查，进行安装系统的管线综合。

7）现场技术应用组将调整后的模型及场布模型利用插件导入广联达 BIM5D 平台与进度计划进行关联，进行三维、质量安全、进度等应用。将调整后的模型利用轻量化插件导入 EBIM 平台进行二维码扫描物料跟踪，实时跟踪 PC 构件的生产安装情况，保障项目整体进度。

8）商务技术应用组在广联达 BIM5D 平台中将模型与预算清单文件进行关联，进行商务应用。

2．BIM 技术的具体应用

（1）应用方案的确定。

本项目应用的软件，见表 11-11。

表 11-11　BIM 技术应用软件选用表

序　号	类　型	BIM 建模软件	内　容
1	建模类	Revit	建立建筑结构模型
2		RevitMEP	建立机电模型
3		Magicad	建立综合支吊架模型
4		广联达场地布置	建立施工场地临建模型
5		广联达模架设计	建立施工模板脚手架
6		广联达 GCL	广联达土建模型辅助 BIM5D 应用
7		广联达 GGJ	广联达钢筋模型辅助 BIM5D 应用
8	应用类	Navisworks	碰撞检查
9		BIM5D	施工阶段的三维浏览、质量安全检查、进度、商务应用等
10		EBIM	二维码扫描物料跟踪

（2）主要应用点。

1）建筑性能分析。对建筑物的可视度、采光、通风、人员疏散、结构、节能排放等进行模拟分析，以提高建筑项目的性能、质量、安全和合理性。

2）三维建模。以 Revit 软件为主，结合其他计算分析软件，出具项目 BIM 模型。如图 11-15 所示。

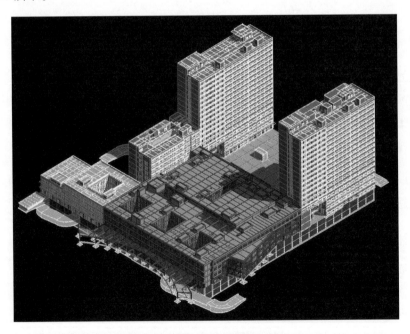

图 11-15　项目 BIM 模型示意图

3）三维审图。建模过程中将发现的图纸问题，用二维和三维的展现形式反馈设计部门，做好预控，减少了施工过程中的变更。通过建模识图、三维可视及局部碰撞检查，能够清晰发现部分设计问题，并直观表述给设计部门。

4）碰撞检查及管线综合。根据本项目碰撞检查、管线综合优化流程图及管线综合原则，利用 Navisworks 软件进行碰撞检查，通过各碰撞点的坐标及构件 ID 查找模型构件，按照原则调整模型及施工图。对重点区域、管线密闭区域进行管线综合排布优化，满足规范及净空要求。如图 11-16 所示。

图像	碰撞名称	状态	距离	网格位置	说明	找到日期	碰撞点	项目1				项目2			
								项目ID	图层	项目名称	项目类型	项目ID	图层	项目名称	项目类型
	碰撞1	新建	-1.20	5-5-J:B1照明标高	硬碰撞	2016/7/21 06:49.26	x:288.45、y:54.49、z:-1.30	元素ID:776287	B1	带配件的电缆桥架	实体	元素ID:347094	F-1	默认墙	实体
	碰撞2	新建	-1.20	5-5-J:B1照明标高	硬碰撞	2016/7/21 06:49.26	x:288.45、y:53.41、z:-1.30	元素ID:774786	B1	带配件的电缆桥架	实体	元素ID:347094	F-1	默认墙	实体
	碰撞3	新建	-1.20	3-4-M:B1照明标高	硬碰撞	2016/7/21 06:49.26	x:161.30、y:75.55、z:-1.30	元素ID:777797	B1	带配件的电缆桥架	实体	元素ID:334800	F-1	默认墙	实体
	碰撞4	新建	-1.20	1-6-K:B1照明标高	硬碰撞	2016/7/21 06:49.26	x:40.40、y:60.00、z:-1.22	元素ID:777396	B1	带配件的电缆桥架	实体	元素ID:329502	F-1	默认墙	实体
	碰撞5	新建	-1.20	1-6-K:B1照明标高	硬碰撞	2016/7/21 06:49.26	x:40.80、y:60.00、z:-1.22	元素ID:781758	B1	带配件的电缆桥架	实体	元素ID:329502	F-1	默认墙	实体
	碰撞6	新建	-1.20	1-6-K:B1照明标高	硬碰撞	2016/7/21	x:41.33、y:60.00、	元素ID:	B1	带配件的电缆	实体	元素ID:347094	F-1	默认墙	实体

（a）碰撞检查结果示意图

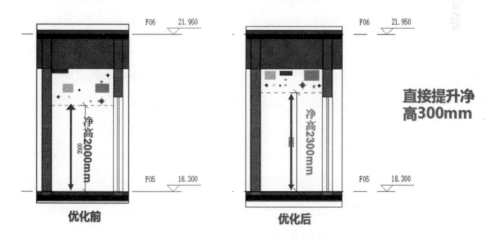

（b）净空优化示意图

图 11-16　碰撞检查结果和净空优化示意图

5）三维技术交底。通过对重要施工环节或采用新施工工艺的关键部位，以及施工现场平面布置等施工指导措施进行模拟和分析，以提高计划的可行性；利用 BIM 技术结合施工组织计划进行预演以提高施工模板、玻璃装配、锚固等复杂建筑体系的可造性。通过复杂节点的三维展示图及动画,直观地进行技术交底工作论证项目复杂节点的可造性，及时排除风险隐患，减少由此产生的变更，从而缩短施工时间，降低由于设计协调造成的成本增加，提高施工现场生产效率。

6）施工总平面三维布置。通过相应的 BIM 软件，将二维的施工平面布置图建立成为直观的三维模型，模拟场地的整体布置情况，协助优化场地方案。通过 3D 漫游，展现现场设施布置情况,提前发现和规避问题,根据内嵌规范对布置情况进行合理性检查，自动生成工程量，为场布提料提供依据，避免浪费。

7）分包界面划分辅助招标应用。改变传统表格文字描述形式，运用 BIM 技术，将不同分包界面进行可视化模型划分，避免不同界面的漏错现象。

8）进度管控。通过将 BIM 模型与施工进度计划进行链接，空间信息与时间信息整合在一起，可以直观、精确地反映整个施工过程。本项目体量大、工期紧，进度控制尤为重要，应用 BIM 技术对进度进行实时跟踪和管理，结合施工组织对模型进行流水段划分，将 Project 软件编制的进度计划与模型构件进行关联，计划与实际进度进行对比，查看进度计划完成情况。及时对进度滞后点进行纠偏，并配合无人机使用，与现场实际完成情况进行对比分析，工期提前 12 天完成。

9）商务应用。通过模型构件与工程量清单及报价进行关联，对项目进行投资计划、期中支付、竣工结算等商务应用。将 Revit 模型导入广联达 BIM 算量 GCL，Magicad 模型导入 GQI，按照国家颁布的计价规则进行修正，出具准确的工程量清单。在施工过程中将 BIM 模型导入 BIM 5D 平台。关联清单后按照时间、楼层、流水段、构件类型统计计算中期计量，快速提供进度款支付数据，完成中期支付审核。根据流水段、进度计划，编制资金需求计划，以便发包方及时落实建设资金，保证项目进展。利用 BIM 技术快速准确地获取任意阶段、分部的人、材、机等资源数量，快速完成采购计划，实现限额领料，避免供货量不足、超领等现象，从而降低项目资金风险。利用 BIM 模型所挂接的信息，实现对过程中签证、变更、索赔费用的自动汇总生成，合同各分项工程量、造价快速统计，结算审核工作效率得以大幅提升。

10）地板砖排砖应用。为加快施工速度、节约材料，应用 BIM 技术对所有地板砖粘贴部分进行排布，优化铺贴方向，综合优化瓷砖整体性，减小损耗率。

11）质量安全及验收应用。将项目 BIM 模型上传至云端，项目管理人员可在 PC 端和移动端同步浏览。现场检查过程中，通过 BIM 模型锁定存在质量安全问题的构件，用不同颜色区分，并通过文字、图片等方式记录问题说明，将所发现的问题通过 BIM 平台直接反馈给相关责任人进行整改，责任人整改完成后，检查人复检，上传整改后图片及检查意见。整个检查和整改过程遵循了 PDCA 的检查机制，使质量安全问题得到有效控制，问题及整改状态一目了然。

12）移动端的应用。通过移动端在现场利用三维模型信息辅助施工。

3．BIM 应用效果总结

（1）效果总结。

1）施工界面划分。通过 BIM 模型进行分包界面划分，减少了文字描述的分歧，准确地以三维可视化形式展示各分包工作界面，并通过模型划分对分包单位进行质量、投资、进度等控制。

2）管线综合。改变传统的由不同专业设计人员通过二维图纸结合各专业意见实施的方式，运用相关 BIM 软件进行软、硬碰撞检查，及时快速进行图纸交底和会审等工作，减少变更带来的经济损失。

3）进度控制。直观查看实际进度并进行对比分析，有效控制并完成计划进度，提前 12 天达成预期进度目标。

4）质量安全控制。改变以往随身携带图纸、记录本或观感直接检查和记录现场问题的局面，现场运用移动端可随时查看模型信息，并在问题出现的构件进行标记，及时反馈问题状态。

（2）方法总结。

1）应用标准的建立。参考以往建模经验、结合本项目特点，针对 BIM 应用点分别制定了本项目建筑结构专业及机电专业建模制图标准和机电专业管综原则。

2）BIM 人才的培养。

a. 每个组由一个经验丰富的 BIM 技术人员带 3~5 个 BIM 经验较少的人员，形成传帮带的学习结构。

b. 通过"工程总承包项目管理+BIM"的组织架构，将 BIM 技术更深层次地传导到项目上，让一线管理人员进一步了解 BIM 技术，为未来有项目经验的 BIM 人员做了储备。

3）经济效益。通过 BIM 技术应用，使项目主体结构施工工期缩短 10%，节约成本 8%，实现了建造期间的精细化管理。

11.1.13 项目管理平台的应用

本项目应用"基于轻量化 BIM 的惠管理"工程项目协同管理平台进行管理。"惠管理"平台基于轻量化 BIM 模型，具有灵活、简便的体系架构；贯穿项目全生命周期，以业主为核心，各参建方高效协同；动态数据支持决策；可扩展构件级信息，全程记录，永久追溯；可交付完整竣工模型，后续服务延伸至运维阶段。

1．"惠管理"项目管理业务流程

"惠管理"应用流程如图 11-17 所示。

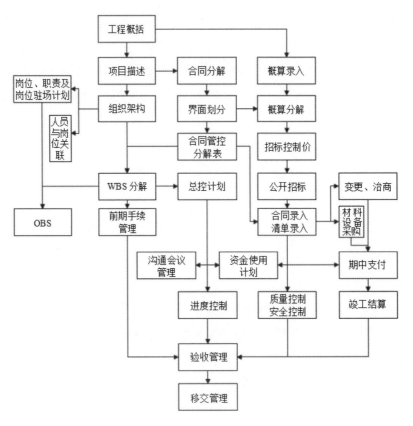

图 11-17 "惠管理"应用流程图

2．"惠管理"系统的具体应用

（1）项目初始化。项目初始化包含工程概况、项目描述、组织架构、人员管理四个

部分，实现了对工程概况、项目描述和组织架构的管理。人员管理是用来提供对项目参与人员进行管理的功能，项目经理可为每个用户分配不同的岗位设置所属单位。

（2）项目实施总体策划。建立统一的、标准的项目策划模板库。项目策划模板库包括合约规划、界面划分、招标采购规划、前期手续规划、质量规划、安全规划、会议规划、验收规划等。项目经理根据项目的特点对项目策划模板中内容进行完善和修正，智能化生成具有公司特点的项目管理服务方案。项目实施总体策划如图 11-18 所示。

图 11-18　项目实施总体策划

（3）BIM 模型。项目成员可通过 BIM 模型管理功能来管理项目的模型，并预览模型展示信息，轻量化的 BIM 模型建立起工程建设过程信息管理、传递、共享的新模式。

（4）总控计划。总控计划为项目经理提供了补充完善总控计划各个节点的工期范围并关联相应模型的功能。其中前期阶段来自前期手续规划，招标阶段来自招标采购规划，实施阶段为施工单位提交的施工计划，验收阶段来自验收规划。

（5）进度管理。建立施工计划与 BIM 模型的关联，获取模拟建造过程，再通过 BIM 模型手机端现场收集施工单位实际进度，反馈到 BIM 模型上，通过颜色区分状态，现场进度情况一目了然。

（6）成本管理。引入工作结构分解（WBS），针对项目的目标（工期、费用），把整个项目分解成易于操作和管理的工作界面。根据工作界面对概算进行分解，并将工作界面与中标的工程量清单进行关联，自动计算计量支付额度，在项目施工过程中，通过实际施工层层汇总，与合同金额和概算进行对比分析，及时纠偏。投资控制业务逻辑如图 11-19 所示。

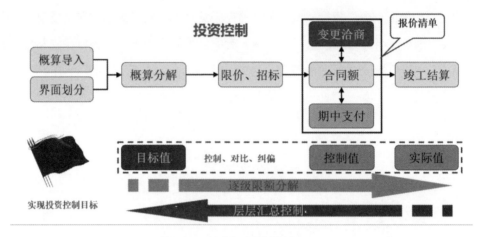

图 11-19　投资控制业务逻辑图

（7）质量与安全管理。根据质量和安全管理规范，在质量规划和安全规划阶段，预设项目施工过程中的质量检查点和安全检查点。当实际施工进度到达预设检查点时，系统自动激发质量和安全检查事件，提醒检查人员及时检查。同时，在日常工作中，检查人员可通过手机上的 BIM 模型点击构件直接发布质量检查报告，并指定责任人处理，责任人的处理结果会及时反馈给检查人，并自动完成归档。

基于 BIM 轻量化的"惠管理"平台通过合约主线、投资主线、质安主线、物料主线，实现了进度、费用的综合管理，及时对项目进度的核心数据进行清晰的展示，反馈作业的本期完成工作量、完成百分比等数据，通过逐级限额分解，严格控制、对比、纠偏，层层汇总控制，实现项目的费用管理。对相关方的统一接入和标准化进行管理，提高整体管理效率和各参建单位协同工作能力，为项目建设提供全面多层次的信息化服务，实现了多层级管控和多维度覆盖。

11.2　某市区综合办公楼新建项目工程总承包管理案例

11.2.1　工程概述

1.项目简要介绍

某市综合办公楼新建工程，位于该市某工业区综合服务区北区迎宾路北侧，占地

4.2 264 平方米，工程总建筑面积为 69 129 平方米，项目投资额约为 5.11 亿元（其中建安费为 3.5 亿元）。本工程建筑层数为 10 层，主楼地上 10 层，裙楼地上 4 层，无地下室。建筑高度 49.5 米。结构形式为框架剪力墙结构。

2. 项目范围

本合同 EPC 工程总承包范围主要包括但不限于以下方面。

（1）该工程的设计、设备及材料采购保管、土建及安装施工、竣工验收及缺陷责任期的服务（包括质量监督检查、并网验收、预验收、消防验收、竣工验收、竣工环保验收及相关部门要求完成的其他工作）。

（2）设备安装调试及检测试验、试运行；建设期工程保险；移交及质保期内的服务。

（3）配合办理项目立项所需的全部支持性文件（包括但不限于国土、林业、规划、文物、军事、压矿、水务、环保、电网等文件），配合办理项目备案所需全部相关手续（包括但不限于环评、社稳、安评、地灾、水保、职业健康三同时等）。

（4）本工程涉及的所有协调工作，项目后评价工作的配合。

3. 项目特点

综合办公楼为政府相关部门提供办公场所，是实现市区口岸正式对外开放的基础工程，对进一步完善口岸查验监督监护工作条件，以及提高口岸工作效率具有重要作用，也是口岸开放的制约性工作。

11.2.2　总体实施方案

1. 项目目标

（1）工期目标。按合同约定日期交付。

（2）质量目标。

1）设计质量目标：方案优化、指标先进、严格评审、供图及时、设计变更率≤5%。

2）设备质量目标：选型合理、技术可靠、严格监造、供货及时、设备缺陷率为 0。

3）施工质量目标：①土建工程单位工程合格率为 100%；分项工程合格率为 100%。②安装工程分项工程合格率为 100%；分部工程合格率为 100%；单位工程合格率为 100%。

（3）安全目标。

1）不发生人重伤或群伤（轻伤）事故。

2）不发生火灾事故或火灾险情。

3）不发生重大施工机械或设备损坏事故。

4）不发生重大交通事故。

5）不发生污染环境事故或重大垮塌（坍塌）事故。

2．项目组织机构及职责

（1）工程总承包管理架构。按照工程总承包的范围，主要分为设计和施工两个主要环节，材料设备的采购可以包含在施工环节中。管理范围架构如图 11-20 所示。

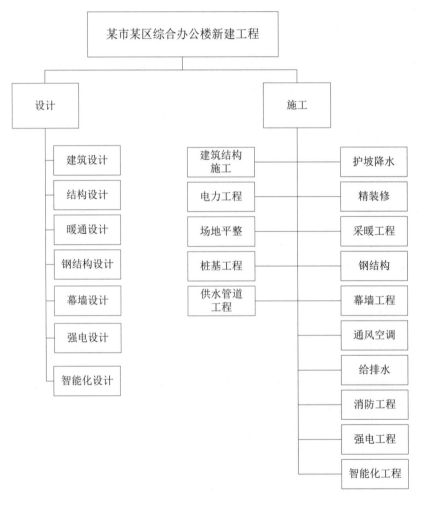

图 11-20　工程总承包管理范围架构图

（2）项目工程总承包工作分解。按照工程总承包项目管理的内容，首先按照项目管理的要素进行了 WBS 工作分解，然后按照每个管理要素中具体的工作包进行分解，形成图 11-21 所示的工程总承包项目工作分解结构图（WBS）。

图 11-21　工程总承包工作分解结构图（WBS）

（3）项目管理组织机构。项目现场设置项目经理部，以对履行合同项目服务的行为进行管理。项目经理部是履行其在合同项目服务的执行机构，在工程竣工前为常设机构。

项目部组织机构如图 11-22 所示。

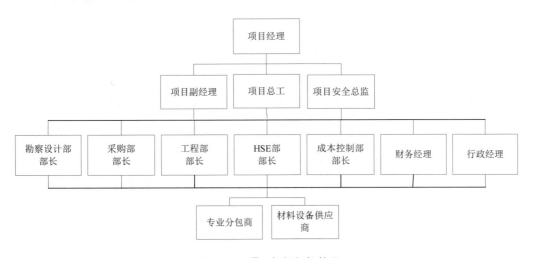

图 11-22　项目部组织机构图

根据工程特点、施工规模、建设工期、管理目标及合理的管理跨度，配置项目经理部人员，并在提高管理人员整体素质的基础上优化组合，组成精干高效的管理工作班子。项目经理部的配置应有合理的专业机构，各专业人员相应配套，并要有合理的技术职务。保证项目经理部的管理人员具有与其所承担管理任务相适应的技术水准、管理水平和相应资质。

（4）主要人员配置与职责。

1）项目经理。项目经理在项目合同签订后，由公司正式任命，是工程项目上的全权代表。全面负责项目实施的计划、组织、领导、协调和控制，对项目的进度、费用、质量、安全负全责，其主要岗位职责如下。

a. 在工程项目中，代表公司与业主联系，在合同条款规定的范围内对总承包项目的实施管理全面负责，并遵守国家和地区的法律和政策，维护公司的信誉和利益，严格履行合同或协议，同时对总承包项目的安全生产工作全面负责。

b. 确定项目的工作分解结构（WBS），组建项目部，决定项目部的组织机构，任命（选定）项目部各岗位主要成员。

c. 确定项目实施的基本工作方法和程序，编制项目管理计划，明确项目目标，并进行目标分解，使各项工作协调进行，确保项目建设按合同要求完成。

d. 拟订与业主、供方及公司内、外各协作部门或单位的协调程序，建立协作关系，为项目实施创造良好的合作环境。

e. 适时做出项目管理决策，制定标准和程序，指导勘测、设计、采购、施工、调试启动及质量、安全、财务、行政管理等各项工作，对出现的问题及时采取有效措施进行处理，全面完成合同规定的任务及质量要求，包括根据合同进行收支管理。

f. 根据公司下达的项目控制目标，审核批准项目执行总进度计划和费用控制估算，对工作进度和费用的实施情况进行定期检查，实行有效控制。

g. 组织供方选择和根据签署权限签署与供方的合同，审查供方的重要控制文件，如施工分包上的施工组织措施、施工质量计划、安全管理计划等，建立和完善项目部内部及对外的信息管理系统，包括会议和报告制度，保证信息交流畅通。

h. 代表企业定期向业主和政府有关部门汇报工程进展情况和项目实施过程中存在的重大问题，以便及时处理和解决相关问题。

i. 定期考核项目部成员的工作绩效。

j. 在工程竣工后做好工程交工、试运行考核、竣工结算等工作，以取得业主对工程项目的正式验收文件；进行项目收尾和关闭合同，并处理项目的善后工作。协助进行项目的检查、鉴定和评奖申报工作。

k. 组织做好项目总结文件、资料的整理和归档工作；组织编写项目完工报告。

2）项目总工。项目总工是项目的技术总负责，完成项目的设计、采购、施工的综合技术管理。其职责如下。

a. 全面负责项目的技术管理、"三标"管理及工程创优管理、信息管理工作。贯彻执行国家有关技术政策及项目部技术管理制度，贯彻执行企业"三标"管理体系文件。

b. 对工程项目技术上的合理性和正确确定设计原则负责。

c. 审定工程的主要设计文件，并在技术质量上对项目经理负责；组织进行设计优化工作，使设计符合限额设计要求；审查设计变更资料，督促有关部门与监理单位、建设单位及设计单位共同协商解决。

d. 协助项目经理组织编制施工组织设计、项目管理计划和项目实施计划。

e. 组织进行技术方案评审，充分协调好设计/采购/施工各个环节的要求。

f. 组织审订工程质量、安全生产、环境保护等规章制度，并督促实施。

g. 负责审订施工技术方案；组织审查重、难点项目实施性组织设计，对存在的问题提出处理意见。

h. 组织重大施工方案研讨，重大技术难题攻关等活动，编制重大技术组织措施。

i. 负责项目三级验收评定的组织；主持或参与有关质量、设计、施工、安全及人身伤亡事故的调查、分析及处理。

j. 组织审查调试方案和调试大纲。

k. 组织开展工程创优工作，负责主持竣工移交技术资料的编制并参与竣工验收工作。

l. 主持项目级质量事故的分析处理和质量剖析教育，致力于不断改进和完善。

3）成本控制部部长。成本控制部部长负责协助项目经理进行项目的进度和费用的综合管理和控制，其主要岗位职责如下。

a. 组织编制项目进度控制计划，按照 Q/13-21909《总承包项目进度管理》落实完善一级进度计划；组织编制二级进度计划，审查并批准勘测、设计、采购、施工、调试启动进度计划，并监督、检查各级进度计划的实施状况。

b. 负责检查设计、采购、施工等过程的工程进展情况，并提出进度控制合理化建议。

c. 根据工程进展情况，组织审查各类进度变更计划，并付诸实施。

d. 组织编制项目费用/进度执行效果测量方法和基准，进行项目执行效果综合分析及预测，提出项目进展情况报告。

e. 负责审查业主变更（用户变更）和内部变更（项目变更）对项目进度的影响，提出处理意见。

f. 组织对项目实施和进度控制的文件、资料进行整理和归档。

g. 负责协调费用控制与设计、采购、施工和进度等各部分关系。

h. 负责按项目 WBS 进行费用分解，经项目经理审查批准后下达限额设计控制指标、采购费用控制指标、施工费用控制指标，负责跟踪、监督、检查和报告费用控制指标的实施状况，负责组织费用分析/评审，以及提交费用评审/分析/预测报告。

i. 根据项目管理计划、进度计划、费用控制指标编制分年度、季度、月度的费用计划和项目的月度用款计划、滚动用款计划、资金流向说明，以及现金流动的预测报告，并负责跟踪、监督、检查和报告相关实施状况，提交分析/预测报告。

j. 参与设备/材料的询价和采购订货合同的商务评审工作；协助采购经理建立采购费用检查系统。

k. 在施工、调试分包商招标/投标中，配合有关部门编制招标/投标的工程量清单、标底/限价文件及参与评标工作；协助施工经理建立费用检查系统；协助试运行经理建立调试启动费用检查系统。

l. 负责审查客户变更（业主变更）和内部变更（项目变更），以及限额设计控制指标、采购费用控制指标和施工费用控制指标超支情况，提交因此而造成对项目费用的影响的报告，并提出处理意见；负责对发生的项目变更、现场签证及其他相关费用进行审核、整理、记录。在变更费用被批准以后，负责对合同价格做出相应的调整。

m. 配合商务经理/采购经理/施工经理等开展索赔和反索赔工作；收集/整理与索赔工作有关的证据，严格依据合同的规定，提出索赔申请书及反索赔申辩材料。

n. 负责编制主合同的收款计划，提出付款申请，统计收款情况；负责审核供应商、分包商的进度报告、付款申请、统计付款情况；编制项目收支分析/预测报告。

o. 协助财务经理编制工程项目年度费用预算计划；协助财务经理进行项目决算。

p. 负责收集、整理工程项目的费用资料、数据，建立完善的档案系统和数据库，负责组织编制项目费用控制工作总结报告；为工程业主或有关部门准备工程预决算审计的资料，参加回访工作。

4）设计部部长。设计部部长负责组织完成项目的工程、设计管理工作，全面保证设计的进度、质量和费用控制。其主要岗位职责如下。

a. 依据项目合同及项目基础资料，组织审查工程、设计必备条件的可靠性和完整性，并对其正确性负责。

b. 做好设计开工前的准备工作，组建设计团队，商定专业主设人并负责编制设计的人力计划。

c. 组织各专业确定工程的设计标准、规范，统一设计规定并严格执行。

d. 编制项目设计计划，主持召开设计开工会议，提出勘测、设计的指导思想、依据、原则、分工、要求和内外协作关系，并把各项工作落实到各专业主设人。

e. 组织安排工程设计阶段全过程的工作任务，指导和促进各专业之间问题的解决，按计划向采购经理提交采购文件，组织对报价进行技术评审，并要求采购经理及时返回供应商提供的设备订货确认图及其他供应商资料。

f. 负责协调和管理设计分包商（若有），包括召集设计人员参加设计联络会和协调会，协调相关部门的分工范围和接口。

g. 参与设计、采购、施工、调试合同的供方选择、评估工作，参加技术谈判，必要时协助商务经理、采购经理对设计、采购、施工、调试合同执行情况进行跟踪。

h. 根据项目要求在项目策划阶段提出具体项目的设计优化目标、限额设计指标和各类先进的设计手段（如三维设计手段等），并根据总承包项目管理的要求组织审查设计方案，进行项目的技术方案优选，对设计方案进行选择和优化，监督落实设计优化措施。

i. 负责组织设计人员设计审查会（包括初步设计审查会、技术交底等）和各种技术专题研讨会，检查设计审查意见的落实情况。

j. 按项目要求组织审查项目施工组织设计、专项施工和调试方案，对施工分包商之间的技术接口进行协调。

k. 工程施工前负责组织设计交底和施工中负责设计修改工作；组织处理现场提出的施工、调试启动中的设计问题。

l. 组织审查工程文件索引，对变更（业主变更和内部变更）进行管理和组织审查，所有设计变更均应先评估，并经批准后实施。

m. 定期召开设计计划执行情况检查会，掌握设计进展情况，协调和处理各专业在进度、质量保证、费用控制等方面存在的主要问题，并及时向项目经理汇报。

n. 按项目要求管理和组织审查供应商/设计单位的设计成品，对土建、安装、调试期间出现的设计问题采取必要的措施。

o. 组织审查设计分包商提交的竣工图。

p. 参加试运行、生产考核、项目验收等相关工程验收工作，组织各专业人员做好工程设计总结。

5）采购部部长岗位职责。采购部部长负责组织管理和完成项目的设备、材料、服务采购任务。设备、材料采购包括采买、催交、监造、检验与实验、运输管理、到货验收、仓储管理等工作。全面完成设备、服务采购工作的进度、质量和费用目标。其主要岗位职责如下。

a. 按照合同等文件，开展项目采购工作。

b. 根据总承包项目合同确定的工作范围、进度、编制项目采购计划，明确项目采购工作的范围、分工、采购原则、程序方法和时间安排。

c. 组织项目的采购团队。

d. 按程序评审提出合格的潜在供应商，需要时，报业主认可。

e. 提出设备、材料及服务采购招标文件的商务部分。

f. 组织审查设计人员提供的采购招标文件技术部分是否齐全，并与商务文件汇总；组织对供应商投标文件的商务评审和综合评审。

g. 拟定采购合同组织与供应商进行合同谈判。

h. 督促供应商履行采购合同，按时提交相关的制造图纸和设备。

i. 组织做好设备的催交，检验，运输及交接等工作。

j. 监督检查现场库房管理工作。

k. 定期召开采购计划执行情况检查会，检查分析存在的问题，研究处理措施，并编制采购月报。

l. 根据采购合同，处理与供应商在执行合同过程中的变更、纠纷、索赔、仲裁等事宜。

m. 组织并做好采购变更及不合格品的处理意见。

n. 负责对分包商采购过程的控制。

o. 组织对项目有关采购文件、资料的整理和归档。

p. 组织编写项目采购完工报告。

6）工程部部长岗位职责。项目工程部部长负责组织管理和完成项目的建筑安装施工任务，全面保证现场安全、施工进度、工程质量和施工费用控制目标的实现，其主要岗位职责如下。

a. 遵照相关规定，开展项目施工管理工作。

b. 按照合同规定内容，核实业主提供的施工条件，以满足施工需要。

c. 在工程设计阶段，参加设计方案的审查，从施工角度对设计提出意见和要求。

d. 编制项目施工计划，主要明确施工工程范围、任务、施工组织方式，施工准备工作、施工进度、施工质量、安全管理、施工费用控制的原则、方法和时间安排等。

e. 负责进行施工招标和评标工作，拟定分包合同条款，签订施工分包合同，负责对施工分包商的监督和协调管理。

f. 按照施工合同及项目总体施工进度计划，进行施工准备工作，条件成熟时提出施工申请开工报告，经批准后准时开工（包括取得开工许可证）。

g. 确定现场的施工组织系统和工作程序，与项目经理商定现场各岗位负责人。

h. 负责管理项目部现场施工管理人员，根据工作需要，对其进行合理调配。

i. 组织编制施工设计大纲、重大施工方案及安全施工措施等文件。

j. 建立施工材料和工程设备供应情况的检查程序。

k. 建立施工质量监控系统，严格施工质量管理和质量确认工作。

l. 建立、健全安全机制。

m. 定期召开施工计划和施工进度计划执行情况检查会，检查分析存在的问题，研究解决措施，按月编制施工情况报告。

n. 施工任务完成后，组织编制竣工资料，提出工程申请竣工报告，协助项目经理办理工程交工。

o. 调试启动阶段负责处理有关施工遗留问题，或根据合同要求进行技术服务。

p. 组织对工程施工文件、资料的整理和归档。

7）财务经理岗位职责。财务经理负责组织管理项目的财务、会计业务、在贯彻 HBED 财务制度方面对项目经理/财务部负责，其主要岗位职责如下。

a. 根据工程的实施情况，依据合同规定向业主财务部门收取合同款项。

b. 根据项目总承包合同和项目内与供应方的合同，组织编制项目财务资金计划，包括年度、季度、月度财务资金计划。

c. 负责组织项目现金管理和成本核算；建立会计账目，实施往来业务活动。

d. 办理设备材料、施工工程、分包服务等其他付款；处理工程欠款、拒付、索赔等事宜。

e. 根据规定和需要办理合同约定的担保（保函）、各种保险（含公司的选择、签约）及涉税事宜。

f. 定期进行财务结算，提出项目财务报告。

g. 组织对项目有关财务、会计账目、资料的整理和归档。

h. 项目竣工时办理竣工结算，进行财务工作总结。

8）HSE部部长岗位职责。HSE部部长负责组织项目的环境和职业健康、安全、文明施工管理工作，监督、检查项目设计、采购、施工、试运行的环境和职业健康、安全、文明施工工作是否符合项目的相关合同的要求。负责项目的材料运输保管、施工和调试启动全过程的安全防护等工作。其主要岗位职责如下。

a. 在项目中正确贯彻公司的管理方针和管理手册。

b. 编制项目环境和职业健康、安全管理计划，并监督实施。

c. 贯彻执行有关劳动、安全和健康等规章制度。

d. 参加研究设计方案中有关施工和生产操作中的安全问题。

e. 参加研究材料运输保管中的安全措施。

f. 参加研究调试运行中的安全措施。

g. 负责现场有关的安全教育及培训活动；负责监督现场的消防、急救设施的建立和实施。

h. 负责组织编制项目相关的应急预案并审核其可行性。

i. 负责现场的安全检查，处理施工现场发生的安全问题。

j. 负责与地方安全、卫生部门保持工作联系。

k. 负责编写项目安全报告；项目结束时，组织对项目有关安全工作的文件、资料、记录进行整理和归档。

l. 进行安全工作总结。

9）行政经理岗位职责。行政经理负责总承包项目部的文件、会议、行政事务、外事、IT、人力资源和保卫等管理工作，其主要岗位职责如下。

a. 负责项目部会议安排和会议服务工作。

b. 负责组织协调项目交件收发、传递和文件事项处理督办工作，保证项目文件资料完整、准确及有效运用；指导、监督项目部内各岗位的文件收发、传递和文件事项处理督办工作；具体负责对上级单位、地方政府来文的和向上级单位、地方政府呈文的文件收发、传递和文件事项处理督办工程；负责对项目经理发来的文件、以项目部名义发出的文件进行收发文处理，以及文件事项处理督办工作。

c. 协助项目经理与国外工程公司、外事窗口单位、当地政府部门的联络协调工作，组织处理外事方面的往来传真、备忘录和工作联系单等外事文件。

d. 负责项目部出国管理、外宾接待和外国专家管理等外事管理工作；负责组织项目的外文技术文件、传真、联系单的翻译工作（包括对外委托翻译）和项目现场施工/安装和调试启动期间的现场翻译工作。

e. 编制项目行政办事程序和规定，如考勤、请假、差旅、报告、会议、文件管理以及现场生活等规章制度，并监督执行。

f. 负责项目部办公设施、办公用品采购管理与资产管理工作，负责项目部办公自动化管理与维护工作以及公共关系管理。

g. 负责项目部的保卫、保密工作；负责项目部车辆管理工作和接待安排；负责项目部人事、劳动工资管理工作。

3. 施工分包人的选择

根据要求选择合格的分包商从事本项目的设备制造、施工、调试等工作，此分包商具备相应的资质和业绩。选择合格的、业主方同意的分包商购买所需的设备、材料，满足设计要求。保证从分包商购买的任何设备、材料均是新的、先进的、具有成熟的使用业绩的设备和材料。设备、材料采购保证满足工程进度要求；业主方认为需提前采购的设备，提前采购，保证满足业主方的要求。

对所有分包商的工作进行监督和指导，并审查合同范围内的设备采购、施工方法、施工工艺，以及协调各分包商的工作。当分包商未按合同履行相应的义务，业主方有权发出整改通知。分包商在收到整改通知后，保证在不危害其他可能的补救的条件下，采取一切合同范围内的合理措施来补救该项缺陷的工作。

对分包商的选择采用招标方式。组织招标保证程序上遵守国家有关法律、法规及业主相关管理要求。

4. 施工综合进度

（1）进度保证措施。

1）设计进度管理和控制。设计直接影响项目的进度及造价，对设计的控制是进度控制的基础。按照过程控制总体原则，对设计工作一般每周进行一次定期分析和评价。发现偏离计划要求，及时分析原因，提出纠正措施，报设计总工程师审定后，认真贯彻落实。如发现偏离较大，设计总工程师及时向上级主管部门申请，调配人力资源，使设计进度能及时得到动态的调整和保证。

设计计划确保满足里程碑进度及现场施工顺序的要求。根据里程碑进度的要求和现场施工、安装的实际情况，适当、灵活地调整各分卷的出图顺序和设计进度。

在工程设计中，对于急需某些项目的设计成品，而当时又缺乏部分设计资料（含外部配合设计条件、勘测中间资料、设备资料等），项目工程设计组将此作为应急设计项目。总承包商将根据大量的同类型设计经验，按假定的条件（含参考资料、同类型工程资料和取得的非准确资料）进行应急项目设计。为确保工程设计质量，在准确的设计资料到达后，对已完成的设计进行跟踪，对已进行的设计进行修正设计。既要保证业主提出的特殊进度要求，又要确保设计成品的质量。

设计管理建立奖罚制度，增强项目设计组设计人员的责任感，以调动技术人员的工作积极性，提高工作效率，努力挖掘设计人员的潜力。

建立设计的月报和季报制度。在月报（季报）中，总结每月（季）的设计进度完成情况、设计质量情况、资料到达状况、出现的问题和拟定的纠正措施和改进方法，以及需要业主方协助解决的问题，并及时呈报给业主方。通过这种方式，与业主方建立经常的、定期的联系，使业主方能清楚地了解设计的进展情况、设计现状和下月（季）的设计计划。将整个设计过程纳入业主方的动态监视和管理之下。

督促检查设计人员将各级设计审查意见，逐条落实到施工图设计中。

2）设备材料进度管理和控制。采购部门在项目启动后将及时按照一级网络计划和物资需求计划，科学编制物资采购计划和设备材料到场计划。同时，高层领导立即与主要设备厂家进行沟通，协商主要设备交付顺序和设备交付进度，目标明确后安排设备监造人员和设备催交人员进驻主要设备制造厂监造催交设备。严格按照计划和设备制造周期等因素，及时合理安排各类物资的采购工作。根据采购的设备、材料对成品进度的影响程度，将设备、材料分为关键、重要、一般三类进行控制。

加强催交、催运工作，确保设备材料按期运抵现场。设备材料采管应督促供货厂商按合同规定的期限提供技术文件和材料，以满足工程设计和现场施工安装的要求。催交工作贯穿于合同签订后直到设备、散材制造完毕具备进行出厂检验条件的全过程。

3）施工进度管理和控制措施。

a. 进度控制体系。总承包商项目部进度计划归口为控制经理，计划落实人为施工经理。在项目经理的领导下，具体由项目副经理、控制经理、施工经理负责，项目经理、项目副经理、控制经理、各专业施工经理组成项目进度控制体系。控制经理对进度计划实施过程进行跟踪监督，督察进度数据的采集；及时发现进度偏差；分析产生偏差原因。

施工经理对进度计划的实施进行落实，监督施工方严格按照施工计划组织各类资源；配合控制经理对出现的进度偏差进行分析，负责制定有效的纠偏措施，并监督落实。

当进度实施活动拖延影响计划工期时，应及时向负责项目进度控制的副经理做出书面报告，并进行监控。当项目进度计划出现重大偏差，或出现严重影响项目进度计划的因素时，项目经理应及时向主管上级、业主单位和监理单位做出书面报告，并提出应对及纠偏措施。

b. 进度控制工具。采用 P6 和 Poweron 软件进行本项目的计划管理，把进度和费用有效地结合起来。在进度计划编制和实施过程中，严谨分析各个工作之间的逻辑关系，充分发挥 P6 和 Poweron 软件进度管理系统的作用，利用进度计算发现关键路线，并得出其他工作的自由时差，为工作安排和施工力量的投入提供指导方向。

利用 P6 软件的多级计划管理功能，本工程的计划管理可分为四级。具体分级如下：

一级进度计划——业主、总承包商、监理控制性计划（里程碑进度计划）；

二级进度计划——总体框架进度计划（或称为综合进度计划），是包含一级进度计划在内的对整个工程进度过程的概括性的预先描述，是编制三级进度计划的基础；

三级进度计划——施工专业公司实施进度计划；

四级进度计划——施工队实施进度计划。

动态跟踪和计划更新是避免计划流于形式和严格执行合同的关键。为了及时发现现行工程的进度与目标工程进度的差异，要定期地对现行工程进度跟踪，将已完成的情况输入计划，通过 P6 软件预测对进度计划的影响，分析原因，采取对策，使现行进度逐渐符合目标进度。

对进度分析可采用赢得值法、横道图比较法和曲线分析法等多种形式，从中可直观地看到具体哪道作业超前或滞后，并分析出整个进度的超前或滞后。结合现场的资源，进行资源重组，实现围绕合同关键日期和系统完工日期的计划调整。同时，利用 P6 软件的强大功能，输出进度、资源、费用等的各类统计图表，作为总承包商决策层制定决策和向业主、监理方提交各类报告的资料。

c. 施工进度控制管理措施。灵活利用施工场地，加强施工总平面的管理。在施工现场，总承包商将设专人负责现场的总平面管理，规范管理，保证现场道路畅通，供应顺畅。对机动的施工场地要严格按照先报审后使用的程序进行调整，保证施工场地发挥最大的作用。

合理安排施工程序。根据设备到货情况及主线要求合理安排工序，保证施工安全和最佳的施工速度。做好土建和安装、安装和调试之间工作面移交的协调管理。土建的交安工作及安装和调试的工作分界历来是现场协调的重点。本工程的内部交安条件明确，项目部做好监督控制，保证交安质量。对于安装和调试的分解，要严格按照相关规定执行，加强工作协作。

开好工程调度会。调度会每周一次。由总承包商组织的工程调度会是现场工程管理的主要平台，施工经理要在会前进行积极准备，对上周计划执行情况和下周计划进行书面总结和安排，通过协调会传达对工程进度的协调和管理指令。工程调度会确定的周目标是会议各方形成的工作目标安排，必须严格执行。

严肃进度管理考核制度。进度管理考核制度是现场进度管理的支撑点，把合同的进度考核要求在制度中按周细化，是现场管理权威的保证。必须按照总承包商进度管理考核制度对工程范围内各方进行考核，有奖有罚，触动各方的利益，保证对本项目资源的投入，保证里程碑进度的实现。

做好进度风险的应对预案。项目进度风险存在多个方面，最大的进度风险是施工方人力、机具的投入，本项目的总承包商具有良好的信誉和实力，也具有丰富的变电、送出线路施工经验，极大地降低了本工程的风险。

（2）进度管理考核制度。

1）主要考核范围。

a. 项目进度管理的规章制度和机构建设。

b. 总承包合同范围内项目各方周、月、季度计划完成情况的定期考核；施工安全、质量、进度竞赛活动（含阶段性活动）中项目施工进度完成情况的专项考核；里程碑计划和重大进度节点计划完成情况的考核。

c. 施工管理总负责人、生产第一负责人及相关职能部门负责人对施工管理进度的管理绩效。

d. 项目部内对进度管理有突出贡献的集体和个人。

e. 总承包项目部各级领导、工程管理部的工程管理人员对工程施工进度管理、策划、协助和执行绩效。

f. 其他直接参与本期工程、对项目组织管理有显著影响的人员和行为。

2）考核的主要方式。

a. 针对周、月、季度计划完成情况的定期考核，由总承包商分别在每周的调度会、月度计划分析会、季度计划分析会上对考核结果予以通报。

b. 针对施工竞赛活动，按照专门制定的措施和奖惩办法进行专项考核。

c. 对分包商的考核原则上以经济奖惩为本，也可兼顾精神鼓励和通报批评，对造成严重不良后果的主要责任人还将采取清退出工地的措施。

3）考核的主要对象。

a. 对里程碑计划和一级网络施工计划的考核。

b. 对根据一级网络施工计划分解的季度计划、月度计划、周计划的考核。未完成周计划、月度计划时，执行考核规定的内容，如果在下一阶段完成了上一级的施工计划，则取消对周计划和月度计划的累计处罚。对季度计划的考核处罚不予取消。

c. 对责任状项目、竞赛活动项目和阶段性活动项目的考核。

d. 对在日常进度管理活动中能够积极配合、服从整体贡献突出的单位和个人，总承包商将给予适当的奖励。对不认真执行计划、不服从整体利益的单位和个人给予处罚。

（3）调试进度管理和控制。试运组织机构由施工、调试、监理、总承包商、设计代表、业主代表、主要设备厂家代表等有关单位的代表组成。总承包商按合同组织编制调试大纲、分系统及机组整套启动试运的方案和措施，提出或复审分部试运行阶段的调试方案和措施，参加分系统试运行中的调试工作，参加分部试运行后的验收签证工作。

调试单位编制整修分部试运行阶段的试运行网络计划，明确各个分部试运行系统之间的逻辑关系和进度安排，以便有条不紊地指导分部试运行工作，提高试运行质量，避免返工，尽快为机组整套启动创造条件。

试运行指挥部是现场启动指挥机构，从整套启动开始至启动验收期间，全面负责整套启动的指挥和调试工作，并对整套启动调试阶段的安全、质量、进度全面负责。试运行指挥部由业主、运行、总承包商、调试、施工分包、监理等单位负责人及设计总代表、制造厂代表等有关人员组成。其中，总指挥由业主单位担任；副总指挥若干人，由总承包商、调试分包商、主要施工分包商和运行单位的代表担任。

生产准备检查组负责检查生产准备工作，包括运行、检修人员的培训工作，所需的规程、制度、系统图表、记录表格、安全用具等是否就绪。

为保证整套启动试运行顺利进行，整套启动的原则按照招标文件要求制订科学的调试计划，协调设计、设备、施工、运行、调试等工作接口，统筹安排，合理调度，确保单机、分部、整套启动按计划完成。对整个调试工作划分阶段，确定各阶段调试目标，实行目标管理；要特别注意季节、气候变化对调试进度的影响。充分考虑缺件、坏件对调试工作的影响，及早考虑替代措施和方案。充分考虑仪控系统调试的特点：涉及面广、新技术多、系统复杂、系统间接口多等，在安排调试计划时，要留出充足的时间保证系统调试。

5. 设备物资管理

（1）设备、物资的管理。

1）总承包项目部根据工程管理需要提出办公装备需求申请，经企业主管部门批准后实施。总承包项目部应根据企业有关规定做好设备资产台账保管、使用、回收等工作。

2）总承包项目部根据总承包合同和项目计划，编制项目采购计划，计划中应明确业主采购设备材料范围、主要设备材料清单，明确总承包单位采购范围、主要设备材料清单，明确与施工供方设备材料划分。

3）总承包项目部采购组按照采购计划，进行设备材料采购，在采购合同和协调程序中明确设备材料验收标准、监制点、验收时间内容及程序，并组织人员进行检验。设备材料到现场的开箱验收交接等。

4）总承包项目部对业主和施工方采购的设备及材料的进度、质量进行控制，对进场的工程设备材料进行检验，进场的设备材料必须做到质量合格、资料齐全、准确。

5）总承包项目部应编制设备材料供应和控制计划，建立项目设备材料控制程序和工地现场物料领发登记等管理规定，确保供应及时、领发有序而准确、责任到位，满足项目实施的需要。

（2）仓储信息管理。利用 PowerOn 项目管理系统，将仓储分包商的物资仓储管理纳入信息管理，通过预留接口，实现与仓储信息的无缝连接。

采购物资管理功能主要包括统一的物资编码体系、供应商管理、采购管理、验收管理、仓库管理等功能。采购管理实现物资的需用计划、领用申请、采购计划、物资询价、采购合同、采购订单等。验收管理实现了物资到货计划管理、运输过程管理、物资验收管理、索赔管理。仓库管理主要是针对出入库业务、领用业务、盘点和借还等进行管理。

6. 质量控制措施

（1）施工质量控制措施。总承包商施工经理负责编制施工管理文件，对施工全过程（含人、材料、机械、方法和环境）进行控制，对施工质量负责。施工经理制订施工相关分包招标计划、施工质量计划（含施工质量目标）、施工进度计划等对施工过程进行控制，并保存相关记录。施工经理负责组织各专业施工管理人员执行项目质量计划和项目质量体系文件，并监督、检查其实施情况。

质量工程师负责对项目质量计划和项目适用文件在施工过程中的执行情况进行监督检查。

1）质量控制点。主要包括以下内容：①编制施工管理文件；②编制施工相关计划等；③施工分包商的管理；④特殊工种人员资质的管理；⑤施工设备、机械和工具使用状态及有效性的管理；⑥特殊过程和关键工序的管理；⑦施工安全、施工现场、施工变更的管理。

2）控制要求。施工经理根据企业标准化管理体系文件、相关法律法规、总承包合同、项目管理计划和项目质量计划等编制施工管理文件对施工全过程（含人、材料、机械、方法和环境）进行控制。施工管理文件经相关岗位会签，项目经理批准后发布、实施，作为施工管理工作的指导性文件。

施工相关计划包括施工计划、施工进度计划、施工质量计划、劳动力动员计划、施工机具进出场计划等。施工相关计划中明确施工组织、施工质量目标、施工安全、职业健康和环境保护、施工进度、施工分包的范围及其管理要求等内容。施工相关计划由施工经理组织编制，经项目经理批准后实施，必要时报业主确认。施工经理应组织专业工程师编制施工质量计划，确定项目的质量控制点，对施工中的关键步骤、重要环节标出见证点（W 点）和停工待检点（H 点），其中隐蔽工程、四级检验项目、关键重大项目等定为停工待检点；施工质量计划经项目经理审核，报监理（或业主工程师）和业主批准后由施工经理组织实施。

3）对施工分包商的管理。在与分包商签订合同前，总承包商施工经理与质量工程师对分包商的质量管理体系进行检查，以确认其质量管理体系的完整性、有效性及实际运行的效果。施工开始前，施工经理组织人员对施工分包商的施工准备情况及施工方案进行审查，以确保其符合性。施工经理组织人员对施工分包商的施工过程进行监控，发现问题及时要求其整改。施工结束后，施工经理要求分包商提供施工过程的有关记录，并组织有关人员对其施工质量进行评定。

4）对特殊工种人员的资质管理。总承包商施工经理做好对新进场施工人员的控制工作，检查特殊工种人员的资质并及时向监理（或业主工程师/业主）报审，在施工过程中应对特殊工种人员的资格进行抽查。

5）对施工设备、机械和工具的管理。对施工设备、机械和工具的管理，应满足以下要求：①对须通过相关专业机构定期检验的施工设备、机械和工具，施工经理应确保其在规定的时间内得到检验并获得有关证明；②对不需要专门机构检验的施工设备、机械和工具，施工经理应要求施工分包商定期进行保养/检验，并将保养/检验记录抄送施工经理；③对于施工机具的评价和认定，按《总包施工机械设备及机具检查管理办法》

执行。

6）对特殊过程和关键工序的控制。施工经理确定特殊过程和关键工序的质量控制点，并组织人员对特殊过程和关键工序的质量控制点进行检查、跟踪、见证并保存记录。

7）对施工安全、施工现场、施工变更的控制。总承包商施工经理根据合同、项目管理计划、项目实施计划的要求，制定文件对施工安全、施工现场、施工变更的管理进行控制，并保存相关记录。

（2）采购质量控制措施。采购经理编制采购计划等文件对采购过程的质量进行管理，对采购质量负责。采购经理负责组织采买、催交、运输、仓储管理等采购工作，并监督、检查其实施情况。

质量工程师负责对项目质量计划和项目适用的文件在采购过程中的执行情况进行监督检查。

1）质量控制点。主要包括以下内容：①编制采购计划等采购管理文件；②编制招标文件；③厂商调查及合格供方选择；④采购合同管理；⑤厂商的设计图纸和资料；⑥催交工作；⑦制订检验计划；⑧设备/材料检验过程；⑨仓储管理；⑩采购变更管理。

2）质量控制要求。采购经理根据项目合同、项目管理（实施）计划、项目进度计划、项目质量计划等文件编制采购计划等采购管理文件，以确保满足项目合同要求。采购计划等采购管理文件应该符合项目管理（实施）计划、项目质量计划中对采购过程的质量控制的有关要求。采购计划等采购管理文件应包含采购范围、采购依据、采购职能岗位设置及职责、采购进度要求、采购费用控制要求、采购质量控制要求及措施等内容。采购计划等采购管理文件经项目经理批准后实施。

采购经理根据供货分包商提交并经批准的生产计划、设备材料的重要性和一旦延期交付对项目总进度产生影响的程度等制订催交计划，明确主要检查内容和控制点，具体要求为：①催交计划需经过项目经理批准后实施；②采购经理应确定专人负责设备材料的催交工作；③采购经理应根据合同的要求催交设计所需的厂家图纸和资料。

采购经理根据采购合同要求组织制订设备/材料的总体检验计划，对需委托有相关资质和能力的第三方进行检验的特殊设备或材料，应签订委托检验合同。总体检验计划应明确：①检验人员的资格要求、检验标准；②不同设备/材料的质量控制点及检验方式；③需委托有相关资质和能力的第三方进行检验；④总体检验计划应需经相关方会签，项目经理批准后实施。

（3）调试质量控制措施。调试经理应根据合同和项目管理（实施）计划的要求制订调试管理计划，对调试工作进行策划和控制。调试过程质量控制应符合相关要求。

11.2.3　项目管理要点

1. 合同管理要点

（1）管理范围。合同管理包括总承包合同管理和分包合同管理。

（2）公司的责任。应依据《中华人民共和国合同法》及相关法规负责项目合同的订立和对合同履行的监督，并负责合同的补充、修改和（或）更改、终止或结束等有关事宜的协调和处理。

（3）项目部责任。项目部依据公司相关规定制定合同管理制度，明确合同管理的岗位职责，负责组织对总承包合同的履行，并对分包合同实施监督和控制。确保合同规定目标和任务的实现。

（4）管理原则。项目部及合同管理人员，在合同管理过程中遵守依法履约、诚实信用、全面履行、协调合作、维护权益和动态管理的原则，严格执行合同。

（5）过程控制。总承包合同和分包合同，必须以书面形式订立并形成文件。实施过程中的任何变更，均应按程序规定进行书面签认，并成为合同的组成部分。

2. 资源管理要点

公司总部负责建立和完善项目资源管理机制，促进项目人力、设备、材料、机具、技术、资金等资源的合理投入，适应工程总承包项目管理需要。

项目资源管理在满足工程总承包项目的质量、安全、费用、进度及其他目标的基础上，实现项目资源的优化配置和动态平衡。

项目资源管理的全过程包括项目资源的计划、配置、优化、控制和调整。

3. 设计管理要点

（1）严格控制设计范围和建设标准。严格遵照已经批准的方案设计开展初步设计、施工图设计，不准私自降低和提高设计标准。调整设计标准时，必须报建设单位履行审批手续，核准后方可实施。

（2）严格控制设计进度计划。根据实际情况组建管控团队（委托有相应资质、同类设计和审查管理经验的第三方设计监理或咨询单位），对设计过程进行把控，定期或不定期抽查设计实际进度是否与计划进度一致。如果出现偏差，则可要求设计管理部门采取必要措施加快进度。

（3）严格控制设计分包计划。科学、严密地进行专项设计的分包招标，关注设计分包单位及二次专项设计分包单位的选择和项目团队组成，必须按时提交设计分包计划并应得到总承包商的认可。

（4）进行重要中间成果评审。组织设计联络会、专业方案评审会和综合方案评审会、施工图综合图纸会审（主要包括符合性审查、工艺要求会审和施工条件会审三部分）等重要中间成果评审并提出相关意见，以保证实现业主要求的功能与建设标准。

（5）区别对待设计变更和变更设计。在 EPC 总承包建设模式下，设计变更是指总工程总承包商在不影响合同规定的标准、性能和主要设计原则前提下，为了更好地履约或合理降低成本，在设计方面进行的变更，业主方一般放宽对这类变更的审批，以监督为主；而变更设计则是对合同规定的设计原则、适用标准或性能方面的变更，无论变更设计由谁提出，工程总承包商都必须提出《变更设计建议书》，对变更设计进行全方位的分析和研究，《变更设计建议书》一旦为业主所接受，业主方应依据总承包合同增补费用。

1）设计变更的控制。对于大型的工程总承包项目，设立专门的设计变更控制小组（划定需要审批的标准，小的变更可以简化流程）来统一管理设计变更显得非常必要。在 EPC 工程中，由设计变更控制委员会来统一管理设计变更及变更设计全过程。设计变更控制委员会成员主要由工程总承包商人员组成，还要有一定比例的业主、分包商及其他项目相关方人员参加。这样的组成既能体现工程总承包商的领导权，又能体现项目其他相关方的话语权；既便于集中决策，又便于沟通，容易得到相关方的理解，有利于设计变更的顺利实施。

2）设计变更的分类管理。设计变更发生原因复杂，由不同单位提出，涉及内容广泛，对项目目标的影响程度不一，需处理的紧急程度也不尽相同，宜对设计变更进行分类管理，区别对待。

a. 按提出设计变更的单位不同分类。按提出的单位不同，设计变更分为业主提出的设计变更、工程总承包商提出的设计变更、分包商提出的设计变更等。对业主提出的设计变更，要注意取得业主的书面确认，及时索赔（EPC 模式下业主应少提或不提设计变更，涉及建设标准、建设规模的以变更设计形式的方式出现）。工程总承包商提出的设计变更，往往是设计改错或优化设计，要划分责任。对于分包商提出的设计变更，应区分是优化设计还是分包商责任引起的。

b. 按性质不同分类。按性质不同，设计变更分为设计改错类和优化设计类。

属于设计改错类的，由工程总承包商承担责任。对于不精心设计，致使出现设计错误、遗漏，发生较多设计变更，影响项目质量、工期、造价及安全的，除自行承担费用外，还应给予一定的处罚。

属于优化设计类的，应取得业主的书面确认。优化设计类认定的原则是在满足现行质量标准的前提下，经认定可缩短工期或在工程全生命周期角度降低成本的，以第三方测算的节资额度为基数对优化设计者给予奖励并在总承包合同中明确，此类奖励不包括在工程总承包固定合同价内。

通过划分责任、奖优罚劣，达到发挥各方积极性，鼓励全过程的方案优化，控制设计变更、提高设计质量的目的，以最小的成本换取最好的成效。

c. 按对项目的影响程度、紧急程度分类。设计变更控制小组应优先处理对项目进度或质量影响大、情况紧急的设计变更，暂缓处理对项目进度或质量影响小、工序滞后且不影响前期施工的设计变更。

4. 采购管理要点

（1）把好总承包招标阶段基础设计/预初步设计和总承包合同技术附件质量关。基础设计/预初步设计阶段应该明确各主要材料设备的系统配置、材料设备选型并对材料设备合格供应商（包括材料设备重要部件）的选择原则等提出要求。总承包合同技术附件源于基础设计/预初步设计，应进一步细化对材料设备的技术要求，特别是对总承包合同中某些由于技术差异导致性能和成本变化的方面进行约定。

（2）充分发挥初步设计对材料设备和主要材料选型质量控制的作用。在完整 EPC 总承包合同中，初步设计阶段应确定具体材料设备的选型和主要材料的技术参数。本阶段的质量控制至关重要。因此，在初步设计阶段，确定选型后经业主方批准，双方接受的初步设计文件也是工程材料设备和主要材料采买的重要依据。

（3）对于非暂估价项目的管理。招标时要求提供拟选用的主要材料设备选型明细表，包括厂家、品牌、型号、参数、档次、价格、供货期、保修期、维保费用、付款方式等，签合同时需进一步审核确认，审定后做为合同附件。设置评标办法时鼓励对设备价、维保费、付款方式进行综合价值工程评价（在评标办法中体现）。

基于可研的 EPC 招标项目（小项目、工期短、深度接近初步设计），以固定总价招标的，要求的主要材料设备参数、性能、规格型号、品牌档次不允许更换调整。基于初步设计的 EPC 项目，施工图设计在初步设计基础上系统优化、改变路由、减少管线、结构优化而带来的投资减少可以给予节约分成。

（4）对于暂估价项的管理。为提高采购效率，暂估价的确定原则应为数量相对较多、价值较大、招标时确难以确定规格型号、品牌档次及价格的材料设备或专业工程。尽量少设置暂估价。

可研批复后招标暂估价总价不得超过投标总价的 20%；初步设计批复后暂估价总价不得超过投标总价的 10%。一般情况下暂估价即为施工使用前招标的最高限价，特殊情况另行商定。最终以招标中标价或建设单位认价确定。

应严格按法律法规要求，达到招标规模的暂估价必须公开招标，业主有权采取审查招标程序、审批招标文件、审批材料设备档次、与工程总承包商共同出任招标人评委等方式监督暂估价的招标。工程总承包商不得不合理拆分材料设备归类，降低采购额度以达到不公开招标的目的。未达到招标规模的暂估价材料设备，须采取询价的方式确定。询价文件由工程总承包商制定，业主审定。询价文件中应包括供货商家数（至少三家）、供货商来源（至少三个来源）、询价程序、投标内容、定标规则（量化、主观因素少、评价因素客观全面）等内容。

（5）建立设备材料品牌库，设备材料品牌库可作为选择分包和供货商的基础参考资料。

（6）进行智能监造。利用 BIM 等先进的技术手段，借助项目管理平台实现材料设备投标、签合同、生产、运输、进场及验收、安装、验收的全过程状态的监控，进行实时数据记录、反馈，形成管理大数据，保证材料设备的质量可靠、进度可控、历史可溯。

（7）开展智慧运维。借助项目的 BIM 竣工模型，尤其是机电模型，实现建筑实体与模型的双向联通、互动。安装于实体的各种设备的物理信息、运行信息、维保信息等均可同步到模型并且在移动端实时处理，将大大提高公共建筑复杂机电系统的运行维护效益，降低运行成本。

5. 质量控制要点

（1）管理体系。投标单位总部负责建立涵盖工程总承包的质量管理体系，以规范工程总承包项目的质量管理。

（2）持续改进。项目质量管理必须贯穿项目管理的全部过程，坚持 PDCA（计划、实施、检查、处理）循环工作方法，不断改进过程的质量控制。

（3）人员配备。项目部设立相应质量管理人员，在项目经理领导下，负责项目的质量管理工作。

（4）管理程序。项目质量管理遵循下列程序：①明确项目质量目标；②编制项目质量计划；③实施项目质量计划；④监督检查项目质量计划的实施情况；⑤收集、分析、反馈质量信息并制定预防和改进措施。

6. 进度控制要点

（1）设计阶段进度控制。

1）高效的项目组织管理。总承包项目部内设设计部，该部由设计负责人、各专业设计工程师组成，设计部人员根据项目需要派遣到项目现场服务。项目经理通过项目管理发挥计划、控制、协调、组织、报告和提交及对外联络等管理职能。

2）设计经验丰富的技术力量。根据项目的特点，选择业务能力强、设计经验丰富的设计骨干作为专业主设人。专业主设人员选择合适的设计人员，主要技术骨干保持相对稳定。项目工作进行中，设计负责人可以根据工作和项目需要调配设计人员或设代人员，也可随时解聘不合格的设计人员，但对于其中专业主设人的调整应报总承包商批准，并报经业主同意。当委托方要求更换某设计人员时，将无条件满足此要求。

3）合理的技术流程和强有力的技术支持。各专业主要设计方案由专业主设人、室主任、专业总工程师协商拟订后经设总审查确定。专业主设人员对本专业的设计负责，各设计人员对本人设计内容负责，做到责任明确、责任到人。

为使本项目设计技术决策更可靠、更迅速，针对本项目的建设特点，组建项目技术指导组，集合具有丰富设计经验的老专家，为项目组织提供设计服务的技术支持，并通过定期或不定期安排专家赴现场调研、参与重大技术问题决策及参与设计成果评审等，使项目技术质量更有保证，以使本项目达到总承包商最高技术管理水平。

4）有序的计划管理模式。项目任务明确后，项目经理组织编制项目工作大纲和总体计划。设计负责人根据项目总体要求编写设计大纲、编报专业计划。对每位设计人员分派任务时，以产品流程卡形式具体提出设计要求，以使项目计划分层明确、真正落实。

5）严格的项目责任考核。按公司有关规定对项目进度、质量（产品质量和服务质量）、安全生产等指标进行考评，做出相应的经济奖罚。更重要的是，通过项目评审总结，抓住项目管理中的薄弱环节，及时予以改进，保证项目设计力量和设计水平。

6）设计过程中保证设计质量及工作进度。加强中间检查，将技术审查贯穿在设计过程中，边设计边审查，减少工作环节。适当延长每天劳动时间来确保设计进度。在初步设计进行的同时，以及初步设计审查批复过程中，抽调技术人员进行成品和半成品的设计，以提高施工图设计的工作效率。

（2）实施阶段进度控制。

1）组织管理措施。

a. 落实项目管理部成员分工，明确具体控制任务和管理职责，确实做到责任到人。项目部下设控制部，设立控制经理一名，进度专责、费控专责、合同专责、结算统计专责各一名。

b. 进行任务目标分解。按项目结构做到"分项保分部，分部保单位，单位保整体进度"；按时间做到"周保月、月保季、季保总进度计划"；按合同结构做到"分包保总包"。具体采用何种方式将根据工程项目具体情况灵活选用。

c. 确定工作协调会制度，项目协调会以周为时间召开，如遇较严重问题，各方均可上报至项目部，由项目部发起立即召开。

d. 定期组织实际进度和计划目标的比对，分析存在的问题，及时采取措施进行调整与纠正。

e. 进度专责依据施工合同有关条款、施工图及经批准的施工组织设计制订进度控制方案，对进度目标进行风险分析，制定防范性对策，经项目经理审定后认真执行。

2）技术管理措施。总承包项目管理部依据总监理工程师审批的施工分包单位报送的施工总进度计划和年、季、月度、周施工进度计划，由控制经理对进度计划实施情况进行检查分析。

跟踪检查项目实施过程中的进度计划执行情况，由控制经理组织负责具体进度的时时跟进，在周协调会上做出实际进度与计划进度的对比，分析存在的问题，找出解决方法，并在月底出具月进度分析报告，以便项目管理人员更能全面地了解进度的安排及工程进度的完成情况。对关键路线、关键点做到出现与进度相关的问题，立即向施工经理报告，由施工经理协调各部之间工作，尽快解决影响进度实施的问题。遇见重大拖延进度的问题，由施工经理向项目部进行汇报，并由项目部发起立即召开项目协调会，解决问题并制定相应的措施，以保证项目进度。

3）合同管理措施。在合同中约定，明确进度计划执行的奖惩办法。在选择分包单位时，结合项目总进度计划，在分包合同中明确所分包工程的工期，并督促其实施。

4）经济管理措施。由于施工队、专业施工分包单位的原因，造成进度滞后，针对具体原因要求施工队、专业施工分包单位增加资源投入或重新分配资源。根据合同中关于进度控制的相应奖惩条款，对施工队、专业施工分包单位实施经济奖惩，督促其提高工程进度。

5）信息管理措施。在各控制期末（如月末、季末、周末、一个工程阶段结束）定期将项目的完成情况与计划比对，确定整个项目的完成程度，并结合工期、生产成果、劳动效率、消耗等指标，评价项目进度状况，分析其中存在的问题。在管理月报中向业主报告工程进度和所采取进度控制措施的执行情况，并提出合理纠正措施和预防措施。

（3）交付使用进度控制。

1）组建交工验收领导小组，全面统筹交工验收。交工验收阶段有大量繁杂和琐碎的收尾工作和验收工作要做，这要求先做好组织管理工作。建议成立交工领导小组，由项目经理任组长，项目副经理任副组长，成员为施工管理部、设计管理部门、控制管理部负责人、各专业技术人员及其他有关人员。

2）明确交工领导小组的主要任务。

a. 与发包人、监理单位及其他相关单位进行交工业务联系，制订交工计划，协商交工工作流程，申报交工项目，讨论交工验收过程中的特定事项和制定规章制度等工作。

b. 组织清理施工遗留下来的未完项目。

c. 组织各专业完成交工资料和技术文件的汇总整理，装订成册，向招标人移交。

d. 办理交工验收证书和资料签证手续。

（4）结算进度控制。工程通过竣工验收，工程竣工验收报告经招标人认可后 28 天内，总承包商向招标人递交竣工结算报告及完整的结算资料。招标人收到总承包商的竣工结算报告及结算资料后，对相关资料的完整性及符合性进行复核，并确认竣工结算报告，之后根据总承包合同相应条款向总承包商支付工程竣工结算价款。

7. 费用估算及控制要点

（1）设计阶段的费用控制。设计阶段的费用控制主要应做以下工作。

1）利用价值工程原理，强化对设计前期阶段的方案比较与控制。利用价值工程原理，强化对选址方案、平面布局、建筑标准、设备选型及材料使用的优化、评审和控制，确定一套选址方案、平面布局合理，建筑标准、设备选型及材料使用经济合理的设计方案，不盲目追求高标准，并通过优化设备布置来减少装置的占地面积。

2）以批准的控制估算和核定估算为依据，大力推行限额设计。在基础设计阶段，以批准的控制估算为目标，进行层层分解，并落实到各个专业设计人员，设计人员根据限额开展基础设计。在详细设计阶段，则以核定的估算为目标进行层层分解，并落实到人，设计人员根据限额开展设计工作。为了推行限额设计，加强费用控制工程师对设计过程的跟踪检查和分阶段费用核算，开发使用了限额设计管理软件，以取得明显成效。

3）加强设计阶段的设备材料控制，严格控制材料数量。设备材料的费用约占项目总投资的 60%，因此设备材料的控制对费用控制起重要作用。为此，需加强配备材料控制工程师，对设备材料的选用标准和数量进行严格控制，包括确定设计优先采用的材料的品种和规格、确定设备备用和备品备件原则、确定大宗材料的设计裕量，规定并控制、审核确认设备材料设计数量和请购数量等。材料控制的加强，使材料统计更加精确，减少了材料浪费。

（2）采购阶段的费用控制。在物资采购方面，推行了"适时、适量、适质、适地、适价"的"五适"采购原则，不仅保证了物资供应的及时、准确，对降低工程投资也起到了重要作用。

（3）按计划要求的时间组织采购和到货，使物资供应进度与工程施工进度相匹配。在满足设备材料的技术和质量要求的前提下，采购地点要适当，尽可能靠近施工地点；所采购的设备材料的技术标准和质量要适当；采购人员严格按照请购单批准的请购数量进行采购，控制采购裕量，避免材料浪费；在进行采购时严格将采购单价控制在费用控制部门批准的采购限价范围内，不得突破。如采购限价确定偏低，则要向费用控制部门申请变更采购限价，经批准后按新的采购限价组织采购。

此外，加强采购过程中的监管力度，制定询价、报价评审制度，项目经理、控制经理、费用控制工程师及相关专业的设计人员都参与报价的评审。同时，着力提高采购技术含量，走专家采购的道路。

（4）施工阶段的费用控制。施工阶段费用控制的主要措施如下。

1）对于施工组织设计及技术方案，都要运用价值工程等方法进行经济论证和优化。力争在确保工期和质量的前提下，费用最低。

2）在分包工程开工前，分包商应预先审核施工图纸，向总承包商书面提出就施工图设计可能出现的疏忽缺陷，或尺寸差异，或资料不足。总承包商审核确认后，邀请分包商、监理、发包人及设计单位进行图纸会审，力争在施工之前完成设计变更，减少返工浪费。

3）对影响工程顺利进行的有关应急技术措施、应急施工配合、施工图在施工过程中的紧急修改等，首先向发包人报批，同时做好资料收集工作。

4）在实际施工过程中，各分包商可以根据自身的施工经验，对设计图纸或施工组织设计的更改及对材料、设备的换用提出合理化建议，但必须事先报总承包商进行工程量和造价的增减分析，以尽量减少工程变更费用。待总承包商同意后，再上报监理单位审批。未经同意擅自更改或换用时，分包商承担由此发生的费用，且工期不予顺延。

5）对于发包人或监理指定的"新增工程"，在监督和落实本工程各分包商严格执行的同时，总承包商还应及时与监理单位及发包人协商，确定该"新增工程"的单价及计量方法。

8. 安全管理要点

建立和完善本工程职业健康安全环境管理体系，严格贯彻"安全第一、预防为主、综合治理"的方针，依据国家法律法规、企业安全管理制度制定以下管理措施，严格贯彻落实，确保施工人员的健康安全和环境不受到破坏。

（1）危险源和环境因素辨识与控制。实施安全健康和环境风险预控管理，项目部将依据工程项目风险的大小，编制作业过程的危险源分析和控制措施清单。

1）项目部在工程开工前对工程进行危险源和环境因素的辨识和评价，编制重大危险和重要环境因素清单，并制定相应的控制措施。施工过程中每月进行一次辨识和评价工作。经辨识评价形成的重大危险和重要环境因素清单及时的上报监理。

2）在编制施工方案的同时，制定针对性的控制措施，经专业工地专责、安全部、工程部和总工逐级审批，对全体施工人员交底后执行。

3）在制定对重要临时设施、重要施工工序、特殊作业、季节性施工、多工种交叉等施工项目的安全施工措施时，由安全部审查，项目总工程师批准，专责技术人员进行交底。

（2）安全监督检查。

1）定期安全检查。

a. 项目部每月一次，由项目经理带领安全委员会全体成员对施工现场进行全面安全文明施工检查。

b. 安全部门每周一次，由安全负责人带领全体安全监督管理人员对现场安全设施、文明施工、违章隐患、风险控制措施的执行情况进行安全检查。

c. 工程管理部门每周一次，由工程负责人带领各专业技术负责人、技术员，对现场施工人员对技术措施的交底情况、安全技术措施和施工方案的执行落实情况以及施工机械的运行情况进行安全检查。

d. 施工班组每日一次，由兼职安全员对班组施工人员劳动保护用品的使用情况、施工区域的安全条件进行检查和确认。

e. 当发生重大事故、上级要求、其他特殊情况时，随时进行安全检查。

2）经常性安全施工检查。

a. 班组班前、班后、岗位安全检查：班组长施工前对安全文明施工条件予以确认，班后对责任区内文明施工、环境保护、环境卫生进行监督，岗位安全检查安全施工措施的执行。

b. 各级安全员日常巡回安全检查：各级安全员每日在现场进行巡回安全检查，掌握本专业和区域内的安全施工动态，监督、控制安全文明施工条件和职工的作业行为，查找安全隐患与漏洞，制止和处罚违章作业及违章指挥；根据现场情况决定采取安全措施或设施；严重危及人身安全的施工，有权指令先行停止施工，并立即报告领导研究处理。每日现场的检查情况要记入安全工作日志。

c. 各级管理人员在检查施工的同时检查安全工作。

3）专业安全检查。

a. 土方开挖的安全检查：由施工经理带领编制措施的技术人员、施工单位安全员进行检查。检查的内容主要是：土方开挖过程中是否按措施施工、安全防护设施是否及时配备、栏杆是否与施工同时安装等。

b. 车辆使用的安全检查：由分包商机械管理人员联合机械专工进行检查。检查的内容主要是：施工车辆的安全性能、维护保养、操作人员的操作情况。

c. 施工用电检查：每周定期由分包商电气专业工程师带领各单位电工、分包商安全员对现场的临时用电线路、电源盘、电动工具等电气设备的使用情况进行检查。

d. 防尘、防毒、防火检查。

4）季节性、节假日安全施工检查。

a. 大风、大雨、雪后的安全检查。

b. 节假日、加班及节假日前后安全施工检查。

（3）安全教育培训

1）项目部成立以总工程师为组长，HSE 经理、综合经理等各职能部门和有关人员组成的教育培训工作小组，全面负责项目部的安全教育培训工作。

2）建立安全教育培训制度，配置计算机、幻灯等影像器材和其他设施，购买光盘教学教材。

3）根据国家法规规程要求和现场施工任务，针对不同工种人员编制相应的培训教材，并确定授课人。

4）新入场人员三级安全教育时间不少于 50 学时，考试合格后方可上岗作业。受教育人员的名单和考试成绩报项目部备案。工作人员更换工种，要及时进行安全教育和考试，考试成绩报项目部备案。未接受安全教育和安全考试不合格者不得进入现场施工。

5）总承包商组织项目经理、安监人员每年至少接受上级安监部门组织的一次安全教育培训和考试。

6）项目开工前对参加该项目施工的全体人员至少进行一次安全教育和考试。

7）对从事电气、起重、焊接、特殊高处作业人员和架子工、厂内机动车驾驶人员、机械操作工作及接触易燃、易爆、有害气体、剧毒等特殊工程作业人员，必须经过有关主管部门培训取证后，方可上岗工作。

8）对施工中采用新技术、新工艺、新型机械（机具），以及职工调换工种等，必须进行适应新的操作方法、新岗位的安全技术培训教育，经考试合格后方可上岗工作。

9）因违章、事故或脱离岗位三个月及以上的重新上岗人员，在复工前重新进行安全教育、操作培训，经考试合格后，方可上岗。

10）对所有施工人员进行应急预案的培训，熟练掌握触电、中毒、外伤、人工呼吸等现场急救方法和消防器材的使用方法。

（4）施工机械、机动车辆安全管理。

1）施工机械、车辆安全检查制度。

a. 使用单位应按制度经常检查施工机械、机动车辆的技术性能和安全性，项目部实行每月检查、每周检查和每日检查，并按要求建立各种记录。

b. 各级检查组对检查出的问题应下达"施工机械隐患整改通知单"并由责任人负责组织落实。按规定期限整改，整改结束后及时回复。检查人对回复的问题进行复查，对于按期限无法解决的问题，要反馈当前的处理情况，解决问题的预测期限及防范措施。

2）施工机械、机动车辆维护、保养控制措施。

a. 施工机械、机动车辆使用单位按建立的施工机械、车辆保养制度、规程强制执行，不允许只用不养或以修代养，使用单位根据施工机械、车辆数量设立有能力的保养人员或保养队伍。

b. 施工机械、车辆使用单位根据保养规程和施工机械技术状况编制保养计划，按计划进行保养，不能因施工忙而漏掉保养。

c. 施工机械、车辆的保养以日常保养和定期保养为主。日常保养由操作人员使用前进行，主要内容为：清洁零部件、补充燃油与润滑油、补充冷却水、检查并紧固零件、检查操纵、转向与制动系统是否灵活可靠等。

d. 按照机械保养计划进行定期保养，由使用单位机械管理人员组织维修工和操作人员进行。主要内容为：排除发现的故障，更换工作期满的易损部件，调整个别零部件等工作。

3）机械操作规程管理措施。

a. 在现场定置化的施工机械、车辆必须在醒目位置悬挂操作规程。

b. 班组长对机械操作人员在使用前进行操作规程的交底，使操作人员熟知操作规程。

c. 施工用机械的使用措施。在使用前必须进行荷载试验，经验收合格后方可投入使用。卷扬机安全装置灵敏可靠，钢丝绳、导轮、滑轮、卡子及地锚等均应符合有关规定，并由专人负责经常性检查、维护。卷扬机留在滚筒上的钢丝绳不得少于五圈。卷扬机在运行时变速器必须锁死。设专人监护卷扬机的运行情况，监护人不得任意离开。每班使用前，必须对安全装置进行检查，确认后才能操作。每周指定专人对安全装置进行一次全面检查，并做好记录。

4）机械操作人员控制措施。

a. 项目部对操作人员在上岗前进行专门的安全培训，特种设备操作人员还要对所使用的特种设备的结构、工作原理、技术性能、安全操作规程、保养维修制度等相关知识和国家有关法规、规范、标准进行学习掌握。经当地技术监督部门培训取得理论知识和实际操作技能两个方面考核，合格后方能上岗操作。

b. 起重机械的安、拆人员，必须持有相应的资格证书。

c. 对特种设备的操作人员实行"三定"制度，"三定"管理是指定人、定机、定岗制度。特种设备的"三定"制度首先是制度的制定和制度形式的确定，其中定人、定机是基础。要求人人有岗有责，"定岗"责任是保证。

9. 职业健康管理要点

（1）职业病防治。

1）职业病危害因素辨识。职业病危害因素主要包括以下方面。

a. 化学因素：（有毒有害物质，生产性粉尘等）原料、半成品、中间产品、产品和废弃物的名称、生产和使用数量，理化特性、劳动者接触方式和接触时间。

b. 物理因素：噪声、高温、低温、振动、辐射等。

c. 生物因素：生产过程中存在的致病原体。

根据上述步骤辨识出职业病危害因素并建立职业病危害因素清单。

2）施工过程中危害防治措施。

a. 工程开工前到建筑施工安全监督管理部门办理安全监督手续。

b. 建立健全项目部安全生产责任制。

c. 项目部技术质量安全部门组织相关人员，对项目及其所处周边环境的危险源进行辨识、评价，识别重大危险源，填写"危险源辨识表"，建立"重大危险源及其控制清单"。

3）施工组织设计中应有职业健康安全方面的要求和内容，需要编制安全施工组织设计。

4）专业性较强项目，如支护工程、混凝土工程、施工用电、起重吊装作业、爆破作业等，应编写相应的职业病防治方案并经项目总工审批。

5）施工现场临时设施及布置，按所在地区建设施工现场场容卫生标准和建设工程施工现场生活区设置和管理标准执行。

6）项目部技术质量、HSE 部门组织制定的《职业健康安全目标及管理方案》，经项目部经理审批后组织实施。

7）工程技术部门与施工队伍签订施工合同时，要明确双方的安全责任，并将有关职业健康安全方面的要求通报给合同方。

（2）劳动保护措施。

1）根据作业种类和特点，按照《中华人民共和国劳动保护法》发给现场施工人员相应的劳保用品（防护服装、雨鞋、雨衣、工作服、安全帽、手套、手灯、防尘面具、安全带、体温表等）和防暑降温、驱蚊、护肤用品等。

2）施工现场的各种安全设施和劳动保护器具，定期进行检查维护，及时消除隐患，保证其安全有效。

3）对于危险作业，加强安全检查，建立专门监督岗，并在危险作业区附近设置醒目的标志，以引起工作人员的注意。

4）加强女职工劳动保护，根据女职工禁忌劳动范围，合理安排女职工工作，切实维护女职工的特殊利益。

（3）医疗卫生保护措施。

1）开展卫生防病监护工作，杜绝传染病、地方病和疫源性疾病的发生和传播；对急症和外伤的早期及时抢救处理。

2）成立突发疫情应急处理领导小组，制定突发疫情应急处理措施及传染病报告制度。配合地方政府做好各种疫情的监控工作。

3）工程开工前对参加本工程的施工人员首先进行体检，体检合格后方可上岗；施工过程中定期或不定期地对施工人员进行体检，掌握施工人员的健康状况，发现不宜进入施工现场的人员，及时更换，以保证施工的安全。

4）认真做好劳动卫生宣传工作，对参建人员进行疾病预防、自我保健等方面的宣传教育培训，熟悉劳动保护、卫生保障方面的制度，增强劳动保护及预防疾病意识。

（4）保证员工的饮食和饮水卫生措施。

1）强化食品卫生管理，保证饮食卫生。施工现场设置各类必要的职工生活设施，要符合卫生、通风、照明等要求；职工的膳食、饮水供应等符合卫生要求；污水、废水及废气的处理符合环境管理体系 ISO 14001—2004 的标准。饮用水必须煮沸后饮用。

2）定期对厨房、餐具、住房、衣物进行消毒，确保施工人员不发生危害身体健康的传染性疾病。

3）食堂工作人员必须是身体健康、无任何传染病或携带传染病病毒的职工。

4）严把食品、蔬菜等和职工身体健康息息相关的食物采购关，夏季严禁剩余食品过夜或存放时间过长，杜绝食物中毒事件的发生。

（5）加强卫生防疫。

1）对新进入施工区的工作人员进行卫生检疫，检疫项目为：病毒性肝炎、疟疾等传染性疾病。

2）发放常见病的预防药，提高人群免疫力。

3）施工现场内的厨房必须符合当地有关部门关于施工工地厨房卫生要求的规定，申办食堂卫生许可证。

4）食堂设隔油池，食堂厨房应有纱门、纱窗，地面应水泥抹光或铺有地砖，墙面应贴白色瓷砖，顶棚进行防尘、防雨、防漏处理；食堂炊事人员必须持有卫生部门核发的健康证，穿工作服，戴帽子和口罩；保持个人卫生。洗、切、煮、卖、存等环节要设置合理，生、熟食品严格分开，餐具用后随即洗刷干净，放置整齐有序，及时消毒。

5）施工现场设立医疗室，医护人员全天候值班，对施工人员进行定期健康观察和抽样体检，施工班组配备医疗急救箱及常用急救药品。

6）施工现场落实各项除"四害"措施，定期喷洒药物，严格控制"四害"滋生。

7）保证供应饮水卫生合格，饭菜应卫生新鲜，每天对食品进行留样，留样时间为24 小时。定期对饮用水质和食品进行卫生检查，切断污染饮用水的任何途径；设置专职清洁员，及时清理生活垃圾。

10．环境管理要点

（1）识别重要环境因素。

1）施工和生活废水污染：土方开挖、混凝土施工、基础处理施工、机械设备的冲洗，其他加工厂等生产过程中的废水；生活废水主要为办公、生活污水。

2）施工弃渣和固体废弃物污染：开挖施工中产生的废渣、沉淀池沉积物，以及加工厂、混凝土拌和站产生的弃渣；生活垃圾。

3）水土流失：开挖施工中植被剥离、废渣堆放将产生局部水土流失。

4）施工粉尘：进行土方的运输、混凝土拌和等会产生施工粉尘。

5）废气污染：汽车运输、施工开挖使用的反铲挖掘机、装载机等机械设备的使用，产生的尾气等有害气体。

6）施工噪声污染：各类施工机具设备、运输设备和其他木工、钢筋加工厂产生的噪声影响。

7）油料滴漏污染：机械设备维修、保养所产生的废油，施工机械运行时油料滴漏对土体及植被造成的污染。

8）对植被、生态环境的破坏：工程施工过程中对施工场地内、外的植被、生态环境造成的破坏。

（2）环境保护专项措施。

1）施工期环境监测。施工期间，项目部按工程实际情况配备部分环境保护监测设备，如噪声监测仪、PH 试纸、有害气体浓度监测仪、激光粉尘浓度监测仪等。对于检测难度较大的检测项目，委托当地环境保护部门对施工区域的环境指标进行监测。

2）施工和生活废水处理。

a. 普通废水处理。施工中将重点加强对水环境的保护，对生产和生活废水均进行处理，不直接排放。

本工程废水主要为拌和产生的废水，混凝土浇筑、桩基处理产生的废水。拌和冲洗废水处理系统布置在混凝土拌和系统旁，可设污水处理池，污水经沉淀处理后，优先用作拌和冲洗水及工地洒水除尘。在其他部位产生施工抽排水、混凝土浇筑水等在施工区域附近设置相应规模的污水处理池，对其进行沉淀处理、酸碱中和处理后同样用于洒水除尘等用途；本工程施工所有废水不得弃排。

b. 含油废水处理。本工程产生的含油废水主要为机械进行修配和汽车保养过程中产生的废水，废水中主要成分为石油类和悬浮物。通过在设备冲洗部位设一个油污分离池，对含油污水进行沉淀、加药絮凝处理，处理后的施工废水达到污水综合排放标准方可排放。

c. 生活污水处理。在生活区设污水池，布置排水管线。生活区产生的盥洗污水、厨房污水、洗涤污水等生活污水通过排水系统汇至污水处理池再进行净化处理。处理后生活污水水质达到污水综合排放标准，再按监理工程师指定的方式排放。

3）施工弃渣及固体废弃物处理。

在办公生活区及生产区设置必要的生活卫生设施和生活垃圾收运设施（包括垃圾桶、垃圾箱等），生活垃圾应做到一日一清，并将其运至附近市县垃圾处理场进行处理。严禁随意丢弃垃圾。

4）大气污染防治。

a. 本工程所用的水泥采用袋装运输，运输过程中要防止产生扬尘。在拌和生产过程中，制定除尘设备的使用、维护和检修制度，将除尘设备的操作规程纳入作业人员工作手册。要加强除尘设备的维修、保养，使除尘设备始终处于良好的工作状态，需确保除尘装置与生产设备能同时正常使用，维持除尘器的效率。相应作业人员应配备劳保防护用品。

b. 经常清扫工地和道路，保持工地和所有场地道路的清洁，并充分向多尘工地和路面洒水，以避免施工场地及机动车在运行过程中产生扬尘。

c. 用以运输的可能产生粉尘物料的敞篷运输车，其车厢两侧及尾部均应配备挡板，可能产生粉尘物料的堆放高度不得高于挡板并用干净的雨布加以遮盖。

d. 安装冲洗车轮设施（在开挖施工之前准备就绪）并冲洗工地的车辆，确保施工地的车辆不把泥土、碎屑及灰尘等类似物体带到公共道路路面和施工场地。清洗设施场地为硬地坪。

e. 不在工地焚烧残物或其他废料。

f. 运输汽车、吊车、铲车等施工车辆必须经过年检，贴有环保标识，产生的尾气需达标排放。

5）噪声控制。噪声主要影响工程施工人员、管理人员和现场居住人员。对产生强烈噪声或震动的施工工序或作业，采取减振措施，选用低噪、弱振设备和工艺。对固定的大的噪声源，应设置必要的隔音间或隔音罩。对拌和楼、空压机等大于 100dB 的固定噪声源，采用多孔性吸声材料建立隔声屏障、隔声罩和隔声间，以控制噪声的传播途径，尽量减少噪声对敏感受体的影响。为现场作业人员配发必要的劳动保护设备，并教其正确使用。

6）临时绿化及覆盖措施。对于开挖形成的短时裸露边坡，在暴雨期间采用土工布、塑料布、草袋等进行临时覆盖，避免雨水对开挖剖面的直接冲刷，对于开挖形成的将裸露较长时间的边坡，应及时采取草皮、撒播草种或移栽灌木植物的方式加以覆盖。

11. 风险管理要点

（1）项目风险分析。

1）组织职责。项目部应识别项目实施过程中的各种风险。

2）识别程序。

a. 收集与项目风险有关的信息。

b. 确定风险因素。

c. 编制项目风险识别报告。

（2）项目风险评估。

1）评估内容。

a. 风险因素发生的概率。

b. 风险损失量的估计。

c. 对风险发生的严重程度评价。

2）概率估计。风险因素发生的概率应利用已有数据资料和其他方法进行估计。

3）影响范围。风险损失量的估计应包括下列内容。

a. 工期损失的估计。

b. 费用损失的估计。

c. 对工程的质量、功能、使用效果等方面的影响。

4）定量与分级。风险事件应根据风险因素发生的概率和损失量，确定风险量，并进行分级。风险评估后应提出风险评估报告。

（3）项目风险响应。

1）响应要求。风险响应是指确定针对项目风险的对策。项目风险对策应形成文件。

2）常用对策。项目常用的风险对策有：风险规避、风险减轻、风险转移、风险自留和组合策略。

（4）项目风险控制。

1）信息与预警。在整个项目进程中，应收集和分析与项目风险相关的各种信息，获取风险信号，预测未来的风险并提出预警，纳入项目进展报告。

2）监控与应急计划。对可能出现新的风险因素应进行监控，根据需要制订应急计划。

12. 文件及信息管理要点

充分利用现代信息及通信技术，以计算机、网络通信、数据库作为技术支撑，对项目全过程所产生的各种信息，及时、准确、高效地进行管理，为项目实施提供高质量的信息服务。

项目部根据项目规模配备兼职项目信息管理人员。项目信息管理人员须经过严格的项目信息管理知识和技能培训，并充分掌握项目信息管理的技术和技能。

项目信息可以以数据、表格、文字、图纸、音像、电子文件等载体表示，保证项目信息能及时地收集、整理、共享，并具有可追溯性。建立项目文档与信息管理系统，制定文件与信息管理程序和制度，以满足工程总承包管理的需要。

（1）信息管理。项目信息管理包括的主要内容：制订项目信息管理计划；收集项目信息；管理项目信息；分发项目信息；根据项目信息评估项目管理成效，调整计划。

（2）系统要求。项目信息管理系统应满足下列要求。

1）信息管理技术应与信息管理系统相匹配。

2）项目信息管理系统应与相关信息管理系统接口。

3）信息管理技术与所使用的相关工程设计、项目管理等软件有良好的适应性。

4）信息管理系统应便于信息的输入、整理和存储。

5）信息管理系统应便于信息发布、传递及搜索。

6）信息管理系统有严格的数据安全保证措施。

（3）文件管理。

1）搜集整理。工程项目文件资料应随项目进度及时收集、整理，并按项目的统一规定进行标识。

2）文件归档。项目部应按照有关档案管理标准和规定，将项目设计、采购、施工、调试和项目管理过程中形成的所有文件进行归档。

3）管理原则。项目部应确保项目档案资料的真实、有效和完整，不得对项目档案资料进行伪造、篡改和随意抽撤。

4）人员配备。项目部应配备专职或兼职的文件资料管理人员。

（4）信息安全及保密。

1）遵守法律法规。项目部在项目实施的过程中，应遵守国家、地方有关知识产权和信息技术的法律、法规和规定。

2）管理职责。项目部应根据总承包商关于信息安全和保密的方针及相关规定，制定信息安全与保密措施，防止和处理在信息传递与处理过程中的失误与失密，保证信息管理系统安全、可靠地为项目服务。

3）数据备份。项目部应根据总承包商的信息备份、存档程序，以及系统瘫痪后的系统恢复程序，进行信息的备份与存档，以保证信息管理系统的安全性及可靠性。

13. 验收及收尾管理要点

竣工验收包括竣工资料的验收和实体的验收，缺一不可。

（1）竣工验收程序。按照工程竣工验收规定，结合工程实际情况，编制验收程序，保证验收工作的顺利进行，如图 11-23 所示。

（2）竣工资料验收。按照竣工验收办法，建设工程竣工验收后三个月内将完整的归档资料报当地档案管理部门进行归档验收。竣工资料包括建设单位竣工资料、监理单位竣工资料、施工单位竣工资料。建设工程竣工验收后建设单位组织监理、总承包商等单位召开竣工资料专题会议，要求各单位严格按照建筑资料规程整理相关竣工资料并装订成册上报。

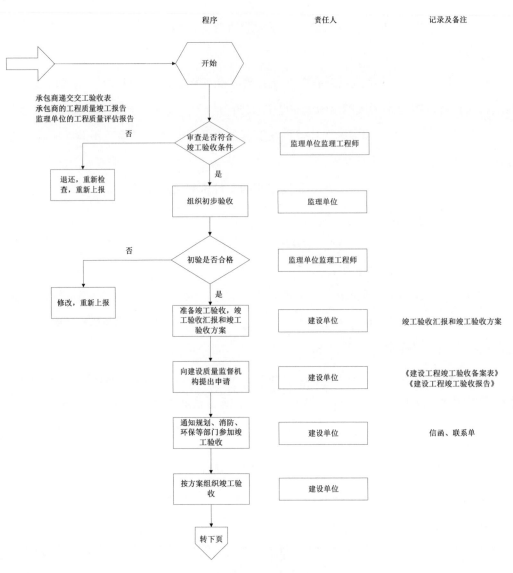

图 11-23　工程竣工验收程序

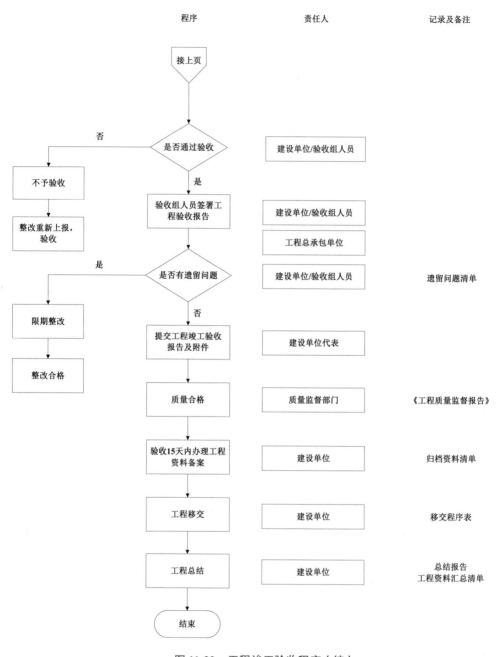

图 11-23　工程竣工验收程序（续）

（3）工程实体验收。

1）分部分项工程验收。总承包商自检合格且经监理验收完毕的分部分项工程，建设单位复验。

2）组织专项验收。本项目组织了建筑规划竣工验收、建筑防雷竣工验收、建筑消防竣工验收、建筑环保竣工验收、室内空气质量验收、建筑室内节能验收等专项验收。

（4）在办理建设工程各项手续过程中，需要完成的有关验收工作如图 11-24 所示。

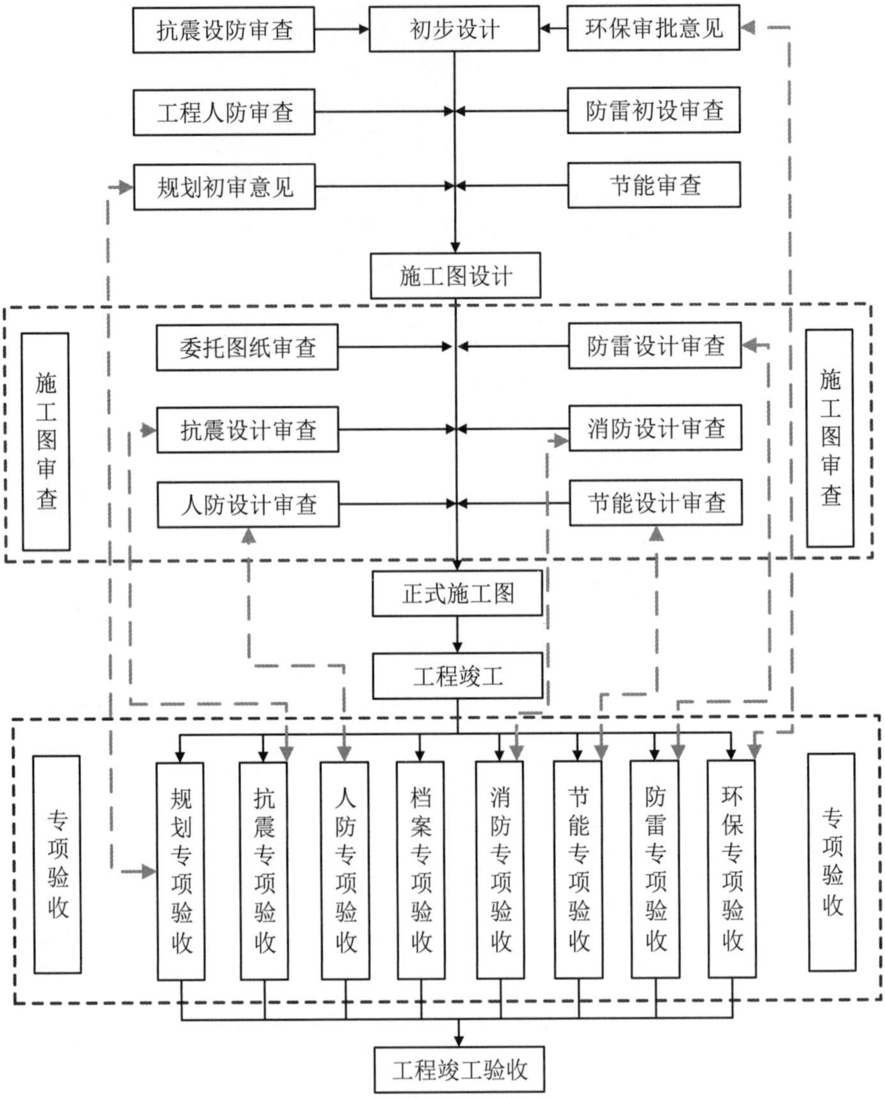

图 11-24　工程竣工验收工作示意图

14．工程总承包项目的涉税问题

（1）国家税收政策变革。2016 年 3 月 23 日，财政部、国家税务总局发布《关于全面推开营业税改征增值税试点的通知》（财税〔2016〕36 号，以下简称《实施办法》），自 2016 年 5 月 1 日起，在全国范围内全面推开营业税改征增值税（以下简称"营改增"）试点，建筑业、房地产业、金融业、生活服务业等全部营业税纳税人，纳入试点范围，由缴纳营业税改为缴纳增值税。按照《增值税暂行条例》的规定，销售货物的增值税税率为 17% 或 13%；按照《实施办法》的规定，提供建筑服务（包括建筑、安装、修缮、装修装饰等服务）的增值税税率为 11%，提供工程勘察勘探服务、工程设计服务、工程咨询鉴证服务的增值税税率为 6%。适用于简易计税方法的增值税征收率为 3%。建筑服务增值税的预征率为 2%。

2017 年 4 月 19 日国务院常务会议决定：继续推进营改增，简化增值税税率结构。从 2017 年 7 月 1 日起，将增值税税率由四档减至 17%、11% 和 6% 三档，取消 13% 这一档税率；将农产品、天然气等增值税税率从 13% 降至 11%。

2017 年 10 月 30 日召开的国务院常务会议通过了《国务院关于废止〈中华人民共和国营业税暂行条例〉和修改〈中华人民共和国增值税暂行条例〉的决定（草案）》，全面取消营业税。

2018 年 3 月 28 日国务院常务会议决定：从 2018 年 5 月 1 日起，将制造业等行业增值税税率从 17% 降至 16%，将交通运输、建筑、基础电信服务等行业及农产品等货物的增值税税率从 11% 降至 10%。

（2）工程总承包项目的纳税税率。EPC 项目集设计、采购、施工于一体，由 EPC 承包方负责进行项目的工程设计、设备采购、工程施工。按照相关通知和规定属于营改增范畴，EPC 总承包商属于增值税纳税人。目前，关于 EPC 项目如何计算缴纳增值税，存在两种不同观点，一种是按兼营处理，另一种是按混合销售处理。

1）按兼营处理的方式。按兼营处理时，相应税目及税率见表 11-12。

表 11-12　设计、采购、施工执行相应税目及税率

合同构成	适用税目	税　率
勘察设计 E	现代服务	6%
设备采购 P	销售货物	16%
建筑安装 C	建筑服务	10%

河南国税在解答 EPC 业务是否属于混合销售时答复：EPC 业务不属于混合销售行为，属于兼营行为，纳税人需要针对 EPC 合同中不同的业务分别进行核算，即按各业务适用的不同税率分别计提销项税额。

广东国税认为：营改增试点后，纳税人销售货物、劳务、服务、无形资产或者不动产适用不同税率或征收率的，如 EPC 总承包工程，应分别核算适用不同税率或征收率的销售额，未分别核算的应从高适用税率或征收率。

2）按混合销售处理。EPC 项目中的采购行为如按销售服务理解，则设备采购销售

的纳税义务，被服务销售所取代，应该按销售服务纳税。但 EPC 项目有两个服务，适用税率不同，一个是设计服务 6%，一个是建筑服务 10%。此时可按《实施办法》中的兼营处理：能核算区分服务费用的，分别按对应费率执行；不能核算的从高按 10% 计征。

江西国税：EPC 是指公司受业主委托，对一个工程项目负责进行设计、采购、施工，与通常所说的工程总承包含义相似。纳税人与业主签订工程总承包合同，从业主取得的全部收入按提供建筑服务缴纳增值税。

深圳国税：建筑企业受业主委托，按照合同约定承包工程建设项目的设计、采购、施工、试运行等全过程或若干阶段的 EPC 工程项目，应按建筑服务缴纳增值税。

河北国税：按兼营处理，设计、采购、施工分别核算，采用不同税率计征。综上所述，EPC 总承包具体税率执行还要以当地税务机关要求为准。

（3）增值税发票的提供方式。目前 EPC 项目主要有以下三种签约模式。

1）具有完整资质的单一法人单位作为 EPC 总承包商与业主签订 EPC 合同。

2）具有设计或施工资质的单一法人单位作为 EPC 总承包商与业主签订 EPC 合同。

3）资质不全的多家企业组成联合体模式与业主签订 EPC 合同。

对应的增值税发票提供方式有以下三种。

1）具有完整资质的单一法人单位提供发票。为避免从高适用税率缴纳增值税，对 EPC 合同价款进行拆分，在合同中分别列示设计、设备、施工的价款，并进一步明确就设计、设备、施工价款分别向业主提供 6%、16% 及 10%税率的增值税发票。

2）具有设计或施工总承包资质的单一法人单位。具有设计资质的单一法人因在合同额内设计费用占比较小，往往被认定从高按 16%计征增值税；具有施工总承包资质的单一法人按 10%作为混合税率计征增值税。

3）联合体中标的处理。联合体作为中标人发票提供有以下两种方式：

一是联合体各方与业主单独签订合同。对于以联合体形式中标的 EPC 总承包工程，应尽量采取联合体各方与业主单独签订合同的方式，分别按对应税率向业主提供增值税发票。

二是由联合体牵头人与业主方签订合同，并向业主提供增值税发票。

考虑到各地政策不同，不宜在招标文件中明确指定提供增值税发票税率，避免后期出现乙方推脱纳税风险，只提支付工程款后七日内提供同等额度增值税发票即可，合同起草时要与投标文件进行校核，保证核算和税率对应，如出现报价时税率高，实际缴税时执行低税率的，应进行追偿。

11.2.4　总承包项目案例表

工程总承包项目案例见表 11-13 ~ 11-27。

表 11-13　项目案例表

编码：案例——001

案例名称	地基二次补勘事宜
案例摘要	桩基施工二次补充勘察
案例类型	■设计管理　□招标管理　□质量控制　■进度控制　■投资控制 □安全文明　■合同管理　□信息管理　□协调管理　□其他管理
事件简述	2009 年 5 月桩基础施工阶段，由于地理结构的特殊性，出现沉桩困难等现象。工程总承包项目部首先向业主代表及有关人员进行汇报，邀请现场查看，与勘察单位沟通，要求有关专业负责人到现场进行分析。根据勘察单位《勘察报告》分析，要求对沉桩困难区域进行二次补勘
处理措施	1. 书面汇报桩基施工存在问题，沟通并请示建设单位相关意见。 2. 沟通并组织召开专家论证会，参建相关单位列席参与。 3. 沟通设计单位协调解决沉桩困难事宜，设计建议补勘并修改基础形式。 4. 专家论证及设计补勘意见书面报送建设单位，沟通并请示处理决定。 5. 邀请资深专家综合分析并出具相关报告
处理结果	1. 2009 年 6 月 9 日《施工阶段补充岩土工程勘察报告》报告聘请北京某地基基础工程有限公司专家综合分析可以不进行补桩，采取变更基础形式解决沉桩困难的现象。 2. 为早日完成既定目标节约时间和造价
经验总结	1. 与建设单位有关部门积极协调，以报告、工作联系单为主。 2. 施工时重大技术及设计问题及时与勘察、设计负责人进行沟通。由设计部门出具相关变更方案。 3. 组织相关单位召开专家或现场论证会，做好影像及文字资料。会议纪要及签到表要正规书写，并完好存档

表 11-14　项目案例表

编码：案例——002

案例名称	分阶段图审纸会审、分区段基坑验槽
案例摘要	分段会审、分段验槽
案例类型	■设计管理 □招标管理 □质量控制 ■进度控制 □投资控制 □安全文明 □合同管理 □信息管理 □协调管理 □其他管理
事件简述	2009 年 5 月 8 日，工程总承包项目部针对工程量大，图纸专业较多等情况制订项目图纸会审方案，并以工作联系单的形式下发到相关单位。整个项目图纸会审共分三次进行，地基验槽分三次进行，很好地为项目质量及进度提供了保证
处理措施	1. 沟通质监站，建设、勘察、监理等单位实行分区段组织基槽验收工作。 2. 制定分阶段图纸审查，分区段基坑验槽计划，沟通质检及各参建单位达成一致并严格按终定计划执行。 3. 做好分段组织的相关预控工作
处理结果	1. 图纸分段会审圆满完成，分阶段、分专业图纸会审效果明显。 2. 基槽分三个区段验收，利于项目流水施工，加快了项目建设进度
经验总结	1. 根据工程量及图纸所涉及专业做好整体项目计划，对工程的重点、难点和合理化建议做好预控。 2. 及时与各相关单位沟通，做好协调管理工作

表 11-15　项目案例表

编码：案例——003

案例名称	项目市政配套设施连接事宜
案例摘要	项目水电暖讯等市政配套的连接
案例类型	□设计管理 □招标管理 □质量控制 ■进度控制 □投资控制 □安全文明 □合同管理 □信息管理 ■协调管理 □其他管理
事件简述	2010 年 9 月，为保证项目后期正常使用，必须保证电力、水、热力、宽带网络和手机信号放大器的正常接入，经过组织相关部门召开专题会议，2010 年 12 月初完成接入
处理措施	1. 针对三家通信公司及电力公司组织使用单位召开专题会议，针对不同需求及网络密级程度提出自己要求。四家外围单位根据工本程进度节点及相关要求制定合理施工方案及工期。 2. 工程总承包单位、监理单位等审核后上报建设单位。 3. 针对建设单位给定意见组织监理、四家外围单位召开专项会议，确定施工方案及工期。 4. 定期检查工程进度

处理结果	如期完成各项配套设施的接入工作
经验总结	依据前期确定连接方案，提早介入沟通

表 11-16　项目案例表

编码：案例——004

案例名称	关于室内办公装修方案事宜
案例摘要	办公室装修方案
案例类型	■设计管理 □招标管理 □质量控制 ■进度控制 □投资控制 □安全文明 □合同管理 □信息管理 ■协调管理 □其他管理
事件简述	为了确保装修工程确定的预定完工目标，工程总承包项目部设计部门研究部署装修方案一和方案二，并提前 240 天开始组织上级相关单位针对方案一和方案二标准办公室装修方案及选材进行确认。经过现场查看及多次召开现场会议，最终选定第一种装修方案，符合办公要求且美观大方、施工方便、节省装修材料。经过确认后工程总承包单位按照会议要求进行专业深化设计和组织采购部进行材料采购
处理措施	1. 根据初步深化设计图纸选择装修方案一、方案二做好样板间。 2. 组织各方召开专题会议，根据装修方案采取投票方法确定装修方案。 3. 建设单位给定装修方案意见后组织发改局、业主单位有关部门、深化设计单位、监理单位、工程总承包单位召开专题会议，并确定装修方案
处理结果	办公室内装修方案及符合相关规定，有保证了项目的整体效果，同时各使用单位也很满意
经验总结	1. 装修方案涉及多家使用单位，不宜与其单独商定，宜同全部使用单位专题商讨并对结果进行书面签认。 2. 专题商讨时，建议只针对样板间进行评定，不需要另定装修方案

表 11-17　项目案例表

编码：案例——005

案例名称	室内电梯的节能设计
案例摘要	室内电梯进行节能设计
案例类型	■设计管理 □招标管理 □质量控制 □进度控制 ■投资控制 □安全文明 □合同管理 □信息管理 □协调管理 □其他管理
事件简述	室内电梯进行初步检测，特种设备检测中心意见：室内直梯及扶梯按照设计标准检测全部合格，可以通过验收，发放检测合格证书。但是根据目前新的验收标准需要电梯安装节能操作系统
处理措施	1. 组织建设单位及电梯厂家召开专题会议，确定安装。 2. 编制专项方案呢，上报建设单位审批后实施

续表

处理结果	由后期物业管理单位进行管理，安装节能设置
经验总结	1. 根据电梯参数，认真选定品牌。 2. 掌握最新标准、规范要求，并使建设项目满足这些要求

表 11-18 项目案例表

编码：案例——006

案例名称	屋面聚乙丙烯内防水
案例摘要	聚乙丙烯防水后期维修难度及费用大
案例类型	■设计管理 □招标管理 ■质量控制 □进度控制 □投资控制 □安全文明 □合同管理 □信息管理 □协调管理 □其他管理
事件简述	进入雨季后，裙楼四层室内办公室多处出现阴湿和漏水现象，根据质量验收管理办法要求进行修补
处理措施	1. 项目初期阶段与建设单位沟通，建议采取 SBS 防水，未采纳。 2. 召开质量专题会议，工程总承包单位上报整改方案，监理及建设单位审核。 3. 现场严把质量检查控制
处理结果	采用 SBS 防水进行修补，解决了渗漏问题
经验总结	1. 根据实地考察，聚乙丙纶防水不适用于大面积防水，适用于小面积立面防水。 2. 施工工艺需要改进，与基层粘结不牢固，容易起鼓，柔性差。 3. 后期质保检修困难。 4. 造价成本高

表 11-19 项目案例表

编码：案例——007

案例名称	项目污水管网接入与市政污水管网
案例摘要	市政污水管道标高与项目污水管道标高不符
案例类型	■设计管理 □招标管理 □质量控制 ■进度控制 □投资控制 □安全文明 □合同管理 □信息管理 ■协调管理 □其他管理
事件简述	室外管道工程施工接近尾声，项目红线内污水管网接与污水外网管道标高存在误差，出现倒灌现象，经查为外网尚未正式投入使用，外网管道内积存污水回流所致
处理措施	1. 查清原因书面汇报建设单位相关情况及处理建议。 2. 结合建设单位审批意见，组织相关单位召开现场调度会议。 3. 商讨确定解决方案报建设单位审批
处理结果	按照商定的措施，倒灌问题得以解决

续表

经验总结	1. 对于影响项目建设及后期运营相关数据宜提前测量核实。 2. 发现问题，查清原因，制订解决方案并上报批复后及时解决

表 11-20　项目案例表

编码：案例——008

案例名称	基础有机硅防腐验收
案例摘要	基础防腐验收
案例类型	□设计管理 □招标管理 ■质量控制 □进度控制 □投资控制 □安全文明 □合同管理 □信息管理 □协调管理 □其他管理
事件简述	施工期间组织监理单位、工程总承包商项目技术人员对基础进行有机硅防腐验收；经过复检及现场验收，有机硅防腐符合地区使用
处理措施	1. 工程总承包商分项报验需在自检合格基础之上进行。 2. 监理单位严格按相关规范规定复验并审核相关材料报验、实验及技术资料等文件。 3. 建设单位派人员参加工程验收，监督监理单位验收工作，同时检查工程总承包商施工申报实体及相关资料
处理结果	严格按照施工规范及质量验收标准进行，保证分项工程质量
经验总结	1. 对于沿海城市适合应用。 2. 有利保证基础砼、钢筋部被地下水腐蚀。 3. 新材料、新技术应广泛应用

表 11-21　项目案例表

编码：案例——009

案例名称	室外玻璃幕墙检测
案例摘要	为保证工程质量进行玻璃幕墙四项物理性能检测
案例类型	□设计管理 □招标管理 ■质量控制 ■进度控制 □投资控制 □安全文明 □合同管理 □信息管理 ■协调管理 □其他管理
事件简述	根据规范及设计图纸要求幕墙工程需要进行四项物理性能检测。签于项目所在地区试验能力有限，及时与北京一家试验室沟通协调，尽快投入大面积幕墙施工。检测单位专业工程师及监理专业工程师到现场监督组织安装进行建筑幕墙、玻璃幕墙工程等四项物理性能试验，整个检测过程为 7 天
处理措施	1. 与建设单位有关部门进行沟通，确定方案并签订合同。 2. 根据设计要求进行现场取样，取样尺寸根据检测单位提供数据制作。 3. 尺寸裁定好后封样保存，整个安装过程需到检测单位进行，监理单位现场见证。

续表

	4. 根据设计要求进行检测，一般进行四项物理性能检测：抗风压性能、空气渗透性能、雨水渗漏性能及平面内变形性能
处理结果	经严格检测，幕墙分项工程四项物理性能全部合格
经验总结	1. 按设计及规范要求进行相关检测。 2. 如果幕墙不检测，或者不合格，建筑节能检测也不会合格

表 11-22　项目案例表

编码：案例——010

案例名称	工程技术资料控制
案例摘要	工程总承包单位现场技术资料整理
案例类型	□设计管理　□招标管理　■质量控制　□进度控制　□投资控制 □安全文明　□合同管理　□信息管理　□协调管理　□其他管理
事件简述	施工期间针对地基处理情况组织质监站及相关人员对归档资料召开国优交底会议，严格按照国家及省资料规范整理。全过程中，工程总承包商、监理单位对档案资料严格审查和管理，为后期竣工验收做好准备
处理措施	1. 根据工程进度及资料整理规范，对分项、分部工程资料定期进行检查。 2. 定期召开档案资料技术会议
处理结果	档案资料符合要求。为后续"国优"评定合格奠定了基础。
经验总结	1. 必须要有专业的资料员进行档案资料的统计和检验。 2. 竣工后，分项、分部及质量控制资料和重要归档文件由本单位自行保管。 3. 加强现场影像资料的拍摄，抓住重点、难点和技术要点

表 11-23　项目案例表

编码：案例——011

案例名称	竣工验收手续
案例摘要	手续办理程序
案例类型	□设计管理　□招标管理　□质量控制　■进度控制　□投资控制 □安全文明　□合同管理　□信息管理　■协调管理　□其他管理
事件简述	施工收尾期接到管委会及业主单位通知，要与短时间内完成正式验收。时间紧，任务重
处理措施	1. 根据文件要求组织召开竣工验收预备会议，并成立预备小组。 2. 将竣工手续及资料进行统一梳理，主要分为建设单位资料、监理单位资料、工程总承包单位资料。 3. 根据时间做好里程碑计划

处理结果	按照要求的时间准时完成了竣工验收，并一次验收合格，顺利通过
经验总结	1. 全过程中严格按照施工进度要求监理、工程总承包单位做好现场技术资料。 2. 前期手续办理及时、准确、齐全，后期竣工验收少走弯路。 3. 建设单位定期检查监理、工程总承包单位资料整理情况，并采取相应处罚及奖励措施

表 11-24　项目案例表

编码：案例——012

案例名称	节能验收及手续办理
案例摘要	房建工程及时办理节能验收及手续办理
案例类型	□设计管理 □招标管理 □质量控制 ■进度控制 □投资控制 □安全文明 □合同管理 □信息管理 ■协调管理 □其他管理
事件简述	根据建筑节能验收标准及省地方节能办要求，民用建筑必须符合国家建筑节能设计要求。针对此要求及时与业主及检测单位沟通。本项目根据进度进行室内建筑节能监测。根据相关设计文件及图纸要求，现场检测节能符合国家和设计节能标准。验收同期进行了建筑节能检测及验收手续、资料的办理
处理措施	1. 根据河北省节能办要求整理施工原材料、产品合格证及检测资料。 2. 邀请有节能资质的检测单位进行现场节能检测，并出具相关节能报告。 3. 根据节能办要求进行验收及组卷
处理结果	手续齐全，资料完备，验收合格
经验总结	1. 加强节能设计审核工作，施工过程严格按照国家节能标准进行设计。 2. 施工过程中，加强原材料、产品的检验和复试

表 11-25　项目案例表

编码：案例——013

案例名称	实施阶段工程变更造价管理
案例摘要	子分项工程进行变更，严格控制造价
案例类型	■设计管理 □招标管理 ■质量控制 ■进度控制 ■投资控制 □安全文明 □合同管理 □信息管理 ■协调管理 □其他管理
事件简述	关于地基处理采用引孔补桩与采用混凝土垫层的问题，进行方案优选。工程总承包项目部施工期间设计、造价工程师与勘察单位进行会审 1-24 轴可以进行垫层施工，不再进行引孔补桩，经与补堪单位、地基沉降分析单位共同研究决定改变地基处理形式

处理措施	两种方案进行造价分析后，从经济角度与可施工性角度确定采用混凝土垫层形式
处理结果	节约施工成本约 607 万元，节约工期 45 天
经验总结	采纳专家意见，同时考虑工程成本

表 11-26　项目案例表

编码：案例——014

案例名称	夜景照明工程设计
案例摘要	增加夜景照明工程
案例类型	■设计管理　□招标管理　□质量控制　□进度控制　□投资控制 □安全文明　□合同管理　□信息管理　□协调管理　□其他管理
事件简述	按照政府有关文件要求，临街建筑物进行夜景照明设计，后期施工带来较多困难、费用增加
处理措施	1. 根据要求，按照业主方变更，进行补充设计，增加该项投资。 2. 预算费用报政府财政审批
处理结果	按照要求增加了夜景照明工程，追加了投资
经验总结	1. 设计前期阶段，尽量针对项目性质，考虑周全室外工程配套设计内容。 2. 后期改造对外装造成破损，修复起来困难。 3. 后期施工难度加大，费用增加

表 11-27　项目案例表

编码：案例——015

案例名称	裙楼二层大厅回音现象
案例摘要	由于设计选用建筑材料原因，裙楼二层大厅出现回音
案例类型	■设计管理　□招标管理　□质量控制　□进度控制　□投资控制 □安全文明　□合同管理　□信息管理　□协调管理　□其他管理
事件简述	相关单位对裙楼装修初步验收时，检查发现二层大厅中心位置回音现象严重
处理措施	1. 组织设计部门及施工部门进行研究调查，分析回音原因。 2. 确定原因后采取了大厅周围墙面更换吸音材料、摆放花卉及办公家具、地毯等相应措施进行了修复
处理结果	采取措施效果较小，回音继续存在，会影响后续使用效果
经验总结	1. 设计前期，针对项目性质结合设计师经验，充分考虑设计环节可能的弊端，增加预控措施。 2. 施工部门与设计部门积极沟通，采取主动预防改进措施

参考文献

[1] 韩翔宇. EPC 工程总承包企业设计风险研究[D]. 北京：清华大学，2016.

[2] 初绍武. EPC 工程总承包项目管理研究[D]. 南昌：南昌大学，2016.

[3] 包兆媛. EPC 总承包模式下设计阶段成本控制研究[D]. 长春：长春工程学院，2019.

[4] 彭志伟. 国际公路工程总承包项目设计风险管理策略研究[D]. 北京：中国科学院大学（中国科学院工程管理与信息技术学院），2017.

[5] 李皓燃. 面向设计过程的装配式建筑施工安全风险控制研究[D]. 南京：东南大学，2018.

[6] 贾婷. 某公路项目 PPP 模式下设计阶段成本控制研究[D]. 乌鲁木齐：新疆大学，2018.

[7] 李临娜. 设计施工一体化模式下建筑设计方法优化研究[D]. 广州：华南理工大学，2018.

[8] 张奇铭. 以设计院为主的 EPC 工程总承包管理模式研究[D]. 北京：北京建筑大学，2018.

[9] 耿博文. 中亚天然气管道 EPC 项目设计阶段成本控制研究[D]. 北京：北京建筑大学，2019.

[10] 李琰琰. 基于商业地产项目案例的设计变更管理研究[D]. 北京：清华大学，2017.

[11] 郑培信. BIM 环境下设计——施工总承包项目施工阶段协同管理研究[D]. 长沙：长沙理工大学，2017.

[12] 袁彬. 融投资带动对外工程总承包经营模式研究[J]. 工程管理学报，2012，26（05）:17-22.

[13] 冯坤昌. 总承包类项目施工管理的信息化研究[D]. 天津：天津大学，2016.

[14] 许丽兰. 浅谈国内工程总承包项目的资金管理[J]. 当代经济，2014（20）:52-53.

[15] 诸怡旻. 工程总承包项目资金管理问题研究[J]. 中国经贸，2016（18）:134-135.

[16] 蒋建伟，车向群，张哲.EPC 总承包项目技术管理探索[J]. 水资源开发与管理，2018（12）: 58-60+57.

[17] 赵连江. 电力工程总承包供应链协同管理模型[J]. 工程建设与设计，2019（06）：242-243.

[18] 税发萍，陈光宇，张鸿鹄，马驰. 基于 HSE 视角的工程总承包企业项目效率评价[J/OL]. 电子科技大学学报（社科版）：1-6[2019-10-13].

[19] 高慧文. 对 EPC 工程总承包企业人才队伍建设的若干建议[J]. 中国勘察设计，2019（04）：80-82.

[20] 宋万石. 工程总承包项目管理信息化研究[J]. 中国管理信息化，2015，18（16）:71.

[21] 刘协伟. 黄骅港三期工程总承包项目的技术管理[J]. 中国港湾建设，2013（S1）：82-85.

[22] 郭萌萌. 价值链视角下建筑施工企业质量成本管理体系研究[D]. 烟台：山东工商学院，2019.

[23] 王桂虹，李勇. 浅谈国际水电 EPC 总承包工程项目管理要素[J]. 山东工业技术，2019（05）:134.

[24] 孙铁瑞. S 设计院 MMA 总承包项目质量管理研究[D]. 大连：大连理工大学，2018.

[25] 邱鹏. 大连 S 开发建设公司工程合同管理案例研究[D]. 大连：大连理工大学，2018.

[26] 付兆丰. EPC 模式下 HX 储油库工程施工进度管理研究[D]. 北京：北京交通大学，2018.

[27] 杨楠. 大型复杂公共工程投标及施工阶段风险管理[D]. 广州：华南理工大学，2018.

[28] 严章搏. EPC 总承包模式下市政工程项目质量管理研究[D]. 南昌：华东交通大学，2017.

[29] 王伟. 巴基斯坦 PVC 项目总承包施工管理探讨[D]. 成都：西南交通大学，2016.

[30] 秦焱. BT+EPC 模式下的光伏发电项目全过程管理研究[D]. 天津：天津大学，2016.

[31] 胡茜茜. EPC 模式下的"川东北—川西管道工程"施工管理研究[D]. 成都：西南石油大学，2014.

[32] 徐志飞. 国际水电工程 EPC 项目全面风险管理研究[D]. 北京：华北电力大学，2013.

[33] 邢斌. 国际 EPC 水电工程项目管理研究[D]. 天津：天津大学，2012.

[34] 宋创，田维维，胡强，等. 水利水电施工项目收尾控制管理[J]. 云南水力发电，2017，33（S2）:152-154.

[35] 秦焱. BT+EPC 模式下的光伏发电项目全过程管理研究[D]. 天津：天津大学，2016.

[36] 朱义明，张晶，田西宁，等 .EPC 总承包工程的投产试运行管理[J]. 石油工程建设，2009（S2）:41-43.

[37] 本书编委会. 建设项目工程总承包管理规范实施指南[M]. 北京：中国建筑工业出

版社，2018.

[38] 王艳华，熊平，庞向锦，等. 工程总承包项目全过程管理流程解析[J]. 项目管理技术，2019，17（06）:110-114.

[39] 刘凯. GH 公司 EPC 项目竣工文件管理优化研究[D]. 济南：山东大学，2018.

[40] 李奎. 空分空压站试运行总结和对 EPC 项目执行的思考[J]. 深冷技术，2015（06）:45-48.

[41] 桑瑞霞，张晓辉. 火电工程 EPC 项目设备竣工文件全程管理模式探析[J]. 黑龙江档案，2015（04）:58-59.

[42] 李亚春，林伟明. 海外 EPC 项目竣工资料编制[J]. 国际工程与劳务，2015（08）:66-68.

[43] 熊瑶. EPC 总承包项目竣工资料的整编和管理[J]. 有色冶金设计与研究，2014，35（02）:51-53.

[44] 李菲. 建筑企业工程总承包项目管理的实施与思考[D]. 北京：首都经济贸易大学，2011.

[45] 李春保，李彦，陈水芳. 常用工程承发包模式纵览[J]. 广东土木与建筑，2017（06）:46-50.

[46] 张旭林. 建筑工程总承包项目管理中存在的问题及对策研究[D]. 重庆：重庆大学.2016.

[47] 陈建. EPC 工程总承包项目过程集成管理研究[D]. 长沙：中南大学，2012.

[48] 安胜利. 大型 EPC 工程总承包项目的协同管理研究[D]. 天津：天津大学，2007.

[49] 胡德银. 我国工程项目管理和工程总承包发展现状与展望[J]. 中国工程咨询，2003（02）:10-18.

[50] 孙继德，傅家雯，刘姝宏. 工程总承包和全过程工程咨询的结合探讨[J]建筑经济，2018（12）:5-9.

[51] 李海春. 工程总承包及工程项目管理条件下的组织结构设计[D]. 呼和浩特：内蒙古大学，2006.

[52] 张秀东. 工程总承包进程中矩阵型 项目管理模式的实施[J]. 石油化工设计，2004，21（02）:1-4.

[53] 应骅. 工程总承包进程中矩阵型项目管理模式的运用探讨[J]. 中外建筑，2019（02）:170-172.

[54] 佟宇. 工程总承包企业组织结构设计的关键因素研究[D]. 天津：天津大学，2011.

[55] 宋长清. 哈萨克异构化项目的组织管理与运作模式[D]. 大连：大连理工大学.2015.

[56] 黄峻西. 基于工程项目总承包的组织系统设计研究[D]. 重庆：重庆大学，2011.

[57] 冯违. EPC 工程总承包项目的合同管理研究[D]. 广州：华南理工大学，2012.

[58] 裔小秋. EPC 总承包模式下的业主合同管理研究与实践[D]. 郑州：郑州大学，2016.

[59] 李明树. 建设工程总承包 EPC 模式合同管理研究[D]. 长春：吉林大学，2013.

[60] 殷涛. 工程项目管理中分包合同管理的重要性[J]. 建材与装饰，2019（17）：143-144.

[61] 高攀. 建筑施工总承包企业分包管理策略探讨与建议[J]. 工程建设与设计，2019，13：300-302.

[62] 梁晋. 如何加强项目管理中的采购合同管理[J]. 中国招标，2017（31）：17-18.

[63] 杜鹏. BIM 技术在 EPC 模式中的应用[D]. 太原理工大学，2015.

[64] 王婷. 基于 BIM 的 EPC 项目信息管理体系研究[D]. 西安：西安科技大学，2018.

[65] 王海滨. 关于建筑工程管理信息化问题的分析[J]. 农家参谋，2019（16）:184.

[66] 王玲. 建筑行业信息化管理提升建筑工程管理水平的措施研究[J]. 工程建设与设计，2019（14）：179-180.

[67] 裴亚利. 基于核心业务能力的 EPC 工程总承包能力评价研究[D]. 西安：西安建筑科技大学，2013.

[68] 卢梅，裴亚利. 基于物元分析理论的建筑企业 EPC 工程总承包能力评价研究[J]. 西安建筑科技大学学报（自然科学版），2014，46（03）：441-448.

[69] 刘芳. 提高我国工程总承包企业总承包能力的研究[D]. 北京：北京交通大学，2006.

[70] 梅丞廷. 工程总承包发展现状思考[J]. 住宅与房地产. 2017（03）:11-12.

[71] 许建玲. 浅谈推进工程总承包发展与管理[J]. 招标采购管理. 2017（07）:22-24.

[72] 吴雯. 工程总承包模式的激励约束机制研究[D]. 西安：西安建筑科技大学，2014.

[73] 从小林. EPC 模式委托代理机制研究[D]. 哈尔滨：哈尔滨工业大学，2011.

[74] 张骏. 浅议工程总承包工程项目管理与工程监理的关系[J]. 建设监理. 2004（05）：69-70.

[75] 左卫锋. 建筑企业工程总承包项目管理的实施与思考[J]. 建材与装饰. 2016（01）:156-158.

[76] 周连川. 工程总承包项目管理常见的问题及应对[J]. 工程建设与设计 2017（22）：33-35.

[77] 郑意叶. 工程总承包项目管理研究[D]. 上海：华东理工大学，2016.

[78] 彭万欢. 我国 EPC 工程总承包现状分析与推行实施建议[J]. 建筑设计管理 2018（05）：13-15.